**《合成树脂及应用丛书》编委会**

"十二五"国家重点图书

合成树脂及应用丛书

不饱和聚酯树脂及其应用

■李玲 编著

化学工业出版社

·北京·

图书在版编目（CIP）数据

不饱和聚酯树脂及其应用/李玲编著．—北京：化学工业出版社，2012.3（2017.9重印）
（合成树脂及应用丛书）
ISBN 978-7-122-13330-4

Ⅰ．不…　Ⅱ．李…　Ⅲ．不饱和聚酯树脂
Ⅳ．TQ323.4

中国版本图书馆 CIP 数据核字（2012）第 015398 号

责任编辑：王苏平　　　　　　　　文字编辑：冯国庆
责任校对：宋　夏　　　　　　　　装帧设计：尹琳琳

出版发行：化学工业出版社（北京市东城区青年湖南街 13 号　邮政编码 100011）
印　　装：涿州市般润文化传播有限公司
710mm×1000mm　1/16　印张 20¾　字数 395 千字　2017 年 9 月北京第 1 版第 2 次印刷

购书咨询：010-64518888　　　　　　售后服务：010-64518899
网　　址：http：// www.cip.com.cn
凡购买本书，如有缺损质量问题，本社销售中心负责调换。

定　　价：78.00 元

合成树脂作为塑料、合成纤维、涂料、胶黏剂等行业的基础原料，不仅在建筑业、农业、制造业（汽车、铁路、船舶）、包装业有广泛应用，在国防建设、尖端技术、电子信息等领域也有很大需求，已成为继金属、木材、水泥之后的第四大类材料。2010 年我国合成树脂产量达 4361 万吨，产量以每年两位数的速度增长，消费量也逐年提高，我国已成为仅次于美国的世界第二大合成树脂消费国。

近年来，我国合成树脂在产品质量、生产技术和装备、科研开发等方面均取得了长足的进步，在某些领域已达到或接近世界先进水平，但整体水平与发达国家相比尚存在明显差距。随着生产技术和加工应用技术的发展，合成树脂生产行业和塑料加工行业的研发人员、管理人员、技术工人都迫切希望提高自己的专业技术水平，掌握先进技术的发展现状及趋势，对高质量的合成树脂及应用方面的丛书有迫切需求。

化学工业出版社急行业之所需，组织编写《合成树脂及应用丛书》（共 17 个分册），开创性地打破合成树脂生产行业和加工应用行业之间的藩篱，架起了一座横跨合成树脂研究开发、生产制备、加工应用等领域的沟通桥梁。使得合成树脂上游（研发、生产、销售）人员了解下游（加工应用）的需求，下游人员了解生产过程对加工应用的影响，从而达到互相沟通，进一步提高合成树脂及加工应用产业的生产和技术水平。

该套丛书反映了我国"十五"、"十一五"期间合成树脂生产及加工应用方面的研发进展，包括"973"、"863"、"自然科学基金"等国家级课题的相关研究成果和各大公司、科研机构攻关项目的相关研究成果，突出了产、研、销、用一体化的理念。丛书涵盖了树脂产品的发展趋势及其合成新工艺、树脂牌号、加工性能、测试表征等技术，内容全面、实用。丛书的出版为提高从业人员的业务水准和提升行业竞争力做出贡献。

该套丛书的策划得到了国内生产树脂的三大集团公司（中国石化、中国石油、中国化工集团），以及管理树脂加工应用的中国塑料加工工业协会的支持。聘请国内 20 多家科研院所、高等院校和生产企业的骨干技术专家、教授组成了强大的编写队伍。各分册的稿件都经丛书编委会和编著者认真的讨论，反复修改和审查，有力地保证了该套图书内容的实用性、先进性，相信丛书的出版一定会赢得行业读者的喜爱，并对行业的结构调整、产业升级与持续发展起到重要的指导作用。

袁晴棠

2011 年 8 月

Foreword
前言

　　不饱和聚酯树脂是现代复合材料技术中最早的聚合物基体品种，1940年美国成功制成不饱和聚酯树脂/玻璃纤维军用飞机的雷达罩，从此不饱和聚酯树脂及其复合材料受到工业界的关注，第二次世界大战后，不饱和聚酯树脂基复合材料迅速扩展到民用领域，如汽车车辆部件、船艇、风力发电机组部件、门窗、火车行李架、运动器材、节能设备、冷却塔、贮水箱、化工防腐设备、管道设备、活动房、冷库、波形瓦、卫生洁具、食品设备及游乐设备等。不饱和聚酯树脂在日常生活中的应用也很广泛，如家具涂料、胶黏剂、锚固剂、宝丽板、纽扣、仿玉工艺品、人造大理石、人造玛瑙和人造花岗岩等等。已成为国民经济建设不可缺少的重要材料。

　　本书主要介绍了不饱和聚酯树脂的发展、不饱和聚酯树脂的合成、固化及其改性，重点介绍了不饱和聚酯树脂的低压成型、缠绕成型、模压成型和拉挤成型等成型特点、方法和应用实例及各种成型方法对不饱和聚酯树脂的要求；同时介绍了不饱和聚酯树脂用于人造大理石、人造玛瑙和人造花岗岩及涂料的基体树脂的要求和特点及成型方法；不饱和聚酯树脂基复合材料的测试项目和测试方法、不饱和聚酯树脂基复合材料生产安全和废弃不饱和聚酯树脂基复合材料的回收利用也作了简单的介绍；基本上涉及到不饱和聚酯树脂应用的各个领域、工业生产方式及不饱和聚酯树脂的应用特征，还包含作者近些年的一些阶段性的研究成果。

　　本书可供从事不饱和聚酯树脂手糊产品制造、不饱和聚酯树脂基复合材料管道和型材料制造、从事SMC材料和SMC产品制造、人造石材和人造玛瑙等领域的科技人员和管理人员以及高校复合材料专业、高分子材料与工程和应用化学及其相关专业的师生阅读参考。

在完成之际，向所有关心、帮助和支持本书的各方面人士表示衷心的感谢。由于本书涉及的内容和专业知识广泛，加之作者的水平有限，难免存在种种疏漏，恳请读者批评指正。

李玲

2011-12-10

Contents
目录

第7章　不饱和聚酯树脂的其他成型与应用———— 236

第1章 绪论

所谓树脂是指用来制造聚合物制品所需要的高分子原料，凡未经加工的高聚物或低聚物都可称为树脂。聚酯是指由二元羧酸（或酸酐）和二元醇通过缩聚反应而得到的聚合物。聚酯树脂可分为两类：一类是饱和聚酯树脂，其分子结构中不含有非芳香族的不饱和双键，如聚对苯二甲酸乙二醇酯（PET）、聚对苯二甲酸丙二醇酯（PTT）和聚对苯二甲酸丁二醇酯（PBT）等，属于热塑性工程塑料，它们既可以通过纺丝工艺得到聚酯纤维，俗称"涤纶纤维"，也可以经压延或吹塑工艺获得薄膜和中空制品，如聚酯薄膜和饮料瓶、化妆品瓶和药瓶等；另一类是不饱和聚酯树脂（unsaturated polyester resins），它是由不饱和二元酸（或酸酐）、饱和二元酸（或酸酐）与二元醇缩合聚合而成的含有酯键和非芳香族不饱和双键的线型低聚物。其相对分子质量为 1000～3000，在引发剂的作用下可以与含有不饱和双键的化合物（如苯乙烯）发生交联反应，生成三维网状结构的体型聚合物。

1.1 不饱和聚酯树脂的发展

1.1.1 我国不饱和聚酯树脂工业的发展历程

我国不饱和聚酯树脂工业的研究工作始于 1958 年，至今已有 53 年的历史，其发展历程大致可分为以下 6 个历史阶段。

（1）研制阶段（1958～1965 年）　北京化工研究院是我国最早开展不饱和聚酯树脂研制工作的单位，此后，天津市合成材料工业研究所和上海新华树脂厂建成 2 台 500t 反应装置，它们是我国最早进行不饱和聚酯树脂工业化生产的单位。

（2）形成生产能力阶段（1966～1976 年）　1966 年常州建材 253 厂从英国 Scott-Bader 公司引进技术与设备，建成了 500t/年的生产装置；1968 年天津合成材料厂采用天津市合成材料工业研究所的技术建成了 150t/年的生产装置，为我国不饱和聚酯树脂工业的发展奠定了基础。进入 20 世纪 70 年代之后，随着几个重点企业的扩建改造，生产能力逐年扩大，1976 年不饱和聚酯树脂的总生产能力达到 1.2 万吨/年以上，70 年代末我国的不饱和聚酯树脂工业已初具规模。

（3）初级发展阶段（1976～1985 年）　这一时期，国内市场对不饱和聚酯树脂的需求量猛增，年均增长率达到 20％以上。1985 年全国不饱和聚酯树脂产量已达 4 万吨以上。

（4）成熟阶段（1986～1990 年）　我国于 1985 年成立了不饱和聚酯树脂行业协作组，于 1987 年颁布了不饱和聚酯树脂及其测试方法的国家标准，这些都标志着我国的不饱和聚酯树脂工业已进入成熟阶段，缩短了与世界先进水平的差距。

（5）成长发展时期（1991～2000 年）　这 10 年间，我国的不饱和聚酯树脂年均增长速率超过 20％，远远高于同期 GDP 的增长速率，到 1999 年国内不饱和聚酯树脂生产总量已达 32 万吨，而且国内市场不饱和聚酯树脂消费量已达 40 万吨以上。

（6）高速发展时期（2001～2010 年）　进入 21 世纪以来，随着中外合资企业和台资独资企业的增多，产品结构发生了很大的变化，产能产量也不断剧增，使我国的不饱和聚酯树脂产业跨上了飞速发展的道路。2001 年我国不饱和聚酯树脂的产量为 50 万吨，到 2003 年产量超过 72 万吨，进口 13.7万吨，出口 7660 吨，实际消费量突破 85 万吨，超过美国和日本居世界首位。据有关文献报道，自 1995 年以来，我国不饱和聚酯树脂消费量年均增长 21％；2004 年我国不饱和聚酯树脂消费量达到 94 万吨；2008 年的消费量为 145 万吨，年均增长率为 16.3％；到 2010 年我国不饱和聚酯树脂消费量达到 170 万吨。表 1-1 是国内不饱和聚酯树脂历年产量。

■表 1-1　国内不饱和聚酯树脂历年产量　　　　　　　　　　　　　　单位：万吨

年份	1976 年	1983 年	1985 年	1989 年	1990 年	1991 年	1992 年	1993 年
消费量	1.2	2.37	4.08	4	4.5	6	8	11
年份	1994 年	1995 年	1996 年	1997 年	1998 年	1999 年	2000 年	2001 年
消费量	13	15	16	20	22	32	38	50
年份	2002 年	2003 年	2004 年	2005 年	2006 年	2007 年	2008 年	2009 年
消费量	56	72	84	94	120	136	145	153

1.1.2　国外不饱和聚酯树脂工业的发展历程

世界不饱和聚酯树脂的主要生产、消费国家和地区是美国、西欧、日本和中国。国外不饱和聚酯树脂是 20 世纪 40 年代初由美国首先实现工业化的，随后英国、法国、意大利、日本和德国于 50 年代初期也相继投产，经过半个世纪的发展，至 20 世纪末，国外不饱和聚酯树脂生产和消费的地区主要集中在美国、西欧和日本三大地区。1984 年全世界不饱和聚酯树脂的产量为 126 万吨，虽然 20 世纪 90 年代末由于受东南亚金融危机影响，发展速度有所减慢，但最近几年已经回升，2004 年世界不饱和聚酯树脂的产量达到 333.4 万吨，总消费量约为 327.4 万吨。

1986 年日本不饱和聚酯树脂的消费量为 18.6 万吨，1990 年上升为 27.3 万吨，2004 年日本不饱和聚酯树脂产量为 18.7 万吨。据日本化学工业统计年报报道，日本 2007 年不饱和聚酯树脂产量为 16.4 万吨，比 2006 年的 16.8 万吨减少 2%。

在 1988 年、1989 年、1993 年时，美国不饱和聚酯树脂消费量分别为 62.6 万吨、58.6 万吨和 74.2 万吨，1996 年为 71.8 万吨，其不饱和聚酯树脂设备年平均利用率为 75%。到 2000 年时，实际生产量为 88.4 万吨，消费量为 89.8 万吨。美国 2004 年不饱和聚酯树脂产量为 87 万吨。

1.1.3 不饱和聚酯树脂科学与技术发展

随着生产的发展，不饱和聚酯树脂的技术也日益成熟，目前已逐步形成了一整套自己独特的生产、应用理论与技术体系。

1.1.3.1 理论方面

不饱和聚酯树脂理论的发展研究，对生产技术水平的提高具有重要的指导作用，这种作用主要表现在以下几个方面。

① 在对不饱和聚酯树脂合成过程中缩聚反应机理的研究中，建立了合成过程中缩聚反应机理的理论，能够对不饱和聚酯树脂分子结构及其平均分子量与分子量分布进行设计、分析、推导与计算，预测及控制不饱和聚酯树脂缩聚产物的分子量，合理地确定分阶段反应过程、取得分子链结构均匀的优质产品。在此基础上产生了间苯型、双酚 A 型、新戊二醇型等不同类型的树脂产品，丰富了不饱和聚酯树脂的品种，拓展了其应用领域。

② 掌握了不饱和聚酯树脂的凝胶特性与固化机理，为正确建立各种不饱和聚酯树脂基复合材料成型工艺制度奠定了基础，为不饱和聚酯树脂基复合材料基体树脂的配方设计提供了技术支撑，丰富了不饱和聚酯树脂的品种以满足成型工艺多样性的要求。

③ 对树脂老化机理的研究可指导树脂合成及应用中应采取的多种防老化的技术和措施，并取得了显著的成果。

④ 增稠机理和低收缩添加剂作用机理的研究成果，解决了片状模塑料（SMC）生产过程中树脂高流动性、制品的固化收缩率大的技术难题，使得不饱和聚酯树脂能够进行模压成型，从而使得不饱和聚酯树脂制品的生产进入能够大规模、高效率、低成本和生产优质产品的新阶段。在此基础上，开发了团状模塑料（DMC）、厚片状模塑料（TMC）、高强度模塑料（HMC）、定向纤维模塑料（ZMC）和高强度片状模塑料（XMC）等模塑料品种。

⑤ 现代复合材料理论的发展揭示了不饱和聚酯树脂基复合材料原材料、工艺、结构与产品性能之间的关系，为不饱和聚酯树脂基复合材料制品的结

构设计与计算、生产与应用领域的拓展以及产品的多样性与可靠性提供了理论依据。

1.1.3.2 技术方面

(1) 树脂的合成过程的自动化 合成不同的不饱和聚酯树脂，要求设计具有不同加热系统、惰性气体管系统的反应釜；分馏柱的效率要高，热交换器要方便设置；自动称量配料，自动调节反应工艺参数；设计合理的添加剂输入及回流管线；设立相应的贮存、输送、回流等装置以便于各种原料加热熔融后的贮存与输送。现代科学技术与制造技术的发展使得不饱和聚酯树脂的合成向着自动化生产的方向发展，实现了不饱和聚酯树脂合成过程的精确控制，建立了不同的合成阶段标准的反应程序，从原料的液态贮存与输送到产品入库，实现了自动化生产，提高了生产效率和产品质量的稳定性；目前仅仅是熔融法间歇生产采用传统工艺路线；连续反应工艺路线也在不断地发展。

(2) 树脂的配方设计 随着应用领域的扩大，树脂的加工成型方法也逐渐增多。从手糊、喷涂成型发展到袋压、注塑、模压、缠绕、离心、连续制板和拉挤等成型方法，使得成型工艺设备有 15 种以上，其机械化、自动化水平也逐步提高，增加了产品质量的稳定性，降低了成本，实现了高效率生产。这就要求所生产不饱和聚酯树脂的性能满足用户的要求，因此，用户对树脂性能的要求即为设计树脂配方的依据。在配方设计中已形成了较系统的设计原理，可以灵活地调节树脂的组分与添加剂以满足不同用户的需求：

① 二元酸和二元醇的化学结构及用量的调节可以获得不同分子链结构的不饱和聚酯树脂；

② 选用不同的引发剂或多种引发剂联用以满足不同固化性能要求；

③ 确保促进剂与阻聚剂的平衡，以调节树脂的凝胶时间、固化时间与放热峰温度，从而使树脂的固化工艺更加灵活与可靠；

④ 各种特性添加剂（包括触变剂、抗氧化剂、阻燃剂、光稳定剂、表面隔离剂、润湿剂、消泡剂、抗氧剂和表面活性剂等）的使用使树脂的品种和性能更为丰富。

(3) 新品种树脂 阻燃树脂、耐热耐腐蚀型不饱和聚酯树脂、SMC 和 DMC 专用树脂的研制成功，扩大了不饱和聚酯树脂的应用范围，使不饱和聚酯树脂基复合材料的成型逐步实现机械化和自动化。乙烯基酯树脂是一类不饱和聚酯树脂新品种，展示出良好的前景。其他还有柔性树脂、强韧性树脂、低吸水性树脂、发泡树脂以及低挥发性树脂等品种。

(4) 检测分析与质量控制 分析检验和质量控制的方法日趋完善，各种检验用的仪器也日益安全，建立健全了严格的树脂原材料的检验制度，对树脂中间产物以及混溶稀释过程和成品进行在线监测与检验，为合格、优质产品的入库和出厂提供了保障。

在不饱和聚酯树脂基复合材料制品的生产过程中采用了一系列的技术和

手段来保证产品的质量。用质子核磁共振仪对树脂的微观结构进行分析，可以研究分子结构和固化机理；用凝胶渗透色谱法可以分析树脂的分子量分布；用热分解色谱法可以研究交联产物的结构；采用超声波扫描以及放射性指示剂等方法可以探测复合材料制品内部可能存在的缺陷。

1.1.4 不饱和聚酯树脂的发展趋势

总结不饱和聚酯树脂的发展历程，不饱和聚酯树脂工业应该向着以下几个方向发展。

1.1.4.1 改进树脂配方，减少苯乙烯用量

从材料成本、树脂贮存、成型操作和固化特性以及最终应用性能来看，苯乙烯是当前最合适的单体，然而苯乙烯在室温下的蒸气压较高，易挥发，有刺激性气味，因此，应该通过改进树脂配方，减少苯乙烯的用量。另外，从保护环境的角度，也应该减少苯乙烯的用量，以新的交联单体替代或部分替代苯乙烯，避免或减少由苯乙烯挥发造成的环境污染。

1.1.4.2 改进生产工艺

提高不饱和聚酯树脂合成过程中的自动化程度和在线检测控制，在保证不饱和聚酯树脂性能稳定的前提下，提高劳动生产率，从而降低成本。

1.1.4.3 发展专用树脂

不饱和聚酯树脂通过共混改性，可提高其加工性能，增强材料的浸润作用以及与添加剂的相容性和固化物的力学性能，改善制品表面形态及制品质量的稳定性。不饱和聚酯树脂可通过嵌段、接枝共聚、互穿网络及双环戊二烯改性等化学方法，开发新型结构不饱和聚酯树脂，如透明树脂、低挥发性树脂、耐热耐腐蚀型树脂、低吸水型树脂、不饱和聚酯树脂基复合材料渔船专用树脂以及强韧性树脂等，提高产品性能，增加品种数量，扩大应用领域。

1.1.4.4 规模经济化

随着不饱和聚酯树脂基复合材料成型技术的发展，社会对树脂的品种和质量及数量要求越来越高，因此，不饱和聚酯树脂工业应向着集约化、大型化、产业化方向发展。不饱和聚酯树脂生产企业必须放眼未来，建设具有一定经济规模的生产装置，生产高质量、低成本的不饱和聚酯树脂，服务社会的各行各业。

1.1.4.5 不饱和聚酯树脂回收与利用

废旧的不饱和聚酯树脂基复合材料制品不易分解，会对环境产生一定的污染，因此，要积极开发不饱和聚酯树脂及其制品废物回收再利用的技术和提高不饱和聚酯树脂的使用寿命、延时老化的技术，并研发防老化的不饱和聚酯树脂及其制品。另外，也要积极利用原料的下脚料、其他行业的下脚料

和回收的废物作为原料制备不饱和聚酯树脂及其复合材料制品。

1.2 不饱和聚酯树脂的特性

不饱和聚酯树脂固化物具有优良的力学性能、电绝缘性能和耐腐蚀性能，既可以单独使用，也可以和纤维及其他树脂或填料共混加工，可广泛应用于工业、农业、交通、建筑以及国防工业等领域，迄今仍是树脂基复合材料中应用最广泛的热固性树脂之一。不饱和聚酯树脂可以广泛应用于各个行业得益于它的优良特性。

(1) 优良的工艺性能 不饱和聚酯树脂具有很宽的加工温度，在室温下可用手工铺叠法加工，在中高温度下可用传递模塑方法加工，在高温下可用片材模塑、压塑和拉挤成型法加工，特别适合于大型和现场制造不饱和聚酯树脂基复合材料制品。此外，不饱和聚酯树脂颜色浅，可制成浅色、半透明、透明或多种彩色的不饱和聚酯树脂基复合材料制品，同时可采用多种技术措施来改善它的工艺性能。

(2) 固化后的树脂综合性能好 不饱和聚酯树脂固化物的力学性能介于环氧树脂和酚醛树脂之间，具有良好的耐腐蚀性能和电性能，并有多种特殊牌号的树脂以适应不同用途的需要，与纤维和填料共混可获得突出的力学性能。不饱和聚酯树脂的具有较好的耐热性，绝大多数树脂的热变形温度都在60~70℃范围内，一些耐热性能好的不饱和聚酯树脂，其热变形温度为120℃，有些可达到160℃。

此外，不饱和聚酯树脂所用原料要比环氧树脂的原料便宜得多，来源也较为广泛。

除了以上的优异性能外，不饱和聚酯树脂本身也有其不足之处。

(1) 固化时体积收缩率大 固化时体积收缩率大，会影响制件尺寸的精度和表面光洁度，因此在成型时要充分考虑到这一点。目前，在研制低收缩性不饱和聚酯树脂方面已取得了进展，主要通过加入聚乙烯、聚氯乙烯、聚苯乙烯、聚甲基丙烯酸甲酯或邻苯二甲酸二丙烯酯等热塑性聚合物来实现。此外，在不饱和聚酯树脂的成型过程中一般都会加入苯乙烯，苯乙烯易挥发，有刺激性气味，长期接触对身体健康不利。

(2) 固化物脆性大 不饱和聚酯树脂的固化物脆性较大，会使得制品的耐冲击、耐开裂和耐疲劳性较差。

1.3 不饱和聚酯树脂的应用

不饱和聚酯树脂主要分为增强型和非增强型两大系列。增强型制品主要有冷却塔、船艇、贮水箱、化工防腐设备、管道设备、车辆部件、门窗、节能设备、风力发电机组部件、活动房、冷库、波形瓦、卫生洁具、食品设备、家居装修、游乐设备及运动器材等。非增强型制品主要有家具涂料、胶黏剂、锚固剂、电器浇注、增韧剂、宝丽板、纽扣、仿象牙和仿玉工艺品、汽车修补用不饱和聚酯腻子、人造大理石、人造水晶、人造玛瑙和人造花岗岩等。

1.4 常用不饱和聚酯树脂种类

(1) **邻苯型和间苯型不饱和聚酯树脂**　邻苯二甲酸和间苯二甲酸互为异构体，由它们合成的不饱和聚酯树脂分子链分别为邻苯型和间苯型，虽然它们的分子链化学结构相似，但树脂性能还是有一定的差异，间苯型不饱和聚酯树脂中不残留有间苯二甲酸和低分子量间苯二甲酸酯杂质，且固化制品有较好的力学性能、耐热性和耐腐蚀性能；邻苯二甲酸聚酯分子链上的酯键易受到水或其他各种腐蚀介质的侵蚀，而间苯二甲酸聚酯分子链上的酯键受到间苯二甲酸立体位阻效应的保护，其耐腐蚀性较强，由间苯二甲酸型不饱和聚酯树脂制得的玻璃纤维增强复合材料在 71℃ 的饱和氯化钠溶液中浸泡一年后仍具有相当好的性能。

(2) **对苯型不饱和聚酯树脂**　对苯型不饱和聚酯树脂是近年来开发的一种新型不饱和聚酯树脂。它具有耐腐蚀、耐热、耐溶剂性等特点，其综合性能已超过间苯型不饱和聚酯树脂，是邻苯型不饱和聚酯树脂不能比拟的。在中低浓度酸的环境下，对苯型不饱和聚酯树脂还可以替代双酚 A 型不饱和聚酯树脂和乙烯基酯树脂，而其价格仅为前者的一半左右。

(3) **双酚 A 型不饱和聚酯树脂**　双酚 A 型不饱和聚酯树脂与邻苯型不饱和聚酯树脂及间苯型不饱和聚酯树脂大分子链的化学结构相比，分子链中易被水解而遭受破坏的酯键间的间距较大，从而降低了酯键的密度，且双酚 A 型不饱和聚酯树脂与苯乙烯等交联剂共聚固化后的空间位阻效应大，对酯键起保护作用，阻碍了酯键的水解。而分子结构中的异丙基，连接着两个苯环，也可以保持化学键的稳定性，所以这类树脂有较好的耐酸、耐碱及耐水解性能。

(4) **阻燃型不饱和聚酯树脂**　卤代不饱和聚酯树脂是指由氯茵酸酐（HET 酸酐）作为饱和二元酸（酐）合成得到的一种不饱和聚酯树脂，它一直被当作具有优良自熄性能的树脂来使用。但近年来的研究表明氯代不饱和聚酯树脂亦具有相当好的耐腐蚀性能，它在某些介质中的耐腐蚀性能与双酚 A 型不饱和聚酯树脂和乙烯基酯树脂基本相当，而在某些介质（例如湿氯）中的耐腐蚀性能则优于乙烯基酯树脂和双酚 A 型不饱和聚酯树脂。另一方面，通过改变原料组成或添加阻燃剂可制得具有难燃、自熄和燃烧无烟等性能的阻燃性树脂。常用的添加型阻燃剂有 Al(OH)$_3$、Sb$_2$O、磷酸酯和 Mg(OH)$_2$等。目前欧洲也采用加入酚醛树脂的方法，而美国 Fastman Company 等还采用加入二甲基磷酸酯和磷酸三乙基酯的方法，都收到了较好效果。这种树脂主要用于制造要求具有较高安全性的建筑、装潢、船舶、车辆和家具以及需要防火或防腐的不饱和聚酯树脂基复合材料制品，如建筑用波形板及门窗等。

(5) **低收缩性树脂** 低收缩性树脂是通过加入热塑性树脂来降低不饱和聚酯树脂的固化收缩，已在 SMC 制造中得到广泛应用。常用的低收缩剂有聚苯乙烯、聚甲基丙烯酸甲酯和苯二甲酸二烯丙酯聚合物等。目前国外除采用聚苯乙烯及其共聚物外，还开发了聚己酸内酯（LPS-60）、改性聚氨酯和醋酸纤维素丁酯等。

(6) **低挥发性树脂** 在低挥发性树脂的生产车间中，一般要求周围空气中苯乙烯的含量必须低于 50μg/g。降低苯乙烯挥发的方法一般有三种：加入表膜形成剂来降低苯乙烯挥发；采用加入高沸点交联剂来代替苯乙烯；采用以环戊二烯及其衍生物与不饱和聚酯树脂相结合，使其低分子量化，从而降低苯乙烯的用量。这种树脂可应用于凝胶涂料、胶黏剂、层压树脂、模塑树脂以及电子工业中。

(7) **含水不饱和聚酯树脂** 含水不饱和聚酯树脂是 20 世纪 50 年代问世的以水做填料的新型树脂。该树脂除了具有显著的低成本特点外，还有诸多优异的性能，如固化时放热量小、体积收缩小、阻燃和易加工成型等，可用于制作人造木材、装饰材料、泡沫制品、多孔材料、建筑材料、不饱和聚酯混凝土、浸润剂和涂料等。

(8) **透明性不饱和聚酯树脂** 透明性不饱和聚酯树脂的透光性较好，加入引发剂和促进剂后，可以固化成不溶性、透光性高聚物。用该树脂成型的不饱和聚酯树脂基复合材料，可作为温室、工厂天窗、体育馆等的采光罩。

(9) **柔性树脂** 柔性树脂固化物为高弹橡胶状，其断裂延伸率可达到 10%～60%。由于柔性增大，其耐化学性降低，吸水性增大，一般柔性树脂很少单独使用，而是与硬质树脂混合，以改善制品的强度和开裂性。

(10) **光稳定型树脂** 光稳定型树脂是指在户外使用中能够抵抗气候等诸因素的侵蚀而保持物化性能（特别是光学性能）长期不变的树脂。光稳定型树脂与一定玻璃纤维匹配即可制得透光不饱和聚酯树脂基复合材料。透光复合材料板材和波形瓦性能优异，作为第二代采光材料已广泛用于大型民用建筑采光、工业厂房采光、农业温室和水产养殖等领域。

(11) **气干性不饱和聚酯树脂** 气干性不饱和聚酯树脂表面光滑美观，可用于制造人造大理石、人造玛瑙、地面瓷砖、纽扣等。

(12) **光敏性不饱和聚酯树脂** 光敏性不饱和聚酯树脂主要用于涂料，它不但固化速率快、有光泽，而且有较好的力学性能和耐腐蚀性能。

(13) **缠绕树脂** 缠绕树脂为邻苯型不饱和聚酯树脂，具有低黏度和中等反应活性，有较高的断裂延伸率和冲击强度，具有优良的强度和韧性，特别适于制作不饱和聚酯树脂基复合材料贮罐、缠绕管道、离心浇注玻璃纤维增强热固性夹纱管道等产品。

(14) **喷射树脂**　喷射树脂为预促进型不饱和聚酯树脂，适用于喷射工艺制作不饱和聚酯树脂基复合材料制品，且对玻璃纤维浸润性好，制品强度高。所谓预促进型不饱和聚酯树脂是指已加入促进剂的不饱和聚酯树脂。预促进型不饱和聚酯树脂只需加一种催化剂就可以在室温下开始固化反应，给使用带来方便，但已加促进剂的树脂存放期会变短。

(15) **拉挤树脂**　用作拉挤的不饱和聚酯树脂基本上是邻苯和间苯型不饱和聚酯树脂。间苯型不饱和聚酯树脂有较好的力学性能、耐热性和耐腐蚀性能。目前国内使用较多的是邻苯型不饱和聚酯树脂，因其价格较间苯型有优势，但质量因生产厂家不同差距较大，使用时要根据不同的产品慎重选择。

(16) **原子灰专用树脂**　原子灰是以不饱和聚酯树脂为主料，再配以其他助剂和填料，经过混合、研磨而成，它是一种新型的嵌填材料，俗称腻子。它与桐油石膏腻子、过氯乙烯腻子和醇酸腻子等传统腻子相比，具有干燥快、附着力强、涂层强度高、不开裂、耐热、易打磨和施工周期短等优点，因此广泛用于汽车、轮船、机车、机械等行业的修理、制造以及铝板、镀锌板和钢板等金属表面的底基嵌填。随着我国汽车市场的不断扩大和汽车拥有量的不断增加，其用量日益增大。生产原子灰的专用树脂要求所得产品具有强度高、韧性好、附着力强、气干快、打磨容易、耐候、耐温性能强、稳定性好等特点，而气干性问题一直是目前困扰国内原子灰行业的难题。

(17) **耐腐蚀型树脂**　耐腐蚀型树脂有双酚 A 型不饱和聚酯树脂、间苯二甲酸型不饱和聚酯树脂和松香改性不饱和聚酯树脂等，能够抵抗酸、碱、盐及溶剂等的腐蚀作用，主要用于工业厂房等耐腐蚀地面及制造管道、化工容器和贮罐等耐腐蚀产品。具体地说，通用型树脂只能满足于一般性防腐要求，间苯二甲酸型树脂可满足于中级耐腐蚀要求，双酚 A 型不饱和聚酯树脂和 HET 酸型树脂的耐化学性最好。

(18) **强韧性树脂**　目前国外主要采用加入饱和树脂的方法来提高韧性，如添加饱和聚酯树脂、丁苯橡胶和端羧基丁腈橡胶等。韧性不饱和聚酯树脂用于片状模塑料（SMC）中。

(19) **胶衣树脂**　胶衣树脂是用于不饱和聚酯树脂基复合材料制品胶衣层的专用树脂。胶衣树脂在品种和性能上的不断提升，使其应用领域不断扩大，目前它在卫生洁具、造船业、交通运输业、建筑业、娱乐业、医疗仪器壳体、广告牌、电话亭和保安亭等许多领域都得到了广泛应用。

(20) **不饱和聚酯树脂基复合材料渔船专用树脂**　目前世界上拥有小型不饱和聚酯树脂基复合材料渔船已达 50 多种，达到 200 多万艘，一般 30m 以下的渔船大多是不饱和聚酯树脂基复合材料制品，特别是日本对不饱和聚酯树脂基复合材料渔船的设计能力很强,可以根据用户的需要进行复合材料渔船的设计。各国不饱和聚酯树脂基复合材料渔船壳体的生产工艺大体都是采用手糊和喷射成型工艺。船壳体用的增强材料主要是毡、毯和喷射纱等。船用树脂种类很多,根据不同的部位使用不同树脂,如抗渗漏树脂、耐磨树脂、阻燃树脂和耐候性树脂等。

(21) 耐热型树脂 耐热型树脂可用于制造在高于 100℃时使用的不饱和聚酯树脂基复合材料制品,其高温下抵抗变形能力较强,可用于制造要求具有耐热性的电器部件和汽车部件等。

(22) SMC 和 DMC 树脂 SMC 和 DMC 树脂具有较高的反应活性和黏度以及稳定的增稠性,其制品有优良的机械强度,尤其有良好的韧性以及较高的表面光洁度,广泛用于汽车、电器以及建筑等制造领域,如制造挡泥板、活动车顶、车门面板、开孔格栅板等。

(23) 乙烯基酯树脂 乙烯基酯树脂又称为环氧丙烯酸树脂,是 20 世纪60 年代发展起来的一类新型树脂,其特点是聚合物中具有端基不饱和双键。乙烯基酯树脂具有较好的综合性能,另外,它的品种和性能可随着所用原料的不同而有广泛的变化,可按复合材料对树脂性能的要求设计分子结构。

参 考 文 献

[1] 吴良义,陈红,沈大理等.不饱和聚酯树脂"十一五"发展规划建议.中国不饱和聚酯树脂行业协会第九届年会论文集,哈尔滨:[出版者不详],2005;76-88.

[2] 栢孝达.我国的不饱和聚酯树脂工业.热固性树脂,2001,16(6):1-5.

[3] 朱则刚.我国化工新材料的开发及未来趋势.广东化工,2006,33(8):1-4.

[4] 朱建芳.不饱和聚酯树脂的市场分析.化工科技市场,2009,32(11):1-3.

[5] 董永祺,熊学斌.世界不饱和聚酯树脂概况与动向.玻璃钢学会第十三届全国玻璃钢/复合材料学术年会论文集,北京:[出版者不详]1999:318-322.

[6] 孙晓牧,梅弘进.不饱和聚酯树脂市场分析及预测.化工技术经济,2002,20(3):22-27.

[7] 陈红.近几年国外不饱和聚酯树脂工业新进展.中国不饱和聚酯树脂行业协会第十届年会论文集,上海:[出版者不详]19-22.

[8] 陈红,邹林,范君怡.2007~2008 年国外不饱和聚酯工业进展.热固性树脂,2009,24(2):50-55.

[9] 陈红,侯运城,邹林等.2006~2007 年国内外不饱和聚酯树脂工业进展.热固性树脂,2008,23(3):44-51.

[10] 蔡永源,于同福.新世纪不饱和聚酯树脂纵横谈.热固性树脂,2001,16(2):45-49.

[11] 沈开猷.不饱和聚酯树脂及其应用.第 3 版.北京:化学工业出版社,2005:6-9.

[12] 陈乐怡.不饱和聚酯树脂的现状和发展趋势.中国科技成果,2001,(22):11-12.

[13] 潘玉琴.玻璃钢复合材料基体树脂的发展现状.纤维复合材料,2006,23(4):55-59.

[14] 韩秀萍,蒋欣,李玉录等.不饱和聚酯树脂的合成研究进展.广东化工,2004,31(9):26-28.

[15] 陈红,刘小峯,汪铮.中国不饱和聚酯工业进展.热固性树脂,2009,24(5):51-56.

[16] 潘明翔.不饱和聚酯树脂产品质量存在的问题及其建议.浙江化工,2005,36(9):32-34.

[17] 吴良义.不饱和聚酯树脂国内外生产现状及其工业技术进展.中国不饱和聚酯树脂行业协会第十二届年会论文集,长春,2008,10:58-74.

[18] 上纬(上海)精细化工有限公司.对苯型不饱和聚酯树脂——上纬(上海)精细化工有限公

司之 963 系列产品．纤维复合材料，2002，(2)：47-48.

[19] 吴良义，王永红．不饱和聚酯树脂国外近十年研究进展．热固性树脂，2006，21 (5)：32-38.

[20] 吴良义．不饱和聚酯树脂近四年国外研究进展．国不饱和聚酯树脂行业协会第十届年会论文集，上海：[出版者不详]，2006：73-77.

[21] 潘明翔．不饱和聚酯树脂产品质量存在的问题及其建议．浙江化工，2005，36 (9)：32-34.

[22] 梁文清．拉挤工艺、产品应用及现状．中国不饱和聚酯树脂行业协会第十一届年会论文集，宜兴：[出版者不详]，2007：49-55.

[23] 胡平，史振翔，叶立军．不饱和聚酯腻子发展现状．玻璃钢/复合材料，2001 (5)：49-51.

[24] 潘玉琴．玻璃钢复合材料基体树脂的发展现状．纤维复合材料，2006，23 (4)：55-59.

[25] 陈红，刘小峯，范君怡等．2008～2009 年国外不饱和聚酯工业进展．热固性树脂，2010，25 (2)：51-56.

[26] 张振，赵志鸿，张锐．2008 年我国热固性工程塑料进展．工程塑料应用，2009，37 (5)：76-81.

第 **2** 章 不饱和聚酯树脂的合成、固化 与制造

2.1 概述

　　不饱和聚酯树脂是一种双组分的混合物，组分一是主链上含有不饱和双键的、相对分子质量在 1000～3000 的低聚物，另一组分为可与组分一发生交联反应的共聚单体。不饱和聚酯树脂的制造过程分为两个阶段：第一阶段是二元酸和二元醇进行缩聚，制备不饱和聚酯树脂低聚物，不饱和聚酯树脂低聚物的化学结构决定着不饱和聚酯树脂的结构、种类和固化物的性能；第二阶段是不饱和聚酯树脂低聚物与交联单体混合，制备不饱和聚酯树脂。

2.2 不饱和聚酯树脂的合成

2.2.1 缩合聚合反应

2.2.1.1 缩合聚合反应的概念

　　含有官能团的有机化合物在官能团之间可以发生反应，生成新的共价键时，伴随小分子（如水、醇、氨、卤化氢等）生成的反应。例如，乙醇和乙酸的酯化反应是典型的缩合反应，其缩合产物除乙酸乙酯（a）外，还有 H_2O。

$$H_3C\!-\!CH_2OH + CH_3COOH \Longrightarrow CH_3COOCH_2CH_3 + H_2O \qquad (2\text{-}1)$$
$$(a)$$

　　如果参加反应的有机化合物含有两个或两个以上的官能团，则它们之间的反应与上述缩合反应不同。例如，二元醇和二元羧酸之间的反应：

$$HO\!-\!R\!-\!OH + HOOC\!-\!R'\!-\!COOH \Longrightarrow HO\!-\!R\!-\!O\!-\!\overset{\overset{\text{O}}{\|}}{C}\!-\!R'\!-\!COOH + H_2O \qquad (2\text{-}2)$$
$$(b)$$

生成物（b）与上述酯化反应产物（a）不同，生成物（b）两端仍具有两个可以再反应的官能团，它们既可以与二元酸反应，又可以与二元醇反应，且（b）本身也可以再反应，见式(2-3)～式(2-5)。

$$HO{-}R{-}O{-}\overset{O}{\overset{\|}{C}}{-}R'{-}COOH + HO{-}R{-}OH \rightleftharpoons HO{-}R{-}O{-}\overset{O}{\overset{\|}{C}}{-}R'{-}\overset{O}{\overset{\|}{C}}{-}O{-}R{-}OH + H_2O$$

(2-3)

(c)

$$HOOC{-}R'{-}\overset{O}{\overset{\|}{C}}{-}O{-}R{-}OH + HOOC{-}R'{-}COOH \rightleftharpoons$$

$$HOOC{-}R'{-}\overset{O}{\overset{\|}{C}}{-}O{-}R{-}O{-}\overset{O}{\overset{\|}{C}}{-}R'{-}COOH + H_2O$$

(2-4)

(d)

$$HOOC{-}R'{-}\overset{O}{\overset{\|}{C}}{-}O{-}R{-}OH + HOOC{-}R'{-}\overset{O}{\overset{\|}{C}}{-}O{-}R{-}OH \rightleftharpoons$$

$$HOOC{-}R'{-}\overset{O}{\overset{\|}{C}}{-}O{-}R{-}O{-}\overset{O}{\overset{\|}{C}}{-}R'{-}\overset{O}{\overset{\|}{C}}{-}O{-}R{-}OH + H_2O$$

(2-5)

(e)

生成物（c）、（d）、（e）仍可以与二元羧酸或二元醇反应或自身再反应，且每一步反应都是消耗掉一个羧基（—COOH）和一个羟基（—OH），生成一个酯基（ $-\overset{O}{\overset{\|}{C}}-O-$ ）和一个 H_2O 分子。随着反应的进行，分子链逐步增大，分子量逐步增加。可以用一个简式表示这一系列的缩合反应：

$$n\,HO{-}R{-}OH + n\,HOOC{-}R'{-}COOH \rightleftharpoons H{\left[O{-}R{-}O{-}\overset{O}{\overset{\|}{C}}{-}R'{-}\overset{O}{\overset{\|}{C}}\right]_n}OH + (2n-1)H_2O$$

(2-6)

因此，将含两个或两个以上官能团的低分子化合物，在官能团之间发生多次缩合反应，且每一步反应过程中都有小分子生成，逐步生成高聚物的平衡可逆反应过程，称为缩合聚合反应，简称缩聚。

2.2.1.2 缩聚反应的特点

（1）**没有特定的反应活性中心** 缩聚反应是官能团之间的反应，每个单体都具有两个或两个以上官能团，而官能团都具有相同的反应能力，所以每个单体都可以看作是反应的活性中心。反应初期单体消失很快，生成二聚体、三聚体等低聚物。反应一开始进行，反应体系内的单体几乎为百分之百转化，随着反应时间的延长，生成物分子量在逐步增大，大分子链的形成几乎消耗整个聚合反应所需的时间。

（2）**逐步可逆平衡反应** 聚酯化和低分子酯化反应相似，都是可逆平衡反应，正反应是酯化，逆反应是水解。

$$—OH + —COOH \rightleftharpoons —OCO— + H_2O$$

合成缩聚物的单体往往就是缩聚物的降解剂，例如醇或酸可使聚酯类醇解或酸解，解聚反应包括醇解和酸解。

① 醇解

$$H[ORO \cdot OCR'CO]_m[ORO \cdot OCR'CO]_P OH + HORO—H \longrightarrow$$

$$H[ORO \cdot OCR'CO]_m—OROH + H[ORO \cdot OCR'CO]_P—OH$$

② 酸解

$$H[ORO \cdot OCR'CO]_m[ORO \cdot OCR'CO]_P OH + HO—OCR'COOH \longrightarrow$$

$$H[ORO \cdot OCR'CO]_m—OH + HOOCR'CO[ORO \cdot OCR'CO]_P—OH$$

2.2.2 不饱和聚酯树脂低聚物合成原理

不饱和聚酯树脂的合成过程是典型的缩聚反应，聚合机理属于逐步聚合，即先形成二聚体、三聚体、四聚体等低聚物，随着反应时间的延长低聚物间继续相互缩聚，分子量逐渐增加，直至分子量达到设计值。以邻苯型不饱和聚酯树脂低聚物的合成原理为例，分析不饱和聚酯树脂低聚物的反应过程。

邻苯型不饱和聚酯树脂低聚物是由顺丁烯二酸酐、邻苯二甲酸酐和饱和二元醇进行缩合制备的，其反应过程如下。

① 由于顺丁烯二酸酐比邻苯二甲酸酐更活泼，因此顺丁烯二酸酐首先与二元醇反应形成单酯：

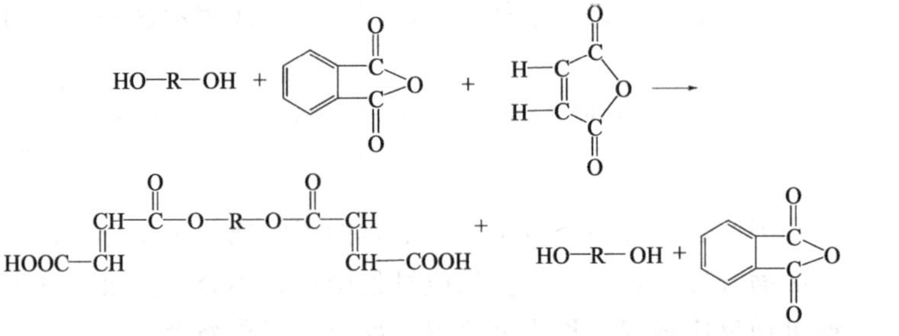

因为饱和酸形成单酯的速率慢，所以不饱和酸形成的单酯仍有较高的活性，可以继续和二元醇反应，形成三聚体、四聚体，反应体系内是二聚体、三聚体、四聚体的混合体系。

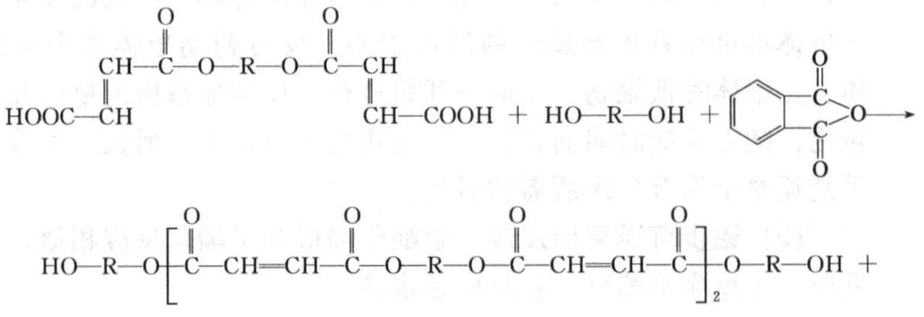

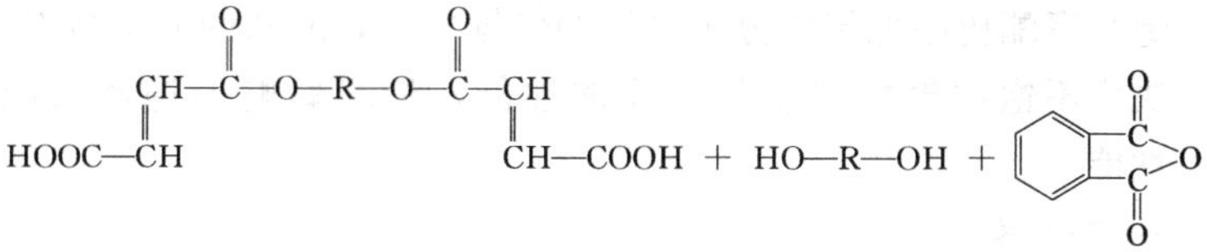

② 在缩聚体系中单体参加反应的速率，一方面受到单体本身活性大小的影响；另一方面又受单体浓度的影响，浓度高时参加反应的速率快。在反应过程中，各种单体的浓度随反应程度的加深而变化；反应初期，不饱和二元酸消耗速率快，形成的分子链结构以活性大的不饱和二元酸为主。但随着反应程度的加深，不饱和二元酸浓度下降，直至逐渐消失，而活性小的饱和二元酸逐渐进行反应。于是有：

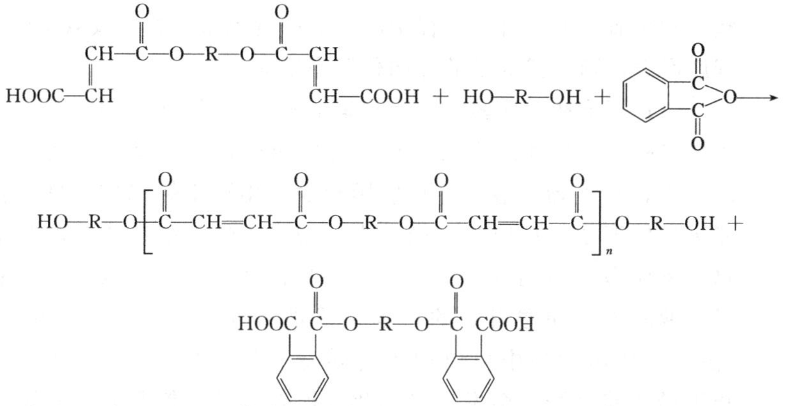

③ 随着反应继续深入进行，形成的分子链的中部为不饱和酸形成的酯化结构，两端由饱和酸酯化结构组成的不饱和聚酯大分子。

④ 不饱和聚酯树脂低聚物缩聚反应具有平衡可逆和高温下发生酯交换反应的特征，反应体系内生成的大分子间发生裂解和酯交换反应，使各种大分子链的组成结构之间逐渐实现一定程度的均匀化。由于大分子的裂解和酯交换反应的可控程度差，实际上，不饱和聚酯树脂低聚物分子链的结构的不均匀性是不可避免的。为方便表征，用以下结构来表示不饱和聚酯树脂低聚物的重复结构单元。

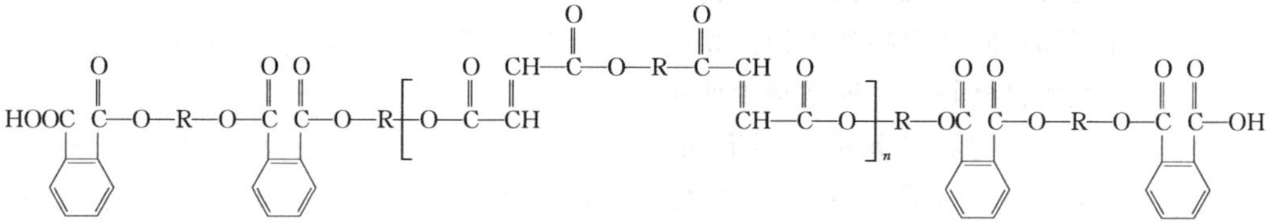

2.2.3 原料分子结构对不饱和聚酯树脂性能的影响

不饱和聚酯树脂低聚物与交联单体混合后在加热、光照或高能辐射等引发作用下共聚形成具有三维网络结构的体型聚合物。原料的结构与性质是不饱和聚酯树脂低聚物分子设计的依据之一，原料的分子结构、性质和投料比决定不饱和聚酯树脂低聚物的性能，最终影响不饱和聚酯树脂固化物的性能。

2.2.3.1 二元酸

工业上不饱和聚酯树脂低聚物的合成中的二元酸有两种：一种是不饱和二元酸；另一种是饱和二元酸，通常两种二元酸混合使用。不饱和二元酸的作用是为不饱和聚酯树脂低聚物后继交联提供反应官能团，饱和二元酸可以调节双键含量，控制不饱和聚酯树脂低聚物的固化交联密度，降低不饱和聚酯树脂低聚物的规整性，增加与交联单体的相容性，此外，饱和二元酸的分子结构还与合成过程中顺式双键异构化有关，含苯环的二元酸比脂肪族二元酸异构化概率大。合成过程中的反应程度也影响着顺式双键的异构化。反应程度增大，则顺式双键的异构化概率增大。

(1) 不饱和二元酸 不饱和聚酯树脂低聚物生产中常用的不饱和酸是顺丁烯二酸（酐）和反丁烯二酸（酐）两种，其中以顺丁烯二酸（酐）的使用为主，反丁烯二酸（酐）使用较少。用顺丁烯二酸（酐）合成不饱和聚酯树脂低聚物，反应快、结晶少；用反丁烯二酸合成不饱和聚酯树脂低聚物，反应慢、结晶倾向明显，特别是在采用对称结构的不含氧桥的二元醇时，两种不饱和酸得到的产物结晶性差异很大。需指出的是顺丁烯二酸（酐）在加热过程中可以很容易转变为反丁烯二酸，因此在反应过程中，顺丁烯二酸（酐）会发生异构化，所合成的不饱和聚酯树脂低聚物结构中含有反丁烯二酸酯结构。但反应开始时，采用顺丁烯二酸（酐）和反丁烯二酸（酐）作为不饱和酸所制得的两种不饱和聚酯树脂低聚物，其性能差异仍很明显。

反式双键的活泼程度大于顺式双键，这对提高树脂的交联固化程度是有利的，树脂中反式双键的含量会在较宽的范围内改变交联聚合物的性能。

除顺丁烯二酸（酐）和反丁烯二酸（酐）外，其他不饱和二元酸（表2-1）如己二烯二酸、二氢己二烯二酸、甲基顺丁烯二酸、甲基反丁烯二酸等也可用于合成不饱和聚酯树脂低聚物。随着所用酸分子链长的增加，不饱和聚酯树脂低聚物的柔韧性相应提高，但强度下降较大，由于这些不饱和二元酸的价格较高，通常很少使用。

(2) 饱和二元酸 不饱和聚酯树脂低聚物的分子链中，饱和二元酸的结构在一定程度上调节不饱和双键的密度，改善不饱和聚酯树脂低聚物在乙烯基类交联单体中的溶解性。常用的饱和二元酸有邻苯二甲酸（酐）、间苯二甲酸、对苯二甲酸、己二酸、癸二酸和庚二酸等。长链酸可以用于生产柔性树脂，而如果酸中含有卤素则可以赋予不饱和聚酯树脂低聚物优异的阻燃性能。表2-2列出了一些常用饱和二元酸的结构及参数。

■表 2-1 常用的不饱和二元酸的结构及参数

二元酸	结构式	相对分子质量	熔点/℃
顺丁烯二酸	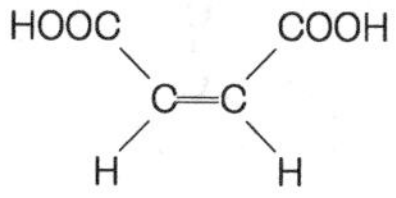	116.07	138~139
反丁烯二酸	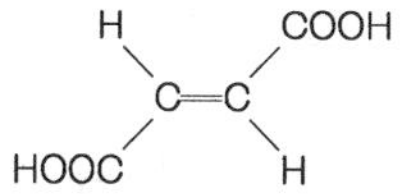	116.07	287
顺,顺-己二烯二酸	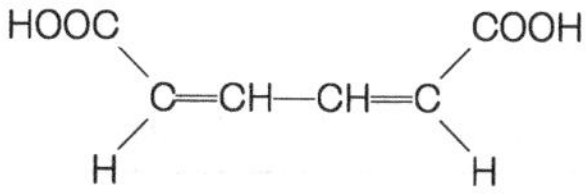	142.11	194~195
反,反-己二烯二酸	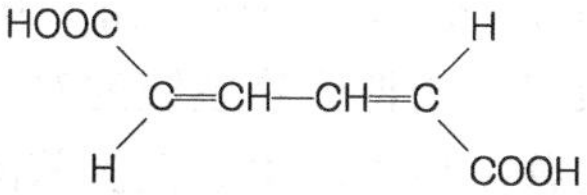	142.11	300
顺式甲基丁烯二酸	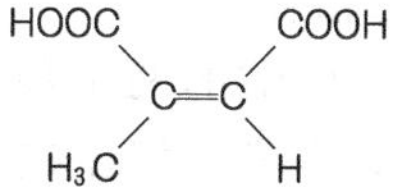	130	161（分解）
反式甲基丁烯二酸	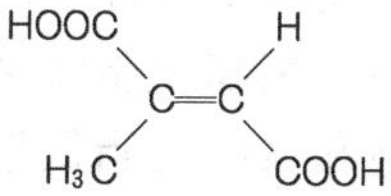	130	—

■表 2-2 常用的饱和二元酸的结构及参数

二元酸	结构式	相对分子质量	熔点/℃
苯酐	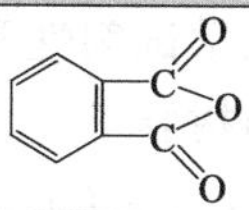	148.11	131
间苯二甲酸	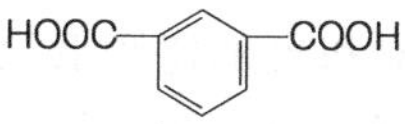	166.13	345~348
对苯二甲酸		166.13	384~421
纳狄克酸酐（NA）	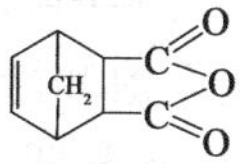	164.16	162~165
四氢苯酐（THPA）	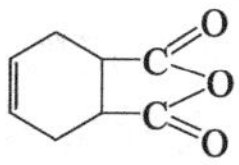	152.16	98~102
氯茵酸酐（HET 酸酐）	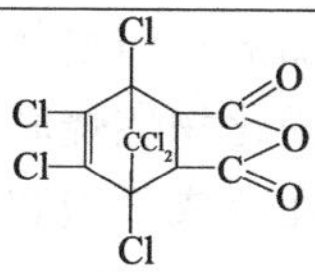	370.81	240~241

续表

二元酸	结构式	相对分子质量	熔点/℃
六氢苯酐（HPA）		154.17	34～38
四氯邻苯二甲酸酐		285.88	254～255
癸二酸	HOOC（CH$_2$）$_8$COOH	202.25	134

① 邻苯二甲酸（酐） 邻苯二甲酸（酐）用于不饱和聚酯树脂低聚物的合成，破坏了不饱和聚酯树脂低聚物主链的对称性，降低了不饱和聚酯树脂低聚物的结晶倾向，改善了树脂的柔韧性。苯酐芳香环的引入提高了不饱和聚酯树脂低聚物与苯乙烯的相容性。

② 间苯二甲酸 间苯二甲酸的两个羧基在苯环的间位上，空间位阻效应较低，容易酯化。与邻位的苯酐相比较，极性小，两个羧基间的斥力较低，稳定性好。固化物的耐化学腐蚀性、耐热性、力学性能及坚韧性有所提高。但是对于同酸值的不饱和聚酯树脂低聚物来说，间苯型不饱和聚酯树脂低聚物的黏度较邻苯型不饱和聚酯树脂低聚物的大，需要更大量的苯乙烯才能获得低黏度的不饱和聚酯树脂。

③ 对苯二甲酸 用对苯二甲酸制得的不饱和聚酯树脂，由于低聚物结构对称，容易结晶，树脂在放置一段时间后会变得不透明，但是对苯型不饱和聚酯树脂拉伸强度高，耐化学试剂性和耐油性较好，电气绝缘性优异，可作绝缘性能良好的不饱和聚酯树脂基复合材料制品。

④ 癸二酸 癸二酸具有 8 个—CH$_2$—结构，通过改变它与不饱和二元酸的投料比例可以调节不饱和聚酯树脂低聚物的交联点密度，使不饱和聚酯树脂的交联密度适中，从而得到柔顺性好的不饱和聚酯树脂。尽管采用脂肪族二元酸作饱和酸可以提高不饱和聚酯树脂固化物的韧性，但这是以牺牲不饱和聚酯树脂固化物的强度和耐热性为代价的。

⑤ 卤代芳族二元酸 合成不饱和聚酯树脂的卤代芳族二元酸有亚甲基六氯邻苯二甲酸、四氯邻苯二甲酸和四溴邻苯二甲酸，这三种卤代芳族二元酸的使用将赋予不饱和聚酯树脂一定的阻燃性能，但三种酸所产生的阻燃效果略有不同。四氯邻苯二甲酸卤含量不高，单独使用时达不到阻燃自熄效果，需要补充其他的阻燃添加剂；四溴邻苯二甲酸阻燃自熄效果优异。但是由于含卤不饱和聚酯树脂的固化物燃烧时会放出有毒气体，对环境和人类的健康有不利的影响，因此，在合成不饱和聚酯树脂低聚物时，应谨慎选择使用卤代芳族二元酸。

（3）饱和酸和不饱和酸的比例对不饱和聚酯树脂性能的影响 饱和二元酸和不饱和二元酸的比例对树脂的性能影响很大。以通用型不饱和聚酯树脂为例，合成通用型不饱和聚酯树脂的原料有顺酐、苯酐和 1,2-丙二醇。其中 1,2-丙二醇和苯酐的主要作用是改善不饱和聚酯树脂低聚物的柔顺性，苯酐的主要作用是调节不饱和聚酯树脂的不饱和双键的密度，控制固化产物的交联密度；顺酐的主要作用是为不饱和聚酯树脂低聚物交联反应提供继续反应的官能团。增加树脂的顺酐量，使得分子链中双键数目增多，分子链的柔韧性逐渐减小；但不饱和聚酯树脂的凝胶时间缩短，固化物的交联密度增大，耐热性提高，耐冲击性能降低。降低树脂中的顺酐量，不饱和聚酯树脂的凝胶时间增加，折射率和黏度可能会增加。因此，顺酐的加入量应适当。

2.2.3.2 二元醇

二元醇的作用与二元酸一样可以调节不饱和聚酯树脂低聚物主链柔顺性、对称性和结晶性及不饱和聚酯树脂低聚物与苯乙烯相容性，不饱和聚酯树脂的凝胶时间，固化物的耐热性、韧性、耐腐蚀性能。可以用于不饱和聚酯树脂的醇有一元醇、二元醇和多元醇。一元醇的作用是控制不饱和聚酯树脂低聚物的主链长度和端基结构。二元醇在一定程度上控制不饱和聚酯树脂低聚物的主链结构的性质及不饱和双键的数量。常用的二元醇有乙二醇、丙二醇、一缩二乙二醇、新戊二醇、双酚 A 衍生物等，它们的结构及参数见表 2-3。此外，二元醇的分子结构又是合成过程中影响不饱和聚酯树脂低聚物双键异构化的因素之一，对称二元醇比非对称二元醇导致不饱和聚酯树脂低聚物双键异构化的概率要大，即 1,2-丁二醇＞1,3-丁二醇＞1,4-丁二醇；仲羟基的二元醇较伯羟基的二元醇导致不饱和聚酯树脂低聚物双键异构化的概率大，如 2,3-丁二醇＞丙二醇＞乙二醇。多元醇可以赋予不饱和聚酯树脂低聚物主链上更多的羟基和支链结构，在合成过程中，要严格控制多元醇的用量，多元醇的用量过多，在合成过程中会产生过多的体型缩聚结构，将导致合成过程中产生凝胶现象。

■表 2-3 常用二元醇的结构及参数

二元醇	结构式	相对分子质量	沸点/℃
乙二醇	$HOCH_2CH_2OH$	62.07	197.6
1,2-丙二醇	$H_3C-\overset{OH}{\underset{\|}{C}}H-\overset{OH}{\underset{\|}{C}}H_2$	76.09	188.2
一缩二乙二醇	$HOCH_2CH_2OCH_2CH_2OH$	106.12	245
一缩二丙二醇	$H_3CCHCH_2OCH_2CHCH_3$ 上方各有 OH	139.16	232

续表

二元醇	结构式	相对分子质量	沸点/℃
新戊二醇	$\begin{array}{c} CH_3 \\ | \\ HOCH_2CCH_2OH \\ | \\ CH_3 \end{array}$	104.15	210
丙烯醇	$H_2C{=}CH{-}CH_2{-}OH$	58.08	97
氢化双酚 A	$HO{-}\bigcirc{-}\overset{\overset{CH_3}{|}}{\underset{\underset{CH_3}{|}}{C}}{-}\bigcirc{-}OH$	240.37	230～234

(1) 1,2-丙二醇 1,2-丙二醇是不饱和聚酯树脂低聚物生产中最常用的原料，它可与大多数二元酸发生缩聚反应，由 1,2-丙二醇合成的不饱和聚酯树脂低聚物的结构中含有不对称的甲基结构，可降低不饱和聚酯树脂的结晶性，提高不饱和聚酯树脂低聚物与苯乙烯相容性。即使与多亚甲基酸（如丁二酸到癸二酸）缩合，也能得到非结晶性不饱和聚酯树脂低聚物，该不饱和聚酯树脂低聚物与苯乙烯相容性良好，树脂固化后性能优异。

(2) 乙二醇 乙二醇分子结构具有对称性，用乙二醇生产的不饱和聚酯树脂低聚物有结晶倾向，将造成不饱和聚酯树脂低聚物与苯乙烯的相容性变差。因此，常采用乙二醇与其他醇联合使用，如 1,2-丙二醇等部分替换乙二醇，以破坏不饱和聚酯树脂低聚物分子的对称性，改善不饱和聚酯树脂低聚物与苯乙烯的相容性。

(3) 一缩二乙二醇和一缩二丙二醇 一缩二乙二醇和一缩二丙二醇均属长链醇，长链醇分子结构中的醚键在一定程度上提高分子链的柔顺性，降低不饱和聚酯树脂低聚物的结晶性，甚至可得到无结晶的不饱和聚酯树脂低聚物。此外，分子结构中的醚键对不饱和聚酯树脂低聚物的表面氧阻聚问题也有一定程度的改善。但醚键也会提高树脂固化后对水的敏感性，使固化物性能下降。

(4) 新戊二醇 新戊二醇是分子结构对称的醇，特别是新戊二醇与反丁烯二酸聚合时，可得到结晶性不饱和聚酯树脂低聚物。由新戊二醇合成的不饱和聚酯树脂的耐水和耐碱性优异，因此，新戊二醇型不饱和聚酯树脂在耐化学和防腐领域有一定用途，然而，新戊二醇型不饱和聚酯树脂低聚物与苯乙烯混合后稳定性差，故采用其他醇与新戊二醇混合使用，可改善不饱和聚酯树脂低聚物与苯乙烯的溶解性能。

(5) 双酚 A 和双酚 A 衍生物 双酚 A 衍生物包括双酚 A 与环氧乙烷反应的产物和氯代双酚 A 及溴代双酚 A。双酚 A 衍生物具有与二元醇类似的作用，采用双酚 A 及双酚 A 衍生物合成的不饱和聚酯树脂固化物具有较好的耐化学腐蚀性。

2.3 不饱和聚酯树脂的制造与设备

不饱和聚酯树脂的制造分两个阶段：第一阶段是二元酸和二元醇酯化生成不饱和聚酯树脂低聚物；第二阶段是不饱和聚酯树脂低聚物与含有不饱和双键的烯烃化合物混合，并加入必要的阻聚剂，即得到不饱和聚酯树脂产品。合成不饱和聚酯树脂低聚物的设备包括反应釜、搅拌装置、回流冷凝装置、不饱和聚酯树脂低聚物与苯乙烯共混的稀释釜及其他辅助设备。

2.3.1 不饱和聚酯树脂合成用设备

2.3.1.1 缩聚反应用设备

(1) 反应釜 不饱和聚酯树脂低聚物缩聚反应使用的反应釜常用不锈钢制造。反应釜要有适当的尺寸与形状。反应釜的容积过大，釜内盘管和夹套的传热时间较长，釜内温度要达到均匀所需时间增加。同时大反应釜的液面面积较大，容易使醇散失和产物颜色变黄。因此，在使用大容积的反应釜时，必须配备良好的惰性气体保护和搅拌设备，也可增加反应釜的长径比，以减少液面面积。为了防止反应釜内的热量散失，造成釜内温度变化，在反应釜壁外应配有包裹隔热层。反应釜的结构如图 2-1 所示。

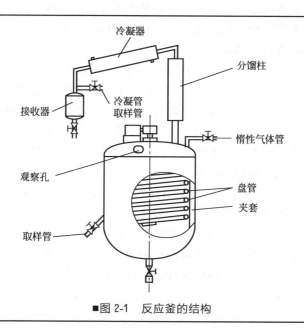

■图 2-1 反应釜的结构

① 搅拌器　搅拌的作用是使物料混合均匀，各组分良好接触，促进反应生成的水分尽快排出，保证釜内的反应温度均匀，加速反应进行；同时，防止因反应釜内局部出现过热而使不饱和聚酯树脂低聚物发生凝胶。反应釜一般使用螺旋桨式搅拌器，搅拌器应安装在釜的中心线上，叶片距反应釜底部约 0.9m。

由于反应后期不饱和聚酯树脂低聚物的黏度较大，搅拌器应具有足够大的功率且搅拌器的转数要控制得当。当搅拌器的转数过高时，物料会飞溅。这种溅起物会粘在反应釜上，并在釜壁处发生凝胶甚至焦化，如果焦化物落入反应体系中会使树脂变色。溅出量较大时还可能进入分馏柱，导致分馏柱堵塞，造成反应无法控制。

② 加热与冷却盘管　它的作用是控制反应釜内的反应温度。缩聚反应开始前要升温，加热熔融反应物料并使反应物料达到规定的反应温度。反应进行中要保持规定的反应温度，以确保反应正常进行。如果反应温度过高则会使反应物大量挥发，产物变色，甚至会有不饱和聚酯树脂低聚物凝胶产生；反应温度过低则反应速率太慢，反应时间较长，生产效率降低，因此，准确控制反应温度十分重要。通过调节进入盘管中介质的温度和流量，可以有效地控制反应釜内的反应温度。当反应温度升温较快时，可减小盘管内加热介质的流量，降低介质温度，严重时向盘管内通入冷介质；当温度下降较快时，可增大盘管内热介质的流量，提高介质温度。

盘管一般采用不锈钢制成，呈螺旋状安装在反应釜壁上，其螺旋高度应达到反应釜高度的 3/4 以上。为了适应特定树脂的合成工艺要求，有的加热盘管分为两部分，分别在反应釜中上部和底部各安装一套盘管，以分别控制釜内上下层物料的温度。通过向盘管内通入不同的介质，来实现对反应釜内的物料进行加热或者冷却。

③ 夹套　反应釜的侧壁和底部设有夹套，形成反应釜的侧壁和底部双层夹套结构，夹套中通有热交换介质起到加热反应体系的作用，夹套由不锈钢制成，外表面包有保温材料。夹套可用热交换介质进行加热，也可以用电热器直接安装在夹套内对加热介质进行加热。用于热交换介质的加热介质可以是变压器油或联苯醚等，可以根据反应体系的热量平衡需求选择环境友好且价格低廉的加热介质。

④ 惰性气体输入管　惰性气体输入管应插入反应物料中并一直延伸到接近釜底部处。惰性气体一般使用氮气或二氧化碳等，其作用是排出反应釜内的氧气，防止树脂的氧化变色。同时，通入惰性气体对反应物料有一定的搅拌作用，通过对其流量的控制来调节反应生成水的排除速率，促进反应的进行。必要时还可以向反应釜顶部空间通入惰性气体，以增加空间气压，防止物料挥发。

⑤ 人孔　人孔可用于添加固体物料，也可在设备停车时用于工人进入釜内检查釜壁腐蚀情况和内部设备的完好情况。人孔一般位于反应釜的上

部。在合成时，对人孔进行密封。

⑥ 观察孔　观察孔位于反应釜顶部，用于观察反应釜内的反应情况。

⑦ 取样管　取样管安装在反应釜壁或釜底，其作用是定期监测反应釜内的反应情况。

(2) 蒸汽排出及冷凝装置　缩聚反应在进行的过程中有大量的缩合水产生，以水蒸气的形式进入液面上层空间，必须及时排出，确保反应向有利于产物生成物的方向进行；与此同时，部分醇也会挥发混入水蒸气中，加之惰性气体也必须及时排出。基于上述原因，在反应釜顶部需安装气体排出管和冷凝系统。

① 回流冷凝分馏柱　由于醇极易挥发，在缩聚反应过程中，有相当数量的醇会夹杂在水蒸气中外逸，为保持反应釜内规定的醇酸比，使得反应顺利进行，必须使醇回流。为此，分馏柱的温度要保持在醇的沸点和水的沸点之间，同时分馏柱中可装填表面积大的多孔填充物，以提高醇分离效率。

② 冷凝器　水蒸气和惰性气体的混合蒸气经分馏柱馏出后，要使其冷凝下来，以便于回收。一般要在分馏柱的柱顶加装冷凝器，此时有少量的醇蒸气也会和水一起冷凝。通过测定冷凝液的折射率可以确定醇在水中的含量。按测定结果来确定分馏柱顶部蒸气的控制温度。若冷凝液中醇的含量较大，可以降低分馏柱顶部的控制温度，以减少醇的流失。

③ 冷凝液接收器　冷凝液接收器是上面有计量刻度、可以指示液面高低的容器，容器的底部设有排放阀门。未被冷凝的惰性气体可以从冷凝液接收器顶部的排气孔排出，底部排放阀门可放冷凝水，通过所收集的水量来判断反应程度。一般在冷凝器与接收器的连接管道上装有一个取样管，以便对冷凝水的折射率进行监测。

2.3.1.2　稀释罐

当不饱和聚酯树脂低聚物缩聚反应达到理论酸值后，若产物直接与温度较低的交联单体进行混合时，会产生挥发、飞溅，甚至是交联。加之反应釜的容积有限，不足以与交联单体完全且均匀地混合。为获得质量合格的不饱和聚酯树脂，一般在不饱和聚酯树脂低聚物酯化反应结束后，将不饱和聚酯树脂低聚物直接送入容积较大的稀释罐内与交联单体共混。

稀释罐是由不锈钢制成的，其容积为反应釜的 1.5 倍以上，甚至可以为反应釜的 2～4 倍。稀释罐内装有与反应釜相同的螺旋桨式搅拌器，搅拌器的作用是使不饱和聚酯树脂低聚物和交联剂混溶均匀。稀释罐外通常装有夹套，当不饱和聚酯树脂低聚物与交联单体混合时，由于不饱和聚酯树脂低聚物的分子量与交联剂的分子量相差较大，在混合过程中两者的扩散速度存在一定差异，在较低温度下，表现为溶解困难，需要适当提高温度以促进混合。但稀释罐一定要配置足够的冷却盘管，当稀释过程中如遇到稀释罐内温度过高时，应及时降温冷却，否则罐内的持续高温将导致不饱和聚酯树脂的凝胶时间缩短，甚至发生不饱和聚酯树脂凝胶的现象。此外，稀释罐也装有人孔和惰性气体输入管，出料口在底部。混合均匀的不饱和聚酯树脂排出后，经过滤装置除杂后即可装桶销售。过滤装置一般采用板框过滤和袋式过滤的联合装置，这种多级过滤装置过滤效果好，所得产品杂质少。

2.3.2 不饱和聚酯树脂的合成方法与质量控制

不饱和聚酯树脂的种类较多，即使是同一种类的树脂，各个厂家的生产工艺也各有千秋，但是总体上大致分为缩聚和稀释两步。以下分别从不饱和聚酯树脂的实验室合成和工业生产方面介绍不饱和聚酯树脂的工艺及质量控制。

2.3.2.1 实验室制法

(1) 不饱和聚酯树脂的工艺流程及配方　不饱和聚酯树脂的工艺流程如图 2-2 所示，表 2-4 为通用型不饱和聚酯树脂的典型配方。

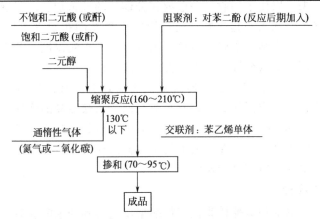

■图 2-2　不饱和聚酯树脂的工艺流程

■表 2-4　通用型不饱和聚酯树脂的典型配方

组　　分	相对分子质量	摩尔比	质量/kg	质量分数/%
丙二醇	76.1	2.2	167.4	—
顺丁烯二酸酐	98.1	1.0	98.1	—
苯二甲酸酐	148.1	1.0	148.1	—
理论缩水量	18.0	1.0	−18.02	—
不饱和聚酯树脂低聚物	—	—	395.6	65.5
苯乙烯	104.2	2.0	208.3	34.5
不饱和聚酯树脂	—	—	603.85	

(2) 不饱和聚酯树脂的合成　不饱和聚酯树脂低聚物的合成包括一步法合成和两步法合成。

① 一步法合成工艺　按图 2-3 组装实验装置，通入氮气除氧气。按表

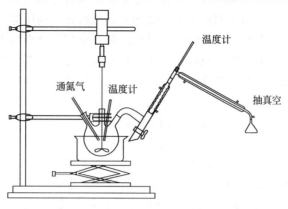

■图 2-3　不饱和聚酯树脂实验合成装置

2-4 的配方将原料依次加入四口烧瓶中。通入惰性气体（如氮气），气体流量为 2 泡/s，开动搅拌。反应过程中每半小时记录一次反应温度和蒸汽温度。温度升至 160～175℃，开始回流，在此温度下开始酯化反应，计时开始。蒸汽温度控制在 105℃ 以下。每隔 15min 取样测酸值，并记录。当酸值降至 200mg KOH/g 左右，增大惰性气体流量，气体流量为 4～6 泡/s，当酸值降至 135mg KOH/g 左右时，逐渐升高反应体系温度至 190～200℃ 之间，在此温度范围内进行保温反应，直至体系酸值达到 50mg KOH/g，保持温度并进行抽真空 1～1.5h。降低温度，在 120℃ 左右，加入总产量 0.02% 的阻聚剂，继续冷却，待温度降至 70～95℃ 时加入交联单体，待不饱和聚酯树脂低聚物完全溶于交联单体后，出料。

② 两步法合成工艺　按图 2-3 组装实验装置，通入氮气除去氧气。按配方将饱和酸、醇和催化剂依次加入四口烧瓶中。开动搅拌，体系加热，逐渐升高液温至 170℃，保温，氮气流量为 2 泡/s。直至酸值降至 100mg KOH/g 以下，将体系温度降至 80℃ 以下，加入全部不饱和酸（酐）。逐渐升高体系的温度至 170℃，每隔 15min 取样测酸值，并记录，至酸值达到一定值。而后将体系温度逐渐升至 190～200℃ 之间，氮气流量为 4～6 泡/s。在该温度下反应，直至无水蒸出为止，保持温度并抽真空反应 0.5～1h。在 120℃ 左右按比例加入阻聚剂，待温度降至 70～95℃ 时加入交联单体，待不饱和聚酯树脂低聚物完全溶于交联单体后，出料。

2.3.2.2　工业生产工艺

不饱和聚酯树脂品种和牌号众多，造成不饱和聚酯树脂性能差异的主要原因是所选用的原料不同、混合酸组分中不饱和酸和饱和酸的比例不同及投料方式的不同。但是性能不同的不饱和聚酯树脂合成生产过程大致相似。工业化生产不饱和聚酯树脂低聚物的工艺方法有熔融缩聚法、溶剂共沸脱水法、减压法及加压法等。

(1) 熔融缩聚法 这种方法是按比例将醇和酸加入聚合釜中，直接加热熔融，除了加入原料外不需要加入其他组分。利用醇、水沸程差，结合惰性气体的通入量，使反应后生成的水通过分馏柱分离出来。此法设备简单，成本较低，生产周期也较短，所以目前大部分工厂都采用此法生产。

(2) 溶剂共沸脱水法 此法与熔融缩聚法的合成原理相同，只是在缩聚过程中加入溶剂，如甲苯（或二甲苯），溶剂用量为总投料量的 10%。利用溶剂与水形成共沸混合物的共沸点比水的沸点低的原理，可以加快缩合水的排出，促进缩聚反应向产物方向进行。其优点是反应比较平稳，易于掌握，产品颜色浅，反应速率较快。缺点是需要有一套分水回流装置，生产成本较高；生产过程中要用有机溶剂，存在爆炸的危险；溶剂与二元醇如乙二醇或丙二醇等也会形成低沸点的共沸混合物，使二元醇的损失增加；溶剂需要除去。

(3) 减压法及加压法 缩聚反应的中后期，当反应程度达到一定阶段时（约 70%），可以抽真空减压，以降低水的沸点，利于水分的排出。减压速率大约每隔 10min，真空度上升 1.33×10^4 Pa，反应至酸值降到起始酸值的 1/10～1/20 为止。采用减压法生产不饱和聚酯树脂低聚物时，反应釜内温度应保持在（195±5）℃，但是柱温允许降到 43～66℃。不饱和聚酯树脂低聚物聚合反应是体积由大变小的平衡反应，增大体系的压力可以促进反应向有利于产物生成的方向进行，缩短生产周期。因此，近年来在合成不饱和聚酯树脂低聚物工艺中也应用加压技术生产不饱和聚酯树脂低聚物，以达到提高生产效率的目的。

目前采用熔融法进行工业化生产不饱和聚酯树脂较多，其工艺流程如图 2-4 所示。以通用型不饱和聚酯树脂为例，阐明其生产过程。

通用型不饱和聚酯树脂主要原料及配比为：

丙二醇＋乙二醇	2.15mol	顺丁烯二酸酐	1.00mol
邻苯二甲酸酐	1.00mol		

上述物料按配比称量，将丙二醇和乙二醇投入反应釜中，向反应釜中通入二氧化碳（或氮气等惰性气体），排除反应釜内的空气，再投入二元酸。待二元酸溶解后启动搅拌装置，反应釜的装料量不超过反应釜中溶剂的 2/3，否则易产生泛泡现象。加热反应体系，使反应釜内料温逐渐升高至 190～210℃，控制回流冷凝分离器出口温度低于 105℃，以防止二元醇挥发造成损失。在反应过程中，逐渐排除缩聚反应产生的水分，反应终点控制是根据反应釜内物料的酸值，当酸值达到（40±2）mg KOH/g 时，认为达到反应终点。待酸值合格后，把料温降至 120℃，加入一定量的石蜡（防止树脂固化后表面发黏）与阻聚剂（氢醌或叔丁基邻苯二酚），再搅拌 30min，等待出料，进一步稀释。

在稀释釜内预先投入计量的苯乙烯、阻聚剂和光稳定剂等，搅拌均匀。然后将反应釜中的不饱和聚酯树脂缓缓放入稀释釜，控制不饱和聚酯树脂的

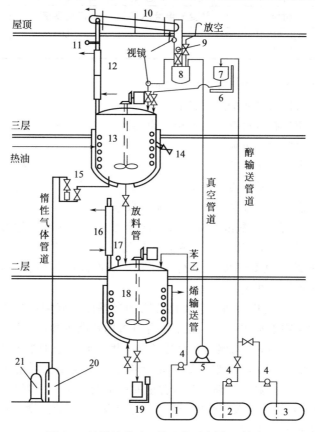

■图2-4 熔融法生产不饱和聚酯树脂工艺流程

1—苯乙烯贮罐；2—丙二醇贮罐；3—乙二醇贮罐；4—泵；5—真空泵；6，19—秤；

7—醇计量罐；8—接收罐；9,17—压力表；10—卧式列管冷凝器；11—温度计；12—分馏柱；

13—反应锅（釜）；14—取样管；15—转子流量计；16—立式冷凝器；

18—稀释锅；20—缓冲罐；21—惰性气体

流速，使混合温度不超过90℃。稀释完毕，将树脂冷却至室温，过滤，包装。

上述通用型不饱和聚酯树脂具有下列技术指标：

黏度/Pa·s	0.2～0.5	凝胶时间（25℃）/min	60～66
酸值/（mg KOH/g）	28～36		

通用型不饱和聚酯树脂在上述生产过程中原料酸和醇是在反应初期一次投料进行缩聚的，称为一步法。若原料酸和醇分两批加入，首先将二元醇与苯酐投入反应釜反应至酸值为90～100mg KOH/g时，再投入顺酐反应至终点，称为二步法。大量实验结果表明，在其他条件不变的情况下，两种方法生产的树脂性能有差异，二步法生产的不饱和聚酯树脂的一些物理性能高于一步法生产的不饱和聚酯树脂。表2-5列出两种方法生产的通用型不饱和聚酯树脂（苯乙烯含量为35%）固化后的性能。

■表 2-5　两种方法生产的通用型不饱和聚酯树脂固化后的性能

树脂	热变形温度/℃	巴柯硬度	弯曲模量/MPa
一步法树脂	68	50	2800
二步法树脂	76	56	3600

2.3.2.3 不饱和聚酯树脂的质量控制

(1) 原材料的质量控制 原材料的品质对树脂性能有很大影响，有些杂质即使只有微量存在，对树脂也会产生显著影响。因此，对进厂原材料必须经过检验后方可使用。

① 顺丁烯二酸酐　采用熔点试验方法检测顺丁烯二酸和顺丁烯二酸酐。顺丁烯二酸酐熔点为 $52.5 \sim 52.8℃$，顺丁烯二酸熔点为 $138 \sim 139℃$，熔点测试值超过上述值±0.5℃即不合要求。

② 苯二甲酸酐　采用熔点试验测方法检测苯二甲酸酐，苯二甲酸酐熔点为 $(130.8 \pm 0.3)℃$。测熔点时的颜色，APHA 色度 100，试样在 250℃加热 2h，色度<300。此外，原料中是否含有 1,4-萘醌及萘等不纯物可用紫外线光谱仪测定。

③ 醇类化合物　醇类化合物的羟基能够吸附空气中的水分，应检测醇类化合物中水的含量，醇中水含量可用费歇尔滴定法测试。取 10g 样品醇和 10mL 干甲醇，用碘与二氧化硫在干甲醇吡啶中的溶液进行滴定。另外，测定醇的折射率可以监视醇类化合物中的水含量。如醇中含水，与纯物质相比，则其折射率下降，其水含量的增加与折射率下降成直线关系。每 0.3%（质量分数）的水分可使折射率 n_D^{25} 下降 0.0002。微量铁一般为铁锈，可用分光光度仪测定。

④ 苯乙烯　主要检测是否有聚苯乙烯存在及阻聚剂的含量等。聚苯乙烯的检测方法：通过加入干甲醇，甲醇与苯乙烯混合的摩尔比为 2:1，观察其浑浊度与沉淀情况，在分光光度计波长为 $500\mu m$ 下，参照已知聚苯乙烯溶液制备的校正图表，即可测得浑浊度。如发生浑浊或沉淀即说明存在聚苯乙烯。苯乙烯中阻聚剂含量可用 10%（质量分数）的氢氧化钠水溶液洗涤单体测试，然后通过测定洗涤液颜色亮度来确定。颜色亮度可用已知亮度标准进行对比目测，棕褐色显示含有对苯二酚，桃红色显示含有叔丁基邻苯二酚。此外，采用分光光度计测定苯乙烯中阻聚剂含量，在 $425\mu m$ 波长上测定对苯二酚，在 $445\mu m$ 波长上测定叔丁基邻苯二酚。此外，苯乙烯中可能会混有铁锈，要定期检验。

(2) 不饱和聚酯树脂生产过程的工艺控制

① 温度控制　主要控制以下部位温度：a. 反应釜中心部位的料温；b. 反应釜釜壁部位的料温；c. 夹套中的油温；d. 分馏柱顶部蒸汽温度，简称"蒸汽温度"；e. 冷凝器的进水与出水温度；f. 稀释罐中心部位的料温；g. 稀释罐夹套中介质的温度。以上各温度可使用程序控制多点温度记录仪进行在线即时监视记录。

　　反应釜中心部位的温度为反应物料温度，直接接触反应釜壁的物料温度受夹套中介质温度的影响大，其温度与中心部位反应物料温度存在一定的差异。搅拌是降低这种差异的主要手段。在良好的搅拌条件下，反应釜中心部位的物料温度与反应釜壁的物料温度相差较小；若搅拌条件不良时，反应釜中心部位的物料温度与反应釜壁的物料温度存在明显差异，造成树脂缩聚过程的温度不均匀，甚至产生局部凝胶。夹套中加热介质温度不能过高，否则会导致反应物升温过快，釜壁可能产生焦化结皮；夹套中加热介质温度不能过低，否则会导致反应物升温慢，影响生产效率。

　　分馏柱顶部的温度即"蒸汽温度"的控制也很重要。在聚酯化反应中，由于反应物中存在大量醇，醇可与水形成共沸物，在较低温度下，蒸出醇水共沸物，同时造成反应体系醇的流失，为使平衡反应体系水的排除和醇的回流，蒸汽温度要控制在100℃左右，否则反应体系内物料的比例达不到合成要求。对于普通树脂，苯酐、顺酐与醇的配比为1∶1∶2.2，醇的流失较少。对于高含量的顺酐或反丁烯二酸聚酯，苯酐、顺酐与醇的比例为1∶3∶4.4，若分馏柱顶部温度超过105℃时，将造成醇的严重损失。

　　为使不饱和聚酯树脂低聚物与苯乙烯高效均匀混合，稀释罐中心的物料温度和稀释罐夹套中介质温度的控制是非常重要的。稀释罐中心的物料温度是检测的重点部位，稀释罐中心的物料温度过高，不饱和聚酯树脂低聚物与苯乙烯反应，导致凝胶；稀释罐中心的物料温度过低，则不饱和聚酯树脂低聚物与苯乙烯混容困难，时间较长，生产效率低。夹套中加热介质温度不能过高，否则会导致不饱和聚酯树脂低聚物与苯乙烯混容快，罐壁可能产生局部凝胶；夹套中加热介质温度不能过低，否则会导致不饱和聚酯树脂低聚物与苯乙烯混容慢，影响生产效率。

　　② 搅拌速度和惰性气体流量控制　搅拌速度快、惰性气体流速高，会使反应大为加速，水分可以加快排除，但醇的挥发流失也增大，如发生酸值过早停滞，说明反应体系内醇的流失过多，需及时补加醇来促使反应继续进行。故一般调整好搅拌机速度后不再变动，可以通过调节惰性气体流量的方法来调节反应釜内的搅拌情况。

　　③ 酸值和黏度控制　反应混合物的酸值和黏度要定时测定，并作出酸值-时间和黏度-时间曲线，与标准曲线相对照，是检查与控制反应过程的基本方法。每半小时测定酸值和黏度，同时记录反应料温度、分馏柱顶部蒸汽温度、油介质温度、惰性气体流量和水的排出量。

　　一般反应初期和中期，酸值下降明显，依据酸值-时间曲线控制反应较为方便，但反应后期，酸值降至35mg KOH/g以下时，酸值变化迟缓，但黏度变化明显，依据黏度-时间曲线控制反应更为灵敏。特别在采用了多元醇，如季戊四醇、甘露糖醇、山梨糖醇等反应料时，依据酸值-时间控制反应较困难。在反应趋向终点时，黏度会突然上升，此时可将树脂试样溶于一定量溶剂中再测定溶液黏度。

反应过程中物料的黏度通常采用气泡黏度计进行测试，气泡黏度计测试设备如图 2-5 所示。树脂试样放在气泡黏度配置的具塞的玻璃试样管中，在 25℃下和以字母作标度的各种不同黏度的标准黏度管一起，倒置翻转，试样管和标准管中的气泡即同时在管中上升。找出与试样管气泡上升速度相同的标准管，树脂试样的黏度被标定为标准黏度管的字母。其相应的动力黏度见表 2-6。这种方法测定黏度的精确度为±5％，测定快，而且设备简单，很适合于反应过程中的树脂黏度的测定。气泡黏度法是不同批次的不饱和聚酯树脂质量稳定性监控的有效方法。

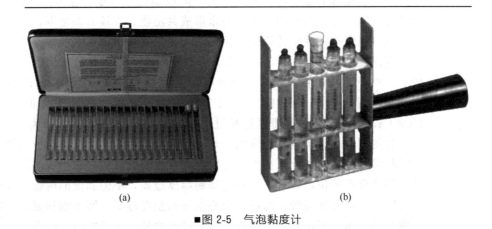

(a)   (b)

■图 2-5 气泡黏度计

■表 2-6 气泡黏度计字母与动力黏度对应表 （25℃）

标准泡管字母	动力黏度/St	标准泡管字母	动力黏度/St	标准泡管字母	动力黏度/St	标准泡管字母	动力黏度/St
A_5	0.00505	F	1.40	P	4.00	Z	22.7
A_4	0.0624	G	1.65	Q	4.35	Z_1	27.0
A_3	0.144	H	2.00	R	4.70	Z_2	36.2
A_2	0.220	I	2.25	S	5.00	Z_3	46.3
A_1	0.321	J	2.50	T	5.50	Z_4	63.4
A	0.50	K	2.75	U	6.20	Z_5	98.5
B	0.65	L	3.00	V	8.80	Z_6	148.0
C	0.85	M	3.20	W	10.7		
D	1.00	N	3.40	X	12.9		
E	1.25	O	3.70	Y	17.6		

注: $St = 10^{-4} cm^2/s$。

(3) 不饱和聚酯树脂的质量控制 对于任何商品化树脂而言，每一批产品质量都必须具有质量的稳定性和一致性。要获得生产质量稳定和一致的不饱和聚酯树脂，必须对生产过程中的有关参数加以控制，一般不饱和聚酯树脂低聚物的质量通过测定酸值、黏度、颜色、折射率、密度等来控制。这些结果也可以作为不饱和聚酯树脂质量控制的技术标准。

① 酸值 酸值是表征不饱和聚酯树脂低聚物合成时反应程度的指标，

也是控制不同批次不饱和聚酯树脂低聚物质量均一性的重要指标。不饱和聚酯树脂低聚物酸值的测定利用了端基滴定的方法。

② 黏度 树脂黏度的大小表征树脂与纤维或者填料的浸润能力。树脂的黏度直接影响不饱和聚酯树脂的后续加工性能。树脂黏度的表征单位是帕斯卡·秒（Pa·s）。国际上通常是在 25℃下用 Brookfield 旋转黏度计测定。

③ 颜色 同一牌号不同批次的不饱和聚酯树脂应该具有相近的颜色，因此颜色也是控制产品质量的一项物理指标。不饱和聚酯树脂的颜色主要受树脂的反应原料种类及纯度、酯化反应的温度和时间、设备系统的清洁程度等因素的影响。

测定树脂颜色的方法有两种：一种是加纳尔比色法，采用与树脂黏度测试相同的试样，再与颜色标准值进行对比的方法来进行测定的，主要用于不饱和聚酯树脂低聚物生产过程中的在线颜色的检测；另一种是 APHA 色度测定，主要用于产品的颜色特性指标的测定，它采用长式奈斯勒比色管，对铂-钴溶液的色度标准进行测定。

④ 折射率 可以用折射仪测定树脂的折射率，依据经验，不饱和聚酯树脂的折射率在 1.50～1.55 之间。因此，采用折射率作为快速检测手段，是保证不饱和聚酯树脂质量均一性的物理指标。

⑤ 相对密度 不饱和聚酯树脂的未固化物的相对密度值在 1.10～1.15 之间波动，固化物的相对密度接近 1.25，因此，用标准单位体积重量杯测定不饱和聚酯树脂的相对密度值能保证不同批次制品质量的均匀性。

需要指出的是在不饱和聚酯树脂生产制造过程中，上述技术指标的综合检测结果可以作为不饱和聚酯树脂质量控制的技术标准。仅仅对其中某一个指标进行监测是不能保证不饱和聚酯树脂质量的均匀性的。

⑥ 贮存期 贮存期是评估在室温下，不饱和聚酯树脂经过一段时间后，其性能仍然稳定，可以使用的时间，通常贮存期在三个月或半年或更长时间才有意义。贮存期的评估方法有两种：一种是将不饱和聚酯树脂直接放置观察；另一种是加速评估方法，通常认为树脂在 80℃下，存放 24h 的贮存期相当于室温下存放一年，由于不饱和聚酯树脂的化学结构不同，可能同一高温条件下的贮存期相当于室温下存放三个月。

⑦ 凝胶时间 凝胶时间是在恒定温度下，不饱和聚酯树脂由线型低聚体转化为体型结构大分子所需要的时间，它表征不饱和聚酯树脂由线型低聚体向体型结构大分子转化的临界点。凝胶时间测试的方法有三种：第一种是平板小刀法；第二种是试管法，是在恒定温度下，将装有一定量树脂的试管置于恒定温度环境中，用细钢钎搅动抽丝直至抽不出丝所用的时间为该温度下树脂的凝胶时间；第三种是使用凝胶时间测定仪测试不饱和聚酯树脂的凝胶时间，如图 2-6 所示。

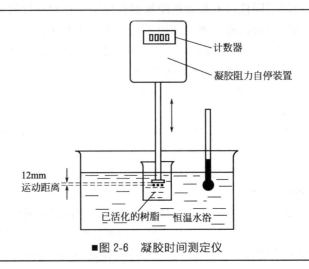

■图 2-6 凝胶时间测定仪

2.3.2.4 不饱和聚酯树脂结构的表征

对于不饱和聚酯树脂的结构的研究常采用红外吸收光谱分析和核磁共振谱图解析。

(1) 红外吸收光谱分析 红外吸收光谱法是研究物质结构的经典方法，在表征不饱和聚酯树脂低聚物的结构中有着突出的优点。周菊兴采用红外吸收光谱对各种类型的不饱和聚酯树脂低聚物进行了详细的分析，为不饱和聚酯树脂的合成与应用提供了基础数据及参考。表 2-7 是不饱和聚酯树脂低聚物红外光谱的特征数据。

① 酯基 酯基位于（1725±10）cm^{-1} 处，是羰基（C$=$O）的伸缩振动，吸收光谱最强，酯基中的醚氧基（C—O—C）有 2 个吸收峰，是 C—O—C 的对称伸缩振动（v_s）与不对称伸缩振动（v_{as}），分别位于（1125±10）cm^{-1} 和（1280±10）cm^{-1} 处。环氧树脂中不存在羰基（C$=$O）和不饱和双键，因此在 1725cm^{-1} 处和 1645cm^{-1} 不出现吸收峰，这就是不饱和聚酯树脂低聚物不同于环氧树脂的关键吸收峰。

② 饱和烃 不饱和聚酯树脂低聚物中饱和烃类的碳氢键（C—H）伸缩振动位于 3000～2850cm^{-1} 处，有 3～4 个强吸收峰，C—H 的弯曲振动吸收峰位于 1450～1460cm^{-1} 和 1380～1370cm^{-1} 处。间苯型的碳氢键（C—H）的特征是只出现一个不对称伸缩振动吸收峰。烷烃的振动数据一般不用于区别物质结构的特征数据。饱和烃类功能团红外光谱分析见表 2-8。

③ 不饱和烃 芳烃：苯环振动分别在 1600cm^{-1} 与 1500cm^{-1} 处附近有 2 个共轭体系的振动谱带。苯环上取代基位置不同，则 C—H 面外弯曲振动不同，这是确定不饱和聚酯树脂低聚物类型的关键特征数据。邻苯型为 1,2-二取代，在 745cm^{-1} 与 705cm^{-1} 处有强吸收峰；间苯型为 1,3-二取代，在

■表2-7 不饱和聚酯树脂低聚物红外光谱特征数据   单位：cm^{-1}

功能团	振动类型	邻苯型	间苯型	对苯型	乙烯基酯低聚物	环氧树脂 E-51
酯基	$\upsilon_{C=O}$	1725	1725	1721	1725	—
	υ_{C-O-C}	1289	1300、1231	1270	1296、1250	1248、1297
		1125	1157	1157、1103	1192	1184
烯烃	υ_{HO-CH}	1645	1647	1646	1637	—
	δ_{-CH_2}	—	—	—	1408	—
	$\upsilon(\Pi_6^6)$	1600、1583	1609	1578	1611	1607、1584
		1500	1458	1506	1511	1510
苯环共轭	γ_{-CH}（邻位）	745、700	—	—	—	—
	γ_{-CH}（间位）	—	730	—	—	—
	γ_{-CH}（对位）	—	—	876、730	986、830	830
烷烃 CH₂、CH₃	υ_{as}	2983、2926	2986	2986	2967、2934	2966、2928
	υ_s	2884、2853	2860	2860	2875	2872
	δ_{as}	1450	1458	1458	1460	1457
	δ_s	1380	1383	1384	1381	1362
环氧基 $\overset{\triangle}{\underset{O}{-C-C-}}$	υ	—	—	—	—	915
	υ_{OH}	3494	3436	3437	3459	3470
羟基	υ_{C-H}（伯醇）	—	—	1018	—	994
	υ_{C-O}（仲醇）	1069	1074	1078	1107	—
醚	$\upsilon_{-CH_2-O-CH_2-}$	—	—	1103	—	—
	υ_{Ar-O-C}	—	—	—	1064	1036

■表2-8 饱和烃类功能团红外光谱分析

—CH₃		—CH₂—		$H_3C-\underset{|}{\overset{|}{C}}-CH_3$	
υ_{as}	2962 ± 10	υ	2926 ± 5	δ	$1397 \sim 1370$
υ_s	2872 ± 10	υ	2853 ± 5	δ	1250 ± 5
δ_{as}	1450 ± 20	δ	1465 ± 5	δ	1210 ± 6
δ_s	1380 ± 10	τ	$1350 \sim 1150$		
		ω	$1100 \sim 700$		

$730cm^{-1}$处有强吸收峰；对苯型为1,4-二取代，在$876cm^{-1}$与$730cm^{-1}$处有中强吸收峰。对于对苯型和乙烯基酯低聚物的区别而言，乙烯基酯低聚物γ_{-CH}（对位）的两个吸收峰频率较高，不饱和聚酯树脂低聚物中的不饱和双键（HC=CH）的伸缩振动在(1645 ± 5) cm^{-1}处有弱吸收峰。环氧树脂此处没有吸收峰。乙烯基酯低聚物中的端基（$HC{=}C\!\!\diagup$ ）$\upsilon_{C=C}$在1658~$1648cm^{-1}$有吸收峰（弱），位于3100~3077cm^{-1}处的是$=CH_2$的υ_{as}吸收峰，在$1410cm^{-1}$处有剪式振动（δ_s）强吸收峰。

④ 羟基 在(3450 ± 50) cm^{-1}之间的强吸收峰是不饱和聚酯树脂低聚物中羟基的伸缩振动的吸收峰。对C—O伸缩振动而言，伯醇在$1050cm^{-1}$有一个强吸收峰；仲醇在$1100cm^{-1}$有一个强吸收峰。

⑤ 醚　在脂肪烃中，位于 $1150cm^{-1}$ 处的吸收峰是醚键（$H_2C—O—CH_2$）伸缩振动，它很容易与酯基 $\upsilon_{C—O—C}$ 吸收峰相混，因此，不能用红外光谱特征来判断不饱和聚酯树脂低聚物在缩聚过程中是否使用醇类物质。对于酚基中醚键的伸缩振动，在 $1065\sim1030cm^{-1}$ 处有较强吸收峰，但很难与羟基吸收峰相区别。

上述各种不饱和聚酯树脂低聚物中其他功能团的谱带，由于分子中功能团振动能级存在相互作用，在红外光谱图中可能加强或削弱已有的吸收峰，或者与某些吸收峰重叠，因此，在红外光谱图中看不到明显的吸收峰。

(2) 核磁共振分析　核磁共振（NMR）法可以定性和半定量地鉴别不饱和聚酯树脂低聚物的各种组分。单体的样品可直接在丙酮或苯溶液中进行测试，可以用来鉴别和测定合成不饱和聚酯树脂低聚物所使用的酸和醇。不同类型的不饱和聚酯树脂低聚物核磁共振的数据信息列于表 2-9。

■表 2-9　几种不饱和聚酯树脂低聚物分子中各类官能团 ^{1}H NMR 谱图化学位移值 （±0.3）

质子的类型	基团结构	化学位移	质子数
丁烯二酸酯中的烯基	—C=C—	反式：6.8	2
		顺式：6.5	2
苯二甲酸酯中的芳基			
邻位	（苯环 Ha—Ha, Hb Hb）	Ha：7.8	2
		Hb：7.6	2
间位	（苯环 Ha Ha, Hb—Hb, Hc Hc）	Ha：8.6	1
		Hb：8.2	2
		Hc：7.6	1
对位	（苯环 Ha Ha, Ha Ha）	Ha：8.1	4
己二酸酯中的亚甲酯	$H_2C—(CH_2)_2—CH_2$ 、 —CO	中央 CH_2：1.63	4
		连接羧基：2.36	4
乙二醇（酯）基	$—O—CH_2—CH_2—O—$	4.3	
丙二醇（酯）基	$H_3C—CH—CH_2—O—$ 、 O—	甲基 CH_3：1.4	3
		亚甲基 CH_2：4.4	2
		次甲基 CH：5.4	1
端羧基	—COOH	10.4~12.3	1
端羟基	—OH	4.7	1

① **核磁共振谱（NMR）对不饱和聚酯树脂低聚物类型的鉴别**　可以依据饱和二元酸的特征基团吸收峰的差异鉴别不饱和聚酯树脂低聚物类型。常用的饱和二元酸有邻苯二甲酸、间苯二甲酸、对苯二甲酸、己二酸等。化学位移分别出现在 7.8 和 7.6 处的是邻苯型不饱和聚酯树脂低聚物；间苯型不饱和聚酯树脂低聚物的化学位移出现在 8.6、8.2 和 7.6 处；对苯型不饱和聚酯

聚酯树脂低聚物的化学位移出现在 8.1 处，在谱图上呈现一个尖锐的峰；己二酸型不饱和聚酯树脂低聚物的合成温度较低，丁烯二酸酯中顺式、反式结构同时存在。化学位移在 6.8 和 6.5 处出现 2 个明显的吸收峰，另外己二酸亚甲酯的 2 个吸收峰也非常明显。

② 不饱和聚酯树脂低聚物中各成分摩尔比的判定　由于核磁共振谱图的峰面积与产生这组信号的质子数目成正比，因此，可以用来确定化合物的结构和大致判定各成分的摩尔比。对于通用型不饱和聚酯树脂低聚物，只有丙二醇拥有甲基特征峰，可以用它的积分面积代表丙二醇，苯环中 4 个质子的积分面积代表苯二甲酸，不饱和双键的积分面积代表丁烯二酸，它们积分面积除以它们的质子数即是它们的摩尔比。

2.4 不饱和聚酯树脂的固化反应

2.4.1 不饱和聚酯树脂固化交联单体

不饱和聚酯树脂低聚物可以在一定的条件下发生自交联反应，但是得到的产物性能较差，且生产效率低。一般不饱和聚酯树脂低聚物要与交联剂共混，共聚之后才能具有较好的性能，具有较高的生产效率。交联剂是指能与含有不饱和双键的聚酯低聚物发生共聚固化的单体。它既有使不饱和聚酯树脂低聚物由线型转化为体型的作用，同时又具有降低不饱和聚酯树脂低聚物的黏度的作用。

从理论上讲，凡是能与不饱和聚酯树脂低聚物共聚的烯烃化合物都可以作为不饱和聚酯树脂低聚物的交联剂，但是实际应用时考虑到交联剂固化工艺的可操作性、原材料的来源、价格和工业生产效率以及固化物性能等因素。最常用的交联剂是苯乙烯，此外也可用乙烯基甲苯、丙烯酸及其丁酯、甲基丙烯酸及其甲酯、邻苯二甲酸二烯丙酯等。以下介绍常用的不饱和聚酯树脂低聚物交联剂。

2.4.1.1 苯乙烯

苯乙烯的反应活性高，价格低，因此备受青睐。树脂固化物的性能受苯乙烯用量影响最大的是硬度和强度。如苯乙烯占树脂质量分数的 15%～20% 时，树脂固化后脆而硬，强度很低。将苯乙烯用量增到 30%～35%（质量分数），可获得最高强度。当苯乙烯用量（质量分数）大于 40% 后，又使树脂强度下降。

2.4.1.2 乙烯基甲苯

工业上一般采用的乙烯基甲苯是一种混合物，它是由 60% 的间位乙烯基甲苯和 40% 的对位乙烯基甲苯组成。乙烯基甲苯的反应活性比苯乙烯更为活泼，树脂的固化时间短，但是放热峰温度较高，固化物容易开裂。采用乙烯基甲苯固化的不饱和聚酯树脂，其吸水性较低，耐电弧性有所改善，最突出的优点是固化物的体积收缩率较苯乙烯体系低。

2.4.1.3 丙烯酸乙酯

丙烯酸乙酯一般不能单独作为交联单体使用，这是因为丙烯酸乙酯固化的不饱和聚酯树脂太软，易挠曲。因此，常将丙烯酸乙酯与苯乙烯混合使用。混合后的树脂体系固化后透明度、透光率和对紫外线的稳定性明显提高，同时在一定程度上树脂的韧性也有所增加。

2.4.1.4 甲基丙烯酸甲酯

甲基丙烯酸甲酯与不饱和聚酯树脂低聚物共聚倾向小于苯乙烯，经常与苯乙烯配合使用。甲基丙烯酸甲酯与苯乙烯使用的树脂体系具有黏度低、对玻璃纤维的浸润速率快、固化物的折射率与玻璃纤维接近等优点，但树脂的挥发性较大，体积收缩率也较大。

2.4.1.5 二乙烯苯

二乙烯苯属于双官能团活性单体，非常活泼。它与不饱和聚酯树脂低聚物在常温下就易于聚合，采用二乙烯苯固化的树脂的硬度和耐热性较苯乙烯固化体系的好，但固化物的脆性很大。因此，为控制树脂体系的固化反应放热过程，降低固化物的脆性，通常将二乙烯苯与苯乙烯配合使用。

2.4.1.6 邻苯二甲酸二烯丙酯

邻苯二甲酸二烯丙酯的反应活性较低，固化速率慢，不易发生交联反应，即使采用引发剂也不能进行室温固化成型。具有不易挥发性及固化时放热峰温度较低的特点，固化物柔顺性较好，在湿法铺成和模压成型（SMC或BMC或DMC等）方面显示出了突出的优势，所得制品出现开裂和空隙的现象较少。

2.4.1.7 三聚氰酸三烯丙酯

三聚氰酸三烯丙酯的熔点为27.3℃，为无色液体或固体，在过氧化物引发剂和加热下易与不饱和聚酯树脂低聚物共聚。不饱和聚酯树脂低聚物与三聚氰酸三烯丙酯固化体系的黏度较高，要在40～60℃或加溶剂的条件下才能获得较低的黏度。由于分子结构中含有氮杂环，使树脂耐热、耐化学品性都有显著提高，用三聚氰酸三烯丙酯作交联剂所得固化物，在260℃的条件下，物理性能保留率较其他交联体系的高，可在160℃下长期使用。

2.4.2 不饱和聚酯树脂的交联固化反应原理

不饱和聚酯树脂的交联固化反应是线型不饱和聚酯树脂低聚物与苯乙烯的黏流树脂转化成既不溶解也不熔融的体型交联网状结构聚合物的全过程。不饱和聚酯树脂固化过程既有物理变化又有化学变化。不饱和聚酯树脂固化可以在引发剂、光、高能辐射等引发产生自由基的条件下启动，整个过程从树脂的形态变化可以划分为三个阶段：第一阶段由黏流态树脂转变为不流动的半固体凝胶，该阶段被称为 A 阶或凝胶阶段；第二阶段又称 B 阶或定型阶段，半固体凝胶转变为不溶解也不熔融、具有一定硬度的未完全的固化物；第三阶段又称 C 阶或熟化阶段，具有一定硬度的未完全固化的固体转变为坚硬且有稳定化学与物理性能的交联聚合物。通常不饱和聚酯树脂凝胶阶段黏流树脂黏度变化平缓，达到凝胶点时黏度急剧增大，定型阶段的不饱和聚酯树脂转化为熟化阶段需要很长时间。

2.4.2.1 不饱和聚酯树脂交联引发反应过程

不饱和聚酯树脂的交联固化反应属自由基共聚反应，聚合反应通过引发剂、光、高能辐射引发产生初级自由基。初级自由基与不饱和聚酯树脂低聚物或交联单体能形成单体自由基，单体自由基一旦产生即可迅速进行链增长反应，从而树脂从黏流态转变为凝胶态，最后转变为不熔（不溶）的具有三维交联结构的固体。

(1) 初级自由基的形成　可用于不饱和聚酯树脂固化反应的引发剂的种类有多种，如偶氮类引发剂、过氧化类引发剂、氧化-还原体系等。

① 热分解引发　热分解引发是利用热提供的能量促使引发剂分解产生自由基的引发方式。不同的引发剂有不同的分解温度，如常用的热引发剂偶氮二异丁腈，分解温度为 64℃，半衰期为 10h。过氧化二苯甲酰的分解温度为 70℃，半衰期为 13h。加热分解过程如下：

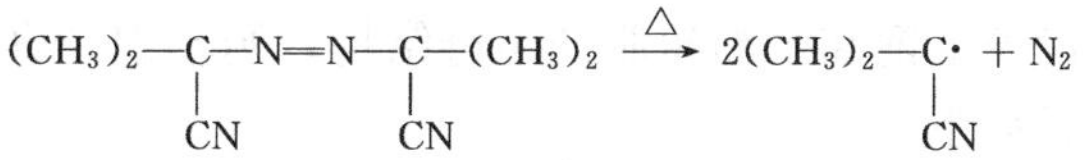

$$(CH_3)_2-C-N=N-C-(CH_3)_2 \xrightarrow{\triangle} 2(CH_3)_2-C\cdot + N_2$$

过氧化二苯甲酰的分解过程如下：

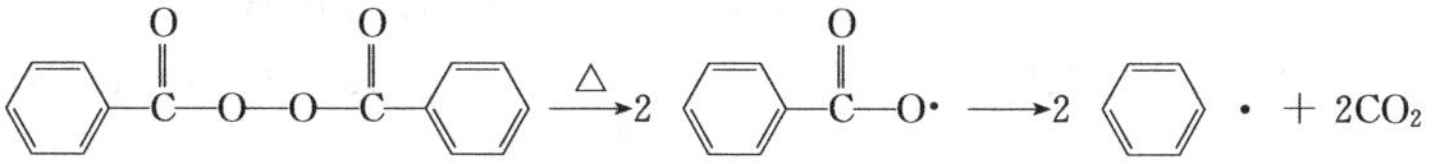

② 氧化-还原引发体系引发　通过氧化-还原反应产生自由基，活化能低，可以在常温下引发不饱和聚酯树脂交联固化。如过氧化环己酮-环烷酸钴的氧化还原体系，其分解过程如下：

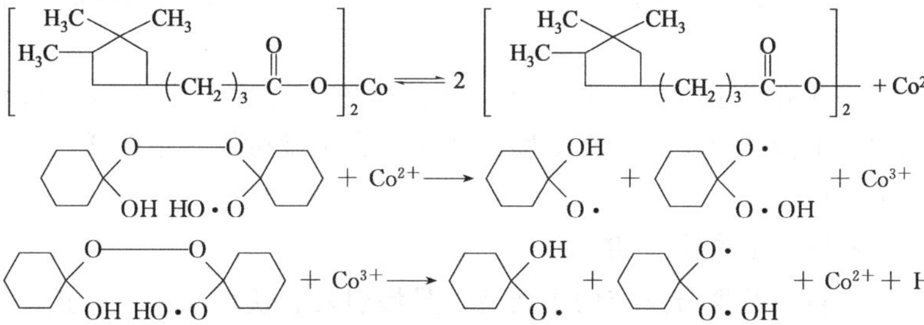

$$ROOH + Co^{2+} \longrightarrow RO\cdot + OH^- + Co^{3+}$$

③ 光引发　光敏剂在吸收光能后，能分解产生自由基引发聚合。这些光敏剂多是含羰基类的化合物，如甲基乙烯基酮和安息香。在紫外光照射下

安息香分解过程如下：

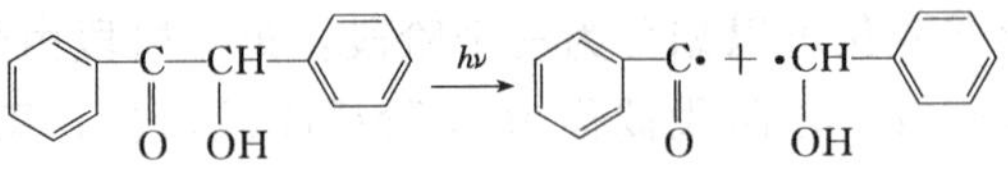

④ 高能辐射引发　辐射引发是以高能射线引发不饱和聚酯树脂固化的方法。能用于辐射引发的高能射线有 α、β、γ、X 和中子射线等。高能辐射引发不需要外加引发剂，体系中的单体和溶剂都有可能吸收辐射能而分解产生自由基。高能辐射引发聚合不受温度限制，聚合物中无引发剂端基残留，是一种用于不饱和聚酯树脂固化的理想方式。

(2) 单体自由基的形成　引发过程产生的初级自由基能进攻单体生成单体自由基，引发不饱和聚酯树脂低聚物和交联剂的固化反应。初级自由基可以进攻不饱和聚酯树脂低聚物，也可以进攻交联单体，得到不同的单体自由基。以不饱和聚酯树脂低聚物与苯乙烯组成的树脂体系为例，其引发过程如下。

① 初级自由基引发苯乙烯产生单体自由基

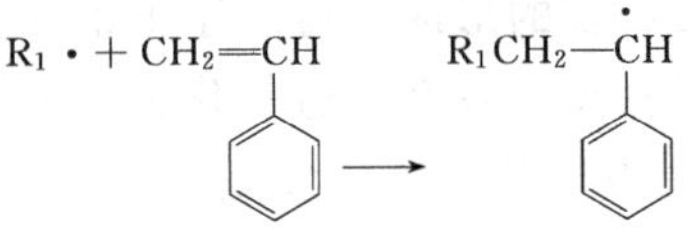

② 初级自由基引发不饱和聚酯树脂低聚物产生单体自由基　在不饱和聚酯树脂合成的过程由于链交换反应的存在，加上主链上存在多个不饱和双键，使得不饱和聚酯树脂低聚物结构复杂，很难用化学结构式准确表达，以（a）来代表不饱和聚酯树脂的主链结构，则不饱和聚酯树脂低聚物单体自由基的形成如下：

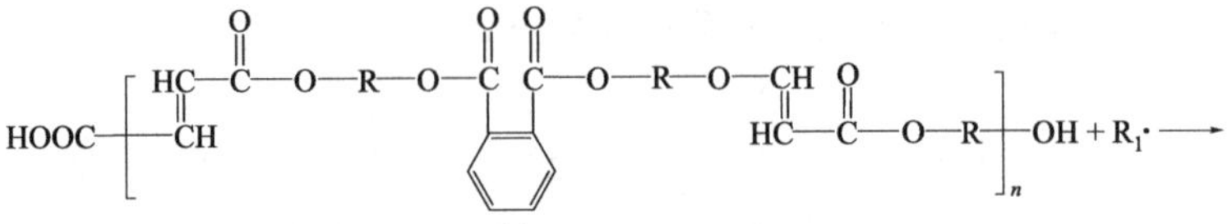

(a)

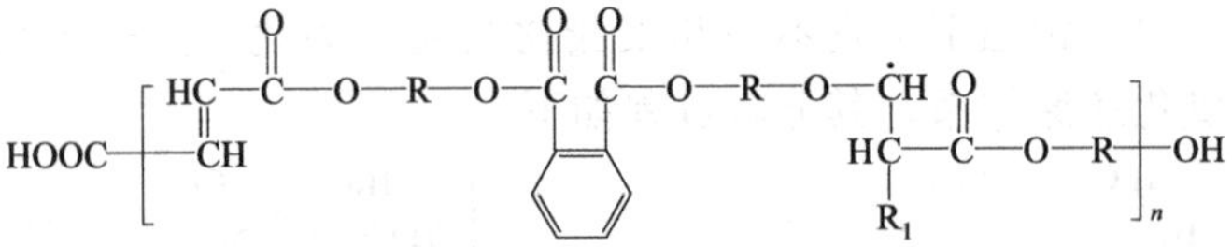

此外，由于不饱和聚酯树脂低聚物主链中有多个不饱和双键存在，因此，不饱和聚酯树脂低聚物形成单体自由基可能是单个活性点，也可能是多个活性点。

2.4.2.2 不饱和聚酯树脂的交联过程

　　自由基聚合反应的主要特征是慢引发、快增长和速终止。链引发是控制反应的关键步骤，只要链增长反应开始，增长速率极快，不能停留在中间阶段，随着聚合反应的进行单体浓度逐渐降低，聚合物浓度不断增长。对于不饱和聚酯树脂来说，一旦开始反应，起始的黏流态树脂的黏度不断增大，转变成不能流动的凝胶，这一过程时间较短，符合自由基聚合的特征。不饱和聚酯树脂固化经历链引发、链增长和链终止过程。链增长过程如下。

(1) 苯乙烯自由基引发苯乙烯进行链增长

$$R_1CH_2\overset{\cdot}{C}H + H_2C{=}CH \longrightarrow R_1CH_2{-}CH{-}CH_2{-}\overset{\cdot}{C}H$$

(2) 苯乙烯自由基引发不饱和聚酯树脂低聚物进行链增长

(3) 不饱和聚酯树脂低聚物单体自由基引发苯乙烯进行链增长

(4) 不饱和聚酯树脂低聚物自由基引发不饱和聚酯树脂低聚物进行链增长

不饱和聚酯树脂的三种链终止过程如下。

(1) 苯乙烯自由基的双基终止

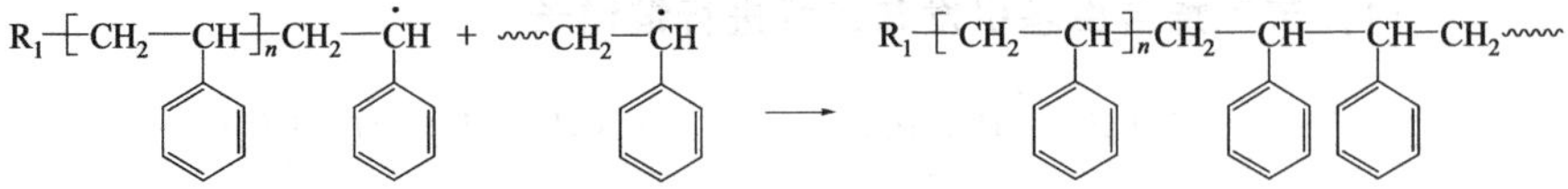

(2) 苯乙烯自由基与不饱和聚酯树脂分子自由基的终止

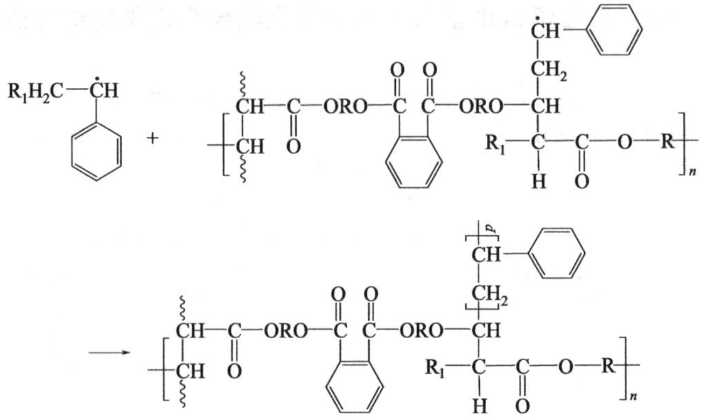

(3) 长链单体自由基交联终止

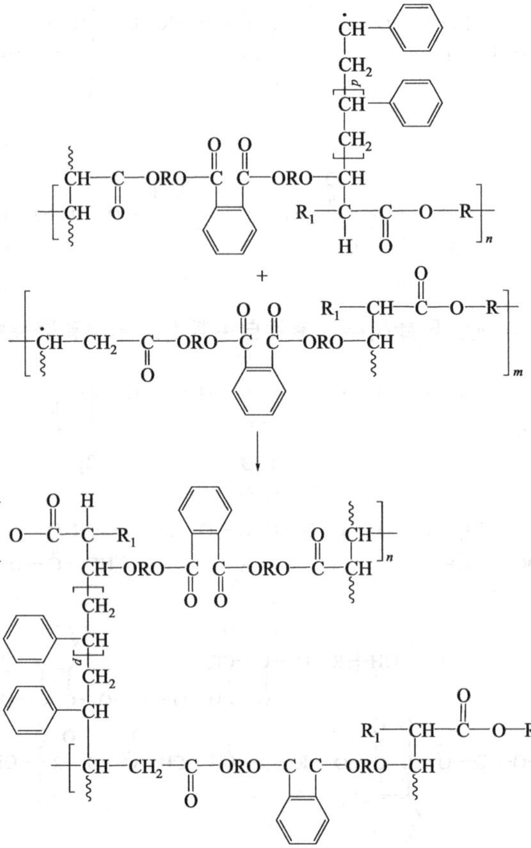

综上所述，不饱和聚酯树脂的固化过程极为复杂，固化交联网链的混乱度高，很难用化学反应式表达。不饱和聚酯树脂交联网是以不饱和聚酯树脂低聚物和苯乙烯构成的交联网链为主体的。在这个交联网链中聚苯乙烯的链节数较小（$p=1\sim3$）。在网链中还穿插着链节数较大的聚苯乙烯均聚物长链高分子，相对分子质量达 8000～14000。此外，交联网链中存在着未聚合的苯乙烯，不饱和聚酯树脂低聚物上存在着一定数量的未反应活性点，如图 2-7 所示。

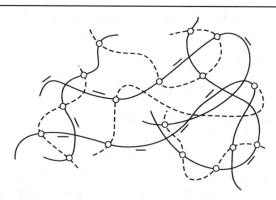

■图 2-7   不饱和聚酯树脂固化后的三维网状结构示意

2.4.3 不饱和聚酯树脂固化特性与动力学参数

2.4.3.1 不饱和聚酯树脂的固化特性

不饱和聚酯树脂的固化可以有多种引发方式，不饱和聚酯树脂中的双键和苯乙烯的双键发生自由基共聚反应，与其他热固性树脂不同，不饱和聚酯树脂的固化特性如下。

① 固化反应经自由基引发启动，单体依次地加成到链自由基上去，单体的浓度快速减少，单体转化率迅速上升，使分子量迅速增加，在很短的时间内产生凝胶现象。

② 不饱和聚酯树脂固化反应是放热反应，所放出的热量可使体系温度迅速上升到 150℃左右，固化反应放出的热量又能促使引发剂分解产生自由基，体系温度迅速达到峰值。

③ 由于不饱和聚酯树脂低聚物分子链中存在着顺式双键和反式双键，因此，不饱和聚酯树脂低聚物与苯乙烯的反应具有不规则性。交联链间聚苯乙烯的聚合度是不相等的。由于存在空间位阻效应，不饱和聚酯树脂固化物中仍有未反应的不饱和双键。

④ 不饱和聚酯树脂固化体系具有多样性。不饱和聚酯树脂种类和牌号众多，性能各不相同，可用于不饱和聚酯树脂体系引发剂的品种较多，引发剂既可以单独使用，也可以两种或两种以上引发剂复配组成复合引发体系。

树脂与引发剂可以进行多种多样的组合，从而获得各种各样性能的树脂体系，满足各种不同使用性能和工艺性能的要求。

2.4.3.2 不饱和聚酯树脂的固化动力学参数

热固性材料的固化反应过程、反应级数和反应活化能等动力学参数是树脂固化工艺制定的理论基础。反应级数可描述为当化学反应速率方程可以写成 $v_A = -\dfrac{\mathrm{d}c_A}{\mathrm{d}t} = kc_A^{n_A}c_B^{n_B}$ 时，式中各浓度的方次 n_A 与 n_B 等，分别称为反应组分 A 和 B 等的分反应级数，反应级数为各个分反应级数的代数和。反应级数的大小表示反应物浓度对反应速率影响的程度，级数越大，则反应速率受浓度的影响越大。

反应活化能是分子从常态转变为容易发生化学反应的活跃状态所需要的能量。一般活化能越高则反应越难进行。同时活化能越高则随温度的升高反应速率增加得越快，即活化能越高，则反应速率对温度越敏感。

由于不饱和聚酯树脂固化包含多种反应，彼此有着联系，反应开始，很难停留在某一阶段，产物为交联结构，不熔不溶，很难采用通常的物理化学方法进行测试，直接研究不饱和聚酯树脂的固化反应的机理和动力学有一定的困难。固化反应过程中固化速率、固化度与时间、温度之间的关系是制定固化条件的依据。DSC 是监控树脂固化全过程最简便和最有效的方法，学术界通过 DSC 分析考察固化反应动力学。

如图 2-8 所示是在 2℃/min、5℃/min、10℃/min、20℃/min 升温速率条件下测定不饱和聚酯树脂体系的固化放热曲线。表 2-10 列出了不同升温速率的 DSC 分析数据。

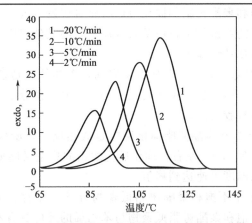

■图 2-8　树脂体系不同升温速率下的 DSC 曲线

若不饱和聚酯树脂固化反应速率是 $\mathrm{d}\alpha/\mathrm{d}t$，则固化反应的速率与固化度的关系为：

$$\frac{\mathrm{d}\alpha}{\mathrm{d}t} = Kf(\alpha) \tag{2-7}$$

■表 2-10 不同升温速率的 DSC 分析数据

$\beta/(℃/min)$	$T_i/℃$	$T_p/℃$	$T_f/℃$
2	62.9	87.6	103.8
5	66.9	96.5	112.3
10	75.2	106.5	124.1
20	78.7	115.2	134.3

式中，α 为固化度；K 为反应速率常数；$f(\alpha)$ 为反应机理函数。反应速率常数符合 Arrheriu 关系 $K = A\exp[-E/(RT)]$，式中，A 为频率因子；E 为表观活化能。因此，固化反应速率方程：

$$\frac{d\alpha}{dt} = Af(\alpha)\exp\left(\frac{-E}{RT}\right) \tag{2-8}$$

根据 DSC 测试原理：

$$\beta = \frac{dT}{dt} \tag{2-9}$$

则式(2-8)可写成：

$$\beta\frac{d\alpha}{dT} = Af(\alpha)\exp\left(-\frac{E}{RT}\right) \tag{2-10}$$

其中机理函数是计算的关键，由于固化反应十分复杂，机理模型很难确定。学术界通常利用 DSC 数据进行多元回归求得各动力学参，通常采用 Kissinger 法、Ozawa 法和 Crane 法公式联合计算反应级数和反应活化能。

Kissinger 方程：

$$\frac{d\ln\left(\dfrac{\beta}{T_p^2}\right)}{d\left(\dfrac{1}{T_p}\right)} = \frac{-E}{R} \tag{2-11}$$

Ozawa 方程：

$$\frac{d\ln\beta}{d\left(\dfrac{1}{T_p}\right)} = -1.052\frac{E}{R} \tag{2-12}$$

Crane 方程：

$$\frac{d\ln\beta}{d\left(\dfrac{1}{T_p}\right)} = -\frac{E}{nR} + 2T_p \tag{2-13}$$

频率因子 A 可以按下式进行计算：

$$A = \frac{E_a\exp\left(\dfrac{E_a}{RT_p}\right)}{RT_p^2} \tag{2-14}$$

式中，β 为升温速率；T_p 为 DSC 峰值温度；R 为气体常数；n 为反应级数。

在一组不同加热速率 DSC 曲线中找出所对应的峰值温度，采用 Kissinger 方程和 Ozawa 方程作线性回归，求得固化反应活化能。将所得到的 E 值代入 Crane 方程，可得到体系的固化反应级数 n，将所得到的 E 和 n 值按照 Kissinger 方法，由式(2-14)近似求得各固化体系的前置因子 A。不饱和聚酯树脂的 DSC 数据 β、T_p、$\dfrac{1}{T_p} \times 10^3$、$-\ln\dfrac{\beta}{T_p^2}$、$\ln\beta$ 和 A 列于表 2-11 中。

由 Kissinger 方程，将 $-\ln\dfrac{\beta}{T_p^2}$ 对 $\dfrac{1}{T_p} \times 10^3$ 作图，得到图 2-9，求得反应的表观活化能为 91.70kJ/mol。

■表 2-11　β 、 T_p 、 $\dfrac{1}{T_p} \times 10^3$ 、 $-\ln\dfrac{\beta}{T_p^2}$ 、 $\ln\beta$ 和 A 数据

$\beta/(\text{℃}/\min)$	$T_p/\text{℃}$	T_p/K	$\dfrac{1}{T_p} \times 10^3$	$-\ln\dfrac{\beta}{T_p^2}$	$\ln\beta$	A
2	87.6	360.6	2.77	11.08	0.69	8.85×10^{-5}
5	96.5	369.5	2.71	10.21	1.61	8.43×10^{-5}
10	106.5	379.5	2.64	9.58	2.30	7.98×10^{-5}
20	115.2	388.2	2.58	8.93	3.00	7.62×10^{-5}

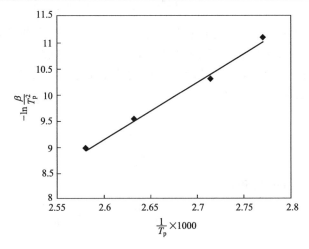

■图 2-9　不饱和聚酯树脂固化反应的 $-\ln\dfrac{\beta}{T_p^2}$-$\dfrac{1}{T_p} \times 10^3$ 曲线

由 Ozawa 方程 $\ln\beta$ 对 $\dfrac{1}{T_p} \times 10^3$ 作图，得到图 2-10，求得反应的表观活化能为 93.88kJ/mol。

由 Kissinger 方程和 Ozawa 方程可以求得反应的平均活化能为 92.80kJ/mol。进一步运用 Crane 方程，求得反应级数 $n = 1.06$，则 $A = 8.22 \times 10^{-5}$。

特征固化温度是制定固化工艺的重要依据之一，受反应级数和反应活化能等动力学参数控制。由 DSC 测试得到的数据受到升温速率的影响；由于温度 T 和升温速率 β 成线性关系，其变化规律符合下式：

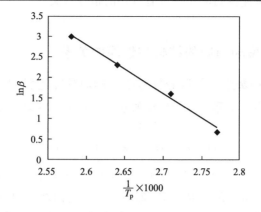

■图 2-10 不饱和聚酯树脂固化反应的 $\ln \beta - \dfrac{1}{T_p} \times 10^3$ 曲线

$$T = A + B\beta \qquad\qquad (2\text{-}15)$$

以 $T\text{-}\beta$ 作图，得到三条直线（图 2-11），外推至 $\beta=0$ 时，可获得树脂特征固化温度，其凝胶温度为 63℃，固化温度为 88℃，后处理温度 103℃。由于上述实验使用的是纯树脂，不包括添加剂和纤维，且所用样品量较小，因此，在实际生产中还应兼顾产品的性能来制定产品的固化工艺。

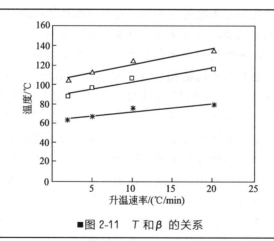

■图 2-11 T 和 β 的关系

2.5 不饱和聚酯树脂的结构与性能

不饱和聚酯树脂的性能由其分子结构决定，不同的基团起不同的作用。例如，不饱和双键是不饱和聚酯树脂交联固化的基础；苯环赋予不饱和聚酯树脂的耐热性和力学性能等，因此，不饱和聚酯树脂的结构与性能的关系对不饱和聚酯树脂的应用有着重要的指导意义。

2.5.1 不饱和聚酯树脂的结构与性能的关系

2.5.1.1 不饱和聚酯树脂低聚物分子结构对性能的影响

不饱和聚酯树脂低聚物的基本结构通常为以下形式：

$$H \left(O - R_1 - O - \overset{O}{\overset{\|}{C}} - R_2 - \overset{O}{\overset{\|}{C}} \right)_x \left(O - R_1 - O - \overset{O}{\overset{\|}{C}} - R_3 - \overset{O}{\overset{\|}{C}} \right)_y OH$$

其中 R_1、R_2、R_3 分别为二元醇、不饱和酸及饱和酸中除活性端基以外的骨架结构。R_1、R_2、R_3 的多种类及它们之间的不同组合使不饱和聚酯树脂分子链有丰富的结构。这种丰富的结构产生了多种不饱和聚酯树脂低聚物。由于不饱和聚酯树脂低聚物的结构不同，使得不饱和聚酯树脂具有不同的性能，可满足不饱和聚酯树脂制品的多种使用性能要求。通过对分子结构的改变可以使其固化物的性能得到改善，实现其制品在某些特定场合的使用。

(1) 不饱和聚酯树脂低聚物与交联剂的相容性　不饱和聚酯树脂低聚物与交联剂的相容性的好坏是不饱和聚酯树脂能否作为一种商用树脂最为重要的标准之一。与交联剂的相容性除了满足溶解度参数相近、极性相似、电子给予与接受配对等溶剂原则外，具有对称性结构的分子链容易进行紧密而规整的排列而结晶，因而含有对位苯环的链节或者其他任何在空间结构上对称节的不饱和聚酯树脂低聚物都具有较强的结晶能力。结晶将导致不饱和聚酯树脂低聚物与苯乙烯的相容性变差。要降低分子链的对称性和空间规整程度，破坏不饱和聚酯树脂低聚物结晶，必须尽可能避免主链中多个柔性—CH_2—基团相连。同时，在主链分子上可引入取代基以增加主链的不规整程度，但是如果在分子链中引入羟基、异氰酸酯基等极性基团，则会增加结晶性，降低不饱和聚酯树脂低聚物与交联单体的相容性。此外，在不饱和聚酯树脂合成过程中，控制不饱和双键的异构化程度，也可提高不饱和聚酯树脂低聚物在苯乙烯中的相容性。

(2) 力学性能　材料的力学性能是指材料在受到机械力作用时，抵抗发生可逆或不可逆形变的能力以及抵抗破坏的能力。不饱和聚酯树脂固化材料的力学性能与不饱和聚酯树脂低聚物主链的分子结构、交联剂的分子结构及交联密度有关。不饱和聚酯树脂低聚物主链中不饱和双键的数量较多时，固化树脂的交联密度大，材料的强度高；当不饱和聚酯树脂低聚物双键数量过多时，固化树脂呈现脆性；主链结构中双键数目太少，固化物交联密度低，材料的强度低，因此，不饱和聚酯树脂低聚物双键的数量要适宜。不饱和聚酯树脂固化材料的力学性能还与主链的柔顺性有关，主链柔顺性好，固化物的韧性好，但在不饱和聚酯树脂低聚物分子链中不能引入过多的柔性基团，特别是连续的—CH_2—基团，这将导致不饱和聚酯树脂固化物的强度下降。在主链中引入刚性较大的苯环或脂环结构，则能提高固化物的强度。若主链上含有侧基或支链时，树脂固化物的强度较无侧基或支链结构的强度低。在不饱和聚酯树脂低聚物分子链中增加羟基、异氰酸酯基等极性基团或极性取代基，也可提高不饱和聚酯树脂固化物的力学性能，但是极性基团数目不能过多，否则可能增加结晶性并降低与非极性交联剂的相容性。也可以考虑适当引入一些非对称的芳环结构，可减少单纯用极性取代基所引起的不良结果。

不饱和聚酯树脂使用最多的交联剂是苯乙烯。对于某些特殊的使用要求，可使用如二乙烯苯、邻苯二甲酸二烯丙酯和三聚氰酸三烯丙酯等多官能团交联剂。由于多官能团的存在，使得固化树脂的交联密度增大。多官能团交联单体与苯乙烯相比，其工艺性有一定差异。加之与官能团相交联的分子结构不同，固化物的力学性能也不同。如邻苯二甲酸二烯丙酯交联体系的固化物具有强而韧的性质。因此，在不饱和聚酯树脂模压料中显示出突出的优势。

(3) 耐腐蚀性　二元酸和二元醇缩合聚合生成不饱和聚酯树脂低聚物的同时，也形成大量的酯基。酯基是分子中易受侵蚀的薄弱环节。此外，不饱和聚酯树脂低聚物的端羟基和端羧基在遇到碱溶液时也会发生反应，使得固化物的耐水、碱的性能变差，因此，不饱和聚酯树脂耐介质侵蚀的性能受到不饱和聚酯树脂低聚物分子结构的直接影响。

从分子结构上来看，脂肪族酯基的抗碱性能较差。在不饱和聚酯树脂低聚物主链引入芳香族结构，如采用双酚 A 替代乙二醇或丙二醇，可降低碱和水分子对主链的渗透性。另外，由于双酚 A 链长大于乙二醇或丙二醇，使单位链长上的酯基数目减少，同时增加主链上的芳香族结构，因而耐化学腐蚀和耐水解的能力提高。另一方面，通过端基封锁的方法可以提高不饱和聚酯树脂低聚物端羟基或羧基的稳定性。可以用环氧树脂作扩链剂，利用环氧基与羟基和羧基的反应原理，对不饱和聚酯树脂低聚物的端羧基和端羟基进行封端，使不饱和聚酯树脂低聚物的分子扩链，形成 A-B-A 型结构的嵌段共聚物，提高不饱和聚酯树脂固化物的耐碱性能，改善树脂固化后的表面光洁度。此外，提高树脂的固化温度，使最高固化温度高于使用温度 10～20℃，使得固化物的固化程度提高，有利于改善不饱和聚酯树脂的化学稳定性。

(4) 阻燃性　不饱和聚酯树脂主要由碳和氢元素组成，这使得其固化物很容易燃烧，且燃烧时产生大量的有害浓烟。为避免火灾的发生，公共场所使用的材料都要求具有阻燃性能。为赋予不饱和聚酯树脂阻燃性能，可以采用含阻燃元素的原料合成不饱和聚酯树脂。卤族元素是最经典、最有效且使用最多的不饱和聚酯树脂阻燃元素，含有卤素的不饱和聚酯树脂极限氧指数可达 40％以上，达到难燃材料的标准。但是含有卤素的不饱和聚酯树脂固化物在燃烧时会释放出大量有毒气体，危害环境和人类健康，已受到人们的质疑。环境友好、无卤阻燃不饱和聚酯树脂成为不饱和聚酯树脂阻燃技术的关键及发展趋势。将磷元素、氮元素引入分子主链是近几年高分子阻燃的新动向。

磷阻燃的阻燃机理可表述为：①在燃烧过程中会形成碳膜阻隔空气和热的传播，从而阻止燃烧的进一步发生；②在有机磷热分解形成的气态产物中含有 PO·，它会与不饱和聚酯树脂热分解形成的 H· 和 OH· 反应从而抑制燃烧链式反应的进行，进而阻止燃烧。因此有机磷的阻燃机理兼有凝聚相阻燃和气相阻燃的双重作用。用苯磷酸二烯丙酯、异丁烯基磷酸二烯丙酯部分或全部代替苯乙烯可获得具有良好阻燃性的不饱和聚酯树脂。需要指出的是含磷化合物本身具有一定的毒性，含磷化合物的生产过程产生的废水和废气及含磷不饱和聚酯树脂固化物的废弃物，对环境和人类健康都有危害，因此需谨慎使用。

氮阻燃机理为含氮阻燃物质受热后，分解产生氨气和氮气等不燃性气体，不燃性气体的生成和阻燃剂分解吸热（包括一部分阻燃剂的升华吸热）会带走大部分热量，极大地降低聚合物的表面温度；同时氨气和氮气等不燃气体，不仅能稀释空气中的氧气和高聚物受热分解产生的可燃性气体的浓度，而且能与空气中的氧气反应生成氮氧化物，同时消耗材料表面的氧气，达到阻燃目的。氮系阻燃不饱和聚酯树脂将成为国内外研究的"热点"，但是由于树脂中氮含量低，使得不饱和聚酯树脂阻燃效果不佳。

(5) 不饱和聚酯树脂固化物的耐热性　表征不饱和聚酯树脂固化物耐热性的技术指标有马丁耐热温度、维卡耐热温度和热变形温度，这些温度指标具有实用价值。它们不像玻璃化温度那样具有明确的物理意义。不饱和聚酯树脂固化物作为一种材料，它的实际使用温度要比玻璃化温度低得多，以保证材料有足够的强度和模量。对于不饱和聚酯树脂仅给出温度条件是不能描述在实际应用过程中材料受到的环境影响。因此，"温度-时间-环境-性能"才是材料的使用指标。

不饱和聚酯树脂的结构决定不饱和聚酯树脂固化物的耐热性，提高不饱和聚酯树脂固化物的耐热性可以从三方面入手，增加不饱和聚酯树脂低聚物主链的刚性，如采用双酚 A 或双酚 A 衍生物全部或部分替代二元醇，在主链上，引入一些化学键能大的结构，如 Si—O 键等，以提高主链的耐热性；调整饱和酸和不饱和酸的比例，适当增加不饱和聚酯树脂低聚物分子链中不饱和双键的密度；交联剂中采用多官能团交联剂部分或全部替代苯乙烯。

2.5.1.2　不饱和聚酯树脂固化物分子运动与结构、性能的关系

材料的性能是通过分子运动反映的。任何材料都是在分子运动中形成、变化直至破坏的。由于不饱和聚酯树脂结构是多层次的、复杂的，导致其运动的多重性和复杂性，并且具有自身的特点和规律。

(1) 不饱和聚酯树脂固化物的运动及特征　不饱和聚酯树脂的加工制备

和使用过程中经过一系列的化学变化和物理变化，这正是不饱和聚酯树脂分子运动的体现。而不饱和聚酯树脂内部结构又直接影响材料的性能。

不饱和聚酯树脂可以经过化学反应形成交联聚合物材料。由于不饱和聚酯树脂是由不饱和聚酯树脂低聚物和交联剂（常用苯乙烯）组成，不饱和聚酯树脂低聚物具有一定的相对分子质量分布，通常为 1000～3000。相对分子质量大小不一，带有不同的侧基、支链，加之交联剂的化学结构的变化多样等因素，使得不饱和聚酯树脂固化物具有运动单元的多重性。

① 整链运动　在聚合反应初期不饱和聚酯树脂低聚物与交联剂能够进行整链移动，在宏观上表现为不饱和聚酯树脂的流动，这种整链的运动，随着交联程度的增加使得不饱和聚酯树脂的流动受限而逐渐消失。

② 链段运动　不饱和聚酯树脂的分子链在保持其质量中心不变的情况下，一部分链段可以相对于另一部分链段运动，这是高分子柔顺性的体现，其本身的运动又具有多重性。链段不是一个结构单元，链段的长短随内旋转的难易程度和外界条件而变化。柔顺性大（如主链结构中含有—CH_2—、—O—等基团较多）则内旋转容易；反之（如主链中含有刚性的双键、苯环、环状结构、共轭双键和联苯等）则内旋转难。双键本身不能内旋转，但可随相邻单键而内旋转，使其分子具有柔顺性。

侧基的极性和体积大则分子链的柔顺性减小，侧基的对称性好，内旋转容易，侧基的柔顺性好，如甲基、乙基等，容易内旋转。

交联后的不饱和聚酯树脂，靠近交联点的内旋转受限，交联链的聚苯乙烯分子链长增大，则柔顺性大。随着交联密度的增大，柔顺性减小，甚至消失。

(2) 分子运动对时间的依赖性　在外场作用下，材料从静态平衡的分子运动变为与外场相适应的新平衡态的过程称为松弛过程，所需要的时间称为松弛时间。不饱和聚酯树脂固化物由于分子间作用力和交联约束作用大以及本体黏度大，使得不饱和聚酯树脂分子运动从静态平衡达到新平衡需要较长的松弛时间。由于不饱和聚酯树脂的运动单元较多，不同单元的松弛时间不同，在给定的时间和外场条件，有些单元的运动是观察不到的。因此，不饱和聚酯树脂固化物的物理性能与外场条件和观察时间有关。

(3) 分子运动对温度的依赖性　不饱和聚酯树脂的运动强烈地依赖于环境温度，温度升高会增加分子热运动的动能，当动能增加到某一运动单元运动所需的位垒时，就激发了该运动单元的运动；温度升高不饱和聚酯树脂固化物的体积发生膨胀，增加了分子间的自由空间。当自由空间增加到某种运动单元所需的空间大小时，此运动单元便可运动。因此，不饱和聚酯树脂固化物的物理力学性能不仅与外场的作用有关，还与外场的温度有关。

不饱和聚酯树脂固化物的松弛与分子结构有密切的关系，α 松弛是由不饱和聚酯树脂分子链段运动引起的，它随交联链分子长度的增加而降低。不饱和聚酯树脂低聚物上重复单元的芳香结构基团的数量增大和不饱和聚酯树脂低聚物分子上不饱和双键的数量增大，α松弛温度升高。β松弛是低温松弛，它是由不饱和聚酯树脂固化物中酯基的运动所引起的。β松弛与不饱和聚酯树脂低聚物中酯基的数目有关，不饱和聚酯树脂主链中，酯基数目增多对β松弛的贡献增大。

2.5.2 不饱和聚酯树脂改性

不饱和聚酯树脂由于其价格低廉、具有较好的工艺性和力学性能，因而在机械和化工等领域获得广泛的应用。但是不饱和聚酯树脂一般存在韧性较差、强度低和阻燃性差等缺点，为了满足各种特殊领域的需求，有必要进一步提高不饱和聚酯树脂的性能，如力学性能、阻燃性能和工艺性能等，以下主要介绍不饱和聚酯树脂改性研究的新进展。

2.5.2.1 增韧改性

不饱和聚酯树脂固化物存在的性脆、模量低以及由体积收缩引起的制品翘曲和开裂变形等缺点，限制了不饱和聚酯树脂的应用范围，因此，必须对其进行增韧改性。通常热固性树脂增韧主要有 3 种方法：引入大分子柔性链，增加交联网链的活动能力；基于第二相材料如弹性体和刚性颗粒来增韧改性；用热塑性树脂互穿网络技术改善热固性树脂的韧性。

（1）引入大分子柔性链 在不饱和聚酯树脂合成时，引入一些带反应活性端基的柔性链段，如二元醇、活性聚酯低聚物、聚醚低聚物，某些氟类化合物可以提高不饱和聚酯树脂的韧性。如噁唑啉封端聚醚类低聚物改性不饱和聚酯树脂的研究。由于噁唑啉环的化学活性，在一定条件下能与一系列化合物发生开环反应，且无副产物，故噁唑啉封端聚醚低聚物可用于不饱和聚酯树脂的增韧改性。从研究结果来看，噁唑啉封端聚醚低聚物可将不饱和聚酯树脂固化物的冲击强度由 $2.29kJ/m^2$ 增加到 $3.90kJ/m^2$，对不饱和聚酯树脂固化物的弯曲强度影响较小。

（2）基于改变不饱和聚酯树脂固化物聚集态结构实现增韧改性

① 弹性体增韧改性 弹性体是传统的提高脆性材料韧性的增韧体，用来增韧不饱和聚酯树脂的弹性体多为液态聚合物，如端羧基封端丁腈橡胶（CTBN）、环氧基封端丁腈橡胶（ETBN）、乙烯基封端丁腈橡胶（VTBN）、聚氨酯橡胶（PU）、聚丁二烯橡胶（PB）、硅橡胶等。这类橡胶通常带有活性基团，如羟基、羧基、乙烯基、异氰酸酯基和不饱和双键，这些活性基团与不饱和聚酯树脂基体可发生反应形成化学键或在活性基团与基体之间形成较强的极性相互作用。树脂在固化过程中，橡胶类弹性体以球状的形式均匀分散在不饱和聚酯树脂的连续相中，两相之间有明显的界面，甚至在分散相粒子周围存在着空穴。这些微小的空穴能吸收能量，还可以引发银纹吸收能量，从而提高材料的断裂韧性。

Abbate 将丁二酸酐接枝到聚异丁烯末端制备了改性聚异丁烯，以此为增韧剂改性不饱和聚酯树脂。用改性聚异丁烯替代普通聚异丁烯，不饱和聚酯树脂固化物韧性得到相当程度的提高，增韧效果取决于橡胶的接枝率和不饱和聚酯树脂固化前两相的反应时间。橡胶相的高柔韧性显著提高了不饱和聚酯树脂的韧性。葛曷一研究了活性端基聚氨酯橡胶增韧不饱和聚酯树脂。固化前橡胶与不饱和聚酯树脂相容性好，固化时橡胶与树脂发生相分离。当橡胶添加量为15％时，冲击强度可提高60％以上，且拉伸强度和弯曲强度保持率在60％以上。

这种增韧方法的缺点是不饱和聚酯树脂中的双键可能与液态橡胶中的双键反应，导致橡胶分散相的体积分数较原始加入量要大，而分散粒子数减少，分散相不再具有高弹性，并且使得与分散相相邻基体的延展性变大，从而导致树脂的模量降低。

② 刚性粒子增韧改性 这方面的研究主要是用纳米粒子作刚性粒子的增韧改性。对于纳米粒子的增韧，一般认为不饱和聚酯树脂/纳米粒子复合材料对冲击能量的分散是由两相界面共同承担的，当粒子的粒径变小、比表面积增大时，表面活性高，发生物理或化学结合的可能性大，因而界面可承担一定的载荷，吸收大量冲击能，具有增强增韧的功效。粒子的用量、尺寸大小和结构形态及在基体中的分布形态对增韧效果有明显影响。纳米粒子与不饱和聚酯树脂的复合工艺和纳米粒子的表面性质直接影响改性效果，利用超声分散技术制备 TiO_2/不饱和聚酯树脂纳米复合材料，纳米 TiO_2 颗粒均匀分散在不饱和聚酯树脂基体中，改性后不饱和聚酯树脂固化物韧性增加，刚度和拉伸强度增加。分别用未经表面处理和经表面处理的纳米 TiO_2 对不饱和聚酯树脂进行改性，发现经表面处理的纳米 TiO_2 质量分数为 4％时，材料的增韧增强效果最好，断裂伸长率提高了 125％、冲击强度提高了 120％。

Mei Zhang 等用纳米 Al_2O_3 粒子（平均直径 15nm）来提高不饱和聚酯树脂的断裂韧性，发现加入未经处理的粒子并不能提高不饱和聚酯树脂的断裂韧性，当粒子的体积分数从 0 增加到 4.5％时，断裂韧性反而下降了 15％，经过断裂表面的扫描电子显微照片分析，发现 Al_2O_3 粒子与不饱和聚酯树脂的结合不好，当用有机硅烷提高粒子与基体之间的界面力时，不饱和聚酯树脂的断裂韧性得到了显著的提高。将体积分数为 4.5％的 Al_2O_3 粒子加到不饱和聚酯树脂中，其断裂韧性提高了近 100％。

Kornmann X 等将钠化处理后的蒙脱土用于改性不饱和聚酯树脂。通过X 射线和透射电镜（TEM）分析，发现复合材料中的蒙脱土呈部分剥离结构，当蒙脱土的含量为 1.5％（体积分数）时，纳米复合材料的断裂能从纯树脂的 $70J/m^2$ 增加到 $138J/m^2$。Incenoglu A.Baran 等将蒙脱土经有机改性后加入不饱和聚酯树脂中，用 X 射线衍射分析发现黏土的层间距从1.25nm 增大到 4.5nm，加入仅 3％（质量分数）的有机改性黏土，不饱和聚酯树脂的弯曲模量就提高了 35％。

(3) 互穿网络（IPN）技术增韧改性 高聚物的互穿网络结构可以由两种或多种高聚物混合而成，其中至少有一种聚合物可在另一种聚合物中进行交联反应。采用互穿网络结构增韧不饱和聚酯树脂，强化了分散相与不饱和聚酯树脂间的相容性以及界面间的相互作用，增韧效果显著提高，而力学性能降低很少，远远优于一般的液体橡胶增韧不饱和聚酯树脂的效果。不饱和聚酯树脂和聚氨酯的互穿网络是不饱和聚酯树脂互穿网络增韧的成功实例。研究者认为，不饱和聚酯树脂为塑料相，提供了材料的刚性和耐热变形能力；聚氨酯为橡胶相，则赋予材料韧性和抗收缩性。电镜观察不饱和聚酯树脂/聚氨酯的 IPN 形态发现：当聚氨酯含量较小时，聚氨酯相均匀地分散在不饱和聚酯树脂网络中，两相紧密结合，没有明显的两相分离；当聚氨酯的含量增加后，IPN 中出现聚氨酯的富集相，即以聚氨酯为主同时混有部分不饱和聚酯树脂成分，材料开始出现微观相分离，宏观表现为材料由透明转为不透明，冲击强度可增加 3~5 倍。鲁博等人用具有自增强聚合物互穿网络结构的聚氨酯改性不饱和聚酯树脂，发现聚氨酯不仅可提高不饱和聚酯树脂的韧性，还可以降低树脂的固化收缩率。当聚氨酯含量为 5% 时，其冲击强度可提高 80%，弯曲模量降低 20%，固化收缩率降低 4%。

2.5.2.2 低收缩改性

不饱和聚酯树脂在固化过程中，体积收缩率可达 6%~10%，如此大的收缩率以及由此产生的内应力严重影响了制品的尺寸稳定性和抗变形能力，极大地限制了不饱和聚酯树脂的应用范围。因此，研制低收缩或无收缩的不饱和聚酯树脂就成为不饱和聚酯树脂改性研究的重要内容之一。

制备低收缩或无收缩的不饱和聚酯树脂的主要方法是在不饱和聚酯树脂中引入低收缩添加剂。这些添加剂通过与不饱和聚酯树脂的界面位置形成孔隙或微裂纹结构，使体积膨胀，弥补不饱和聚酯树脂固化的收缩量，避免内应力的产生。这样既保证了不饱和聚酯树脂在固化过程中的反应速率，获得低收缩率或零收缩率材料，又能最大限度地保持材料的强度和刚度。如聚苯乙烯、聚乙酸乙烯等热塑性树脂构成的低收缩剂在高温下压制成型，获得低收缩率或零收缩率材料，而常温固化不饱和聚酯树脂无法获得低收缩或零收缩材料。

王侃等人研究了加有低收缩剂的不饱和聚酯树脂在中低温固化时的形态，发现在固化过程中极性较大的低收缩添加剂有利于从不饱和聚酯树脂相中分离出来，形成有利于补偿收缩的两相交互连续的相态结构，而对于玻璃化温度与不饱和聚酯树脂的差别较大且低于固化温度的低收缩添加剂，使得固化试样形成微孔有更多的时间和更高的效率；对同种低收缩剂来说，分子量高的低收缩剂，添加低含量即可以形成连续相分布，而分子量低的低收缩剂，则需要添加高含量才可以形成连续相分布。

2.5.2.3 液晶改性不饱和聚酯树脂

采用液晶对不饱和聚酯树脂改性是一种新型改性方法。其关键技术是解决液晶与不饱和聚酯树脂的相容性问题。Abbate 等人对液晶与不饱和聚酯树脂的相容性进行了深入的研究，并建立了液晶改性不饱和聚酯树脂的理论模型，发现即使液晶含量高达 40％，复合体系仍能保持其固有的性质。固化后液晶微区的平均尺寸减小，相分离程度降低，均匀性增加。复合体系的热光性能比较突出，具有热-光双稳态效应，可在一些温度感应器件、光双稳态器件等方面获得应用。Mormile 对液晶改性不饱和聚合树脂进行电学-光学方面的研究，发现液晶/不饱和聚酯树脂体系具有优良的透光度和反应时间，可应用到电子领域中。实验结果和理论计算的液晶单元分散于聚合体系中的程度是一致的，表明该材料用作电学-光学仪器可行。冯磊应用双马来酰亚胺/二元胺低聚物对不饱和聚酯树脂进行改性共聚，制备了双马来酰亚胺/二氨基二苯醚/不饱和聚酯树脂三元共聚复合材料，并对其力学性能、热性能以及微观结构进行了分析，发现改性后的不饱和聚酯树脂，在韧性提高的同时耐热性损失不大，具有很高的热稳定性。

2.6 乙烯基酯树脂的合成

乙烯基酯树脂（vinyl ester resin）作为不饱和聚酯树脂家族中的重要一员，是一种新型、高性能的不饱和聚酯树脂。它是以脂环族或脂肪族或芳香族的有机化合物为骨架，在端基或侧基含有两个或两个以上不饱和双键的低聚物。该低聚物能与不饱和双键化合物（常用苯乙烯）反应，生成体型交联的热固性产物。它是采用分子量较低的不饱和酸与环氧树脂低聚物的反应，将不饱和双键结构引入环氧树脂骨架。乙烯基酯树脂的工艺性能与普通不饱和聚酯树脂相似，化学结构与环氧树脂相近，是一种结合不饱和聚酯树脂和环氧树脂两者特点的一种新型树脂。常用的乙烯基酯树脂结构及其对性能的影响如图 2-12 所示。由图 2-12 的化学结构可以看出，乙烯基酯树脂拥有环氧树脂和不饱和聚酯树脂的双重特点。一方面乙烯基酯树脂可经由自由基机

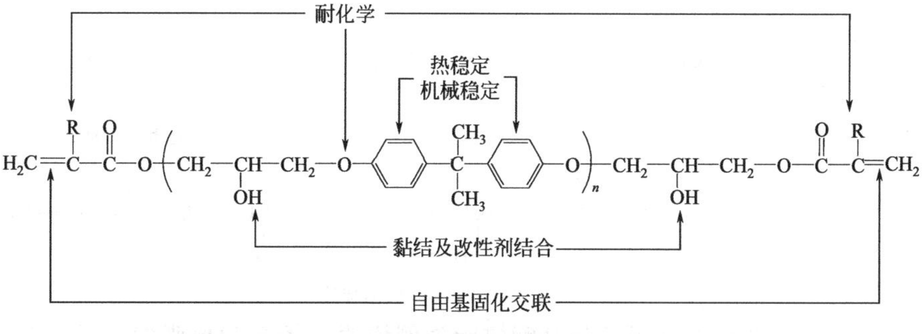

■图 2-12　常用的乙烯基酯树脂结构及其对性能的影响

制进行固化，而且不存在均聚的可能，故隶属于不饱和聚酯树脂家族；另一方面，其固化后的性能又达到环氧树脂的性能，因而具有许多优良的特性。

① 乙烯基酯树脂的链端双键非常活泼，即使在常温下也能迅速固化，达到使用强度，因此乙烯基酯树脂具有不饱和聚酯树脂的固化特性；由于分子链端的甲基可以保护酯键，酯键的数量较不饱和聚酯树脂低聚物链上的酯键少得多，其聚合物的耐腐蚀性和耐水解性优异。

② 乙烯基酯树脂以环氧树脂为骨架，固化后能够保留环氧树脂的优异性能，如良好的韧性、黏结性和耐酸性等。改变环氧树脂的分子量，可得到不同黏度的树脂。

③ 乙烯基酯树脂分子中的侧羟基可改善树脂对玻璃纤维的浸透性与黏结性，并可与其他官能团进行反应，改善树脂的性能。

2.6.1 乙烯基酯树脂低聚物的合成

乙烯基酯树脂低聚物是环氧树脂和不饱和一元酸经加成反应制得的不饱和聚酯树脂低聚物。端基具有可进一步反应的不饱和双键，为后续乙烯基酯树脂的固化生成交联网状结构提供了反应基团。可用于乙烯基酯低聚物合成的环氧树脂，有环氧缩水甘油醚、环氧缩水甘油胺、环氧缩水甘油酯、脂环族环氧树脂及含无机元素的环氧树脂等，但目前研究与应用最多的环氧树脂主要是双酚 A 型的二缩甘油醚、酚醛环氧树脂以及二环氧化聚氧化丙烯等。丙烯酸和甲基丙烯酸是最常用的不饱和酸，也有用苯基丙烯酸和丁烯酸的。环氧基和羧基的反应可直接进行，但是反应速率较慢，反应常用催化剂催化，如叔胺、磷化氢、碱或鎓盐等。环氧树脂与不饱和酸的反应结果是产生侧羟基，黏度增大，侧羟基为乙烯基酯聚酯树脂的改性提供了活性基团。乙烯基酯低聚物与交联单体（如苯乙烯）共混即得到乙烯基酯树脂。此外，乙烯基甲苯、双环戊二烯、丙烯酸酯也可作为乙烯基酯树脂的交联剂。

乙烯基酯低聚物的合成反应原理：

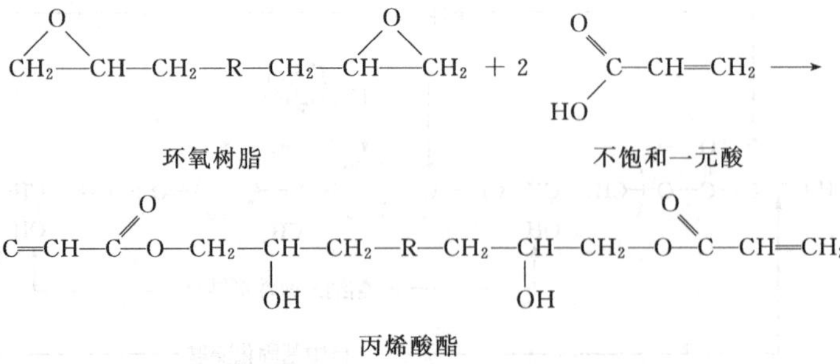

以双酚 A 型乙烯基酯树脂为例说明乙烯基酯树脂的合成工艺。表 2-12 是双酚 A 型乙烯基酯树脂的配方。

■表 2-12 双酚 A 型乙烯基酯树脂的配方

原　　料	相对分子质量	摩尔比	质量比	投料量/g
双酚 A 环氧树脂	392	1.1	431	1.161
丙烯酸	72.06	2.0	144	389
对苯二酚	110.11	—	0.2	0.54
苄基二苯胺	135.21	—	2	5.4

乙烯基酯树脂的一般合成工艺：将环氧树脂投入装有搅拌器、冷凝回流装置的反应釜中，搅拌升温至 80℃，加入对苯二酚和苄基二苯胺，滴加甲基丙烯酸，滴加完成后升温至 110℃，当反应至酸值降为（10±2）mg KOH/g 时，降温至 80℃ 与苯乙烯混合，即得产品。

反应前计算理论初始酸值的方法如下：

$$酸值(mg\ KOH/g) = \frac{酸的物质的量 \times KOH\ 分子量 \times 1000}{反应物总质量(g)} = \frac{2 \times 56.1 \times 1000}{431 + 144} = 195$$

在酸值降为 10mg KOH/g 时，未反应的羧酸只有 10/195（约占羧基总量的 5%），已完成反应的羧基约 95%。生成的双酚 A 型环氧丙烯酸酯的平均相对分子质量为 530。

其他各种乙烯基酯树脂的合成工艺条件各不相同，但基本原理都是要促使环氧基开环以后与一元羧酸的羧基产生酯化反应，同时避免其他副反应。

乙烯基酯树脂具有高反应性，即使在未加引发剂的情况下也会产生自由基。如果环境温度较高则很难保证树脂的长期贮存。常用的办法是在合成乙烯基酯树脂的过程中加入阻聚剂。乙烯基酯树脂常用的阻聚剂是酚类化合物，最常用的是对苯二酚。

2.6.2 乙烯基酯树脂的交联与固化

乙烯基酯树脂的固化方式与不饱和聚酯树脂一样，在常温、高温和光引发以及高能辐射下均可固化。

常温引发是在引发剂-促进剂氧化还原体系作用下产生自由基而引发的方法。一般常温固化采用过氧化甲乙酮（MEKP）或过氧化环己酮（CHP）和钴促进剂体系，过氧化苯甲酰（BPO）与 N,N-二甲基苯胺体系，过氧化苯甲酰（BPO）-过苯甲酸叔丁酯（t-TBPB）或异丙苯过氧化氢（CUHP）体系。

高温固化体系是在热的直接作用下使引发剂产生自由基而引发树脂固化。常用的高温引发剂有过氧化二异丙苯（DCP）、过氧化二烷基和过氧化二叔丁基，它们半衰期为 10h 的温度分别为 115℃、117~133℃ 和 126℃。

光引发固化体系是在光的激发下产生自由基引发乙烯基酯树脂的固化，简称"光固化"。光固化包括直接光引发固化和间接光敏固化。

直接光引发固化，在乙烯基树脂体系中，苯乙烯中含有光敏基团，可以在光的直接照射下，吸收光亮子的能量，而被激发产生两个自由基，这两个自由基即为引发固化反应的活性中心，反应方程式如下：

$$H_2C=CH \xrightarrow{h\nu} (CH_2=CH)* \longrightarrow H_2C=\dot{C}H + \dot{C}_6H_5$$

$$\overset{H}{HC}=CH \xrightarrow{h\nu} H\cdot + H\dot{C}=CH$$

$$H\cdot + H_2C=CH \longrightarrow H_3C-\dot{C}H$$

式中，＊表示激发态。

光敏固化又包括光敏剂直接引发固化和光敏剂间接引发固化。直接光敏引发固化是在乙烯基树脂体系中加入光敏剂，在光的作用下，光敏剂能吸收光量子的能量产生自由基而引发固化反应。常用的光敏剂有安息香和甲基乙烯基甲酮。

间接光敏固化是在乙烯基树脂体系中加入间接光敏剂，在光的作用下，间接光敏剂能吸收光量子的能量，本身不产生自由基，而是把吸收的能量传递给单体或引发剂而引发固化。常用的间接光敏剂有苯二甲酮、荧光素和曙红。

由于光引发固化体系的自由基极快生长，几秒钟之内就能使树脂固化，具有固化效率高且能耗低的特点。光引发固化体系已成为乙烯基酯树脂固化体系研究的"热点"。

辐射固化是以高能辐射线引发单体产生自由基或者阳离子或者阴离子，从而使乙烯聚酯树脂固化的过程称为辐射固化。引发单体活性中心的辐射线有 α 粒子、β 射线、γ 射线和 X 射线。高能辐射线具有较高的能量，分子吸收辐射能后，使得电子从分子中逃逸出来，形成阳离子自由基，如：

$$A-B \longrightarrow AB^{\underset{\cdot}{\oplus}} + e$$

式中，e 为自由电子；$AB^{\underset{\cdot}{\oplus}}$ 为阳离子自由基。由于阳离子自由基是不稳定的，能离解成一个阳离子和一个自由基，如

$$AB^{\underset{\cdot}{\oplus}} \longrightarrow A^{\oplus} + B\cdot$$

上述两步反应即阳离子自由基生成及阳离子和一个自由基的生成也可以一步发生：

$$A-B \longrightarrow A^{\oplus} + B\cdot + e$$

如果产生的自由电子的能量不足，可能被吸回并与阳离子作用，形成自由基。总的结果是形成两个自由基：

$$A-B \longrightarrow A\cdot + B\cdot$$

如果放出来的自由基具有较高的能量，则被中性分子所捕捉，形成阴离子自由基，如：

$$A—B + e \longrightarrow AB\overset{\cdot}{^{\ominus}}$$

$AB\overset{\cdot}{^{\ominus}}$ 为阴离子自由基。阴离子自由基可以离解为一个阴离子和一个自由基，如：

$$AB\overset{\cdot}{^{\ominus}} \longrightarrow A\cdot + B^{\ominus}$$

因此，经高能辐射作用，可形成自由基、阳离子和阴离子三种活性中心。

如果辐射能不足以使电子电离，而是使电子位能提高到激发态，则激发态分子可能分解为自由基：

$$A—B \longrightarrow [A—B]^* \longrightarrow A\cdot + B\cdot$$

激发态分子也可能放出光、热而失去活性。此外，辐射还可能引起其他副反应。

引发体系确定后，就要确定固化工艺。这主要由放热峰温度、残余单体含量、凝胶时间、硬度、表面黏性减少程度及固化物或复合材料性能等因素决定。例如放热峰温度要足够高，这样树脂才能迅速固化，但又不可太高，否则会因聚合过于剧烈而使制品开裂。特别是在浇注大型制品时，一定要做好散热工作，防止放热峰温度过高。乙烯基酯树脂低聚物由于分子链中存在甲基丙烯酸（丙烯酸）结构，因此也具有厌氧特性，固化后表面会发黏，甚至影响到制品的耐候性与耐化学性能，因此应注意采取措施减少树脂与空气的接触或对分子进行改性，如引入烯丙基醚（H_2C ═CH—CH_2—O—）基团。

2.6.3 乙烯基酯树脂的品种

乙烯基酯树脂的发展历程虽然不长，但是其品种很多，规格也很多样，对于乙烯基酯树脂的品种分类方法也各有不同，通常是根据不同的成型方法和使用性能特点来分类。

2.6.3.1 通用乙烯基酯树脂

通用乙烯基酯树脂即双酚 A 型乙烯基酯树脂，其分子式如下：

$$H_2C=CHCOO \left(CH_2—\underset{OH}{CH}—CH_2O—\underset{\underset{CH_3}{|}}{\overset{\overset{CH_3}{|}}{C}} —O \right)_n CH_2—\underset{OH}{CH}—CH_2—OCO\underset{R_1}{C}=CH_2$$

式中，R_1 为—H 或—CH_3。这种树脂是目前应用最广泛的通用型乙烯基酯树脂，也是乙烯基酯树脂中牌号最齐全的一种。国外的牌号有美国道化学公司的 Derakane411 和亚仕兰化学公司的 Hetron922，荷兰 DSM 公司的 Atlac430，挪威 Rcichhold 公司 NorpolDion9100，日本昭和聚合物株式会社的 Ripoxy806 等。国内的牌号有上海富晨公司的 Fuchen854、879、880，华东理工大学华昌公司的 AE 系列和台湾上纬公司的 Swancor901 等。

2.6.3.2 片状模塑料 （SMC） 用乙烯基酯树脂

乙烯基酯树脂可以设计成符合模压成型工艺要求的 SMC 专用树脂。例如西欧的道化学公司 Derakanc786 乙烯基酯树脂，其分子结构为：

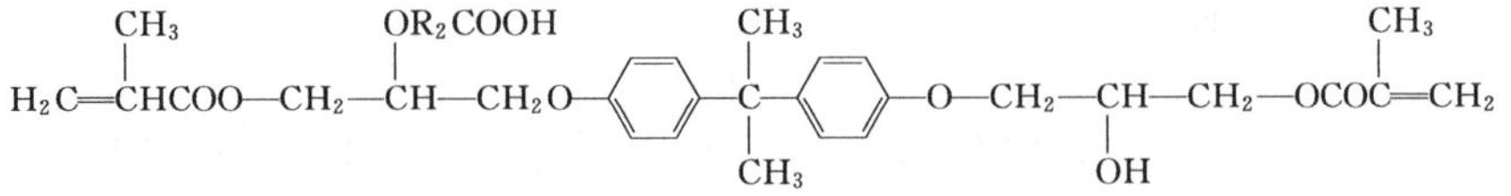

这种树脂可以使固化过程分段进行。用于预浸渍料或片状模塑料中，一般控制聚合反应先进行到 B 阶段，然后再进行热压成型。树脂在分子上引入了羧基官能团，供稠化反应用。这种树脂比通用型不饱和聚酯树脂对玻璃纤维的渗透性好，有更好的流动性，热压成型时压力可以降低，并在 B 阶段有很快的反应速率。可用于结构件，特别是汽车上的结构件，加入热塑性材料可以大大改善表面性能及收缩性。

2.6.3.3 阻燃乙烯基酯树脂

阻燃乙烯基酯树脂一般含卤族元素，用含卤环氧树脂与乙烯基化合物反应，可制成具有阻燃性能的含卤乙烯基酯树脂，如某牌号的阻燃树脂的结构如下：

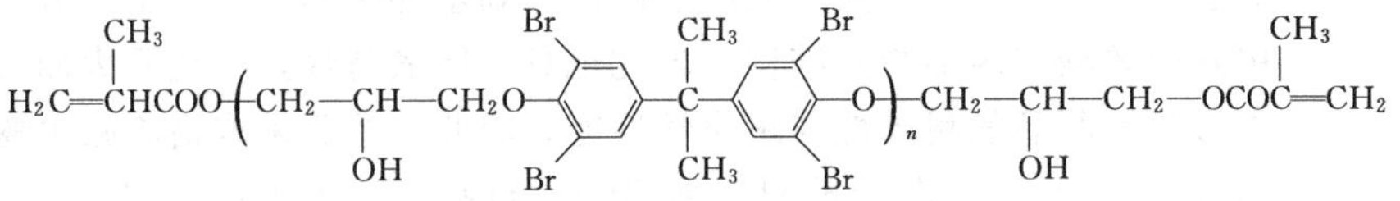

■表 2-13　溴化乙烯基酯树脂的阻燃性能

测试项目	测试标准	性　能
模压制品：60s 燃烧实验	ASTM D 757	10.2mm/min
手糊制品：暴露实验	HLT 15	100
烟道测试，火焰传播速度	ASTM E 84	—
无填料	—	30
含 5% Sb_2O_3	—	10
有限氧指数测试	ASTM D 2863	—
无填料	—	29.7%氧
含 5% Sb_2O_3	—	40.8%氧

注：模压制品含 60% 玻璃纤维、用过氧化苯甲酰固化。成型压力 0.41MPa。手糊制品含 25% 玻璃纤维，厚 3.2mm，用过氧化甲乙酮与环烷酸钴固化。纤维层结构为 0.25mm 厚 C-玻璃表面毡/457m² 短切毡三层/0.25mm 表面毡。

溴化乙烯基酯树脂具有阻燃性能，同时也兼顾乙烯基酯树脂固有的优良耐化学腐蚀性能。溴化乙烯基酯树脂的阻燃性能见表 2-13。尽管含卤阻燃树脂阻燃性能优异，但卤素会对环境造成污染，而且会对人类健康带来威胁。

2.6.3.4 辐射固化乙烯基酯树脂

这种乙烯基酯树脂在紫外线或电子束的辐射下即能固化。道化学公司的

XD-9002乙烯基酯树脂就是一种辐射固化树脂，其结构如下：

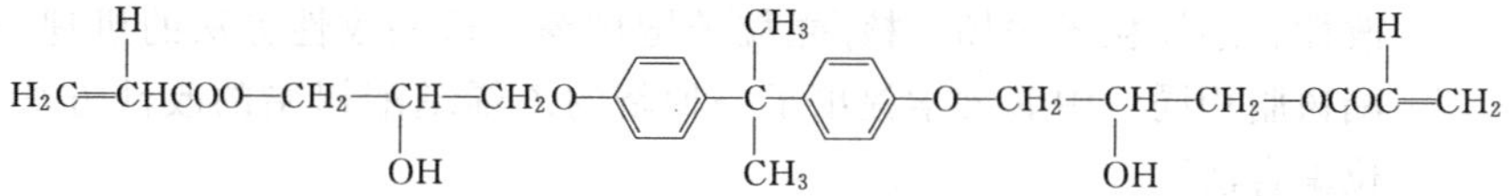

它是用丙烯酸酯基团取代乙烯基酯树脂端部的甲基丙烯酸酯基团。光引发剂可以用苯酮或苯偶姻醚。引发剂吸收紫外线能量后，即将能量传递给树脂系统，使乙烯基酯树脂进行聚合反应。在未稀释时，树脂黏度就较低，用反应性稀释剂（如2-乙基己基丙烯酸酯、2-羟基丙基丙烯酸酯等）进行一步稀释黏度会更低。主要用于涂料及油墨等，固化速率快，通常以秒计。

2.6.3.5 低挥发乙烯基酯树脂

苯乙烯是乙烯基酯树脂低聚物优良的交联单体，在乙烯基酯树脂中一般含有35%左右的苯乙烯单体。但是由于其毒性较大且极易挥发，在环保呼声越来越高的当今，已不符合人们的要求。要解决苯乙烯挥发污染环境和危害人们健康的问题，就要努力寻求一种低苯乙烯挥发技术。最早有用添加石蜡的办法抑制苯乙烯挥发，但是在铺设成型时易造成铺层间的分层。从发展趋势来看，可采用以下三种技术来降低苯乙烯的用量：可采用一种附着促进剂的化合物，如带2个烃基（含双键的疏水醚或酯）的丙烯酸；采用不易挥发的单体，如甲基苯乙烯或乙烯基甲苯等；在保持总体性能的同时缩短主链分子，达到降低苯乙烯用量的目的，或是在分子链段上引入其他基团或者链段，使树脂内部分子间产生相互作用而降低苯乙烯的挥发。

2.6.3.6 耐热乙烯基酯树脂

酚醛树脂本身具有极佳的耐热性能，将酚醛清漆基环氧树脂作为乙烯基酯树脂的反应原料，可极大提高乙烯基酯树脂固化物的耐热性，其热变形温度达132～149℃，同时耐腐蚀性能特别是对含氯溶液或有机溶剂耐腐蚀性也极好。某厂生产的耐高温环氧清漆乙烯基酯树脂结构如下：

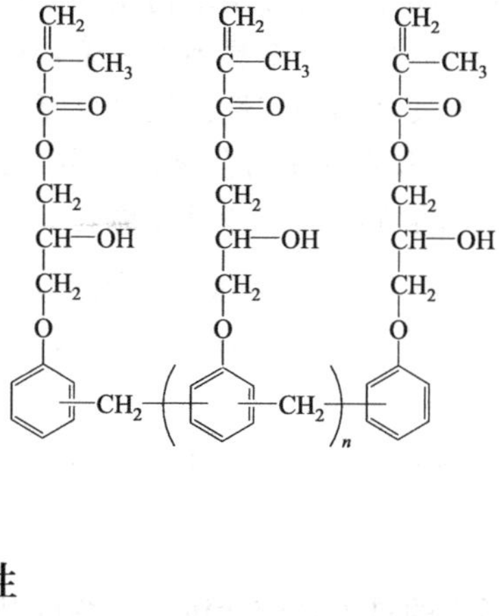

2.6.4 乙烯基酯树脂的改性

虽然乙烯基酯树脂的性能优于传统的不饱和聚酯树脂，但是其存在韧性不足、阻燃性差等缺点。乙烯基酯树脂的改性方法主要有橡胶改性、热塑性改性、刚性粒子增韧、核/壳粒子增韧等。这些改性方法的机理与不饱和聚酯树脂相同。中北大学提出了一种新的乙烯基酯树脂的改性方法——"前原位聚合法"。

以乙烯基酯树脂（VE 树脂）的共聚单体（RS）为溶剂，将刚性低聚物的单体溶于 RS 中，然后就地聚合，生成的刚性低聚物分子均匀地分散在 RS 中。用含有刚性低聚物的 RS 溶液与 VE 共混、共聚得到改性乙烯基酯树脂。这种改性 VE 的方法暂且称为"前原位聚合法改性乙烯基酯树脂"。

前原位聚合法改性乙烯基酯树脂的特点：刚性低聚物的合成是在乙烯基酯树脂的共聚单体中进行，合成方法简单，产物无需分离即可用于乙烯基酯树脂的改性；避免了刚性低聚物合成过程使用溶剂，节约溶剂回收所需的能量，无废液排放；刚性低聚物合成所用的原料种类丰富、来源广泛；便于改变低聚物的结构，从中优选增韧效果较好的低聚物；前原位聚合法改性乙烯基酯树脂，聚酰亚胺低聚物在乙烯基酯树脂共聚单体中为近似分子级水平的分散，得到性能较佳的改性乙烯基酯树脂；通过调节刚性低聚物的分子量和用量，可在一定程度上控制乙烯基酯树脂的触变性能和固化收缩率。

2.6.4.1 乙烯基酯树脂共聚单体 RS 的选择

在超声场中前原位聚合法改性双马来酰亚胺成功的基础上，首先尝试选择超声场中前原位聚合法改性双马来酰亚胺的共聚单体直接用于改性乙烯基酯树脂，然而，双马来酰亚胺树脂的共聚单体与乙烯基酯树脂不能发生共聚反应，生成交联高聚物，由于双马来酰亚胺的共聚单体本身不能自聚，制得的双马来酰亚胺树脂的共聚单体/乙烯基酯树脂固体，呈多孔酥脆状，轻轻用力即可掰断。实验结果表明，双马来酰亚胺树脂的共聚单体不能用于乙烯基酯树脂改性。因此，要使得超声场中前原位聚合法适用于乙烯基酯树脂，必须选择新型化合物作为乙烯基酯树脂共聚单体，该共聚单体分子结构中的双键，在高温下性能稳定，本身不能自聚，可以与 VE 发生共聚反应，而且与刚性低聚物具有良好的相容性。通过反复试验，得到了乙烯基酯树脂的共聚单体（RS）。RS 为烯丙基化合物，其分子结构中的双键难以自聚，这是因为，当作用时，存在着以下两种反应：

$$R \cdot + H_2C=CH-CH_2 \sim \begin{cases} \longrightarrow RCH_2\overset{\cdot}{C}HCH_2 \sim \\ \longrightarrow RH + H_2C=CH-\overset{\cdot}{C}H \sim \Longleftrightarrow H_2\overset{\cdot}{C}-CH=CH \sim \end{cases}$$

$$(1)$$

$$R \cdot + H_2C=CH-\overset{\cdot}{C}H \sim \longrightarrow H_2C=CH-\underset{\underset{R}{|}}{CH} \sim$$

$$(2)$$

加成反应形成的自由基较活泼，与烯丙基单体继续作用仍然存在着上述两种反应。而链转移反应形成的自由基因共轭而稳定（1），不能再进行加成或转移反应。往往与初级自由基或自身双基终止（2），因而烯丙基化合物自身具有良好的稳定性。另一方面，烯丙基化合物与乙烯基树脂可以进行共聚反应。因此，选择烯丙基化合物成为乙烯基酯树脂的共聚单体。

2.6.4.2 增韧低聚物大分子的结构设计

乙烯基酯树脂的改性效果与选用的改性剂有直接的关系，这要求改性剂在乙烯基酯树脂中有较好的溶解性，而且改性剂与乙烯基酯树脂的界面有适当的黏结。此外，改性剂的分散状况对改性效果也有影响。选择酸酐端羧基醚酰亚胺低聚物 PEI 为增韧剂。采用自制的、可以与乙烯基酯树脂反应的、在中低温条件下呈惰性的单体为溶剂，就地合成 PEI 为增韧剂。再将乙烯基酯树脂加入含有 PEI 的反应性溶剂中，使 PEI 均匀地分散于树脂基体中，得到准分子级的复合材料。PEI 是刚性的分子链，具有高模量、高强度和优异的韧性，在树脂中有可能以棒状形式分布且可能有一定的取向，在外场（温度、应力）作用下，有可能形成微纤维，因而，可能具有较强的增韧作用。PEI 中的端羧基能与乙烯基酯树脂发生反应，从而改性剂与基体之间具有化学键连接，使得改性剂与基体间有合适的界面黏结强度；此外，PEI 的化学结构具有可调节性，这些独特的性质，给改性工作带来方便，因此选择 PEI 低聚物作为增韧剂，有望获得韧性、耐热性和工艺性能等综合性能好的改性乙烯基酯树脂。

2.6.4.3 性能研究

（1）PEI/RS/VE 固化物和复合材料的性能 为叙述方便，将 PEI/共聚单体/乙烯基酯树脂称为 PEI/RS/VE 树脂，PEI/RS/VE 树脂的固化反应属于加成聚合，固化时无低分子挥发物产生，反应平缓而均匀，形成的固化物致密而缺陷较少；加之体系中含有大量的苯环、亚胺环以及韧性较好的醚键和异丙基，使得浇注体及其复合材料具有良好的力学性能和阻燃性能，其性能数据见表 2-14。从表中数据可以看出，RS/VE 树脂体系的氧指数为 24.7％，而 PEI/RS/VE 体系的氧指数为 24.7％。由于空气中氧气的含量为 21％，氧指数在 21％以下的聚合物易于在空气中点着和燃烧，氧指数在 22％以上的材料才认为具有阻燃性。因此，RS/VE 树脂的固化物属于难燃材料。由于该聚合物分子结构中含有大量芳基、苯环和亚胺环，高聚物燃烧时可缩合成碳，所产生的气体可燃物少。炭化层能覆盖于燃烧的聚合物表面，使火焰熄灭。

■表 2-14 改性乙烯基树脂及其复合材料的性能

类　别	弯曲强度/MPa	冲击强度/(kJ/m²)	极限氧指数/%
RS/VE 固化物	85.1	5.1	24.7
RS/VE 玻璃布复合材料	247.1	99.2	28.2
PEI/RS/VE 固化物	102.7	16.8	25.7
PEI/RS/VE 玻璃布复合材料	311.6	106.9	29.7

此外，从表 2-14 中也可以看出，PEI/RS/VE 树脂体系的力学性能远远优于 RS/VE 树脂体系的力学性能，这与 PEI/RS/VE 树脂体系固化后的相态结构是有关系的。

(2) 相态分析　如图 2-13 所示是 PEI/RS/VE 固化树脂在液氮下脆断后断口 SEM 照片，从照片上可以看出，PEI/RS/VE 树脂体系在微观上无相分离产生，为均相结构，这一点在图 2-15 中可以得到进一步的证明，如图 2-14 是 PEI/RS/VE 固化树脂的 DSC 分析曲线，从图 2-14 中可以看出，PEI/RS/VE 固化树脂只有一个玻璃化温度，$T_g = 134℃$。这说明 PEI 在接近分子水平上均匀分散在 VE 树脂中。正是由于这种相结构的存在，PEI 与基体的界面是超微观的，消除了增强相和树脂基体两者热膨胀系数的不匹配，充分发挥刚棒状分子增强相的内在力学性能、高温环境稳定性等，达到分子增强效应。

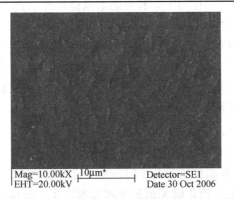

■图 2-13　PEI/RS/VE 固化树脂在液氮下脆断后断口 SEM 照片（×10000）

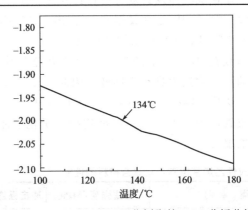

■图 2-14　PEI/RS/VE 固化树脂的 DSC 分析曲线

(3) 力学性能　用聚醚酰亚胺改性 VE/RS 树脂可以在提高 VE/RS 树脂弯曲性能的基础上提高 VE/RS 树脂的韧性。改性体系韧性提高的效果与其用量有很大的关系。通过对不同用量 PEI 改性体系固化树脂弯曲强度和冲击强度的测试，可研究 PEI 用量对改性体系树脂弯曲强度和冲击强度变化的关系，图 2-15 和图 2-16 给出了 PEI/RS/VE 体系 PEI 不同含量对固化树脂的弯曲强度和冲击强度的影响。

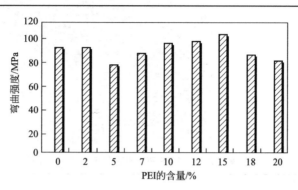

■图 2-15　PEI 含量对固化物弯曲强度的影响

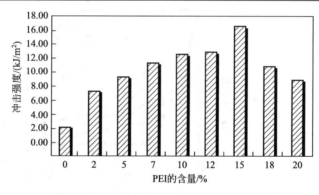

■图 2-16　PEI 含量对固化物冲击强度的影响

从图 2-15 和图 2-16 中可以看出，PEI 加入后改性体系的弯曲强度、冲击强度都有所提高，其中含 7％PEI 的改性体系力学性能最好，其弯曲强度比 RS/VE 体系提高了 88.8％，冲击强度提高了 41.7％，而 PEI 含量过多或过少对 PEI/RS/VE 固化树脂的性能改善影响程度不同。当 PEI 的含量小于 7％时，力学性能随其含量的增加而提高，PEI 能以分子水平均匀分散于树脂基体中，对基体起到增强增韧的作用。PEI 含量大于 7％时，力学性能随着 PEI 含量的增加而降低，说明 PEI 的用量对 RS/VE 的改性效果有一定的适宜范围。这可能是因为 PEI 与树脂基体分子复合的程度降低，出现相分离（图 2-17），刚性高分子相便成为树脂基体中的应力集中物，对材料的力学性能造成负面影响，而导致力学性能下降。

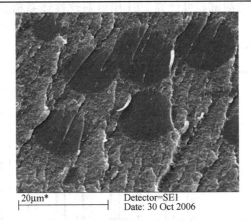

20μm*   Detector=SE1
                         Date: 30 Oct 2006

■图 2-17 10％PEI 的固化树脂脆断断口的 SEM 照片

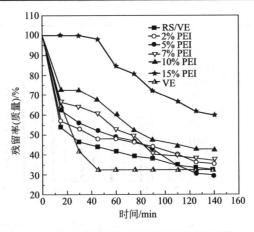

■图 2-18 400℃下固化树脂的热失重曲线

（4）热性能分析 乙烯基酯树脂的耐热性可以用马丁耐热温度、维卡耐热温度和热变形温度这样具有实用价值温度指标来表征，也可以用具有明确物理意义的玻璃化温度来表征。等温下热失重分析是表征乙烯基酯树脂固化物在温度的作用下，固化树脂质量的变化情况。如图 2-18 所示为400℃下固化树脂的热失重曲线。从图 2-18 中可以看出，以苯乙烯作交联单体所制得的固化物热失重速率最快，表明其耐热性远远不及以 RS 作交联单体所制得的固化物。在以 RS 作交联单体所制得的固化物的体系中，不含 PEI 时制品恒温热失重速率较快，15min 左右即失重 50％。当体系中引进 PEI 后，固化物的热稳定性提高，随着 PEI 含量的升高，制品热失重速率逐渐减慢，当 PEI 含量达到 15％时制品残留率为 50％所需要的时间超过 160min，且在曲线的初始时间有一个较宽的平台，即前 40min 制品质量基本保持不变。这说明随着 PEI 含量的增加，制品恒温下热失重速率不断减小，表明 PEI 对体系的热稳定性提高贡献较大，使制品耐热性提高。如图 2-19 所示为不同配方固化树脂在 400℃下灼烧 160min 后残留物的形状。从图 2-19 中可以看出，以苯乙烯为交联单体的固化树脂灼烧后残留物呈不规则形状，而以 RS 为交联单体的固化树脂灼烧后残留物基本上保持长方体状，其中 PEI 含量为 2％时长方体状制品中有部分开裂，PEI 含量为 15％时形状基本没变。这说明以 RS 为交联单体的浇注体比以苯乙烯为交联单体的浇注体耐热性要好；同时可以看出，PEI 含量越大时，以 RS 为交联单体的浇注体的耐热性越好。这与 400℃下材料的热失重的变化规律是一致的。

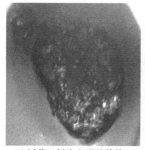  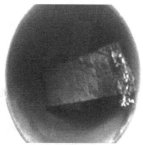

(a) 以苯乙烯为交联单体的固化树脂残留物形状   (b) 以RS为交联单体的固化树脂残留物形状(PEI含量为2%)   (c) 以RS为交联单体的固化树脂残留物形状(PEI含量为15%)

■图 2-19   不同配方固化树脂在 400℃下灼烧 160min 后残留物的形状

(5) **阻燃性能** 绿色环境友好型阻燃高分子材料是发展和安全的永恒主题，前原位聚合法乙烯基酯树脂热固性分子复合材料的阻燃性能如何？与传统苯乙烯共聚单体固化体系相比有何差异？采用氧指数法对材料的阻燃性能进行表征。表 2-15 是改性 VE 树脂体系及苯乙烯共聚单体固化体系的氧指数测试数据。从表 2-15 的数据可以看出，苯乙烯固化体系（St/VE）的氧指数为 18.5％，RSv/VE 体系的氧指数为 24.7％，属于自熄性材料，说明 RS/VE 体系具有结构阻燃特性，RS 对改善体系中的阻燃性能起主要作用。此外，PEI/RS/VE 固化树脂也属于自熄性材料，但是，PEI/RS/VE 体系的氧指数的高低与 PEI 的化学结构有关，当 PEI 为酸酐封端时，体系的氧指数有所增加，当 PEI 为氨基封端时，体系的氧指数与 RS/VE 体系接近，表明 PEI 的加入对提高固化树脂的阻燃性有一定的影响，其对阻燃性的影响程度取决于 PEI 与 RS/VE 交联网络结构的键合状况，当 PEI 与 RS/VE 交联网络存在化学键合时，有助于提高体系的阻燃性能；当 PEI 与 RS/VE 交联网络存在物理键合时，无助于改善体系的阻燃性能。

■表 2-15 改性 VE 树脂及苯乙烯共聚单体固化体系的氧指数测试数据

类　　别	PEI 端基结构	极限氧指数/%
St/VE 固化物	—	18.5
RS/VE 固化物	—	24.7
RS/PEI/VE 固化物	羧基	25.7
RS/PEI/VE 固化物	氨基	24.9

参 考 文 献

[1] 赵玉庭，姚希曾. 复合材料聚合物基体. 武汉：武汉理工大学出版社，2004：1-2.

[2] 沈开猷. 不饱和聚酯树脂及其应用. 第 3 版. 北京：化学工业出版社，2005：40，42，118，216.

[3] 周菊兴，董永祺. 不饱和聚酯树脂——生产及应用. 北京：化学工业出版社，2000：41，60，83，84.

[4] 王正烈，周亚平，李松林，刘俊吉. 物理化学. 第 4 版. 北京：高等教育出版社，2006：201-219.

[5] 黄发荣，焦扬声，郑安呐等. 塑料工业手册：不饱和聚酯树脂. 北京：化学工业出版社，2001：113-115.

[6] 龚兵，李玲. 不饱和聚酯树脂改性研究进展. 绝缘材料，2006，39（4）：25-28.

[7] 周菊兴，董丙祥. 红外光谱法鉴别不饱和聚酯的研究. 热固性树脂，2003，18（4）：22-24.

[8] 董丙祥，周菊兴，邵振忠. 核磁共振法鉴别不饱和聚酯的研究. 热固性树脂，2005，20（2）：50-53.

[9] 何洋，梁国正. 乙烯基酯树脂的研究进展. 绝缘材料，2003，6：42.

[10] 王天堂，陆士平，王立刚等. 特性乙烯基酯树脂的技术发展. 纤维复合材料，2004，19（2）：21.

[11] Abbate M，Mart uscelli E，Musto P. Malcated Polyisobutylene：a Novel Toughener for Unsaturated Polyester Resins. Polymer Science，1995，58（10）：1825-1837.

[12] 葛曷一，王继辉. 活性端基聚氨酯橡胶改性 UP 树脂的研究. 玻璃钢/复合材 2004，（1）：21-24.

[13] Mei Zhang，Raman Singh P. Mechanical Reinforcement of Unsaturated Polyester by Al_2O_3 Nanoparticles. Materials Letters，2004，58：408-412.

[14] Kornmann X，Berglund L A，Sterte J. Nanocomposites Based on Montmorillonite and Unsarated Polyester. Polymer Engineering and Science，1998，38（8）：1351-13581.

[15] Incenoglu A，Baran，Yilmazer Uiku. Mechanical Properties of Unsaturated Polyester montmorillonite Composites. Materials Research Society Symposium Proceedings，New Jersey，2001（703）：387-3921.

[16] 鲁博，张林文，潘则林等. 聚氨酯改性不饱和聚酯的微观结构与性能. 化工学报，2006（12）：3005-3009.

[17] 王侃，王继辉，薛忠民. 低轮廓不饱和聚酯树脂的中低温固化形态. 材料研究学报，2004（3）：273-279.

[18] Abbate M，Mormile P，MARTUSCELLI E，et al Based on unsaturated polyester resins：molecular，morphological and thermo-optical analysis. Journal of Materials Science，2000，35（4）：999-1008.

[19] Abbate M，Mormile P. Thermosetting PDLCs：Cure，Morphology and Thermo-Optical Re-

sponse. Molecular Crystals and Liquid Crystals Science and Technology. Section A，1999，36（1）：61-81.

[20]　Mormile P，Petti L，Ragosta G. Electro-optical properties of a PDLC based on unsaturated polyester resin. Applied physics，2000，70（2）：249-252.

[21]　冯磊．液晶热固性双马来酰亚胺与不饱和聚酯树脂的共聚改性研究［学位论文］.天津：河北工业大学，2005.

[22]　龚兵．前原位聚合法不饱和聚酯树脂分子复合材料的研究［学位论文］.太原：中北大学材料科学与工程学院，2007.

第3章 不饱和聚酯树脂的低压成型

3.1 概述

低压成型是指在常压或低压下固化成型制品的一种工艺方法，其成型压力最高不超过 2MPa，一般应控制在 0.1～0.7MPa。低压成型的一般过程为：①把材料放入模具中，并使其具有一定的形状；②在低压或常压条件下，使树脂渗透流动；③在常温或加热条件下固化定型；④脱模、后处理及必要的二次加工得到制品。

低压成型对工具、模具、场地的要求低，可以使用木材、石膏、不饱和聚酯树脂基复合材料、铸铝及水泥等轻质材料作为模具材料，模具制备简单、周期短、具有很强的灵活性。低压成型适合小批量、变批量以及尺寸和形状复杂的制品的生产，特别是大型薄壁制品整体结构的生产。因而，适合中小型企业生产以及产品的试制，是复合材料工业中广泛使用的一种工艺方法。

但是低压成型也存在着生产效率低、劳动强度大、生产周期长、制品质量依赖于操纵人员的技术水平且产品可重复性差等缺点。

本章主要介绍了手糊成型、喷射成型、树脂传递模塑成型（RTM）、低压袋成型以及夹层结构成型等低压成型方法。

3.2 手糊成型

手糊成型是通过手工的方法将纤维增强材料和树脂胶液铺覆在模具上，在常温、常压下固化后，脱模得到复合材料制品的一种工艺方法。其工艺流程如图 3-1 所示。

手糊成型是最早使用的也是最简单的复合材料生产的一种工艺方法，在复合材料生产工艺中占有重要地位。

(1) 手糊成型的优点

① 不受产品尺寸和形状限制，适宜尺寸大、批量小、形状复杂产品的生产；

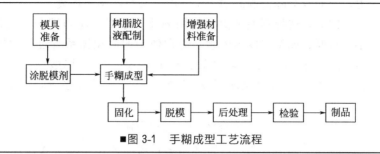

■图 3-1　手糊成型工艺流程

② 设备简单、投资少、设备折旧费低；

③ 工艺简单、易于操作；

④ 产品设计灵活，可在产品任意部位增补增强材料；

⑤ 制品树脂含量较高，耐腐蚀性好。

(2) 手糊成型的缺点

① 生产效率低，劳动强度大，劳动卫生条件差；

② 产品质量不易控制，性能稳定性差；

③ 产品力学性能偏低。

3.2.1 手糊成型不饱和聚酯树脂的要求

3.2.1.1 手糊成型工艺对树脂基体性能的要求

① 常温下胶液黏度可以控制在 $0.2\sim0.5$Pa·s 范围内，与纤维浸渍性好，易排除胶液中的气泡，具有一定的触变性；

② 凝胶时间短、固化速率快、无挥发性产物；

③ 力学性能和电性能优异，层间黏结性好；

④ 具有良好的耐候性、耐热性、耐化学性以及阻燃等特性；

⑤ 可着色，获得不同色泽的表面。

国外生产手糊成型用不饱和聚酯树脂的厂家主要有日本的大日本油墨、英国的 Scott-Bader、德国的 BASF 以及美国的 Owens-Corning 等。国内的厂家主要包括常州华日新材有限公司、德州德城区东明树脂厂、广东省番禺福田化工有限公司、湖州红剑聚合物有限公司、江苏富菱化工有限公司、金陵帝斯曼树脂有限公司、秦皇岛市科瑞尔树脂有限公司、上纬企业有限公司和沈阳市应用化学所等。手糊成型用树脂多为通用不饱和聚酯树脂。

3.2.1.2 手糊成型对固化体系的要求

合理选择不饱和聚酯树脂固化体系，对手糊成型的成型周期和制品的质量都有着重要影响。其中引发剂用量是决定不饱和聚酯树脂固化反应性的重要因素。固化剂用量过少，固化反应速率慢，固化程度低，所得制品力学性能差；引发剂用量过多时，则可能造成固化反应过于剧烈，产生较大内应力,从而也会降低制品的力学性能,甚至使制品作废。

因此,选择不饱和聚酯树脂固化体系时,应当综合考虑制品的尺寸大小、薄厚、成型温度等因素。通常使用的固化体系有过氧化甲乙酮-环烷酸钴、过氧化 2,4-戊二酮-钴盐、过氧化环己酮-环烷酸钴、叔丁基氢过氧化物-亚油酸钴及过氧化苯甲酰-N,N-二甲基苯胺体系等,用量大约为树脂用量的 2%。

3.2.1.3 手糊成型树脂体系的其他组分及作用

根据手糊成型制品的特殊用途,树脂体系中通常还需加入特定的助剂,以满足使用要求,常用的助剂主要包括增塑剂、光稳定剂、抗氧化剂、阻燃剂等。

增塑剂是通过削弱体系中分子间力,从而使体系的塑性增加、软化温度和脆化温度降低。增塑剂应当与树脂体系具有良好的相容性,不易挥发。增塑剂类型主要包括邻苯二甲酸酯、脂肪族二元酸酯、磷酸酯、环氧化合物、聚合型增塑剂、苯多酸酯等,其中使用量最大的是邻苯二甲酸酯类增塑剂,约占增塑剂总量的 80%。

光稳定剂是指能抑制不饱和聚酯树脂体系光氧化或光老化过程进行的物质。光稳定剂的作用机理主要是屏蔽、反射紫外线或者吸收紫外线并将其转换为无害的热能;猝灭被紫外线激发产生的分子或基团的激发态,从而排除或减缓发生光反应的可能性;捕获因光氧化产生的自由基,从而阻止使制品老化的自由基反应的发生。

抗氧化剂是能够通过捕获并中和自由基,从而阻止氧气等物质。常用的抗氧化剂有酚类化合物(如 2,6-二叔丁基苯酚)、胺类化合物、亚磷酸酯类化合物如亚磷酸三苯酯等。

阻燃剂是能够赋予不饱和聚酯树脂体系阻燃特性的物质。常用的阻燃剂包括无机阻燃剂和有机阻燃剂两种。无机阻燃剂主要包括三氧化二锑、氢氧化镁、氢氧化铝、硅系等阻燃体系。有机阻燃剂主要有卤系、磷系和氮系阻燃剂。但是卤系阻燃剂在燃烧过程中会释放出有毒气体,因此发展新型环保、绿色的阻燃剂是阻燃剂发展的一个方向。

3.2.2 手糊成型原料

选择合适的原材料是满足产品设计要求、保证质量、降低成本的重要前提。手糊成型所需原材料主要有树脂基体、玻璃纤维及其织物、辅助材料。

3.2.2.1 树脂基体选择

手糊成型树脂应该满足以下条件:室温下能够快速凝胶、固化,且无低分子物释放出来;胶液黏度可调,能够控制在适宜手糊成型的 0.2~0.5Pa·s;无毒或低毒;价格便宜。

不饱和聚酯树脂是手糊成型中使用最广泛、用量最大的树脂类型,约占各种树脂使用总量的 80%。按照用途分类,不饱和聚酯树脂主要有通用型树脂和专用型树脂两种。通用型树脂是指生产中使用量很大、固化后性能可以满足一般用途要求的不饱和聚酯树脂;专用型树脂则是指能够满足某些特殊使用要求的不饱和聚酯树脂,如耐腐蚀不饱和聚酯树脂、阻燃型不饱和聚酯树脂、低收缩不饱和聚酯树脂和耐候性不饱和聚酯树脂等。

3.2.2.2 增强材料选择

手糊成型最常用的增强材料是纤维及其织物,它可以赋予复合材料优良的力学性能。手糊成型工艺用的增强材料以玻璃纤维为主。

(1) 手糊成型对纤维的要求 手糊成型工艺的特点决定了选择纤维作为增强材料时应注意以下几个方面:

① 与不饱和聚酯树脂要有良好的浸润性;

② 应有一定的变形性,以满足形状复杂制品的操作需要;

③ 能够满足制品性能的要求;

④ 价格便宜,以降低成本。

(2) 玻璃纤维的种类和性质 按照玻璃的使用性能,玻璃纤维可以分为 E-玻璃纤维、C-玻璃纤维、A-玻璃纤维、S-玻璃纤维、M-高弹玻璃纤维、L-防辐射玻璃纤维六种类型。E-玻璃纤维,也称无碱纤维,金属氧化物含量低于 0.8%,具有优良的电气性能与耐老化性能,主要用于电气性能与耐老化性能有要求的场合。C-玻璃纤维,又称中碱玻璃纤维,生产成本低,耐酸性好,但耐碱性较差。中碱玻璃纤维是我国特有的品种,其性能介于无碱和有碱玻璃纤维之间,产量大,用途广泛。A-玻璃纤维,也称有碱纤维,含碱量高于 12%,价格比较便宜,但耐老化性能差,且耐酸性低于 C-玻璃纤维。S-玻璃纤维,又称高强纤维,拉伸性能比 E-玻璃纤维高 35%,主要用于强度要求较高的复合材料制品,如风力发电机叶片。

(3) 玻璃纤维制品 适用于手糊成型的玻璃纤维制品的种类众多,主要包括玻璃纤维无捻粗纱、短切玻璃纤维毡、无捻粗纱布、玻璃纤维细布、单向织物等。

① 玻璃纤维无捻粗砂 玻璃纤维无捻粗砂是由无捻络纱机将拉丝得到的原纱平行并股卷成圆筒形而制成。无捻粗砂的牌号通常用玻璃纤维的种类、单丝直径、原纱号数和并股纱数表示。例如,无碱无捻纱 8-24/5,表示单丝直径为 8μm 的 24 号无碱玻璃纱、5 股并股而制得的无捻粗砂。

② 短切玻璃纤维毡 短切纤维毡是将连续玻璃纤维经浸渍剂集束后,按一定长度切断,无序均匀地分散成一定厚度,再用胶黏剂黏合而成的毡状玻璃纤维制品。短切纤维毡用作手糊成型时应满足密度均匀;浸渍性、脱泡性良好;附模性好;容易切断;松散单丝少;无污染或夹杂物;手糊成型时不出现泛白现象的要求。

短切纤维毡比织物成本低,变形性好,成型过程中使用方便,用其制备的不饱和聚酯树脂基复合材料制品具有平面各向同性，制品树脂含量高，可达到 60％～80％，耐腐蚀性好。但制品强度偏低，一般用来制作强度要求不高，或载荷随机性较大的制品，以及防腐制品的衬里等。还有一种由单丝制成的玻璃纤维表面毡，专门用于不饱和聚酯树脂基复合材料制品表面，其树脂含量可高达 90％，构成富树脂层，以改善制品的表面性能。

③ 无捻粗纱布　国内的无捻粗纱布大多是方格布，是手糊成型中最常用的玻璃纤维制品，在手糊过程中，无捻粗纱布与玻璃纤维毡结合使用效果更佳。该无捻粗纱布为平纹，具有成型性好，易脱泡，质量均匀，强度、厚度误差小的特点，其经纬方向强度均衡，冲击强度较高，但在 45°方向强度低，层间粘接强度不高，价格比细纱布便宜。

④ 玻璃纤维细布　玻璃纤维细布包括平纹布、斜纹布以及缎文布。平纹布的变形量小，适合型面简单的制品；斜纹布比平纹布变形性、铺覆性好，适合手糊成型型面曲率较复杂的制品；由于缎纹布组织中纤维的无支撑长度较大，间隙率较大，比斜纹布更柔软，因此有良好的铺覆性，适合手糊成型各种曲率型面制品。

⑤ 单向织物　单向织物是指在单位宽度内经纱量远大于纬纱量的玻璃纤维织物，如 4：1 布或 7：1 布等，即在单位宽度内径向纤维量为纬向纤维量的 4 倍或 7 倍。使用单向布对降低原料消耗、减轻制品质量、提高经济效果非常显著。在管道和贮罐的制造过程中使用单向织物，所得制品的质量可以减轻 25％左右。

3.2.2.3 辅助材料

(1) **稀释剂**　稀释剂的作用是调节树脂黏度，使树脂体系的黏度降低。常用稀释剂主要包括活性稀释剂和非活性稀释剂两类。非活性稀释剂不参与固化反应，仅起降低黏度的作用，在树脂的固化时大部分逸出；活性稀释剂则参与树脂的固化反应，其用量为不饱和聚酯树脂质量的 5％～10％。活性稀释剂的使用会增大树脂的固化收缩率，降低制品的力学性能和热变形温度，且活性稀释剂具有一定的毒性，所以必须慎重使用。

(2) **填料**　填料的作用一方面是降低成本；另一方面可改善树脂基体低收缩性、自熄性和耐磨性等性能，在树脂中常需加入一些填料，常用的填料主要有黏土、碳酸钙、白云石、滑石粉、石英砂、石墨和聚氯乙烯粉等。例如，在糊制垂直或倾斜面层时，为避免"流胶"，可在树脂中加入少量活性 SiO_2 作为触变剂。由于活性 SiO_2 比表面积大，树脂受到外力触动时才流动，这样在施工时既避免树脂流失，又能保证制品质量。

(3) **颜料**　赋予制品美观的色泽。颜料包括有机颜料和无机颜料两大类。颜料一般与树脂混合制成颜料糊使用。有机颜料价格较高，并且选择不当会使得树脂在固化的过程中产生色泽变化，故很少使用有机颜料。无机颜料价格便宜，使用较多，但有些无机颜料对不饱和聚酯树脂有一定的阻聚作用，如炭黑，应慎重使用。

(4) 脱模剂　为使制品与模具分离而附于模具成型面的物质称为脱模剂。其作用是使制品顺利地从模具上脱下来，同时保证制品表观质量和模具完好无损。脱模剂应具备以下条件：不腐蚀模具，不影响树脂固化，对树脂黏附力小；成膜时间短，厚度均匀、光滑；操作简便，价格便宜。选用脱模剂时应注意，脱模剂使用温度应高于固化温度。

脱模剂可分为外脱模剂和内脱模剂两大类。外脱模剂主要用于手糊成型和冷固化系统，内脱模剂主要用于模压成型和热固化系统。此处仅介绍外脱模剂。常用的外脱模剂有薄膜型脱模剂、混合溶液型脱模剂以及蜡型脱模剂。

① 薄膜型脱模剂　薄膜型脱模剂主要有聚酯薄膜、聚乙烯醇薄膜和玻璃纸等，其中聚酯薄膜用量较大。应用聚酯薄膜，所得制品平整光滑，具有特别好的光洁度。但聚酯薄膜的价格较高，且不能用作为曲面复杂制品的脱模剂。

聚乙烯醇薄膜柔韧，一般用于成型形状不规则和轮廓复杂的制品，如人体假肢制作及袋压法成型等。玻璃纸强度稍次于聚酯薄膜，可以获得表面光洁的制品，多用于板材、波形瓦和袋压法成型等。

② 混合溶液型脱模剂　混合溶液型脱模剂中应用最多的是聚乙烯醇溶液。聚乙烯醇溶液是采用低聚合度聚乙烯醇与水和乙醇按一定比例配制的一种黏性透明液体。其配方见表 3-1，在 100～150℃ 范围内脱模效果最好。聚乙烯醇溶液具有使用方便、成膜光亮、脱模性能好、容易清洗、无腐蚀、无毒性、配制简单和价格便宜等优点。其缺点是环境湿度大时成膜周期长，影响生产周期。此外，混合溶液型脱模剂还有聚丙烯酰胺溶液（PA 脱模剂）、醋酸纤维素溶液、硅油与硅橡胶脱模剂等。

■表 3-1　聚乙烯醇溶液脱模剂　　　　　　　　　　　　单位:%（质量分数）

原料配方	A	B	C	D
聚乙烯醇	5～8	5	6～8	4
水	60～35	40	48	45
乙醇	35～60	20	44	45
丙酮	—	—	5	—
甘油	—	0.03	—	—
乙酸乙酯	—	5	—	—
硅消泡剂	—	0.07	—	—
柏林蓝	—	0.015	—	—
空气溶胶	—	0.035	—	—
洗衣粉	少量	—	—	—
合计	100～103	70.6	103～105	100

③ 蜡型脱模剂　蜡型脱模剂具有使用方便，省工和省时、省料，脱模效果好等优点，且价格便宜，因此得到广泛应用。脱模蜡的使用温度在

80℃以下，其使用方法如下：

  a. 将模具清洗干净；

  b. 用毛巾将脱模蜡均匀地涂在模具上，形成坚硬、光亮的膜层；

  c. 制品脱模后，只需把模具表面擦干净即可重复使用。

  ④ 复合脱模剂 为了得到良好的脱膜效果和理想的制品，常常同时使用几种脱膜剂，这样可以发挥多种脱膜剂的综合性能。例如石膏模和木模，可以用过漆片、氯乙烯清漆或硝基喷漆封孔，以醋酸纤维素作中间层，聚乙烯醇溶液作外层。其他如石蜡和聚酯薄膜，石蜡和聚乙烯醇溶液等也常常复合使用。

3.2.3 手糊成型设备

  手糊成型所需的设备与工具比较简单，模具是成型过程中所需的唯一重要工具。设计和制造模具的质量及可靠性是保证复合材料产品质量与降低成本的关键。

  (1) 模具结构 手糊成型模具可以分为单模和对模两种。单模又分为凹模和凸模两种，如图 3-2 所示。

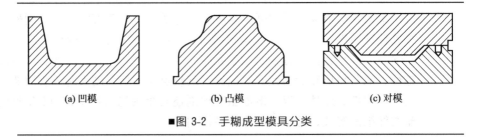

(a) 凹模   (b) 凸模   (c) 对模

■图 3-2 手糊成型模具分类

  ① 凹模 凹模又称阴模，使用凹模成型的制品外表面光滑且尺寸精度高，但是当凹模深度过大时，会造成操作不便，通风困难，劳动卫生条件差，且质量不易控制。

  ② 凸模 凸模又称阳模，使用凸模成型的制品内表面光滑且尺寸精度高，制品成型时操作方便，质量容易控制，且便于通风。

  ③ 对模 对模是由凹模和凸模两部分组成。使用对模成型制品的内外表面质量都很高，并且厚度精确，但是不适于成型大型制品。

  无论单模还是对模，都应根据制品的结构需求和精度要求进行设计制造，模具可以是整体式，也可以是组装式。组装式模具是将模具设计成几个部件，经装配得到满足制造要求的模具，模具的形式应依据制品的复杂程度、分型面的选择、精度要求和脱模要求进行确定，以保证所生产的制品能完好无损地脱模。

  (2) 模具材料 模具的质量除取决于模具结构设计之外，最根本的问题是选制模具材料的基本性能是否与模具的制造要求及使用条件相适应。可用于制造手糊成型模具的材料包括木材、石膏-砂、石蜡、可溶性盐、低熔点合金、金属以及不饱和聚酯树脂基复合材料。目前应用最普遍的模具材料是不饱和聚酯树脂基复合材料。不饱和聚酯树脂基复合材料模具制造方便，精度较高，使用寿命长，而且制品可加热加压成型。对于表面质量要求高、形状复杂的不饱和聚酯树脂基复合材料制品尤其适用。

(3) 手糊成型模具设计原则　在手糊成型中，模具对制品的几何形状、尺寸、精度要求、脱模难易以及制品表面质量和光洁度起到决定性作用，因此模具设计必须遵循以下原则。

① 根据制品的数量、尺寸、精度要求、脱模难易和成型工艺条件（如固化温度和压力）等因素确定模具材料与结构形式。模具应该能够反复多次承受固化时的放热、收缩以及脱模时的冲击。

② 模具型芯面与型腔面应该具有良好的表面光洁度，模具型芯面与型腔面的表面光洁度比制品的表面光洁度高两级。

③ 避免直角和拐角，在拐角处应尽量采用较大的曲率半径。制品内侧拐角曲率半径应大于 2mm，以避免由于玻璃纤维的回弹，在拐角周围形成气泡空洞。对于深度较大的凹模，应有一定得脱模斜度，一般为 2°左右。

④ 质量轻，材料易得，造价便宜。

3.2.4　手糊成型工艺过程

手糊成型的工序主要包括成型模具的准备、清理和修整；涂脱模剂；原材料准备；胶衣涂布；铺层作业；固化；脱模及修理；零部件的装配、结合和组装。

3.2.4.1　手糊成型前的准备

(1) 胶液准备

① 胶液的工艺性及其影响因素　根据产品的使用要求确定树脂种类，并按配方要求配制树脂胶液。胶液的工艺性是影响手糊制品质量的重要因素。胶液的工艺性主要包括胶液黏度和凝胶时间。胶液黏度是表征成型过程中胶液的流动特性，对手糊成型的影响很大。黏度过高会增加涂刷和浸渍增强材料的难度；但黏度过低，在树脂凝胶前则会发生胶液流失，使制品出现贫胶现象。手糊成型树脂黏度控制在 $0.2 \sim 0.5 \mathrm{Pa \cdot s}$ 之间为宜。黏度可以通过加入稀释剂进行调节。

凝胶时间是指在一定温度条件下，树脂中加入一定量的引发剂、促进剂或固化剂，从黏流态到失去流动性，变成软胶状态的凝胶所需的时间。它是手糊成型的一项重要指标，必须加以控制。手糊作业结束后树脂应能够及时凝胶。如果凝胶时间过短，由于胶液黏度迅速增大，不仅增强材料不能被浸透，甚至会发生局部固化，使手糊作业困难或无法进行；如果凝胶时间过长，不仅延长了生产周期，而且导致胶液流失，交联剂挥发，造成制品局部贫胶或固化不完全。重要的制品在手糊作业前必须做凝胶试验。值得注意，胶液的凝胶时间并不等于制品的凝胶时间。

制品凝胶时间的影响因素包括引发剂和促进剂的种类用量；胶液体积、环境温度和湿度；交联剂蒸发损失；制品厚度、表面积大小、填料的加入及杂质等；胶液体积越大，反应放出的热量越不容易散失，从而加快反应速率，缩短凝胶时间。环境温度越高，湿度越低，凝胶时间越短；反之，环境温度低，湿度大，则凝胶时间延长。当环境温度低于 15℃时，可能产生固化不良的现象。较薄、表面积较大的制品的凝胶时间比厚度较大、表面积较小的制品的凝胶时间要长。因此，对于室温固化用胶量大的厚壁制品，应采取少量而多次配胶的原则，以延长胶液的凝胶时间。交联剂蒸发速度较快，会造成交联剂不足，凝胶时间增加，制品固化不完全；为避免交联剂蒸发损失，在成型大表面制品时，要注意缩短凝胶时间。一般情况下，树脂体系中加入填料后，凝胶时间增加。然而，在某些情况下，填料的加入是不可避免的。在保证制品性能的情况下，可以通过调节的胶液配方来控制凝胶时间，也就是说可以采取调节引发剂与促进剂的用量的方法。一般多采用改变促进剂用量的方法来调控凝胶时间。有关不饱和聚酯凝胶时间与环境温度、促进剂用量的关系可参考表 3-2。此外，若树脂中加入某些物质，如橡胶、硫、铜与铜盐、苯酚、酚醛树脂、粉尘及炭黑等，即使是量很少，也可能抑制聚合反应的进行，有时甚至会导致完全不固化。为了使手糊成型的正常进行，保证制品的质量，应有效利用凝胶时间，配胶时将树脂与固化剂以外的组分先调好搅匀，在施工前加入固化剂，搅拌均匀后立即使用，做到胶液现用现配。

■表 3-2　不饱和聚酯树脂凝胶时间、环境温度、促进剂用量间的关系

环境温度/℃	萘酸钴的苯乙烯溶液用量(质量分数)/%	凝胶时间/h
15~20	4	1~1.5
20~25	3.5~3	1~1.5
25~30	3~2	1~1.5
30~35	1.5~0.5	1~1.5
35~40	0.5~1	1~1.5

② 不饱和聚酯树脂胶液的配方与胶液配制　表 3-3 是常用不饱和聚酯树脂胶液配方，配胶时，按表 3-3 的配方比例先将引发剂和树脂混合均匀，手糊前再加入促进剂搅拌均匀。加入引发剂的树脂胶液，贮存期不能过长。一般加入 50%的过氧化环己酮糊或过氧化甲乙酮溶液，贮存期为 8h；加入50%的过氧化苯甲酰糊，贮存期可达 3~4 天。具体配胶量多少要根据制品大小和施工人员多少而定，一次配胶量 0.5~2kg。

■表 3-3　常用不饱和聚酯树脂胶液配方　　　　　　　　　　　　　单位：质量份

类　　别	配　　方				
	1	2	3	4	5
不饱和聚酯树脂	100	100	100	85	60
50%的过氧化环己酮糊	4	4	—	4	4
过氧化甲乙酮溶液	2	2	—	2	2
含6%萘酸钴的苯乙烯溶液	0.1~4	0.1~4	—	0.1~4	0.1~4
50%的过氧化苯甲酰糊	—	—	2~3	—	—
10%的二甲基苯胺的苯乙烯溶液	—	—	4	—	—
邻苯二甲酸二丁酯	—	5~10	—	—	—
触变剂	—	—	—	15	40

（2）增强材料准备　所用的增强材料主要是纤维布和毡。为改善增强材料与不饱和聚酯树脂的界面性能，必须对增强材料进行表面处理。增强材料的下料，对于结构简单的制件，可按模具展开图制成样板，按样板裁剪。对于结构形状复杂的制品，可将制品型面合理分割成几部分，分别制作样板，再按样板下料。

（3）胶衣糊准备　胶衣糊是用来制作表面胶衣层的。胶衣树脂种类很多，应根据使用条件进行选择。常用的胶衣树脂见表 3-4。

■表 3-4　常用的胶衣树脂

牌号	树脂种类	性　　能	指　标			生产厂商
			外观	酸值 mgKOH/g	凝胶时间 (25℃)/min	
33#	—	耐化学品、耐水，不饱和聚酯树脂基复合材料模具表面层	浑浊、触变性糊状	16-24	10-20	常州市金隆化工厂有限公司
34#	—	耐化学品、耐水，不饱和聚酯树脂基复合材料模具表面层	浑浊、触变性糊状	16-25	10-20	常州市金隆化工厂有限公司
2131#	双酚A型胶衣树脂	具有优良的耐化学品性、耐腐蚀性和耐热性	—	—	—	德州市德城区东明树脂厂
HCH-33	间苯二甲酸型不饱和聚酯树脂	具有良好的触变性和流变性，与其他聚酯树脂的粘接性好，可以和颜料混合得到光鲜表面，耐水性和弹性良好	浑浊、触变糊状	—	7.0~15.0	湖州红剑聚合物有限公司
D34#	邻苯型不饱和聚酯树脂	具有施工性能好、耐热等特点	—	—	—	华讯实业有限公司

（4）手糊制品厚度与层数计算　手糊制品厚度可用下式计算：

$$t=mk$$

式中　t——制品铺层厚度，mm；

m——材料质量，kg/m^2；

k——厚度常数，$mm/(kg/m^2)$，即每 1 kg/m^2 材料的厚度，k 值见表 3-5。

■表 3-5　材料厚度常数

性能材料	玻璃纤维			不饱和聚酯树脂				填料		
	E 型	S 型	C 型							
密度/（kg/m³）	2.56	2.49	2.45	1.1	1.2	1.3	1.4	2.3	2.5	2.9
k/[mm/(kg/m²)]	0.391	0.402	0.408	0.909	0.837	0.769	0.714	0.435	0.400	0.345

3.2.4.2 手糊成型

制品表面需要特制的层面称为表面层。表面层的作用是可美化制品，以保护制品不受周围介质侵蚀，提高其耐候、耐水和耐腐蚀性能，具有延长制品使用寿命的作用。胶衣层成型通常采用涂刷和喷涂两种方法。待胶衣开始凝胶时，立即铺放一层柔软的增强材料。胶衣层全部凝胶后，即可开始手糊。

决定手糊制品性能的关键技术之一是铺层控制，对于外形要求高的受力制品，同一铺层纤维应尽可能连续，切忌随意切断或拼接，否则会严重降低制品力学性能。然而由于各种原因不得不对铺层纤维进行剪裁和拼接，因此需要对拼接处进行补强。铺层拼接的设计原则是制品强度损失小，不影响制品外观质量和尺寸精度，施工方便。拼接的形式有搭接与对接两种。对接式铺层可保持纤维的平直性，产品外观不发生畸变，并且制品的外形和质量分布的重复性好。为了不致降低接缝区强度，各层的接缝必须错开，并在接缝区多加一层附加布，如图 3-3 所示。多层布铺放的接缝也可按一个方向错开，形成"阶梯"接缝连接，如图 3-4 所示。将玻璃布厚度 t 与接缝距 s 之比称为铺层锥度 z，即 $z=t/s$。当铺层锥度 $z=1/100$ 时，铺层强度与模量最高。铺层锥度可作为施工控制参数。

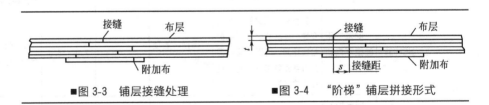

■图 3-3　铺层接缝处理　　　■图 3-4　"阶梯"铺层拼接形式

在成型过程中，对于厚度大于 7mm 的制品一次铺层固化时，由于固化发热量大，造成因内应力过大而引起的制品变形或分层；或者其他原因不能一次完成成型的制品，则需要两次拼接铺层固化。二次铺层拼接形式如图 3-5 所示。采用"阶梯"二次铺层拼接成型制品的强度和模量与一次铺层固化的制品相当。

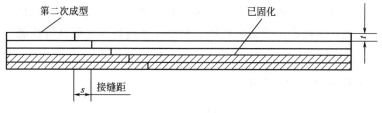

■图 3-5　二次铺层拼接形式

(1) 不饱和聚酯树脂的固化　不饱和聚酯树脂的固化是放热反应。树脂从黏流态转为不能流动的凝胶，最后成为不溶（不熔）的坚硬固体。其固化过程可分为凝胶阶段、定型阶段（硬化阶段）、熟化阶段（固化阶段）。手糊工艺过程就是宏观控制这三个阶段的变化，从而使制品性能达到要求。要使不饱和树脂的线型分子与交联剂发生交联反应，必须加入引发剂。引发剂的用量对固化速率和制品性能影响很大。使用量过大或过小都会影响制品性能。因此应当合理选择引发剂用量。室温下引发剂不能分裂产生自由基，故需加入促进剂。促进剂可以促使引发剂在较低温度下分解产生自由基，降低固化温度，加快固化速率和减少引发剂用量。常用的促进剂有萘酸钴和环烷酸钴，其用量为树脂质量的 1% 左右。

(2) 不饱和聚酯树脂固化工艺控制　一般采用固化度来表明热固性树脂的固化反应的程度，通常用百分率表示。控制固化度是保证制品质量的重要条件之一。固化度愈大，表明树脂的固化程度愈高。固化度一般可以通过控制树脂胶液中的固化剂含量和固化温度来实现。

手糊制品通常采用室温固化。糊制操作的环境温度应保证在 15℃ 以上，相对湿度不高于 80%。制品在凝胶后，需要固化到一定程度才可脱模。脱模后继续在高于 15℃ 的环境温度下固化或加热处理。手糊不饱和聚酯树脂基复合材料制品一般成型后 24h 才能达到脱模强度，脱模后放置一周左右即可使用。但要达到最高强度值，则需要更长时间，详见表 3-6。

■表 3-6　306 不饱和聚酯树脂基复合材料室温固化时间与强度关系

性　　能	时间/d				
	5	10	15	20	25
拉伸强度/MPa	222.5	220.2	222.0	240.7	246.8
弯曲强度/MPa	133.2	94.2	128.5	178.0	176.7
原材料	(1) 0.2 斜纹布经 350℃ 处理 (2) 配方：树脂∶过氧化甲乙酮∶环烷酸钴＝100∶2∶0.5				

判断不饱和聚酯树脂基复合材料制品的固化程度，可采用丙酮萃取法测定不饱和聚酯树脂基复合材料制品中树脂可溶成分的含量。另一种直观的方法是测定复合材料制品的巴氏硬度值。一般制品巴氏克硬度达到 15 时便可

脱模，而对于尺寸精度要求高的制品，巴氏硬度达到 30 时才可以脱模。此外，有的制品室温固化后，还需要再进行加热后处理，其目的是使制品充分固化，从而提高其力学性能、耐化学品腐蚀和耐候性等性能。

3.2.5　手糊成型质量控制

3.2.5.1　影响手糊工艺制品质量的因素

(1) 影响手糊成型制品因素　主要有树脂基体和增强材料的质量、增强材料的表面质量与性质、树脂基体和纤维复合工艺、制品的固化制度和制品的二次加工。

(2) 手糊制品可能出现的缺陷　胶衣层质量不佳；纤维浸渍不充分；纤维与基体黏结不良；存在气泡、分层；股纱扭结与褶皱、断股纱与纤维端部松散；纤维方向偏离；纤维铺层顺序错位；固化不完全；翘曲开裂；局部富树脂；纤维体积含量不当；接缝搭接不良等。

3.2.5.2　质量控制

产品质量控制主要包括以下三个环节：产品设计、原材料选择和工艺设计（包括模具设计）。因此，产品的质量控制应从原材料的质量控制、成型工艺过程控制和成品质量检验三个方面着手。

(1) 原材料的质量控制　主要包括树脂基体的入厂质量控制和增强材料的入厂复检和使用前强度控制。

(2) 成型工艺过程控制　主要包括工艺装备、工序检查、施工操作、固化过程以及机械加工、连接、组装等成型过程的质量控制。

(3) 成品质量检验　主要包括两个方面：一是表观质量、尺寸、重量、固化度、含胶量及力学性能检验；二是制品的功能检验。产品检验可以分为出厂检验和型式检验，全部检验项目必须依据国家标准和企业标准来进行。

3.2.5.3　手糊成型常见的缺陷及防治措施

(1) 胶衣的缺陷　起皱、龟裂和变色是手糊成型胶衣最常见的三种缺陷。胶衣三大缺陷的产生原因及其相关防治措施详见表 3-7～表 3-9。

■表 3-7　胶衣起皱的产生原因与防治方法

产生原因	防治方法
喷涂的胶衣层太薄	喷涂树脂量应达到 500～600 g/m²
引发剂和促进剂用量不足	根据不同的气温和湿度，调整用量
模腔里残存有苯乙烯单体	用吹风机吹出残留苯乙烯单体
气温太低	鼓热风或用红外灯加热
胶衣固化不足就开始糊制	正确判断固化状态，确定糊制时机
胶衣层不均	均匀涂刷或喷涂

■表 3-8　胶衣龟裂的产生原因和防治方法

产生原因	防治方法
引发剂和促进剂用量过多	调整用量
固化时热量过大	调整加热温度，分阶段固化
受到强烈日光照射	固化时避免强日光照射
胶衣太厚	均匀涂刷或喷涂

■表 3-9　胶衣变色产生原因和防治方法

产生原因	防治方法
引发剂和促进剂用量过多	根据不同气温调整配比
胶衣流挂	调整室温，提高黏度
颜色分离	降低黏度、降低喷罐压力、喷涂得薄些
胶衣层厚度不均匀	均匀喷涂和涂刷

(2) 制品皱缩　制品的拐角或斜坡曲面的某些部位（胶衣层），有时会与模具脱离、架空或凹塌，称这种弊病为皱缩。其产生原因及防治方法见表 3-10。

■表 3-10　皱缩的产生原因及防治方法

产生原因	防治方法
拐角处曲率半径R过小	曲率半径要大一些，但不宜超过 R10
脱模时胶衣与模具不易分离	模具使用 2～3 次后涂刷一次脱模剂
制品局部厚度过大	增强材料铺放错开重叠位置。拐角处防止胶集聚
曲率半径小的部位粗纱含量过多	控制粗纱加入量，浸渍时，要除掉过剩的树脂
胶衣厚薄不均	拐角处胶衣不能过多。避免局部过热。固化剂用量适宜

(3) 翘曲和变形　手糊成型制品发生翘曲和变形主要由材料及成型两方面因素引起的，其产生原因和防治方法见表 3-11。

■表 3-11　翘曲和变形的产生原因和防治方法

产生原因	防治方法
不饱和聚酯树脂固化收缩率大，加入苯乙烯过量	加入适量 $CaCO_3$ 粉末。控制苯乙烯加入量
引发剂和促进剂用量过大	引发剂和促进剂应加入适量
制品壁厚太薄（特别是箱型制品）	在易变形部位增加加强筋
制品壁厚不均匀或不对称	制品设计应避免壁厚悬殊，力求壁厚均匀
树脂积聚	树脂黏度小时，应防止低凹处或沟槽处胶液积存
加热后处理时机不适宜	对壁厚制品成型后，放置一段时间再加热后处理
加热后处理温度不均	应使模具均匀受热，避免放在热风口附近
脱模时机不适宜（脱模过早，制品未充分固化）	制品须固化到一定程度方可脱模，确定合适的脱模时机

3.2.6 手糊成型的应用实例

　　手糊成型生产简单品种众多，包括波形瓦、浴盆、冷却塔、活动房、卫生间、贮槽、贮罐、风机叶片、各类渔船和游艇、微型汽车和客车壳体、大型雷达天线罩及天文台屋顶罩、设备防护罩、雕像、舞台道具和飞机蒙布、机翼、火箭外壳、防热底板等大中型零件。以不饱和聚酯树脂座椅（图 3-6）的成型为例（来源：百度文库），来介绍手糊成型制品的加工成型过程。

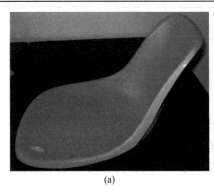 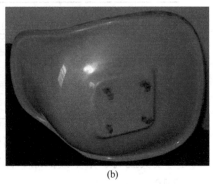

(a)　　　　　　　　　　　　　　(b)

■图 3-6　不饱和聚酯树脂手糊成型座椅

3.2.6.1　座椅模具的制备

座椅一次整体成型，且双面光滑，底座上有预埋固定架，座椅数量较多，采用玻璃钢对模成型。

玻璃钢模具制备过程，凸模和凹模的制备方法相同，以凸模的制备进行说明。

① 依据座椅制备木模，经表面打磨后，分别成型座椅的凸模和凹模。

② 凸模的制备：在木模的凹面涂脱模剂，喷涂胶衣树脂，待胶衣层有黏性但不沾手后，铺表面毡/不饱和聚酯树脂、0.2 中碱玻璃布/不饱和聚酯树脂和0.4 中碱方格布/不饱和聚酯树脂，然后铺 0.2 中碱玻璃布/不饱和聚酯树脂和表面毡/不饱和聚酯树脂，待铺层结束后进行固化，脱去木模，得到凸模的型腔。

③ 依据座椅的成型的便捷和强度及刚度的要求，对凸模进行局部加强。同理得到凹模。

3.2.6.2　原材料

手糊成型座椅用原材料见表 3-12。

■表 3-12　手糊成型座椅用原材料

原　　料	用量/质量份
不饱和聚酯树脂（191#）和胶衣树脂（33#）	100
过氧化甲乙酮	1~2
环烷酸钴	0.1~2
碳酸钙	适量
黄色色浆	1~2
300g/m² 的 E-玻璃毡和 800g/m² 的 E-玻璃布	若干
预埋座椅固定件	若干

3.2.6.3 座椅的手糊铺层结构

座椅的手糊铺层结构示意如图 3-7 所示。

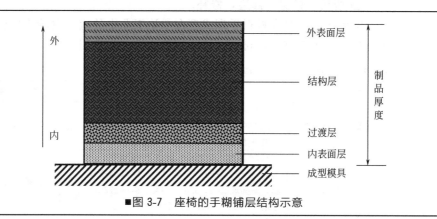

外

内

外表面层

结构层

制品厚度

过渡层

内表面层

成型模具

■图 3-7 座椅的手糊铺层结构示意

3.2.6.4 座椅的手糊基本工艺过程

座椅手糊成型工艺流程如图 3-8 所示。

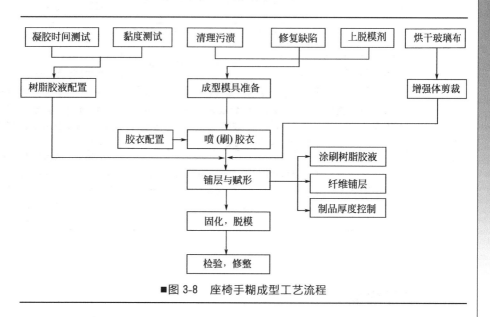

■图 3-8 座椅手糊成型工艺流程

手糊成型过程：

① 检查凸、凹模成型面是否存在缺陷，涂上脱模剂，进行抛光处理；

② 配制胶衣糊（33#胶衣＋固化剂＋促进剂＋色浆）和不饱和聚酯树脂胶液（191#树脂＋固化剂＋促进剂＋填料＋色浆）；

③ 涂刷胶衣糊，当表面达到有黏性，但不粘手的程度，可以进行下一步；

④ 分别在凸、凹模上铺 300g/m² 的 E-玻璃纤维毡和 800g/m² 的 E-玻

璃纤维布；

⑤ 凸、凹模合模，用强力钳夹紧，常温固化成型；

⑥ 脱模，检验，修边，修补。

除此之外，复合材料手糊成型在船泊工业中的应用也较为广泛，表3-13 列举出了我国纤维复合材料在船艇构件中的一些应用。

■表 3-13　我国纤维复合材料在船艇构件中的一些应用

结构名称	原材料及成型工艺	性　　能
潜艇指挥台围壁	307#不饱和聚酯树脂或 634#环氧树脂加 199#不饱和聚酯树脂，0.21mm 斜纹 E-玻璃布，A172 处理，手糊成型	重量轻，耐腐蚀
声呐导流罩	307#聚酯，0.21mm 斜纹 E-玻璃布，A172 处理；3200#或 3201#乙烯基酯树脂，高强玻璃布；3201#树脂，碳纤维和玻璃纤维混杂增强先进复合材料，手糊成型	重量轻，易成型，耐腐蚀透声性能好
雷达罩	DAP 树脂，0.21mm 斜纹 E-玻璃布，手糊成型	
炮塔	不饱和聚酯树脂，无碱无捻粗纱方格布，手糊成型	重量轻，耐腐蚀
深潜器非耐压壳	189#不饱和聚酯树脂，无碱玻璃纤维布，手糊成型	重量轻，耐水性好
舰用天线支架	3200#乙烯基酯树脂，高强玻璃布，手糊成型	重量轻，耐腐蚀
玻璃纤维增强塑料螺旋桨	不饱和聚酯树脂或环氧树脂，0.1mm 平纹、0.21mm 斜纹玻璃布、0.3mm 无碱无捻纤维玻璃布，直径 500～1780mm，手糊成型	重量轻，装卸方便，耐海水腐蚀，耐冲击强度高，可提高航速，减少船舶振动，节约大量黄铜
木船包覆	糠醇树脂、环氧酚醛树脂或不饱和聚酯树脂，平纹、斜纹或无碱无捻纤维玻璃布，手糊成型	不渗漏，船体外壳木质得到保护，无海生物附着。增加船体强度及抗沉力。但成本高，内舱木材易烂，船体受荷载变形、有剥落现象

3.3 喷射成型

喷射成型是一种半机械化成型工艺，它是在手糊成型的基础上改进产生的一种快捷成型方式。国外早在 20 世纪 60 年代就研制出了喷射成型工艺和成套喷射设备，如美国的 VENUS 公司和 CRAFT 公司等。目前喷射成型在各种成型方法中所占比重很大，美国占 27%，日本占 16%。喷射成型主要用以制造汽车车身、船身、浴缸、异形板、机罩、容器、管道与贮罐的过渡层等大型制品。

　　所谓喷射成型是将分别混有促进剂和引发剂的不饱和聚酯树脂从喷枪两侧（或在喷枪内混合）喷出，与此同时玻璃纤维无捻粗纱被切割机切断并由喷枪中心喷出，与树脂一起均匀沉积到模具上。待沉积到一定厚度，用手辊滚压，使纤维浸透树脂、压实并除去气泡，最后固化成制品的工艺过程。其工艺流程如图3-9所示。

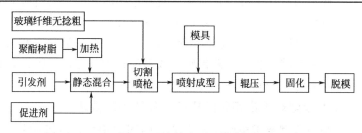

■图3-9　喷射成型工艺流程

　　喷射成型从不同的角度有各种不同的分类方法。按照胶液喷射动力分类，喷射成型可以分为气动型（图3-10）和液压型（图3-11）两类；按照胶液混合形式可将喷射成型分为内混合型（图3-12）、外混合型（图3-13）及先混合型三种类型。

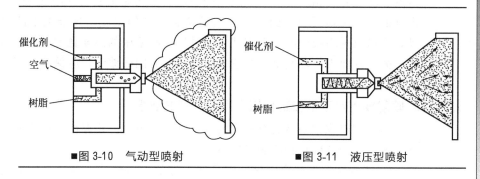

■图3-10　气动型喷射　　　　　■图3-11　液压型喷射

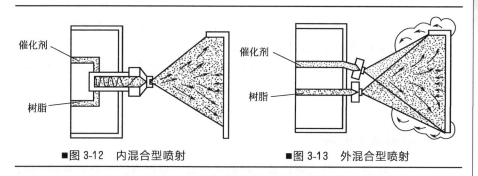

■图3-12　内混合型喷射　　　　　■图3-13　外混合型喷射

　　喷射成型具有生产效率高、设备投资少、材料成本低、产品整体性好以及产品性能可调等优点。但存在着现场污染大、树脂含量高、制品强度较低的缺点。

3.3.1 喷射成型对树脂的要求

3.3.1.1 喷射成型工艺对不饱和聚酯树脂的要求

喷射成型工艺要求树脂体系具有适中的黏度，应当易于雾化、易于浸渍玻璃纤维以及排除气泡且不流失，黏度控制在在 $0.2\sim0.8Pa\cdot s$、触变度在 $1.5\sim4$ 之间为宜，并且加入促进剂不应当使树脂黏度和触变度明显降低；良好的贮存稳定性，以确保喷射成型的正常进行；树脂具有低毒性；与人类和环境友好；原料来源广泛，成本低。

3.3.1.2 喷射成型对不饱和聚酯树脂固化体系的要求

喷射成型要求树脂体系有适宜的固化特性，凝胶时间短、固化速率快、无挥发性产物。常采用氧化还原引发体系，引发剂为过氧化环己酮、过氧化氢和过氧化苯甲酰等，促进剂可以选用环烷酸盐（如环烷酸钴、环烷酸锌和辛酸钴等）、亚铁盐和 N,N-二甲基苯胺、N,N-二乙基苯胺及三乙基铝等。引发剂的用量与固化速率有着密切关系，引发剂用量大，放热多且放热剧烈，反应难以控制；喷射成型树脂的引发体系的种类和用量应与喷射成型的速度和环境温度相匹配，喷射成型的速度一般为每分钟 $2\sim10kg$ 复合材料。温度的控制包括两个方面：一方面是树脂罐中的温度，树脂罐中的温度波动，将造成树脂喷射的增多或减少，维持树脂罐中的温度稳定性具有重要作用；另一方面工作环境温度会造成树脂凝胶时间的波动，应保持车间恒定的温度。

3.3.1.3 喷射成型对不饱和聚酯树脂固化性能的要求

为使喷射成型制品具有一定的力学性能，可在一定温度环境下使用，因此，不饱和聚酯固化物应满足以下要求：

① 不饱和聚酯树脂固化物应具有良好的力学性能、耐冲击性能及良好的阻燃性能；

② 不饱和聚酯树脂固化物具有抗紫外性能和抗氧化性能，满足喷射成型制品在户外安全、长期使用的要求；

③ 不饱和聚酯树脂固化物具有一定的耐热性能、耐腐蚀性能和良好的电绝缘性能。

3.3.2 喷射成型设备

喷射工艺的主要设备是喷射成型机。根据供胶压力源不同喷射成型机可以分为压力罐供胶式喷射成型机、泵供胶式喷射成型机和泵罐组合供胶式喷射成型机三种。喷射成型机主要是由玻璃纤维切割喷射器、树脂胶液喷枪、静态混合器三部分组成。

3.3.2.1 喷射成型机的类型

(1) 压力罐供胶式喷射成型机 压力罐供胶式喷射成型机的主要设备是胶液的贮罐。采用气压控制和驱动，无需用电。工作时，向压力罐中输入一定压力的气体，压力气体为胶液的驱动力，使胶液通过管道进入喷枪后被连续喷出，实现喷射成型。如图 3-14 所示为一种常用的双压力罐供胶式喷射成型机示意。两个压力罐 6 和 7 内分别存放成型所用的树脂和固化组分，它们分别与两个喷枪相连。成型时，由空气源供给的压力气体，经气液分离器后分作四路，一路经调压阀 5 分别进入两个压力罐，气压迫使罐中的树脂和固化组分流入喷枪，实现树脂和固化组分喷枪的连续喷射；一路经调压阀 3 进入喷枪体后部汽缸中，用以调控喷枪胶液喷射量；一路经调压阀 9 用于驱动纤维切割喷射器气动马达带动切割辊旋转，将纤维连续切断；一路经调压阀 10 分别供给喷枪和纤维切割喷射器，使树脂和固化组分雾化并喷射短切纤维。各路工作气体的压力和流量分别由各自的调压阀和气阀进行控制调节。喷射过程中，两种不同组分混合液和短切玻璃纤维同时在模具表面前的空间内交叉混合。两个组分各自的喷枪和纤维切割喷射器三者之间的喷射角可相互调节，从而控制喷射过程中纤维和胶液交叉混合的位置，以适应喷射不同形状制品的需求。

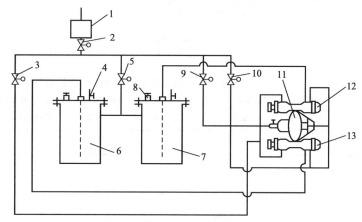

■ 图 3-14　一种常用的双压力罐供胶式喷射成型机示意

1—气液分离器；2—气阀门；3,5,9,10—调压阀；4—放气阀；6,7—压力罐；
8—安全阀；11—纤维切割喷射器；12,13—树脂喷射器

(2) 泵供胶式喷射成型机 泵供胶式喷射成型机有两种类型：一种类型是树脂组分和辅助剂组分分别由各自的泵供给各自的喷枪，在喷射过程中各组分在枪外空间交叉混合；另一种类型是树脂组分和辅助剂组分分别输入一个静态混合器中，经充分混合后，由同一喷枪喷射。这种类型的喷射成型机中树脂组分与辅助剂组分在系统内部混合，只需一个胶液喷枪，且喷枪结构简单、质量轻，喷射过程中引发剂浪费较少。

　　如图 3-15 所示是柱塞泵供胶式喷射成型机示意。树脂泵的柱塞与汽缸活塞杆相连接,树脂和辅助剂分别由两个泵输出,树脂泵柱塞和辅助剂泵的柱塞与同一连杆铰接。连杆一个端铰接于汽缸活塞上,另一端通过一个摇杆与固定支架铰接。当汽缸活塞上下往复运动时,便可同时驱动三个泵的柱塞。各泵的摇臂位置与柱塞行程的关系如图 3-16 所示。柱塞泵(计量泵)的理论流量为:

$$Q = 60nFs \quad (m^3/h)$$

式中　　n——泵转速,r/min;

　　　　F——柱塞截面积,m^2;

　　　　s——柱塞行程,m。

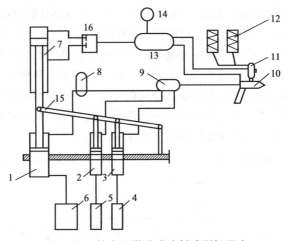

■图 3-15　柱塞泵供胶式喷射成型机示意

1—树脂泵;2,3—助剂泵;4,5—辅助剂贮罐;6—树脂贮罐;7—汽缸;8—缓冲器;9—静态混合器;
10—胶液喷枪;11—纤维切割喷射器;12—纱团;13—配汽缸;14—空压机;15—摇臂;16—换向阀

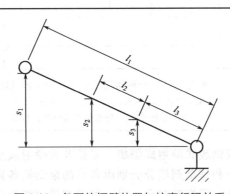

■图 3-16　各泵的摇臂位置与柱塞行程关系

　　树脂柱塞泵同两个辅助剂柱塞泵的流量比例关系为:

$$Q_1 : Q_2 : Q_3 = F_1 l_1 : F_2(l_2 + l_3) : F_3 l_3$$

式中　Q_1，Q_2，Q_3——树脂及辅助剂泵流量；

　　　　F_1，F_2，F_3——树脂及辅助剂泵柱塞截面积；

　　　　l_1，l_2，l_3——各泵柱塞在摇臂上的臂长。

显然通过调节树脂泵柱塞和辅助剂泵柱塞在摇臂上的位置可以控制各泵柱塞在摇臂上的臂长，准确调控树脂及辅助剂组分间的流量配比。

(3) 泵罐组合供胶式喷射成型机　泵罐组合供胶式喷射成型机主要部件是泵和罐。其中泵的作用是供给树脂，压力罐的作用是输出各种辅助剂。这种喷射成型机既有压力罐供胶结构简单的特点，又有泵供胶量精确的特点。由于辅助剂用量少，可长时间不用上料，避免了压力罐频繁多次加料的麻烦。

3.3.2.2 喷射成型机的结构

喷射成型机的关键组成部件是玻璃纤维切割喷射器和胶液喷枪及静态混合器。如图 3-17 所示是泵供胶式喷射成型机。

(1) 玻璃纤维切割喷射器　玻璃纤维切割喷射器是喷射成型机的一个主要组成部分。它将由纱团引出的连续纤维切断为短纤维并连续地喷撒在成型模具上，短纤维长度为喷射成型所需要的长度。玻璃纤维切割喷射器的性能对喷射成型机的正常工作有着直接的影响。如图 3-18 所示为用于喷射成型的胶液喷枪和纤维切割喷射器组合在一起的示意。

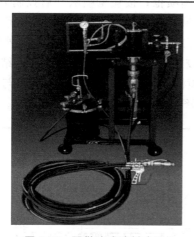
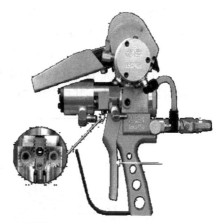

■图 3-17　泵供胶式喷射成型机　　　■图 3-18　用于喷射成型的胶液喷枪和
　　　　　　　　　　　　　　　　　　　　　　　纤维切割喷射器组合在一起的示意

玻璃纤维三辊切割器的结构如图 3-19 所示，主要部件包括机壳、汽缸活塞、气动马达、垫辊、牵引辊、切割辊及盖板等。纤维切割是由牵引辊与垫辊共同连续地向切割辊和垫辊间输送纤维。牵引辊通过轴承支撑在偏心小轴上，它与垫辊的接触压力可以通过调节偏心小轴的偏心位置来实现，以完成纤维的正常输送。牵引辊在垫辊摩擦力的带动下旋转。纤维在旋转的切割辊和垫辊之间被切断并被喷射气流吹散，从而连续向外喷射飞出。

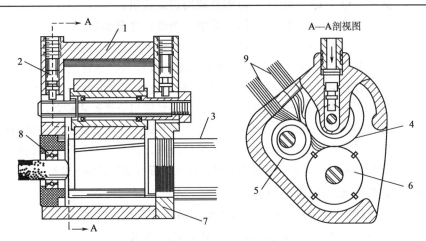

■图 3-19 玻璃纤维三辊切割器的结构

1—机壳；2—活塞；3—气动马达；4—垫辊；5—牵引辊；

6—切割辊；7—盖板；8—轴承；9—玻璃纤维

（2）树脂胶液喷枪 树脂胶液喷枪是喷射成型机的另一个重要组成部分，用于喷射树脂和辅助剂。胶液喷枪的分类方法很多。按喷枪喷嘴数目分类，可分为单喷嘴、双喷嘴和多喷嘴喷枪；按喷枪喷嘴开启控制方法分类，有气动控制和手动控制；按喷枪胶液雾化动力分类，可分为气压雾化和液压雾化；按树脂与引发剂的混合空间分类，又可分为枪内混合和枪外混合。

如图 3-20 所示为一种双压罐供胶式喷射成型机所用胶液喷枪的结构，这是一种气控式并带有雾化气体的胶液喷枪。胶液喷枪通过销轴和螺钉与纤维切割喷射器连接起来，其相对位置可根据纤维和树脂的喷射角度进行调整。

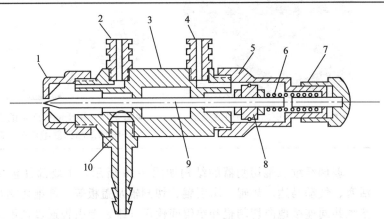

■图 3-20 一种双压罐式喷射成型机所用胶液喷枪的结构

1—喷嘴帽；2—气管接口；3—枪体；4—气管接口；5—汽缸体；6—弹簧；

7—调节帽；8—活塞；9—针阀杆；10—胶液管接头

(3) **静态混合器** 静态混合器是一种连续高效的液流混合装置，具有结构简单、工作可靠、体积小、耗能少及效率高，能够实现树脂组分与助剂组分的连续混合，并能直接在连续生产线上使用。胶液通过静态混合器时，流体能量一部分用于克服流动阻力，大部分能量都用于介质的混合。工作过程中既无噪声又无明显的发热现象，且对混合介质的黏度和温度不敏感。

静态混合器的种类很多，但工作原理都是以流体动力学的剪切应力场为基础实现多种介质相互混合的，且混合元件在混合过程中静止不动。混合器连接在液流管路中，介质连续地经过混合器时，被混合元件细分、转向和重新汇合，从而获得混合均匀的树脂胶液。常用的静态混合器有螺旋式静态混合器和流道式静态混合器两种类型。

① 螺旋式静态混合器 螺旋式静态混合器是由单个混合元件组成的。混合元件两端平面相互间形成 180°扭转角，长度为管径的 1.5 倍，分为左旋、右旋两种。装配时两混合元件两端平面相互垂直，扭转角方向相反相接，各混合元件紧固在筒体内，工作时无相对运动产生，如图 3-21 所示。螺旋式静态混合器是靠介质流动时，介质在混合元件的作用下产生分割、转流和掺混来实现混合。

■图 3-21　螺旋式混合元件

② 流道式静态混合器 如图 3-22 所示是流道式静态混合器，它是由单个混合单元组成的。混合元件是一个短圆柱体，长度略小于直径，如图 3-23 所示。圆柱体两端分别成 120°斜楔形，在与楔形斜面垂直的方向上有 120°楔形凹面，沿圆柱体轴向有四个通孔，孔的轴线与圆柱体混合元件轴线之间形成一定夹角，四个通孔的轴线在圆柱体两端面彼此相互垂直。这样当多个混合元件串联安装在筒内时，混合元件的接触面构成了一个密闭的四面体空腔，与空腔相通的两个混合元件端面的通孔排列方向互相垂直。

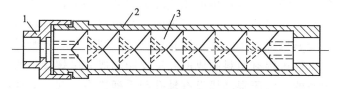

■图 3-22　流道式静态混合器

1—压紧螺母；2—筒体；3—混合元件

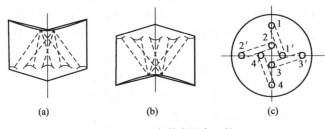

■图 3-23 流道式混合元件

流道式静态混合器的工作原理主要有料流细分、径向混合作用、料流旋混作用、流速突变混合作用。

3.3.2.3 模具

模具是喷射成型工艺的主要工具之一，合理的模具设计对保证产品质量和降低成本有着密切的联系。设计模具时应当考虑的因素主要包括：

① 要保证产品设计的精度，金属模具的变形小、精度高，可以保证产品的尺寸精度；

② 有足够的强度和刚度，防止生产过程中外力对模具造成的损伤，延长模具的使用寿命；

③ 设计模具时应尽量避免拐角处出现尖角，以免造成应力集中，使制品产生开裂现象，模具拐角处应为圆滑过渡设计，其曲率半径为制品允许的最大极限值；

④ 为确保制品尺寸精度和尺寸稳定，模具设计时应充分考虑树脂和复合材料固化收缩对制品的影响；

⑤ 喷射成型所用的增强纤维长度一般为 25～35mm，模具设计时应选择合理的分型面和脱模方向，防止在脱模过程中，外力作用致使制品损伤破坏；

⑥ 模具用材料应不影响树脂的固化，且耐树脂和助剂的腐蚀，在热作用下，模具应有足够尺寸精度稳定性。

3.3.2.4 手动辅助工具

在不饱和聚酯树脂基复合材料喷射成型中，最重要的手工工具就是压辊，其作用是将喷射成型过程中带入复合材料层内的气泡驱赶出去，将蓬松的短切纤维压实，尽可能地降低制品的缺陷，促使纤维进一步浸渍和改善制品积层厚薄均匀性。压辊的种类很多，从压辊材质角度分类有塑料压辊和金属压辊，按结构和形状分类又有圆柱形、圆盘异形及柔性和刚性之分。柔性压辊有塑料制成的和钢丝缠制成并呈螺旋形的。压辊可分为实心或中空的，沿压辊轴线设有轴孔与手柄连在一起。柔性压辊用于不饱和聚酯树脂基复合材料喷射成型制品的异形曲面的滚压，圆柱形压辊用于产品的平面和圆柱状曲面部分的滚压，盘状和异形压辊则用于产品上的沟槽及内外角的成型。

3.3.3 喷射成型工艺过程

3.3.3.1 喷射工艺参数

(1) 纤维用量 选用专用无捻粗纱。制品纤维含量控制在 28%～40%。低于 25% 时，滚压容易，但强度低；大于 45% 时，滚压困难，气泡难以排净。纤维长度一般为 25～50mm。小于 10mm 时，制品强度降低；大于 50mm 时，不易分散。

(2) 树脂含量 喷射制品采用不饱和聚酯树脂，含胶量约为 60% 以上。含胶量过低，纤维浸渍不均，黏结不牢。胶液喷射量主要通过调节喷枪来控制。

(3) 胶液黏度 胶液黏度应满足易于喷射雾化、易于浸渍玻璃纤维、易于排除气泡而又不易流失。适合喷射的黏度在 0.2～0.8Pa·s，触变度以 1.5～4 为宜。

(4) 喷射量 在喷射成型过程中，应使胶液喷射量与纤维切割量在一定的比例上稳定且相匹配。柱塞泵供胶的胶液喷射量是通过柱塞的行程和速度来调控的。喷射量太小，生产效率低，喷射量过大，影响制品质量。喷射量与喷射压力由喷嘴直径决定，喷嘴直径在 1.2～3.5mm 之间，可控制喷射量在 35～170g/s 之间。

(5) 喷枪夹角 喷枪夹角对树脂与引发剂在枪外混合均匀度的影响极大。喷枪不同夹角喷出来的树脂混合空间不同。为操作方便，喷枪夹角一般为 20°。确定操作距离主要考虑产品形状和树脂胶液飞失等因素。若改变操作距离，则需调整喷枪夹角以保证树脂在靠近成型面处交集混合。喷枪口与成型表面距离一般为 350～400mm。

(6) 喷雾压力 喷枪的喷雾压力的主要作用是保证两组分树脂均匀混合。喷雾压力太小，混合不均匀；喷雾压力太大，树脂流失过多，造成浪费。适宜喷枪的喷雾的压力与胶液黏度有关，若黏度在 0.2Pa·s 左右，则雾化压力为 0.3～0.35MPa。

3.3.3.2 喷射成型工艺要点

① 成型环境温度应控制在 (25±5)℃ 范围内。温度升高，固化快，易造成喷枪系统堵塞；温度过低，胶液黏度大，对纤维浸渍不均，且固化慢，生产周期长。

② 制品喷射成型工序应标准化，以免因操作者不同而造成制品的质量差异。

③ 喷射机应有独立管路供气，以避免压力波动；气体应彻底除湿，以免影响固化。

④ 树脂胶液罐内的温度应根据喷射量进行加热或保温，以保证胶液黏

度稳定适宜。

⑤ 喷射开始，可通过调整气压，对玻璃纤维和树脂喷出量进行调节，以达到规定的玻璃纤维含量。

⑥ 可通过调整切割辊与支承辊间隙，或对气压进行调整来调节纤维切割喷出量的精度；可用转速表对切割辊转速进行校验，从而使纤维喷出量保持恒定。

⑦ 喷射成型时，首先在模具上喷上一层树脂，然后开动纤维切割器。为使制品表面光滑，在喷射最初和最后层时，应尽量薄些。

⑧ 喷枪移动速度均匀，喷射轨迹应为均匀直线，以防漏喷。相邻两个行程间重叠宽度应为前一行程宽度的 1/3，以得到均匀和连续的涂层。为获得均匀覆盖，前后涂层走向应交叉或垂直。

⑨ 每个喷射面喷完后，立即用压辊滚压，要特别注意凹凸表面。压平表面，整修毛刺，排出气泡，然后再喷第二层。

⑩ 要充分调整喷枪和纤维切割喷射器喷出的纤维及胶液的喷射量，以得到较好的脱泡效果。

⑪ 喷射制品曲面时，喷射方向应始终沿曲面法线方向；喷射沟槽时，应首先喷四周和侧面，然后在底部补喷适量纤维，防止树脂在沟槽底部集聚；喷射转角时，为防止在角尖出现胶集聚，应从夹角部位向外喷射。

3.3.4 喷射成型质量控制

3.3.4.1 喷射成型制品的缺陷与防治

喷射成型制品的缺陷与防治参见表 3-14。

■表 3-14 喷射成型制品的缺陷与防治

缺陷	原　因	防　治
垂流	树脂黏度小、触变度低 喷射时玻璃纤维体积大 玻璃纤维含量低 玻璃纤维软	提高黏度和触变度。厚度大于 5mm 时，效果不大 避免误切；提高树脂喷出压力；缩短玻璃纤维切割长度；使喷枪接近型面进行喷射 提高玻璃纤维含量 使玻璃纤维变硬，降低苯乙烯溶解性
浸渍不良	树脂黏度高 树脂与玻璃纤维喷射直径不一致 玻璃纤维含量高 凝胶快	使黏度降低到 0.8Pa·s 以下 调整喷射直径 降低玻璃纤维含量 减少固化剂用量，降低作业场所温度
固化不均	树脂反应性高 固化剂分散不良	减少促进剂用量，降低反应性 调整固化剂喷嘴（外混合式） 检查喷射器、混合器和贮存器（外混合） 降低喷射间风速 使用稀释的引发剂，增加喷出量

缺陷	原　　因	防　　治
损耗多	玻璃纤维硬	软化或调换
	喷射过度	调整喷射角度和距离；缩小喷射直径；减缓成型旋转和喷枪移动速度
	纤维和树脂的喷射直径不一致	调整一致
气泡	脱泡不充分	加强脱泡作业，使脱泡工序标准化
	树脂浸渍不良	降低树脂黏度或在树脂中加入表面活性剂或改变纤维表面处理剂
	玻璃纤维含量高	降低含量
	脱泡程度判断困难	模具做成黑色，观察脱泡效果

3.3.4.2 喷射成型工艺的质量控制

喷射成型工艺存在的问题是分散性大，必须使材料、技术、设备维护和工艺管理制度化和标准化。

(1) 原材料质量控制　对原材料进行质量指标检验，做到标准化、规范化。对树脂进行入厂检验，检测树脂固化特性、黏度、触变指数等指标。对粗纱，检验丝束强度、浸渍性、切割加工性和分散性等指标。

(2) 操作标准化　掌握喷射参数及喷射方法、脱泡方法和缺陷的解决方法，按程序严格进行操作。

(3) 严格控制工艺参数　对树脂温度、模具、喷射时树脂与玻璃纤维比例、喷射量，重量、固化温度、模具温度和制品硬度等参数加以严格控制。

(4) 设备管理制度化　对喷射成型机、泵、空气压缩机、固化炉、输送管道等设备，实行严密的管理，发现问题，及时解决。

3.3.4.3 质量控制主要指标的检测方法

为了确保生产出满足要求的复合材料制品，必须建立管理系统和确定的生产管理制度，而产品检验是这个生产管理中十分重要的环节。产品检验大致分为常规检验和性能检验。

(1) 常规检验

① 目测检验　依靠肉眼对中间产品及成品的内、外表面进行观测，检查增强材料表面的伤痕、空隙以及玻璃纤维分布不匀、裂纹、浸渍不良和污垢等缺陷。

② 制品的质量检验　依据制品的质量测试结果来推测材料用量。制品的质量在规定范围以外的，则视为不合格。

③ 制品的厚度检验　作为制品检验的内容，厚度由精度为 0.1mm 的量具测量。

④ 制品的渗漏性试验　各种产品均应进行渗漏性试验，在规定的时间内，观察是否有漏水或冒汗现象。若渗漏性不合格，经修补后再检验。

⑤ 其他　其他检验项目有尺寸检查、功能检查和结构检查等。

(2) 性能检验　结构部件及其他重要部件的强度检验，如拉伸强度、拉伸弹性模量、弯曲强度、弯曲弹性模量和硬度及耐腐蚀性等，检测后可根据相关的标准进行产品质量的评定。

3.3.5 喷射成型应用实例

喷射成型用于生产简单的壳体、轻载结构壁板以及大型船体，其效率达到 15kg/min，目前，喷射成型已经广泛用于机器外罩、整体卫生间、汽车车身构件及大型浮雕等制品的成型加工。麦拉伊特克有限责任公司已经将喷射成型扩展到汽车方向盘的制造，如图 3-24 所示。

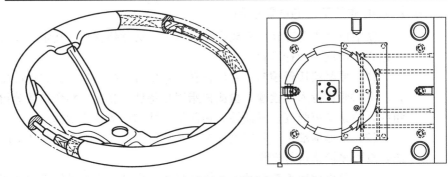

■图 3-24　喷射成型制造汽车方向盘

方向盘通过多级喷射成型可以形成厚度为 2～3mm 的多个层，允许将多种颜色、图案或图形印于不包括最外层的喷射层内；因上述层之间具有图案或图形，从而使方向盘获得豪华而令人愉悦的外观。汽车方向盘的喷射成型制造，为喷射成型在汽车领域中复合材料低成本制造技术和应用范围的扩大奠定了基础。喷射成型制造汽车方向盘的工艺流程：

① 将方向盘的金属框架放入烘干器中，在 80～100℃下预热 1h；

② 将预热好的金属框架嵌入最初喷射模具中，将不透明树脂喷入最初喷射模具，在金属框架上形成最初喷射层，然后将所得最初喷射层的金属框再次置入烘干器，在 80～100℃下保温干燥；

③ 参照②中最初喷射层的边界线，在边界线的上侧或下侧分别进行自动转印嵌入最初图案，从而形成上部图案或下部图案，然后将带有图案的金属框放入烘干器，在 80～100℃下加热至少 3h；

④ 将③中形成最初图案的金属框嵌入第二喷射模具中，并喷射透明树脂，形成 2～3mm 厚的沉积层，即第二喷射层，并将喷射有透明树脂的金属框置入烘干箱，在 80～100℃下，进行加热固化；

⑤ 参照第二喷射层，在其上侧或下侧分别进行自动印转，嵌入第二图案，形成上部图案或下部图案，并在 80～100℃下固化 3h；

⑥ 将⑤中形成第二图案的金属框嵌入第三喷射模具中，并喷射透明树

脂，形成 2~3mm 的沉积层，即第三喷射层；

⑦ 从第三喷射成型模具中撤去金属框架，完成喷射成型过程，在此基础上进行方向盘的其他制造工序（如聚氨酯发泡等），可获得最终产品。

3.4 树脂传递模塑

树脂传递模塑（resin transfer molding，RTM）是一种闭模成型工艺方法，其基本过程为，通过计量设备分别从树脂贮备罐内抽出液态不饱和聚酯树脂及固化剂，经静态混合器混合均匀，注入预先铺有玻璃纤维增强材料的密封模内，经固化、脱模和后加工而得到制品。其成型原理图如图 3-25 所示。

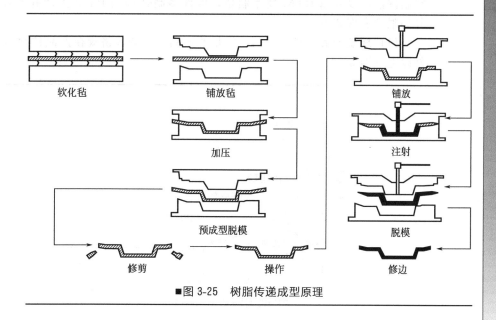

软化毡　　　铺放毡　　　铺放

加压　　　注射

预成型脱模　　　脱模

修剪　　　操作　　　修边

■图 3-25　树脂传递成型原理

3.4.1 树脂传递模塑成型工艺的优缺点

与其他成型方法相比，RTM 成型具有其自身的优势和局限性。

3.4.1.1 RTM 成型工艺的优点

① 制品双面光滑，可达 A 级表面；

② 增强材料具有多样性，可以用单一增强材料，也可以用多种增强材料的组合；

③ 成型周期短，成型效率高，一般为不大于 1h，大型船舶构件成型时间一般为 2~8h；

④ 注射压力低，一般低于 7×10^5 Pa。由于树脂的注射压力低，模具承

受的压力不大，因此模具可用金属或非金属等多种材料制造；

⑤ 部件尺寸稳定，成型公差可被精确控制，重复性可以得到保证；

⑥ 可加入填料以降低材料成本，改善阻燃性、耐裂纹性及表面性能；

⑦ 闭合模具减少了小分子挥发，对生产人员的健康危害小，对环境污染小；

⑧ 成型前可以在预制件中预埋各类嵌入件、加强肋、连接紧固件或芯材等，减少后安装工作量，提高部件整体性；

⑨ 空隙含量低，一般小于 1%；

⑩ 适合制造形状和结构复杂的部件，工作强度低，成型方便；

⑪ 制品后加工时需去掉的废料少。

3.4.1.2 RTM 成型工艺的局限性

RTM 成型工艺的主要优点是适用于制备大型制件，且绝大部分复合材料制件都可以采用 RTM 技术制备，但许多制件利用 RTM 生产并不经济，其局限性表现如下。

(1) 规模产品　只适合一定批量的产品，一般经济规模产品件数为 500 件以上（图 3-26）。

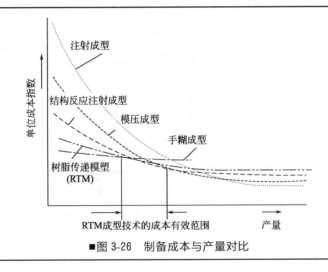

■图 3-26　制备成本与产量对比

(2) 模具设计和制造有一定难度　注胶口和排气口位置的选择、模具密封等对树脂流动及浸渍至关重要。树脂流动控制困难，特别是在模具边角处易出现富树脂区域。

(3) 数据库不够完善　RTM 模塑的软件不够完善，数据库还没真正建立起来，缺少预制件渗透率的足够数据。

3.4.2 树脂传递模塑成型工艺对树脂的要求

3.4.2.1 RTM 成型工艺对不饱和聚酯树脂的要求

① 室温或工作温度下具有低的黏度，以 250～300mPa·s 为宜。大于

500mPa·s 时，成型需要较大的泵压力，一方面增加了模具厚度；另一方面模内玻璃纤维有被冲走或移位的可能。低于 100mPa·s 时，则易夹带空气，使制品出现针孔。

② 树脂对增强材料具有良好的浸渍性和黏附性。

③ 树脂在固化温度下具有良好的反应性且固化放热低，后处理温度低；固化中和固化后不易发生裂纹；固化和脱模时间短。一般在注射温度下，凝胶时间控制在 5～30min 为宜。

④ 树脂固化后具有较低的固化收缩率。

⑤ 在固化反应中不产生挥发物和其他不良副反应。

3.4.2.2 RTM 成型工艺对不饱和聚酯树脂固化体系的要求

引发剂是决定不饱和聚酯树脂 RTM 固化反应的重要因素，对不饱和聚酯树脂 RTM 成型来说，树脂从浇注开始到浇注结束的工作期内要求树脂的黏度特性稳定，应小于 500mPa·s，同时黏度波动范围尽可能小。环境温度的波动对树脂黏度影响尽可能小。减少引发剂用量，则固化反应速率较慢，但是产物的分子量较低，制品固化不足，力学性能较差；在浇注结束后，对于复合材料固化成型阶段，要求树脂的固化反应速率较快，以尽可能地缩短成型周期，提高生产效率。增加引发剂用量，会使固化反应速率加快，有利于缩短成型周期；在选择引发剂时，平衡浇注阶段和固化阶段对引发剂的需求矛盾；同时还应考虑制品厚度、现有固化设备的固化温度范围、固化站固化的面积、产品的批量大小和产品的批量持续性等因素，还应考虑使用的填料对引发剂的影响。用于 RTM 成型的引发剂应满足以下条件：

① 分解温度适中，引发剂的半衰期长，一般为 10h 左右，室温或浇注温度下不发生分解，使得 RTM 树脂具有较长工作期；

② 达到复合材料成型温度时，分解速率快，固化反应快，成型周期短；

③ 贮存和操作安全，低廉的价格。

不饱和聚酯树脂 RTM 的引发剂为有机过氧化物。对于小制件来说，可以选用单一的引发剂，对于大型复合材料制品，由于浇注周期较长，可以选择复合引发剂体系。常用的复合引发体系有过氧化二苯甲酰/过异丁酸叔丁酯体系、过氧化苯甲酰/过氧化甲乙酮/过氧化二乙酰体系等具有协同效应的复合引发体系；过氧化环己酮/过氧化二叔丁基复合引发体系、过氧化苯甲酰/过氧化-二（2,4-二氯苯甲酰）体系和过氧化二乙酰/叔丁基过氧化氢等相互抑制效应的复合引发体系；也可以选用略具有协同效应且具有中间活性的复合引发体系，如过氧化二月桂酰/过异丁酸叔丁酯体系、过氧化二乙酰/过苯甲酸叔丁基/叔丁基过氧化氢和过氧化甲乙酮/过苯甲酸叔丁基等复合引发体系。对有特殊要求的树脂体系，也可以使用少量阻聚剂调整树脂体系的工作适用期和固化温度与固化时间。阻聚剂是一种能够在一定时间范围内延缓或降低不饱和聚酯树脂固化反应的助剂，它能够保证不饱和聚酯树脂固化体系在一定时间内的贮存稳定性。通常阻聚剂能够有效阻止不饱和聚酯树脂在室温下凝胶，但在一定条件（如加热）下，可以失去阻聚效果，使不饱和聚酯树脂发生交联反应，从而凝胶固化。

3.4.3 树脂传递模塑成型设备

RTM成型用设备通常可分为三大部分：控制树脂注射的RTM成型机、压机和模具。

3.4.3.1 RTM成型机

RTM成型机是RTM工艺中最重要的设备。按其加压方式不同可分为压力罐式和泵供胶式两类，设备原理示意如图3-27所示。

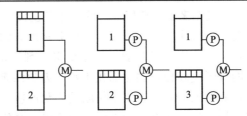

(a)压力罐供胶式　　(b)泵供胶式(一)　　(c)泵供胶式(二)

■ 图3-27　RTM设备原理示意

1—促进剂＋树脂；2—引发剂＋树脂；3—引发剂

M—混合器；P—供胶泵

一般采用泵供胶式RTM成型机较多，这种设备的工序管理和质量控制容易，树脂使用周期长且产品合格率高。下面将分别介绍如图3-27(c)所示的RTM成型机各主要部分。

(1) 树脂泵和引发剂泵　通过压缩空气驱动，树脂泵用连杆带动引发剂泵，可以实现树脂和引发剂比例的精确控制。

(2) 清洗装置　注入操作完毕后，开启冲洗阀，用丙酮冲洗管道和注胶枪。

(3) 注胶枪和静态混合器　树脂、引发剂和溶剂三个管道分别连接在注入枪座上。在注胶过程中，树脂及引发剂经由不同管道进入枪座，经过静态混合器混合均匀后注入模内。当冲洗时，溶剂进入枪座，以冲洗混合器。

(4) 其他辅助设备　按各种RTM成型机的不同，诸如蓄压气用于维持树脂及引发剂输出稳定的压力，以控制流量。而泵吸动计数器则用于预定树脂泵吸动次数，从而使机器自动停止。

3.4.3.2 压机

在实际成型过程中，对于RTM成型有时需要压机。压机的使用最初只是为了控制模具在开闭时的平行和使模具在注射时保持关闭紧密。而现在则多用在大型制品和自动化程度高的场合。RTM所需的压力比模压要低得多，因此注射压力是决定压机规格的主要因素。一般为降低成本，以模具的一般压力为根据确定压机类型。

3.4.3.3 模具

RTM模具是RTM成型技术的关键，模具设计的合理与否对制品的性能、生产效率和模具的使用寿命都会产生很大影响。

(1) RTM模具用材料 RTM模具常用材料有不饱和聚酯树脂基复合材料、环氧树脂基复合材料以及电镀金属（铝或钢）等。

不饱和聚酯树脂基复合材料模具因其成本低、质量轻、制造及维修容易，因此应用最广；不饱和聚酯树脂基复合材料模具通过喷镀金属可以提高其使用寿命。在不饱和聚酯树脂基复合材料层的里面成型一层树脂混凝土层，既可以增加模具的刚度，确保制品尺寸的精确，又可提高模具的保温性。

(2) RTM模具设计 RTM模具设计应遵循以下原则。

① 分型面选择 分型面选择应有利于开合模和树脂流动，尽量选择制件断面轮廓最大的地方，带有侧凹或侧孔的制件应采用侧抽芯。

② 浇口选择 浇口的开设位置应保证树脂在注射过程中不产生喷射、夹带气泡，同时也要确保树脂经流道后，能同时到达制件模腔的每一处，避免在树脂流动汇合处包裹气泡。

③ 排气口选择 在纤维铺层过程及预成型体制备过程中，会有大量空气保留在模具型腔中，设计排气口的目的是将模腔内的气体顺利地排出，以保证制件的密实性。一般选择在分型面的周边或拐角处开排气口，排气口的数量依据制件尺寸和制件形状的复杂程度决定。

④ 成型零件设计 成型零件主要包括凹模、凸模、型芯、镶件及各种成型杆和成型环等。成型零件要有足够的强度、刚度、硬度和耐磨性。应满足在RTM成型过程中的注射压力和温度环境要求，成型零件有足够的强度和刚度，及有良好的尺寸精度和稳定性，以确保制品的尺寸和精度。成型零件的尺寸和精度应根据制件的尺寸和收缩率确定，成型零件的误差直接影响制件的误差，成型零件产生的误差如下：

$$\delta = \delta_s + \delta_m + \delta_w + \delta_{ss} + \delta_q$$

式中 δ——总误差；

δ_s——复合材料收缩率波动引起制件尺寸的变化；

δ_m——成型零件的制造误差；

δ_w——成型零件使用允许的最大磨损量；

δ_{ss}——模具制造过程因收缩率选择不准产生的误差；

δ_q——可动或固定成型零件配合或安装造成的尺寸变化。

为保证制件合格，制件规定的公差 Δ 应满足 $\Delta \geqslant \delta$ 的条件。

⑤ 导向机构设计 为保证模具动模和定模开模过程中精确匹配，应设计合理的导向机构和定位机构以保证每模制件都具有可重复性。

⑥ 脱模机构设计 设计合理的专门顶出机构，保证制品在成型后顺利、快捷和安全脱模，同时要求顶出机构顺利自动回位，以便下次成型。脱模机

构运行要简单可靠，运动灵活。机构本身具有足够的刚度和强度，以抵抗脱模阻力，不造成制件的损伤变形。

⑦ 模具的密封设计 模具应具有良好的密封性。在动模和制件的分型面上可采用软性啮合方式密封，也可采用螺栓和螺母紧固磨具。当制件投影面积≥2m² 时，则考虑加压密封。

3.4.4 树脂传递模塑成型工艺

3.4.4.1 RTM 成型工艺

RTM 成型工艺是指在一定温度和压力作用下，将配好的树脂注入预先铺设有增强材料和预置嵌件的密闭模具内，经树脂与增强材料浸渍、固化，得到复合材料制品的一种成型方法。

RTM 成型的工艺流程包括模具清理、涂脱模剂、胶衣涂布、胶衣固化、铺设纤维及嵌件安放、合模夹紧、注射、树脂固化、启模、脱模和二次加工。其工艺流程如图 3-28 所示。

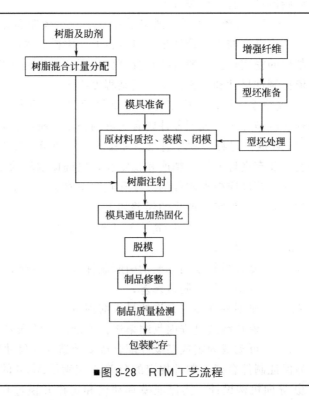

■图 3-28　RTM 工艺流程

从整个工艺流程来看，胶衣涂布与胶衣固化工序、铺设增强纤维工序、树脂的注入和固化是 RTM 成型的控制工序。在胶衣涂布与胶衣固化的工序中，胶衣厚度应控制在 400～500μm 范围内。在纤维及嵌件等铺放工序中，既可以使用预成型坯，也可以使用增强材料现场铺层的方法。

在树脂注入和固化的工序中，固化温度和固化时间是关键工艺参数。从经济效益的角度看，固化温度越低越好、固化时间越短越好。仅仅考虑经济因素，则无法获得高质量的复合材料制品。RTM 的成型周期与树脂固化特性有关，所以要充分考虑注入树脂的固化特性，制定合理的固化时间和固化温度。

制品的固化可利用常温固化，也可以利用热固化方法。加热方法有：①用射频电或微波电等能量直接加热，使树脂固化；②目前采用的热能通过热气或热水或热油等介质，经模具背衬、型壳和型面传导到树脂中，间接加热使树脂固化；③树脂注射完后，将整个模具放置于热压罐中加热完成固化。

3.4.4.2 影响 RTM 工艺的因素

RTM 成型的主要参数有注胶压力、温度和速度等。这些参数都是相互关联、相互影响的。压力是影响 RTM 工艺过程的主要参数之一，压力高低决定模具的材料要求和结构设计，高的压力需要高强度和刚度的模具以及大的合模力。RTM 工艺希望在较低的压力下完成树脂注射。因此，为降低压力，通常采用以下措施：降低树脂黏度；合理安排模具的注胶口和排气孔；合理铺设纤维；降低注胶速度。注胶速度也是 RTM 成型工艺的一个重要的参数。注胶速度取决于树脂对纤维的浸润性和树脂的表面张力及黏度，也受到树脂的适用期、压注设备的能力、模具刚度、制件尺寸和纤维含量的制约。人们往往希望在不提高压力的前提下提高注胶速度，以提高生产效率。另外，充模的快慢对 RTM 制品的质量有着不可忽略的重要影响。由于树脂对纤维的完全浸渍需要一定的时间和压力，较慢的充模压力和一定的充模反压有助于改善 RTM 的微观流动状况。但是，充模时间的增加会降低 RTM 的效率。注胶温度取决于树脂体系的适用期和最小黏度的温度。为了使树脂在最小压力下充分浸渍纤维，注胶温度应尽量接近最小树脂黏度的温度，较高的温度也可以使树脂表面张力降低，有利于纤维中的空气排出。过高的温度会缩短树脂的工作期，过低的温度会使树脂黏度增大，而使压力升高，阻碍了树脂的正常浸润纤维的能力，因此应当合理选择注胶温度。

固化温度和固化时间也是 RTM 工艺的影响因素，固化温度高，反应快，放热多，会使树脂和纤维的粘接发生破坏。固化时间长，得到制品的性能好，但一般经一定时间就能使性能达到平衡值，再通过延长固化时间对性能的提升有限，故要进行性能试验，确定固化时间，提高生产效率。除此之外，影响工艺的因素还有模具结构、增强材料和树脂特性等。

3.4.5 树脂传递模塑成型的应用实例

RTM 成型是一种低成本、高效率且适用于大批量生产的复合材料成型方法。目前 RTM 成型工艺已经在公路、铁路、风力发电机叶片等领域得到广泛的应用。

3.4.5.1 机车车门/窗框

通过 RTM 成型制备列车机车用复合材料车门框和车窗框，其材料选择见表 3-15，复合材料车门框和车窗框制作过程主要包括模具的制备和窗框的制备两部分。

■表 3-15 复合材料车门/窗框及模具所选原材料

类别	材料	配比/质量份
模具	无碱玻璃毡和中碱玻璃布	—
	美国胶衣	—
	196# 树脂	100
	促进剂	2
	固化剂	2
门框或窗框	无碱玻璃毡和无碱玻璃布	—
	33# 胶衣	—
	P6-988KR 树脂	100
	液体阻燃剂	30
	促进剂	1.5
	固化剂	1.5

如图 3-29 所示是复合材料车门框和车窗框的制备流程。玻璃纤维复合材料模具的制备的关键是精确加工出木模。由于门框或车窗框较薄（最厚处 8mm），且外形尺寸较大，直接用木材加工出的木模刚度小，易变性，不利于玻璃钢模具的翻制，因此，采用木材加工门框或车窗框的过渡凸模面，在此基础上翻制玻璃钢凹模，然后在玻璃钢凹模面上粘贴等厚度的窄木条，形成过渡模，为保证玻璃钢模具的精度，应对过渡模的尺寸进行校正。由过渡模翻制玻璃钢凸模；脱模前（凹模、过渡模和凸模），先在模具的法兰处钻好螺栓孔和定位孔。脱模后，除去过渡模，分别处理凹、凸模的表面，然后根据门框或车窗框图纸，在凸模面上钻一定深度的小孔，埋入射钉，标记门框或车窗框后期打孔的位置，完成玻璃纤维复合材料车门/窗框模具。模具剖面如图 3-30 所示。

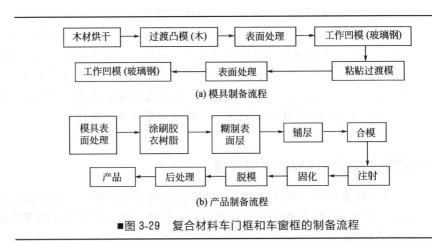

(a) 模具制备流程

(b) 产品制备流程

■图 3-29 复合材料车门框和车窗框的制备流程

树脂传递模塑

　　门框/窗框制备的关键技术是铺层，铺层的结构直接影响产品的力学性能和使用性能。在处理好的凹、凸模表面刷涂胶衣，然后按照铺层设计铺设玻璃纤维；铺层完成后，在法兰内侧贴密封胶条，合模，用螺栓锁紧模具，注射按表3-15配制的树脂胶液，固化后脱模；对脱模出来的初级产品进行后处理，切除走胶面；修边；打孔；适当的表面处理。所有的后处理完成后，即可得到所需产品（图3-31）。

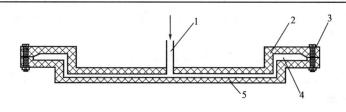

■图 3-30　模具剖面

1—注胶口；2—凸模；3—紧固螺杆；4—模腔；5—凹模

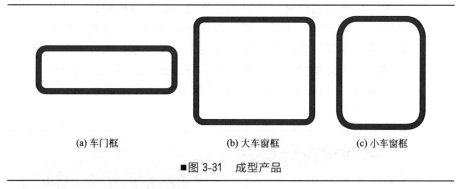

(a) 车门框　　　　　　(b) 大车窗框　　　　　　(c) 小车窗框

■图 3-31　成型产品

3.4.5.2　风力发电机叶片的 RTM 成型

　　对于大尺寸复合材料制品来说，单纯的 RTM 工艺存在着树脂与纤维浸渍性差、树脂在模具中的流动速度低、流动方向无序度高、所制造的复合材料制品的合格率低的缺点。目前普遍使用的大尺寸复合材料成型技术为 VARTM 技术。VARTM 技术是一种可以显著降低大尺寸复合材料结构制造成本的液体模塑工艺。在浸渍期间，树脂流优先渗透表面，并同时沿渗透预成型件厚度方向流动，使得制造大型零件成为可能。VARTM 成型的大型复合材料制品清洁能源领域的应用是风力发电机叶片。

　　叶片成型工艺过程主要有：材料准备、模具准备、壳体铺设、辅材铺设、VARTM 成型、预固化、合模准备、合模、后固化和后处理等。

　　① 材料准备包括纤维布剪裁和树脂准备。按照工艺给定的尺寸进行纤维布剪裁，将剪裁好的纤维布标明编号，并按顺序放好。树脂胶液在配好后应根据使用范围，对树脂进行加热或冷却，使树脂温度维持在最佳使用

范围。

② 模具处理主要包括表面清理、涂脱模剂、涂刷胶衣。

③ 壳体铺设可以分为芯材前纤维布铺设、连续毡铺设与大梁放置、芯材的铺设、后缘单向布的铺设以及芯材后的纤维布铺设。

将剪裁好的玻璃布按照给定的工艺进行铺设。玻璃布在铺设过程中应当满足以下要求：纤维布的铺设要平整，应当按照工艺要求进行搭接、对接；铺层中不允许出现褶皱、错开、凸起或混有杂质；每一层要贴紧前一层，并紧贴模具，不能出现悬空、分层现象；铺层过程中可使用少量喷胶、工装夹具等辅助设备。

④ 辅材铺设主要包括脱模布铺设、隔离膜铺设、导流网铺设、溢流管与注胶座布置、真空单元放置、真空袋铺设以及抽真空管和注胶管的安插。

脱模布铺设应铺满所有的黏结区以及放置大梁的局部区域。脱模布要与纤维铺层贴实且要留有一定的余量，脱模布铺设如图 3-32 所示。铺设隔离膜时，其中心线应与浸胶管中心线一致，可用密封胶条或喷胶固定其位置。导流网铺设时要按照工艺给出的位置进行铺设，并使用少量密封胶条固定。溢流管布置时，两条管相接处要用一条管端卡住另一条管端，且每个管端或管与管的连接处均要覆盖上脱模布。注胶座安放时应将其内凹的两侧粘上少量的密封胶条，然后在溢流管上安放注胶座的位置切开一个约 $25\text{mm} \times 20\text{mm}$ 的槽，最后将注胶座的圆孔对准槽口中心骑放在溢流管上（图 3-33）。

■图 3-32　脱模布铺设　　　　■图 3-33　注胶座放置

真空单元放置时要先检查确定真空单元制作是否合格，再将其放置在模具翻边上紧靠密封胶条的内侧，保证真空单元的部分搭接在翻边的纤维铺层上。

铺设真空袋时应从叶根向叶尖展开，并将真空袋与模具周边的密封胶条平整贴实，贴真空袋贴时，应由壳体中部弦长最大的部位开始向壳体两端进行粘贴。真空袋铺设如图 3-34 所示。

■图 3-34　真空袋铺设

　　抽气管与注胶管的连接方法一致，都是用三通将硬质塑料管连接成一个单元，并在注胶管一端安装单向阀，然后将注胶座和抽气座面上的真空袋抚平并将管端插入相应的注胶座或抽气座中，确保不漏气。其安放如图 3-35 所示。

(a) 抽气管

(b) 注胶管

■图 3-35　抽气管与注胶管的安放

　　⑤ VARTM 成型开始注胶之前，首先要进行抽真空、检查气密性。当气密性合格后才能进行注胶。开始注胶后，由根部的注胶管开始进胶，从根部到叶尖打开各个注胶管，一次完成进胶量与设计用量一致。

　　⑥ 注胶完成后，经预固化、合模、后固化、脱模、后处理可得到最终的风力发电机叶片。

　　随着科学技术的发展，新结构叶片的出现，产生了新的成型方法，如"弹性芯带挤压法"和"真空带法"。"弹性芯带挤压法"是一种闭模一次成型复合材料风力发电机叶片的方法。叶片由增强纤维布、树脂基体、连接件、填充芯组成。一半纤维布在叶片成型模的下模腔内铺展，置入带加热装置的弹性芯袋，连接件置于叶根端的纤维处；另一半纤维布包裹弹性芯袋与连接件。合模、锁模、抽真空、注射树脂，向弹性芯袋内泵入胶液使芯袋与模腔形成密实挤压，对复合材料进行升温使叶片在中温下固化，脱去模腔、退出芯袋；再向空心叶壳注入低密度的不饱和聚酯树脂材料并进行发泡填充，得到复合材料风力机叶片。这种叶片具有重量轻、强度高、刚度大、稳定性好、加工制备容易、成本低廉、便于巨型叶片的现场制备等优点。

黄辉秀等开发出一种用真空袋法制作兆瓦级风力发电机叶片叶根的方法。首先制作单独的插件凹模（图 3-36），在凹模内按照设计铺设预制的玻璃布；最外层铺设真空袋，密封、抽真空，将所有铺层压实；在真空袋的上面放上一个玻璃钢弧形支撑板，弧形支撑板的两侧用横向撑杆支撑，停止抽真空；在叶片根部模具内部事前先铺设若干层玻璃纤维布，接着将插件吊起，放入叶片根部模具内部，将真空袋与叶片根部模具四周密封，再抽真空，然后注胶，最后固化成型。该方法操作简单、效率高，克服了叶片模具两侧玻璃布垮塌、起皱的情况发生。

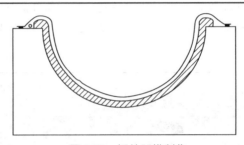

■图 3-36　插件凹模制作

3.5 袋压成型工艺

袋压成型是通过柔性气体密闭织物袋，将气体压力施加到未固化的不饱和聚酯树脂基复合材料制品表面而成型制品的工艺方法。袋压成型工艺主要包括压力袋成型［图 3-37(a)］和真空袋成型［图 3-37(b)］两种。袋压成型是在接触成型基础上发展起来的，与手糊成型相比产品质量高，生产效率可提高几倍；但所需设备简单，因而是不饱和聚酯树脂基复合材料的一种重要的生产方法。

3.5.1 压力袋成型工艺的特点

压力袋成型工艺的特点是设备简单、投资较少、易于作业；可以成型结构复杂的制品；可以成型单面光滑的制品；由压力袋法制造的制品密实度高；成型周期短。但是袋压成型工艺的成本较高，且不适合成型大尺寸、复杂结构和产品批量不太大的产品。

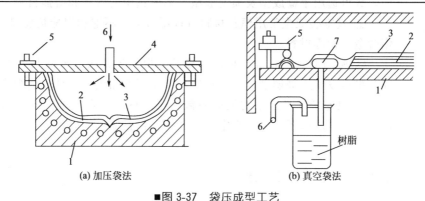

(a) 加压袋法   (b) 真空袋法

■图 3-37　袋压成型工艺

1—模具；2—铺层制品；3—橡胶袋；4—盖板；5—密封夹紧装置；6—压缩气体；7—缓冲室

　　仅适合袋压法生产的条件是圆形零件；批量不大的制品及模压法不能生产的结构较复杂的制品。

3.5.2 压力袋成型所用原料和设备

　　① 压力袋成型工艺选用的树脂及玻璃纤维与手糊成型、喷射成型工艺选用原材料的原则一致，树脂应当浸渍性好、脱泡性好；固化快，固化放热和收缩率小。

　　② 压力袋成型常用模具有拆卸式铝模、塑料面石膏模、用钢材加强的不饱和聚酯树脂基复合材料模具、大型钢板模及实体钢制或铝制模具。

　　③ 常用的压力袋材料是氯丁橡胶，这种橡胶耐热性好，但对树脂有阻聚作用，需要用玻璃纸等把制品表面与压力袋隔开。且氯丁橡胶在热压作用下易老化，需要用聚硅氧烷处理，或选用其他特种橡胶。近年来也有用聚乙烯来代替橡胶的。

　　④ 压力袋成型常用的设备还包括压缩钢瓶和压机等。

3.5.3 真空袋成型工艺的特点

　　真空袋成型工艺的特点主要是产品的力学性能好，纤维含量可达到70%；可以有效控制产品的含胶量和产品厚度；体系均匀受压，制品性能更均匀；能够消除产品中气泡等缺陷，制品表面质量高；可用于成型形状复杂的制品。而成型压力低，只有 0.1MPa，制品性能低于 SMC，高于手糊制品；不适宜大尺寸制品且成本较高。

3.5.4 真空袋成型所用原料与设备

　　① 真空袋成型工艺在包覆真空袋之前其工序与手糊和喷射成型工艺相

同，故可选用手糊成型及喷射成型工艺所选用的树脂和增强材料。

② 真空袋成型常用模具材料可选用石膏、不饱和聚酯树脂基复合材料、铝合金、钢等材料。

③ 常用的真空袋材料是氯丁橡胶、聚乙烯薄膜、聚酯膜或者聚酰亚胺膜。也可以使用玻璃纸袋，但只适用于小型产品生产，且玻璃纸袋易撕破。

④ 真空袋成型常用的设备还包括压缩钢瓶、真空压机或热压罐。除此之外，袋压成型还需要有真空系统和烘箱设备等。

3.5.5 真空袋成型的工艺过程

① 通过手糊或者喷射成型工艺制备预置坯料。

② 将所制预置的坯料用真空袋包覆，为方便隔开制品和真空袋，在真空袋与不饱和聚酯树脂基复合材料表面间铺设透胶布、吸胶布和隔离膜。

③ 用袋压成型工艺，若制品厚度大于 10mm 时，需要采用内外两面加热。固化制度可依据树脂的放热线、凝胶时间和制品的性能来确定。

④ 固化后的制品脱模、修整等工序与手糊成型一致，可参考手糊成型制品的脱模、修整程序。

3.5.6 袋压成型应用实例

袋压成型是一种低成本的复合材料制备技术，具有灵活、简便、高效等特点，因而得到广泛应用。

利用真空袋法成型盒式复合材料制件，解决了盒式结构复合材料制件成型难度大、型面质量差、脱模难的问题。在成型盒式复合材料制件时，选用刚性的凹模和耐高温弹性体柔性模作凸模。首先制备一个与盒式制件内腔内表面形状、尺寸一致的铺叠凸模，并用铺叠模进行盒式制件的铺层，然后从铺叠凸模上取出盒式制件预制坯料，装入刚性凹模内，将弹性体柔性盒式凸模装入预制坯料内腔里，再用真空内、外袋将上述凹模、预制坯料和凸模依次封装成一体，其中真空内袋放置于盒式制件坯料的内腔里，真空外袋包覆于盒式制件的外表面，并在盒式制件的两端开口处，用密封胶条将真空内袋和真空外袋粘接成一个密闭空间，最后用真空袋——热压罐工艺成型盒式复合材料制件。

3.6 夹层结构成型

夹层结构又称夹芯结构，是由高强度蒙皮和轻质夹芯材料构成的一种结构形式。不饱和聚酯树脂基复合材料夹层结构是指以不饱和聚酯树脂基复合材料为蒙皮、以玻璃布蜂窝或泡沫塑料等为夹芯材料所组成结构材料。这种结构具有轻质、高强度、高刚度、隔热好、隔声好、抗震性好、耐疲劳、表面光洁等特性，因而广泛应用于动车组车厢地板、建筑地板、船舱板及冲浪板等。

3.6.1 夹芯材料

3.6.1.1 轻质木材

天然的轻质木材相对密度为 $0.09\sim0.25$，作为芯材用于制复合板材，制成的夹芯结构具有良好的硬挺度，且质量轻。

3.6.1.2 泡沫塑料

在不饱和聚酯夹层结构板材中泡沫塑料夹芯使用更为普遍。泡沫夹层的芯材主要有刚性的热固性聚氨酯、酚醛树脂，热塑性的聚氯乙烯以及聚苯乙烯。

(1) 聚氨酯泡沫塑料 硬质聚氨酯泡沫是由多元醇、异氰酸酯、发泡剂、引发剂和表面活性剂等制成的塑料，可现场发泡，制成闭孔型或开孔型泡沫。通过控制工艺过程可产生均匀的气泡。气泡中的混合气体热导率低，泡沫塑料的热导率也较低 [一般为 $0.02W/(m \cdot ℃)$]，因而具有良好的保温隔热效果；聚氨酯泡沫可用于 120℃ 的条件下，具有良好的耐热性。其缺点是比其他泡沫易燃。

(2) 聚苯乙烯泡沫塑料 聚苯乙烯泡沫塑料具有机械强度高、电性能优良、吸水少等特点，成型方便、价格低廉，但使用温度有限。其容重较小，在 $0.02\sim0.20g/m^2$ 范围内。聚苯乙烯泡沫塑料可分为模压聚苯乙烯泡沫塑料和可发性聚苯乙烯泡沫塑料。

(3) 聚氯乙烯泡沫塑料 聚氯乙烯或其共聚物利用机械发泡或化学发泡工艺可制成聚氯乙烯泡沫，这种泡沫水蒸气透过率低，吸水性小，刚度大，可使复合夹层结构的刚度提升，在火焰中虽不易燃烧，但会熔化倒塌，其拉伸及压缩强度与剪切强度高，耐化学品，抗细菌及白蚁蛀蚀，隔热性好。故常用作不饱和聚酯树脂基复合材料夹层结构，制造船艇等制品。缺点是价格比其他泡沫高，耐高温性差，通常在 100℃ 以下使用。

(4) 酚醛泡沫塑料 酚醛泡沫塑料具有良好的耐化学品性与耐热性，水蒸气透过率和吸水率均比较低，与其他材料容易黏结。酚醛泡沫塑料具有良好的耐腐蚀性和耐热性。可用于建筑隔声、隔热体以及家具、计算机房、动车组车厢、地板等阻燃要求较高的场合。

3.6.1.3 蜂窝结构

各种纸、玻璃布以及铝箔等可制成规则的六角形、矩形和正弦波形等形状的蜂窝结构材料。蜂窝的强度取决于材料的质量和蜂窝的几何形状及尺寸，按照平面投影形状，蜂窝夹芯有正六边形、菱形、矩形、正弦波形和有加强带的六角形等，各种形状蜂窝的结构示意如图 3-38 所示。

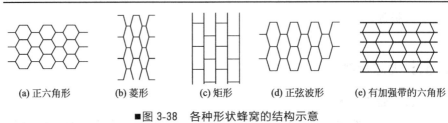

| (a) 正六角形 | (b) 菱形 | (c) 矩形 | (d) 正弦波形 | (e) 有加强带的六角形 |

■图 3-38　各种形状蜂窝的结构示意

蜂窝结构的制造大都采用胶接拉伸法，根据涂胶方法不同可分为手工涂胶和机械涂胶。机械涂胶是通过印胶辊来实现的，与手工涂胶相比，具有生产效率高、质量易控制等特点。

3.6.2 夹芯结构成型工艺过程

3.6.2.1 泡沫夹芯材料的成型工艺过程

常用的泡沫塑料的发泡方法包括物理发泡法、机械发泡法和化学发泡法三种。

(1) 物理发泡法　物理发泡法有三种，将惰性气体在高压下使其溶于熔融聚合物或糊状复合物中，然后升温减压，使气体膨胀发泡；利用低沸点液体蒸发气化而发泡；在塑料中加入中空微球后，经固化而成泡沫塑料。

(2) 机械发泡法　采用机械方法，将气体混入聚合物中形成泡沫，然后通过"固化"和"凝固"获得泡沫塑料。

(3) 化学发泡法　化学发泡法又可以分为两种：一种是依靠原料组分相互反应放出气体，形成泡沫结构；另一种是借助化学发泡剂分解产生气体，形成泡沫结构。这种方法能够制备大多数热塑性泡沫塑料和热固性泡沫塑料。

热塑性泡沫塑料的发泡工艺分两步。第一步是将原料放入模内压制成坯料。在一定的压力和温度下使树脂软化，发泡剂开始分解，等树脂达到黏流态时，气体形成微小的气泡，均匀地分布在树脂熔体中，因压力的存在，气泡无法胀大，冷却至玻璃化温度以下，即得坯料。第二步是坯料发泡。将坯料放在限制模内，重新加热，等物料处于高弹态时，坯料中气体克服聚合物分子间的作用力，气孔开始增长，聚合物被限制在模内膨胀，冷却至玻璃化温度以下，即得热塑性泡沫塑料。

热固性泡沫塑料的发泡过程，必须在原料大分子处于黏流态阶段进行，随树脂胶凝固化，使气泡稳定，形成泡沫。

3.6.2.2 蜂窝夹芯材料的成型工艺过程

蜂窝夹芯材料若按其密度大小可分为低密度夹芯材料和高密度夹芯材料两大类，低密度夹芯是指由纸或棉布或玻璃布浸渍树脂制成的芯材，或由泡沫塑料制成的芯材，有时也包括铝蜂窝夹芯。这类夹层结构的面板（蒙皮）多采用胶合板或不饱和聚酯树脂基复合材料板或薄铝板，芯材和面板是通过胶接而成的。

高密度夹芯指芯材与面板材料都采用不锈钢或钛合金制成。芯材制造及芯材与蒙皮的连接，多采用焊接的方法。这里仅介绍布蜂窝夹芯的制造工艺。

布蜂窝夹芯（纸或棉布或玻璃布等）制造方法有塑性胶接和胶接拉伸法。目前胶接拉伸法是广泛使用的一种方法。根据涂胶方式的不同，胶接拉伸法分为手工涂胶法和机械涂胶法两种。

(1) 手工涂胶法

① 胶条纸板制作　当正六边形蜂窝格子边长为 a 时，则两相邻胶条间的距离为 $4a$。设计胶条宽度时要根据玻璃布的厚度、密度和树脂胶液的黏度以及胶条的厚度凭经验确定。胶条纸板的刻制如图 3-39 所示。

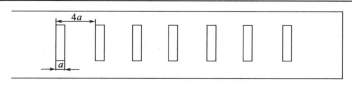

■图 3-39　胶条纸板的刻制

② 胶黏剂的配制　根据蜂窝尺寸的设计要求裁剪玻璃布，并将刻好的胶条纸板贴在涂胶板上，并配制树脂胶黏剂。胶黏剂的配方见表 3-16。

■表 3-16　胶黏剂的配方

原料	用量/质量份
环氧树脂 E-44	100
四乙烯五胺	7~14
邻苯二甲酸二丁酯	10

③ 上胶　翻开上底板，将第一层玻璃布平整、无皱纹地铺放在下底板上，然后放下上底板，用手工在胶条纸上刮涂配好的树脂胶液，胶液通过胶条纸的空隙印在玻璃布上。然后将上底板翻开，铺上第二层玻璃布，同时移动活动的下底板与第一层玻璃布错开 $2a$ 的距离。用前述方法上胶，印胶位置如图 3-40 所示。

第三层的铺设方法与第一层完全一致，第四层与第二层的方法一致，如此重复，直到达到蜂窝块要求的厚度，施加接触压力，室温固化。待树脂固化后，用切割机将其切成所要求的蜂窝高度，用手轻轻拉开，即成正六边形的蜂窝芯材。

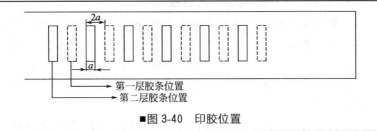

■图 3-40　印胶位置

(2) 机械涂胶法　机械涂胶法有印胶法、漏胶法、带条涂胶法、波纹式涂胶法等。如图 3-41 所示是印胶式自动印胶机的工作原理。

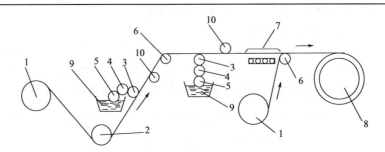

■图 3-41　印胶式自动印胶机的工作原理

1—放布辊；2—张紧辊；3—印胶辊；4—递胶辊；5—带胶辊；
6—导向辊；7—加热器；8—收布卷筒；9—胶槽；10—调压辊

玻璃布从放布辊 1 引出，经张紧辊 2 到达第一道印胶辊，在布的正面涂胶液，然后经过导向辊到第二道印胶辊，并在布的反面涂胶。涂胶后的玻璃布再经过加热器加热，在水平导向辊 6 处与未涂胶的玻璃布叠合，一起卷到收布卷筒 8 上。收卷到设计厚度时，从收布卷筒上将蜂窝块取下，加热、加压固化后，切成条状备用，展开即成蜂窝芯材。

3.6.3 蒙皮成型工艺过程

常用的蒙皮是不饱和聚酯树脂基复合材料薄板，增强材料是无碱平纹布，厚度通常为 0.1～0.2mm。蒙皮的成型方法有手糊成型和层压成型两种。

(1) 手糊法成型夹层结构蒙皮　手糊法制蒙皮与手糊成型板材的方法相似。生产过程主要包括模具准备、树脂胶液配制、增强材料准备及手糊成型。依据设计要求制备一定厚度的不饱和聚酯树脂基复合材料薄板，直接用于夹层结构的湿法成型；或者将得到的不饱和聚酯树脂基复合材料薄板预固化，用作夹层结构的干法成型。

(2) 层压法成型夹层结构蒙皮　层压法制蒙皮与层压法成型板材的方法相似。其主要生产过程包括预浸胶布制备、预浸胶布剪裁叠合、热压、冷却、脱模和加工等工序。得到的板材可用于夹层结构的干法成型。采用层压法成型蒙皮具有机械化、自动化程度高和产品质量稳定等特点，适合批量生产。

3.6.4 夹层结构成型工艺过程

3.6.4.1 泡沫夹层结构的成型工艺

泡沫夹层结构的制造通常有预制黏结成型法、整体浇注成型法和机械连续成型法三种。目前使用较多的为前两种方法。预制黏结成型法适用于外形简单、批量生产的制品；整体浇注成型法适用于形状复杂的夹层结构件。

(1) 预制黏结成型法 这种方法是先按要求分别制造夹层结构的蒙皮和泡沫塑料芯材，然后将它们粘结起来。这种粘结成型技术的关键是合理地选择胶黏剂和胶结工艺条件。在制造泡沫夹层时，除满足一般胶结工艺要求外，在选择成型压力时，还要考虑泡沫塑料的承载能力，因为某些低密度泡沫的压缩强度往往小于 0.1MPa。在粘结过程中，常采用加热快速固化，以提高生产效率。加热制度由胶黏剂固化体系和实验来确定。

(2) 整体浇注成型法 整体浇注成型法是在泡沫结构的空腔内浇入混合料，然后经发泡成型和固化处理，使泡沫塑料充满空腔，并与不饱和聚酯树脂基复合材料蒙皮结成一个整体夹层结构。采用整体浇注成型法时，先要把空腔内壁清除干净，表面打磨，然后浇注混合料。加料要准确，一般浇注料加入量比计算值多 1%～5%。浇注时要防止喷溅，避免在空腔内形成大孔，影响泡沫质量。

发泡成型后的夹层结构一般要经过共固化处理工序，以提高泡沫层强度和泡沫夹层结构强度以及泡沫层与蒙皮的界面粘结强度。共固化处理温度和时间要根据泡沫塑料及树脂种类而定。通常共固化处理温度比成型温度高，共固化处理工序应缓慢升高温度，以防止产生内应力。

(3) 机械连续成型法 如图 3-42 所示是机械连续成型法原理，是一种连续和高效地生产泡沫夹层结构的工艺。它是将两表面层用等长纱线连接。连接纱的数量按夹层结构工况条件设计计算。在生产时，先把上、下表面层玻璃纤维织物 1 和玻璃纤维纱 2 按设计要求的间距与定位板 3、4 连接在一起，然后经过浸胶槽 5（可用酚醛、不饱和聚酯和环氧树脂等），在成型段由泡沫塑料喷管 6 浇注泡沫塑料（一般采用聚氨酯、酚醛和脲甲醛泡沫塑料及不饱和聚酯树脂等）液体，当物料发泡膨胀时，使上、下表面层玻璃纤维织物 1 紧贴加热限制挡板 7，并保持联系件张紧，连续成型夹层结构。

3.6.4.2 蜂窝夹层结构的成型工艺

通常蜂窝夹层结构成型与手工成型过程相同。按制造方法可分为湿法成型和干法成型。按成型工艺过程可分为一次成型法、二次成型法和三次成型法。

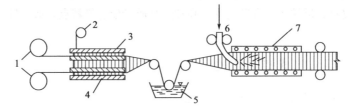

■图 3-42 机械连续成型法原理

1—玻璃纤维织物；2—玻璃纤维纱；3，4—定位板；5—浸胶槽；6—泡沫塑料喷管；7—加热限制挡板

(1) 一次成型法 一次成型法是将内外蒙皮和浸渍好树脂胶液的蜂窝芯材，按顺序放在凹模（或凸模）上，一次胶合固化成型。加压 0.01～0.08MPa。这种成型适于布蜂窝和纸蜂窝夹层结构的制造，其优点是生产周期短，成型方便，蜂窝芯材与内、外蒙皮胶接强度高，对成型技术要求较高。

(2) 二次成型法 二次成型法是首先将内外蒙皮分别成型，然后与芯材胶接在一起固化成型。或者芯材先固化，然后再胶接内外蒙皮，如纸蜂窝多采用这种方法。其特点是制件表面光滑，易于保证质量。

(3) 三次成型法 三次成型法是将外蒙皮预先固化，然后将芯材胶合在外蒙皮上，进行第二次固化，最后在芯材上胶合内蒙皮，进行第三次固化。这种成型法特点是表面光滑，成型过程中可进行质量检查，发现问题后可及时排除，但生产周期较长。

参 考 文 献

[1] 黄发荣，焦扬声，郑安呐编. 不饱和聚酯树脂. 北京：化学工业出版社，2001.

[2] 刘雄亚，谢怀勤. 复合材料工艺及设备. 武汉：武汉工业大学出版社，1994.

[3] 欧国荣，倪礼忠. 复合材料工艺及设备. 上海：华东化工学院出版社，1991.

[4] 国家建材局上海不饱和聚酯树脂基复合材料研究所. 不饱和聚酯树脂基复合材料手糊成型工艺. 北京：中国建筑工业出版社，1984.

[5] 周菊兴，董永祺. 不饱和聚酯树脂——生产及应用. 北京：化学工业出版社，2000.

[6] ［日］田中勤著. 不饱和聚酯树脂基复合材料（不饱和聚酯树脂基复合材料）成型工艺技术及应用. 申丛祥译. 北京：中国环境科学出版社，1996.

[7] 蔡斌. 复合材料在船艇工业中的应用. 功能高分子学报，2003（16）：113-119.

[8] 辛基旭. 汽车方向盘以及制造所述方向盘的方法. CN101885347A，2010-11-17.

[9] 刘钧. RTM 注射成型列车机车用复合材料车门/窗框. 纤维复合材料，2002（3）：3-4.

[10] 黄争鸣. 复合材料风力机叶片及其制备方法. CN1687586A，2005-10-26.

[11] 黄辉秀. 一种兆瓦级风力发电机叶片根部的制作方法. CN101486258A，2002-07-22.

[12] 徐恒元. 盒式复合材料制件的成型方法. CN101554780A，2009-10-14.

[13] ［英］艾伦·哈伯. 树脂传递模塑技术. 董雨达译. 哈尔滨：哈尔滨工业大学出版社，2003.

[14] ［英］拉德 C D，［英］朗 A C，［美］肯德尔 K N，［美］迈跟 C G E 著. 复合材料液体模塑成型技术：树脂传递模塑、结构反应注射和相关的成型技术. 王继辉，李新华译. 北京：化学工业出版社，2004.

第**4**章　不饱和聚酯树脂的缠绕成型

4.1 缠绕成型工艺对不饱和聚酯树脂的要求

4.1.1 概述

缠绕成型是一种低成本、自动化或半自动化制备复合材料的方法，它适用于生产二维半拉伸所形成的几何体、正曲率的回转体和球体。通过缠绕机能大批量和高效快捷地生产数字化复合材料制品，缠绕成型的复合材料制品有管

(a) 管道

(b) "战斧" 巡航导弹

(c) Independence S.33舱体

(d) 车载压力气瓶

■图 4-1　缠绕成型复合材料制品

道［图 4-1(a)］、贮罐以及导弹壳体如"战斧"巡航导弹的壳体［图 4-1
(b)］等，亦可以进行非对称结构变截面制品的缠绕，如 Spectrum Aero-
nautical 公司生产的商用喷气式飞机 Independence S. 33 的舱体［图 4-1
(c)］，高尔夫球杆、曲棍球球杆等，也可以缠绕车载压力气瓶的加强层［图
4-1(d)］，缠绕成型制品被广泛用于国防工业和国民经济建设的各个领域。

4.1.1.1 缠绕成型的定义

所谓缠绕成型是指在张力控制下，将浸有树脂的连续纤维纱带或织物
带，按照一定的规律稳定地将纤维纱带或织物带不重叠、不离缝地缠绕到芯
模或内衬上，经固化后，脱模成为复合材料制品的工艺过程。缠绕工艺流程
如图 4-2 所示。

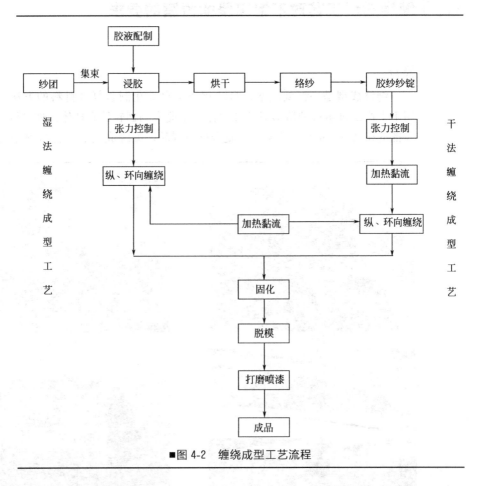

■图 4-2 缠绕成型工艺流程

4.1.1.2 缠绕成型工艺的分类

(1) 按纤维的浸渍方式进行分类

① 干法缠绕　采用含有一定胶量的连续预浸纱带或预浸布带，经加热
软化至黏流后缠绕到芯模外表面上，经固化后，脱模成为复合材料制品的工

艺过程，称为干法缠绕。其特点是预浸纱带是经专用设备制造的，预浸纱带的含胶量和尺寸控制精度高，制品的质量较稳定，生产效率高，缠绕速度可达 $100\sim200m/min$。生产环境较为洁净，设备清洁，劳卫条件较好。对树脂的黏度选择范围较宽，可选择非活性稀释剂降低缠绕树脂的黏度。但这种工艺方法须另配置胶纱（带）预浸设备，预浸纱制造过程中应严格地控制纱带的含胶量和尺寸。

② 半干法缠绕　将无捻粗纱（或布带）浸渍树脂胶液，预烘后随即缠绕到芯模上，经固化后，脱模成为复合材料制品的工艺过程，称为半干法缠绕。与湿法相比，增加烘干工序。与干法相比，无需整套的预浸设备，烘干时间短，缠绕过程可在室温下进行。这样既除去了溶剂，又减少了设备，提高了制品质量。

③ 湿法缠绕　将无捻纱（或纱带）浸渍树脂后直接缠绕到芯模外表面上，脱模成为复合材料制品的工艺过程，称为湿法缠绕。其特点是纱带浸胶后马上缠绕，纱带质量不易检验和控制，缠绕过程中张力控制精度不高。对树脂的黏度要求较高，不允许使用非活性稀释剂来降低树脂的黏度，缠绕树脂应现用现配。对浸胶辊和张力辊等需用完后马上维护刷洗，以免树脂和纤维固化保留在某辊上，影响后续缠绕工艺的进行。该法比较经济，无需另行配置浸渍设备。

(2) 按纤维缠绕轨迹的位置分类

① 外缠绕　纤维缠绕轨迹的位置在模具外表面上，经固化后得到制品的缠绕成型方式。复合材料制品的内部尺寸由模具控制；外部由缠绕层自由形成。外缠绕成型方式是目前使用最多的缠绕方法。

② 内缠绕　在离心力的作用下，将浸渍的纤维纱带甩缠在模具的内表面上，经固化后得到制品的缠绕成型方式。复合材料制品的外部尺寸由模具控制；内部由缠绕层自由形成。内缠绕成型方式是目前很少使用的缠绕方法。

4.1.1.3 纤维缠绕增强塑料制品的特点

纤维缠绕制品除具有一般复合材料制品的优点外，还具有下述更突出的特点：

① 缠绕成型采用无捻粗纱等连续纤维，避免了纤维在纺织过程中的强度损失；

② 缠绕成型避免了布纹经纬交织点或短切纤维末端的应力集中；

③ 缠绕成型制品的铺层结构设计是依据制品的受力状况进行的，纤维含量高达 80%，充分发挥纤维的强度，能够实现数字化产品生产；

④ 生产率高，成本低，宜实现机械化和自动化，便于大批量生产。

4.1.1.4 缠绕成型工艺的局限性

① 缠绕成型是通过缠绕机才能实现的，它不能用于任何结构形状的制品的成型。它仅适合二维半拉伸所形成的几何体、正曲率的回转体和球体，

如圆柱体、圆台体及多棱体等几何形体,常见的产品有管道、贮罐、椭圆形的运输罐等。对于有侧孔的制品不能通过缠绕成型工艺直接获得,需要进行二次加工。

② 缠绕成型与压力成型相比。缠绕制品的孔隙率高,表现为层间剪切强度、抗压缩强度低。

③ 缠绕设备投资较大,只有大批量生产时,成本才能降低。

4.1.2 缠绕成型工艺对不饱和聚酯树脂的要求

不饱和聚酯树脂在缠绕制品中的主要作用是黏结玻璃纤维和分散载荷。它是决定复合材料性能的关键因素之一。树脂基体是指由合成树脂与各种助剂所组成的体系。其组成是以缠绕制品性能要求为主兼顾缠绕成型的工艺要求,满足经济性要求。

4.1.2.1 缠绕制品对不饱和聚酯树脂基体的性能要求

① 树脂基体具有良好的热氧稳定性和抗紫外老化性能;

② 树脂基体具有良好的力学性能和韧性及耐热性,在急冷急热多次反复冲击下不产生过度的内应力而致产品损伤;

③ 固化物具有优异的耐腐蚀性,在大气和水的环境及一般浓度的酸、碱、盐等介质下,具有良好的化学稳定性;

④ 固化物具有阻燃性,可达 V0 级,且发烟量低,毒性低、刺激性小,可保证制品使用的安全性;

⑤ 固化收缩率低,以保证缠绕制品的尺寸稳定性;

⑥ 来源广泛,价格低廉。

4.1.2.2 不饱和聚酯树脂缠绕成型的工艺要求

① 缠绕成型要求树脂体系黏度低,一般在 0.35~1Pa·s 范围,使得纤维浸渍完全,纱片中的气泡尽量逸出和带胶量均匀。

② 适用期长,至少要 4h 以上,在工作条件下,具有长的凝胶时间,固化条件下,凝胶时间短;以保证缠绕过程的顺利进行;缠绕树脂应现场配胶,在规定的工艺期内用完,若过期树脂必须进行检验合格后,方可使用。

③ 具有良好的黏结性能,与纤维形成良好的界面。

④ 树脂与颜料有良好的相容性,可以调配各种颜料。在各批产品之间颜色均匀、色差较小,以保证制品的美观。

⑤ 毒性和刺激性小,对环境和人类健康友好。

4.1.2.3 不饱和聚酯树脂缠绕成型的固化体系要求

缠绕成型要求树脂体系有适宜的固化特性,在缠绕其间具有较长的凝胶时间,在固化阶段凝胶时间短、固化速率快、无挥发性产物。缠绕成型通常采用中温体系，常用的引发剂有过氧化二碳酸（4-叔丁基环己烷）酯、2,5-二（2-乙基乙酰过氧）-2,5-二甲基己烷、过氧化苯甲酰、过氧化二月桂酸酯、异丙苯过氧化氢-过氧化苯甲酰、过氧化异壬酸叔丁酯、过辛酸叔丁酯等。此外，也可以采用两种或两种以上引发剂复配技术来满足缠绕成型的固化要求。在生产环境下，树脂固化时应平稳放热，使热量能均匀地放出，以免制品内部存在较大的热应力，导致产品开裂或产生微裂纹，因此树脂固化体系要有良好的反应性，既要形成交联结构，又要快速固化而不产生过大热应力。

4.2 原材料

复合材料缠绕制品所用原材料主要是纤维增强材料和缠绕用不饱和聚酯树脂两大类。

4.2.1 增强材料

缠绕制品中增强材料的主要作用是承担载荷，它的强度、用量及排布方式决定缠绕制品的强度。可用于缠绕成型的增强材料主要有玻璃纤维、碳纤维、芳纶纤维和尼龙纤维等，考虑到复合材料制品的性价比，不饱和聚酯树脂缠绕成型的增强材料中用途最广、用量最大的纤维品种是玻璃纤维，主要为无碱、中碱无捻粗纱和高强玻璃纤维，而尼龙纤维、芳纶纤维和碳纤维用量较少。

选用增强材料的原则是以缠绕制品性能要求为主兼顾缠绕成型的工艺要求，满足经济性要求。缠绕成型的工艺要求有：

① 纤维束的各股张力均匀；

② 合股后的纤维在缠绕过程中不起毛、不断头；

③ 纤维需进行表面处理，以改善纤维与树脂基体的浸润性、黏附性以及浸透速率。

4.2.2 缠绕用不饱和聚酯树脂

国产缠绕用不饱和聚酯树脂有金陵巴斯夫树脂有限公司的 3 种树脂，牌号为 P61-901 和 P61-904 的树脂，其黏度为 $700\sim900\text{mPa}\cdot\text{s}$，固体含量为 $62\%\sim67\%$，室温凝胶时间为 $17\sim22\text{min}$；牌号 P4-901、P4N-924、P4L-921 和 P4LN-923 的树脂，其黏度为 $525\sim625\text{mPa}\cdot\text{s}$，固体含量为 $62\%\sim65\%$，室温凝胶时间为 $16\sim23\text{min}$，具有光稳定性；江阴陆桥合成化工有限公司的耐腐蚀缠绕树脂 FL197，其黏度为 $550\sim1005\text{mPa}\cdot\text{s}$，固体含量为

47%～53%，室温凝胶时间为 11～20min；FL199 树脂黏度为 420～780mPa·s，固体含量为 58%～64%，室温凝胶时间为 11～20min；常州华日新材料有限公司的 TM-196SPZQ 不饱和聚酯树脂，其黏度为 300～500mPa·s，室温凝胶时间为 9.1～16.9min，可用于食品容器和输送管道的缠绕成型；江苏富凌化工有限公司生产的富丽 FL-196 食品级的不饱和聚酯树脂，是以邻苯二甲酸酐和标准二元醇为主要原料的不饱和聚酯树脂，固体含量为 60%～66%，树脂黏度为 3200～580mPa·s，室温凝胶时间为 9.1～16.9min，适合于饮用水箱及输水管道内衬层的缠绕成型。

进口树脂的品种 Polastor-7；Palatal 树脂 Palatal P4 和 Palatal P5；A 400；Beetle 树脂 4116；Cellobond 树脂 A2623；Cellon 树脂 VP3097；Orkast 树脂 Orkast611。

4.3 缠绕成型模具

缠绕成型模具又称芯模，为了获得一定形状和结构尺寸的纤维缠绕制品，所使用的是外形与制品内腔结构尺寸相同的工具。对于缠绕制品来说，其内表面的形状与结构尺寸是由芯模控制得到的，外表面是由张力和缠绕规律控制完成缠绕过程后自动形成的。表现为缠绕制品内表面规整光滑，外表面规整程度较差。为了得到符合要求的制品，芯模设计的原则首先考虑内表面的结构、尺寸精度，其次考虑制品成型后芯模的脱出，兼顾模具的加工制造。

4.3.1 芯模材料

常用芯模材料有石膏、低熔点盐类、石英砂、聚乙烯醇、木材、水泥、石蜡、塑料、低熔点金属、铝和钢等。

芯模材料的选择应依据缠绕制品的批量、尺寸精度、结构形状及成型性能要求来确定。对批量大、尺寸精度要求高的制品可采用金属芯模，既能反复多次使用，又能保证尺寸的精度；对于单件或批量小的制品或者形状复杂、尺寸较大的制品，采用石膏、石英砂、木材、水泥或石蜡等材料制造芯模。

4.3.2 芯模的结构

4.3.2.1 组合装配式芯模或整体芯模

对内部尺寸精度要求低，形位公差如圆度、同轴度要求较低的制品成型时，其芯模可采用实心芯模或空心整体式芯模，也可以采用分瓣式、隔板式、捆扎式、框架配装式等组合装配式芯模。对于实心或空心整体式芯模材料应为易敲碎的材料，如可溶盐类，脱模时加入热水溶解；低熔点金属，脱模时采用蒸汽熔融。如图 4-3～图 4-5 所示为组合装配式芯模示意。

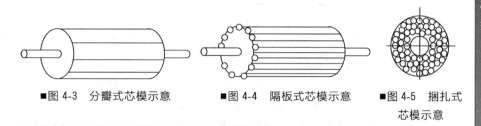

■图 4-3　分瓣式芯模示意　　■图 4-4　隔板式芯模示意　　■图 4-5　捆扎式芯模示意

4.3.2.2 石膏隔板组合式芯模

对于单件或小批量制品，内径小于 $\phi 300mm$，尺寸精度在 1mm 以下，要求封头一次成型的制品可采用石膏隔板组合式芯模，如图 4-6 所示。它是由芯轴、预制石膏板、铝管及石膏面层等部件构成。这种结构芯模的承压能力较低，石膏脱水对制品性能有影响；该结构芯模只能用于低温低压成型，且只能使用一次。

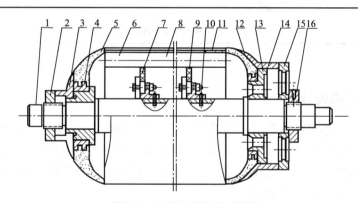

■图 4-6　石膏隔板组合式芯模

1—芯模；2,16—螺母；3—金属嘴；4—金属环；5—封头；6—圆筒(石膏)；7—隔板(GRP)；
8—铝管；9—石膏板；10—销钉；11—纸绳；12—封头(石膏)；13—轴套(不锈钢)；
14—金属嘴(铝)；15—夹紧盘

4.3.2.3 管道芯模

(1) 整体式芯模　由碳钢板卷筒焊接而成。也可用无缝钢管精加工而成的高精度表面，表面粗糙度达 $R_a 1.6$，芯模应具有一定的锥度，其锥度不小于 1/1000，如图 4-7 所示。整体式芯模适用于管径小于 800mm 的管道。

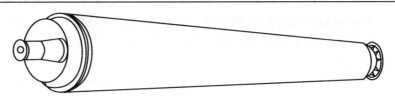

■图 4-7 整体式管道芯模

（2）开缩式芯模 当管径大于 800mm 时，整体式芯模脱模非常困难，可采用开缩式组合芯模成型（图 4-8）。芯模壳体是由优质钢板卷制而成，表面经过抛光，加工精度高。芯模有中心轴，沿轴向，每一定距离有可伸缩辐条式支撑轮环，轮环组成支撑机构，用于支撑芯模外壳。脱模时，通过液压的装置控制支撑机构，使芯模收缩，将固化后的制品脱出，然后芯模再恢复到原始位置，准备第二次成型。

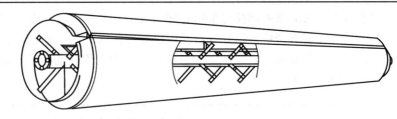

■图 4-8 开缩式组合芯模

4.3.3 芯模设计

芯模设计是考虑制品尺寸、结构、使用工况条件、批量大小、固化温度、固化时间、生产周期、工作荷载、树脂收缩率及脱模方式等因素，设计能够承受缠绕过程的工作载荷及自重的作用，保证制品的尺寸和结构要求。

4.3.3.1 芯模设计的内容

① 芯模材料及结构的选择；

② 脱模方法的选择；

③ 总体结构与芯模零部件设计，包括刚度和强度设计计算；

④ 芯模制造的技术经济指标分析。

4.3.3.2 芯模强度、刚度计算

（1）芯模受力分析 通常芯模在成型过程中，受到缠绕张力、自重及热应力的作用。环向缠绕张力对芯模产生径向压力计算图如图 4-9 所示。

① 缠绕张力 纤维缠绕通常由环向缠绕和螺旋缠绕组成。无论环向和螺旋向缠绕，张力都对芯模表面产生压力，可分解为径向压力和轴向压力，

这两部分压力过大均可导致芯模变形。

② 径向压力　设环向纱片宽为 a（cm），每层纱片缠绕张力为 T_1（N），环向缠绕层数为 n（层），芯模半径为 R（cm），设芯模所承受的径向压力为 p_{r_1}，根据芯模单元计算表面的力平衡关系求解。令单元计算表面为单位长度芯模表面的一半，如图 4-9(b) 所示。

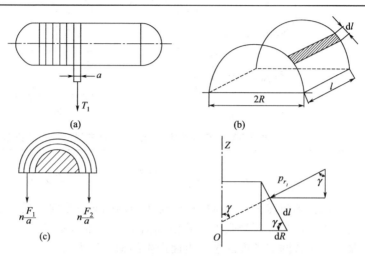

■图 4-9　环向缠绕张力对芯模产生径向压力计算图

由图 4-9(c) 可以看出，单位计算表面所承受的全部径向压力在 OZ 方向分量为：

$$2\int_0^r p_{r_1}\,\mathrm{d}R = 2p_{r_1}R \tag{4-1}$$

从单元计算表面所受全部径向压力的 OZ 分量与 n 层缠绕张力平衡可得：

$$p_{r_1} = \frac{nT_1}{Ra}\times 10^4 \tag{4-2}$$

(2) 螺旋缠绕张力对芯模表面产生的径向压力　设螺旋缠绕纱片宽为 b（cm），螺旋缠绕每层纱片张力的平均值为 T_2（N），螺旋缠绕层数为 m，缠绕角为 α，螺旋缠绕张力可分解为两个分量：轴向分量和径向分量。螺旋缠绕张力对芯模产生径向压力计算图如图 4-10 所示。

仅由环向分量对芯模产生径向压力 p_{r_2}，仍可根据芯模单元计算表面的力平衡求解。

$$2\int_0^R p_{r_2}\,\mathrm{d}R = 2m\frac{T_2}{b}\sin^2\alpha \tag{4-3}$$

$$p_{r_2} = \frac{mT_2}{Rb}\sin^2\alpha\times 10^4 \tag{4-4}$$

由 n 层环向缠绕和 m 层螺旋缠绕张力对芯模表面产生的总径向压力（Pa）为：

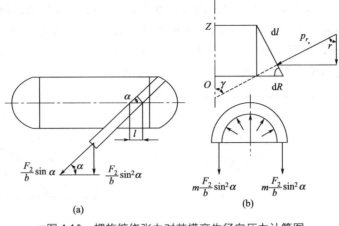

■图 4-10　螺旋缠绕张力对芯模产生径向压力计算图

$$p_r = p_{r_1} + p_{r_2} = \frac{nbT_1 + maT_2\sin^2\alpha}{Rab} \times 10^4 \tag{4-5}$$

(3) 轴向压力　只有螺旋缠绕张力的轴向分量对芯模产生轴向压力。芯模圆周单位长度所受张力为芯模轴向压力，如图 4-11 所示。m 层螺旋缠绕张力对单位圆周长度的芯模表面产生的轴向压力为：

$$P_n = \frac{mT_2}{b}\cos^2\alpha \times 10^4 \tag{4-6}$$

缠绕层是由纤维层和树脂层相互交替构成的，断面结构如图 4-12(a) 所示。由于纤维弹性模量远大于树脂的弹性模量，因此，芯模所受压力与缠绕层数之间不是线性关系，如图 4-12(b) 所示。缠绕张力对芯模产生的压力实际上远比理论计算值小。

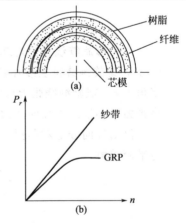

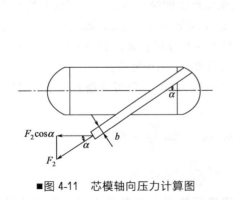

■图 4-11　芯模轴向压力计算图

■图 4-12　芯模所受缠绕张力压力
与缠绕层数的关系曲线

(4) 芯模强度计算

① 由封头强度计算封头所受压应力

$$\sigma_p = \frac{2\pi R P_n}{S_1 - S_2} \times 10^4 \, (\text{Pa}) \tag{4-7}$$

封头压缩强度：

$$\sigma_a = \frac{2E_a t_a^2}{3R^2(1-\gamma_a)} \times 10^4 \, (\text{Pa}) \tag{4-8}$$

安全极限：

$$\eta = \frac{\sigma_a}{\sigma_p} - 1 > 1 \tag{4-9}$$

式中 S_1——封头表面积，cm^2；

       S_2——封头开口面积，cm^2；

       R——芯模半径，cm；

       P_n——轴向力，N/cm；

       γ_a——芯模材料泊松比；

       E_a——芯模材料弹性模量，Pa；

       t_a——封头壁厚，cm。

② 圆筒段压缩强度计算   缠绕张力对芯模圆筒段产生径向压力 P_r。如果芯模结构为隔板支撑，则隔板强度计算如下。

隔板受压应力：

$$\sigma_p = \frac{p_r R l}{p_i t_i} \quad (\text{Pa}) \tag{4-10}$$

隔板压缩强度：

$$\sigma_b = 1.22 \frac{E_i}{1-\gamma_i} \times \left(\frac{t_i}{R_i}\right)^2 \quad (\text{Pa}) \tag{4-11}$$

式中 R_i——隔板半径，cm；

       t_i——隔板厚度，cm；

       l——隔板间距，cm；

       E_i——隔板材料的弹性模量，Pa；

       γ_i——隔板材料的泊松比。

计算结果必须满足：

$$\eta = \frac{\sigma_b}{\sigma_p} - 1 > 1 \tag{4-12}$$

(5) 芯模刚度计算   设计芯模时，除须对芯模进行强度计算以保证在使用期间安全可靠外，还要对芯模进行刚度计算，以控制变形在允许范围内。芯模刚度对缠绕制品含胶量、纤维应力状态、制品形状及尺寸精度影响极大。

① 芯轴挠度

$$\delta = \frac{5ql^4}{384EJ_0} \quad (\text{cm}) \tag{4-13}$$

式中　q——芯模所受到的均布载荷，N/cm；

　　　l——芯轴长度，cm；

　　　E——芯轴材料弹性模量，Pa；

　　　J_0——芯轴惯性矩，cm^4。

一般认为 $\delta < 0.0021cm$ 为宜。

② 芯轴表层刚度　如果芯模为隔板式结构，隔板间表层挠度为：

$$\delta = \frac{p_r h l^4}{384 E J_0} \quad (cm) \tag{4-14}$$

式中　p_r——径向压力，Pa；

　　　h——表层宽度，cm；

　　　l——隔板间距，cm；

　　　E——表层材料弹性模量，Pa；

　　　J_0——表层断面惯性矩，cm^4。

4.4 缠绕成型设备

4.4.1 概述

缠绕成型是通过缠绕机实现的，缠绕机就是通过纱带缠绕叠加方式制造外表面制品的机械设备，其特征在于主轴带动制品做旋转运动，导丝头做直线或圆周往复运动。缠绕机分为机械控制缠绕机、数字控制缠绕机和微机控制缠绕机。

4.4.1.1 机械控制缠绕机的特点

机械控制缠绕机结构简单，传动可靠，维修方便，容易制造，投资少；设备多用简单的齿轮、链轮、离合器等机械传动方法，传动链长，机械效率低，运动精度低；使用灵活性差，更换产品时需重新计算齿轮速比、链条长度，并相应更换零件和调整设备，工序烦琐，生产准备期长。

4.4.1.2 数字控制缠绕机的特点

将芯模的角位移量和导丝头的线位移量转换为电脉冲形式的数字量进行控制，即为数字控制缠绕机，主轴带动一个能发出电脉冲的编码器，发出的脉冲按一定分频比调节后送给小车的电液伺服电动机，使导丝头运动。改变分频比便可改变导丝头速度，从而改变缠绕角，增加了导丝头的液压驱动及气动翻转运动功能。用拨码开关进行数据输入，改变参数，操作简单和灵活；但要实现导丝头和伸臂的非线性缠绕时仍需采用凸轮控制，且缠码开关的存储信息量少，控制系统不具备编码运算能力，改变缠绕制品时，准备工作仍然很麻烦。

4.4.1.3 微机控制缠绕机的特点

缠绕机的控制功能是通过存储器中的系统程序来实现的。在不增加设备零部件的情况下，通过改变系统程序可改变控制逻辑；缠绕机采用位置和速度反馈的闭环驱动系统。编码器将测得的各坐标的实际位移量传送到计算机，与程序设置的参数位移量进行比对，确保各坐标按照要求定位。当缠绕封头曲面时，各运动坐标做变速运动，速度反馈系统能够保证在高速运转下准确平稳地加速和减速。因此，微机控制缠绕机具有以下特点：

① 设备的灵活性高，适用性强；
② 缠绕精度高，自动化程度高；
③ 具有多坐标运动功能。

机械控制缠绕机一般只具有两个基本运动：芯模转动（c 坐标）和小车移动（z 坐标）。而微机控制缠绕机具有四个甚至五个运动坐标，即增加了：导丝头横向运动（x 坐标）；导丝头绕自轴转动（A 坐标）；导丝头垂直于小车移动面的运动（y 坐标），如图 4-13 所示。

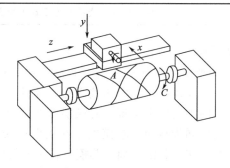

■图 4-13　微机控制缠绕机的五个运动方向

4.4.2 缠绕机的分类

根据芯模和导丝头的运动形式及结构特点，机械控制缠绕机可分为如下类型。

4.4.2.1 小车环链式缠绕机

小车环链式缠绕机的芯模水平安装在主轴上，导丝头安装在小车上，环形链条或丝杠驱动小车运动，完成螺旋和环向缠绕。缠绕时芯模绕主轴匀速旋转，小车在平行芯模轴线方向做往复运动。控制芯模转动与小车速度比值，可完成一定线型的缠绕；调节主轴与小车件的机械传动链可改变缠绕线型。

4.4.2.2 绕臂式（立式）缠绕机

绕臂式缠绕机的芯模垂直安装在缠绕机的主轴上，导丝头安装在绕臂端部。为避免绕臂与芯模两端金属接嘴发生干涉，通常将绕臂倾斜一个角度，缠绕角的改变可以通过调整绕臂的倾斜角度来实现的。如图 4-14 所示，缠绕时，导丝头随绕臂旋转，做匀速圆周运动，芯模绕主轴自转。导丝头每转一周，芯模自转一个微小角度，体现在芯模表面就是纱带运动一个纱带宽度。纱带依次连续缠绕到芯模上。

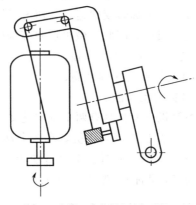

■图 4-14　绕臂式（立式）缠绕机

4.4.2.3 滚转式缠绕机

如图 4-15 所示是滚转式缠绕机，这类缠绕机既适用于干法平面缠绕，也适用于湿法平面缠绕。芯模两端固定在摇臂上，纤维用固定的伸臂供给，而环向缠绕由附加装置来实现。芯模能够在垂直或水平面内滚转。缠绕时，一方面，两摇臂同步转动，芯模能够在摇臂的带动下做翻滚运动；另一方面，芯模进行自转，翻滚一周，芯模自转一个与纱片带宽相应的角度。由于翻滚动作所需要的空间较大，使用这种缠绕机生产制品时，制品尺寸受到场地限制。滚转式缠绕机使用较少。

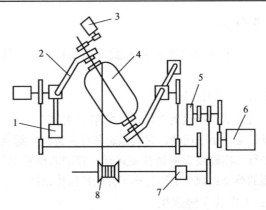

■图 4-15　滚转式缠绕机
1—平衡铁；2—绕臂；3—电机；4—芯模；5—制动器；6—电机；7—离合器；8—纱团

4.4.2.4 轨道式缠绕机

轨道式缠绕机适用于平面缠绕的大型制品，芯模既可以水平安装在主轴上，也可以倾斜安装在主轴上，缠绕机机身上有一个围绕芯模的环形轨道，纱架装置和带导丝头的小车沿环形轨道运动。环形轨道平面与芯模轴线成一角度，这样导丝头能避开芯模两端的极孔接嘴。小车绕芯模运转一个周，芯模自转一个微小角度，从而形成了平面缠绕线型。

4.4.2.5 电缆机式纵环向缠绕机

电缆机式纵环向缠绕机适用于无封头的圆筒形容器或定长管道缠绕成型。缠绕制品的特点是缠绕层既具有环向纤维，又具有纵向纤维。缠绕机芯模安装在主轴上，主轴上同时装有与芯模同步旋转的纵向纱团的转环，纵向纱团的转环同时沿芯轴轴向随装置纱架和带两个导丝头的小车进行往复运动，实现纵向缠绕。缠绕时，纱带从纵向纱团的转环的纱团上被拉出，布满芯模表面，构成纵向层。同时导丝头所带的纱带缠绕在纵向层上，构成环向缠绕层。如图 4-16 所示，两个导丝头分别装在纵向纱团的转环两侧，以保证纵向层与环向层的比例是 1：2。这种缠绕机采用干法缠绕。

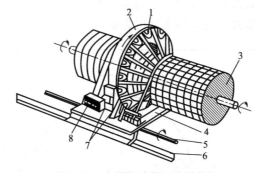

■图 4-16 电缆机式纵环向缠绕机

1—纵向纱盘；2—转环；3—芯模；4—小车；5—小车丝杆；6—小车导轨；
7—转环旋转传动机；8—环向缠绕纱团

4.4.2.6 球形容器缠绕机

球形容器缠绕机如图 4-17 所示，用于缠绕球形压力容器和球形的发动机壳体，对于球形容器缠绕机来说，球形芯模垂直或倾斜安装在缠绕机悬臂的摆臂上，芯模在摆臂上既能摆动，也能在摆臂上绕自轴转动。导丝头与浸胶系统都固定在装有纱架的转台上。缠绕过程中，缠绕机有四种运动：

① 纱架和浸胶系统的转动，导丝头速度约为 60m/min；

② 芯模绕自轴转动，转台与芯模的转速比约为 25：1，芯模的转速可随球体的体积的变化而改变；

③ 摆臂转动，转角是转台转数的函数；

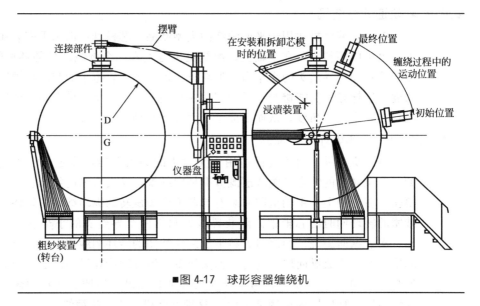

■图 4-17 球形容器缠绕机

④ 缠绕起点在 *a-b* 方向上开始，而不在赤道面上进行，如图 4-18 所示。缠绕一定程度后，球轴以 *a* 为中心摆动一个弧长 *bc*，缠绕开始在 *a-c* 方向进行；如此循环，纤维布满球形表面。

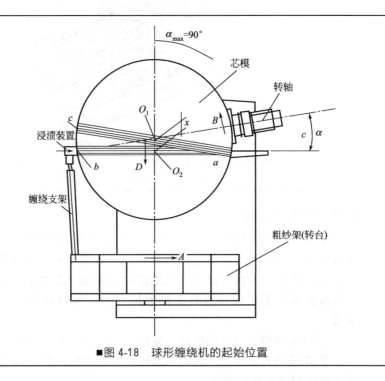

■图 4-18 球形缠绕机的起始位置

4.4.2.7 斜叠缠绕设备

斜叠缠绕设备主要用于缠绕具有一定锥度的圆台制品或圆锥制品。总体结构由四部分组成。

(1) 床头箱 主要作用是将电机转速转变成主轴转速。

(2) 尾座 起定紧芯模的作用。

(3) 床身 实现斜叠缠绕的关键部件，床身长度决定制品的最大长度；床身上带有纵、横向进给运动导轨，缠绕托架沿导轨进行纵向和横向运动。

(4) 缠绕托架机构 实现斜叠缠绕的装置，装有预浸胶布带卷盘、张力器、热锥辊及夹紧辊。

床身可分为活动式床身或固定式床身两种。活动式床身如图 4-19 所示，通过调节床身位置，使其导轨中心线平行于锥体母线，可以缠绕不同锥度的制品。固定式床身如图 4-20 所示，纵向导轨中心线与主轴中心线平行。缠绕过程中，缠绕机构既要进行纵向进给运动，又要进行横向进给运动；整个托架在床身导轨上完成进给运动。只要控制芯模旋转与托架进给运动的速比，即可以实现纤维连续斜叠缠绕。

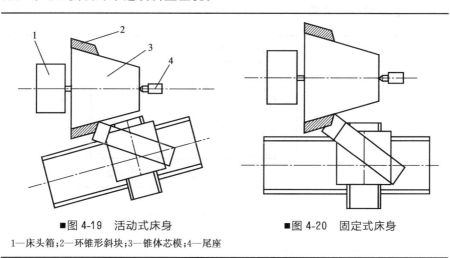

■图 4-19 活动式床身   ■图 4-20 固定式床身

1—床头箱；2—环锥形斜块；3—锥体芯模；4—尾座

4.5 缠绕成型原理

缠绕成型是通过缠绕机实现圆柱体、圆台体制品的成型，如管道、贮罐、椭圆形的运输罐等产品的制造。对于不同制品，其结构尺寸和使用状况及要求不同，纤维铺层的设计不同，纤维在芯模表面的排布线型也就不同。如何将设计铺层经缠绕成型实现？如何避免纤维在芯模表面离缝或重叠，或者纤维滑线不稳定的现象的产生？缠绕原理就是解决这些问题的指导原则，其实质是研究制品的结构尺寸与线型、导丝头和芯模的相对运动的定量关系，实现纤维在芯模表面位置稳定，不打滑，既不重叠又不离缝，均匀连续地布满芯模表面，实现连续且有规律的稳定缠绕。描述纱片均匀、稳定、连续排布芯模表面以及芯模与导丝头间运动的定量关系称为缠绕原理，又称为缠绕规律。缠绕规律的核心问题是缠绕线型。

4.5.1 缠绕线型的分类

缠绕可分为环向缠绕、纵向缠绕和螺旋缠绕。

4.5.1.1 环向缠绕

如图 4-21 所示是环向缠绕线型示意。环向缠绕只能实现圆柱体缠绕，不能进行曲面缠绕，如封头。在缠绕过程中主轴带动芯模匀速自转，导丝头在圆柱段区间内平行于轴线方向做往复运动。芯模转动一周，导丝头移动一个纱带宽度，直至纱带均匀布满芯模圆柱体表面为止。环向缠绕的制品在径向方向具有较高的强度，轴向的强度较低，式(4-15) 和式(4-16) 给出了环向缠绕参数关系。

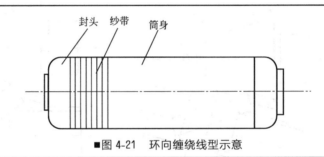

封头　纱带　筒身

■图 4-21　环向缠绕线型示意

$$W = \pi D \cot\alpha \tag{4-15}$$
$$b = \pi D \cos\alpha \tag{4-16}$$

式中　D——芯模直径；

　　　b——纱带宽；

　　　α——缠绕角，纤维与芯模轴线的夹角；

　　　W——纱带螺距。

由以上两式可知，当缠绕角小于 $71.5°$ 时，纱带宽度大于芯模直径，不符合逻辑。因此，缠绕角必须大于 $71.5°$，通常环向缠绕角在 $85°\sim90°$ 之间。

4.5.1.2 螺旋缠绕

如图 4-22 所示是螺旋缠绕示意，螺旋缠绕不仅可以缠绕圆柱体，而且能进行封头曲面的缠绕。其特征在于芯模绕主轴均速自转，导丝头与芯模成一定的夹角并依据一定的速度进行往复运动。纤维缠绕轨迹是由圆柱段的螺旋线和封头曲面上与极孔相切的空间曲线所组成的。在缠绕过程中，纤维从封头一端的极孔圆周上某点出发,沿着封头曲面与极孔相切的曲线绕过封头,随后按螺旋线轨迹绕过圆柱段,进入另一端封头;此循环直至芯模表面均匀布满纤维。如果纱带以右螺旋在芯模上开始缠绕,返回时则为左螺旋缠绕。每条纱带都在对应极孔圆周上留下一个切点。同向缠绕的相邻纱带之间相接但不相交,不同方向的纱带则相交。当纱带均匀布满芯模表面时,就形成了两层缠绕层。

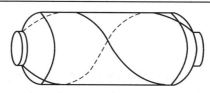

■图 4-22　螺旋缠绕示意

4.5.1.3 纵向缠绕

纵向缠绕又称平面缠绕。如图 4-23 所示是纵向缠绕示意。芯模以一定的转速绕主轴自转,导丝头在一个固定平面内按一定速度做匀速圆周运动。导丝头运动一周,则芯模转动一个角度,纤维在芯模表面形成一个纱带宽度。纱带依次连续缠绕到芯模上,纱带都与极孔圆周相切,相互间紧凑着而不交叉。纤维缠绕轨迹近似为一个平面圆形封闭曲面。在这里纱带与芯模主轴线的夹角称为缠绕角,由图 4-23 可知:

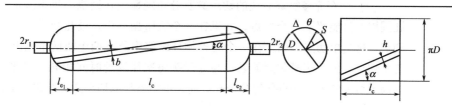

■图 4-23　纵向缠绕示意

$$\tan\alpha = \frac{r_1 + r_2}{l_c + l_{e_1} + l_{e_2}} \tag{4-17}$$

式中　r_1,r_2——两封头极孔半径;

l_c——筒身段长度;

l_{e_1},l_{e_2}——两封头高度。

当 $r_1 = r_2$ 时,即两封头极孔半径相等,且封头高度相等($l_{e_1} = l_{e_2} = l_e$),则:

$$\tan\alpha = \frac{2r}{2l_e + l_c} \qquad \alpha = \text{arcot}\frac{2r}{2l_e + l_c} \tag{4-18}$$

将单位时间内芯模旋转周数与导丝头绕芯模旋转的圈数之比,称为平面缠绕的速比,设纱带宽度为 b,缠绕角为 α,则平面缠绕速比 i 为:

$$i = \frac{b}{\pi D cos\alpha}$$

(4-19)

比较环向缠绕、纵向缠绕和螺旋缠绕发现，螺旋缠绕的纤维排布方式较为复杂。螺旋缠绕的线型与切点的数量和位置有关。因此，缠绕规律是保证缠绕制品满足产品设计的重要依据，也是缠绕设备运动系统设计的依据。"切点法"是用于描述缠绕规律使用最多的方法。它是通过研究纤维在封头极孔圆周上的位置和分布规律来描述纤维在芯模表面上的排布规律。

4.5.2 缠绕规律分析

缠绕线型是连续纤维缠绕在芯模表面上的排布型式，以螺旋缠绕线型为例分析纤维在芯模表面不离缝、不重叠、稳定均匀布满的条件。

4.5.2.1 稳定缠绕的条件

(1) **一个完整循环缠绕** 螺旋缠绕时，纤维从芯模上某点开始出发，纤维在导丝头的带动下经过若干次往返运动，又回到原始起点上，纤维在芯模上完成的一次不重复布线，这个过程称为一个完整循环，完成一次完整循环的纤维的排布方式称为标准线。因此，要使得纤维均匀布满整个芯模表面，就需要多个完整的循环缠绕才能实现。标准线的排布包括切点、交叉点、交带及其分布规律，它反映全部缠绕纤维的排布规律。故标准线又称为缠绕规律的基本线型。

(2) **一个完整循环缠绕的切点数及分布规律** 在缠绕中每条纱带在芯模极孔圆周上只能留下一个切点。如果在一个完整循环中，极孔圆周上只留下一个切点，称为单切点。如果在一个完整循环缠绕中留下两个或两个以上切点的称为多切点。由于芯模匀速旋转，与导丝头每次往返的时间相同，因此，在极孔圆周上留下的各个切点便等分极孔圆周。单切点与双切点的排布如图 4-24 所示。

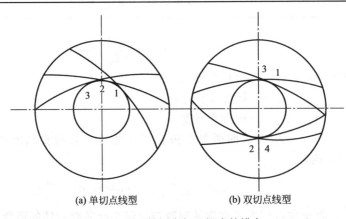

(a) 单切点线型　　　　　　　(b) 双切点线型

■图 4-24 单切点与双切点的排布

在一个完整循环缠绕内，当切点数 $n=1$ 或 $n=2$ 时，切点排布顺序是固定的。当切点数 $n=3$ 时，在与起始切点位置紧挨的切点出现以前，极孔圆周上已经留下 ≥3 个切点。对于多切点的标准线型，在一个完整循环缠绕内，有不同的排布顺序，若以 $n=3$、4、5 为例，其排布顺序如图 4-25 所示。

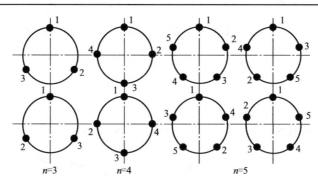

■图 4-25　多切点的排布

(3) 纤维在芯模表面均匀布满的条件　由于芯模上的每条纱带都只能在极孔圆周上留下一个切点，经过若干个完整循环缠绕后，实现纱片能一片挨一片地均匀布满整个芯模表面，就必须满足下列两个条件：

① 一个完整循环缠绕纱带留下的各个切点等分芯模转过的角度，也就是说各个切点均布在极孔圆周上；

② 一个完整循环缠绕与相继的下一个完整循环缠绕所对应的纱片在筒身段错开的距离等于一个纱带宽度。

4.5.2.2 芯模转角与线型的关系

令 θ 表示一个完整循环缠绕芯模的转角，则导丝头往返一次，芯模转角用 θ_n 表示。导丝头运动一个单程芯模转角用 θ_i 表示，则：

$$\theta_n = 2\theta_i = \frac{\theta}{n} \tag{4-20}$$

式中，θ_n 与切点数有关。

单切点：由图 4-24 可看出，θ_1 为 $360°\pm\Delta\theta$ 或再加上 $360°$ 的整数倍（$\Delta\theta$ 是一微小增量，目的是使位置相邻的两切点所对应的纱带在圆筒段间隔一个纱带宽度），即：

$$\theta_1 = (1+N)\times360°+\Delta\theta(N=1，2，3\cdots)$$

两切点：由图 4-24 可以看出，θ_2 为 $360°/2\pm\Delta\theta$ 或再加上 $360°$ 的整数倍，即：

$$\theta_2 = \left(\frac{1}{2}+N\right)\times360°\pm\Delta\theta/2$$

两切点表示一个完整循环缠绕导丝头往返两次，间隔一个 $\Delta\theta$，习惯上称 $\Delta\theta$ 为芯模转角的微调量。因此导丝头往返一次时，则间隔 $\Delta\theta/2$。同理可得以下结论。

三切点：
$$\theta_3 = \left(\frac{1}{3} + N\right) \times 360° \pm \frac{\Delta\theta}{3}$$

n 切点：
$$\theta_n = \left(\frac{1}{n} + N\right) \times 360° \pm \frac{\Delta\theta}{n}$$

当 $n \geq 3$ 时，各切点位置排布顺序与时序并不一致，如图 4-25 所示。

θ_3 有两个值：
$$\theta_{3\text{-}1} = \left(\frac{1}{3} + N\right) \times 360° \pm \frac{\Delta\theta}{3}$$

$$\theta_{3\text{-}2} = \left(\frac{2}{3} + N\right) \times 360° \pm \frac{\Delta\theta}{3}$$

θ_4 有两个值：
$$\theta_{4\text{-}1} = \left(\frac{1}{4} + N\right) \times 360° \pm \frac{\Delta\theta}{4}$$

$$\theta_{4\text{-}2} = \left(\frac{3}{4} + N\right) \times 360° \pm \frac{\Delta\theta}{4}$$

θ_5 有四个值：
$$\theta_{5\text{-}1} = \left(\frac{1}{5} + N\right) \times 360° \pm \frac{\Delta\theta}{5}$$

$$\theta_{5\text{-}2} = \left(\frac{2}{5} + N\right) \times 360° \pm \frac{\Delta\theta}{5}$$

$$\theta_{5\text{-}3} = \left(\frac{3}{5} + N\right) \times 360° \pm \frac{\Delta\theta}{5}$$

$$\theta_{5\text{-}4} = \left(\frac{4}{5} + N\right) \times 360° \pm \frac{\Delta\theta}{5}$$

n 切点：
$$\theta_n = \left(\frac{K}{n} + N\right) \times 360° \pm \frac{\Delta\theta}{n}$$

式中，K 值使 K/n 为最简真分数的正整数。

综上所述，如果在一个完整循环中，切点数相同，但切点排布顺序不同，则纤维缠绕的线型也不同，导丝头往返一次的芯模转角也不同。因此，用导丝头往返一次的芯模旋转的圈数来表示缠绕线型。也就是说线型就是导丝头往返一次时芯模旋转周数，用 S_0 表示。线型与转角的关系为：

$$S_0 = \frac{\theta_n}{360°} \tag{4-21}$$

转速比简称速比，是指单位时间内，芯模旋转周数与导丝头往返次数的比值。也就是说，完成一个完整循环，芯模旋转周数与导丝头往返次数的比值，即：

$$i_0 = \frac{M}{n} \tag{4-22}$$

考虑速比微调部分，实际转数比为：

$$i = \frac{\theta_n}{360°} \pm \frac{\Delta\theta}{n \times 360°} = \left(\frac{K}{n} + N\right) \pm \frac{\Delta\theta}{n \times 360°} \tag{4-23}$$

式中　i——实际速比；

　　　M——一个完整循环的芯模转数；

　　　$\Delta\theta$——芯模转角的微小增量；

　　　n——一个完整循环中导丝头往返数。

4.5.2.3 转速比与线型的关系

线型是指纤维在芯模表面的排布形式，而转速比是芯模和导丝头相对运动的关系，不同的线型对应着不同的转速比。定义线型 S_0 在数值上等于转速比。

$$i_0 = S_0 \tag{4-24}$$

由于采用设计纱带宽度计算比采用芯模转角的微小量 $\Delta\theta$ 计算更方便，实际中通常用纱带宽度计算转速比。如图 4-26 所示是筒身段展开的速比微调量计算图，由图可知：

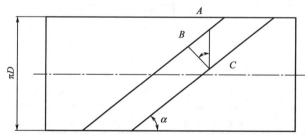

■图 4-26　筒身段展开的速比微调量计算图

$$\Delta\theta = \frac{b}{\pi D \cos\alpha} \times 360° \tag{4-25}$$

则

$$\Delta i = \frac{\Delta\theta}{n \times 360°} = \frac{b}{n\pi D \cos\alpha}$$

故

$$i = i_0 \pm \Delta i = \left(\frac{K}{n} + N\right) \pm \frac{b}{n\pi D \cos\alpha} \tag{4-26}$$

式中　b——纱片设计宽度；

　　　α——缠绕角；

　　　D——芯模圆筒段直径；

　　　n——切点数；

　　　N——正整数；

　　　K——其值应使 K/n 为最简真分数的正整数。

当 $\Delta\theta > 0$ 时，纱片滞后；$\Delta\theta < 0$ 时，纱带超前。为防止滑线，工艺上通常取 $\Delta\theta < 0$。为了设计计算方便，表 4-1 给出了六切点以内的线型 S_0 所对应的 n、K、N、θ_n 值。

■表 4-1　六切点以内的线型 S_0 所对应的 n、K、N、θ_n 值

切点数 n	K	N								
		0	1	2	3	4	5	6	7	8
1	1	360°	720°	1080°	1440°	1880°	2160°	2520°	2880°	3240°
		1/1	2/1	3/1	4/1	5/1	6/1	7/1	8/1	9/1
2	1	180°	540°	900°	1260°	1620°	1980°	3240°	2700°	3060°
		1/2	3/2	5/2	7/2	9/2	11/2	13/2	15/2	17/2
3	1	120°	480°	840°	1200°	1560°	1920°	2280°	2640°	3000°
		1/3	4/3	7/3	10/3	13/3	16/3	19/3	22/3	25/3
	2	240°	600°	960°	1320°	1680°	2040°	2400°	2760°	3120°
		2/3	5/3	8/3	11/3	14/3	17/3	20/3	23/3	26/3°
4	1	90°	450°	810°	1170°	1530°	1890°	2150°	2610°	2870°
		1/4	5/4	9/4	13/4	17/4	21/4	25/4	29/4	33/4
	3	270°	630°	990°	1350°	1710°	2070°	2430°	2790°	3150°
		3/4	7/4	11/4	15/4	19/4	23/4	27/4	31/4	35/4
5	1	72°	432°	792°	1152°	1512°	1872°	2232°	2592°	2952°
		1/5	6/5	11/5	16/5	21/5	26/5	31/5	36/5	41/5
	2	144°	504°	864°	1224°	1584°	1944°	2304°	2664°	3024°
		2/5	7/5	12/5	17/5	22/5	27/5	32/5	37/5	42/5
	3	216°	576°	936°	1296°	1656°	2016°	2376°	2736°	3096°
		3/5	6/5	13/5	18/5	23/5	28/5	33/5	38/5	43/5
	4	288°	648°	1008°	1368°	1728°	2088°	2448°	2808°	3168°
		4/5	9/5	14/5	19/5	24/5	29/5	34/5	39/5	44/5
6	1	60°	420°	780°	1140°	1500°	1860°	2220°	2580°	2940°
		1/6	7/6	13/6	19/6	25/6	31/6	37/6	43/6	49/5
	5	300°	660°	1020°	1380°	1740°	2100°	2460°	2820°	3180°
		5/6	11/6	17/6	23/6	29/6	35/6	41/6	47/6	53/6

4.5.3 缠绕规律设计

4.5.3.1 芯模转角的计算

　　要制造满足设计要求、具有特定结构和尺寸的制品，就必须设计出合理的缠绕线型，其关键是确定芯模转角 θ_n，有了 θ_n 就可求得缠绕线型和转速比。

　　对于 n 切点的一个完整循环芯模转角只要满足：

$$\theta_n = \left(\frac{K}{n} + N\right) \times 360° + \frac{\Delta\theta}{n} \qquad (4\text{-}27)$$

纤维缠绕均匀布满芯模表面的两个条件就可以满足。然而不同的 n、N、K 对应着不同的 θ_n，也就是说，芯模转角存在多个 θ_n 值，可以满足纤维规律均匀布满芯模表面的两条件。但并非所有 θ_n 都能使纤维在容器封头曲面上的位置是稳定的，即有的 θ_n 对应纤维在容器封头曲面上的位置是稳定的，有的 θ_n 对应纤维在容器封头曲面上的位置可能出现滑线现象。因此，产生了纤维有规律均匀布满芯模表面的第三个条件——纤维位置稳定。要使得纤维在芯模表面上不滑线，每条纤维必须是相应曲面的测地线。确定带封头的

圆筒容器的测地线是缠绕成型的关键。所谓测地线就是曲面上两点的最短程线。对于筒身段，任意缠绕角的螺旋线都是测地线。对于有封头的圆筒形容器面，当纤维处于封头测地线上时，其测地线方程为：

$$\sin\alpha' = \frac{r_0}{r} \tag{4-28}$$

式中　α'——测地线与封头曲面上子午线的夹角；

　　　r_0——封头极孔圆半径；

　　　r——测地线与子午线交点处平行圆半径。

由方程（4-28）可知，在封头曲面上，测地线与子午线夹角的变化规律：

① 当 $r=r_0$ 时，$\alpha'=\pi/2$，当 r 增加，α' 逐渐变小；

② 在封头曲面与圆筒段相交处，由于缠绕纤维的连续性，则封头和筒身缠绕角相等，即 $\alpha'=\alpha$。

综上所述，纤维在封头曲面上，满足方程（4-28）的纤维轨迹曲线就是测地线。因此，由方程（4-28）计算出的缠绕角所确定纤维的位置，不仅在筒身能稳定缠绕，而且在封头曲面缠绕也不会出现滑线现象。

当纤维按测地线缠绕时，导丝头往返一次时芯模转角是固定的，如果按芯模测地线缠绕求得的芯模转角与用均匀布满两个条件确定的芯模转角 $\theta_n=(K/n+N)\times360°\pm\Delta\theta/n$ 相等时，纤维不仅满足了有规律均匀布满的几何条件，也满足了纤维位置的稳定条件。

从制品测地线方程求得芯模转角 θ'_n 是通过计算单程线芯模转角 θ'_t 得到的。所谓单程线芯模转角，是指纤维从容器一端极孔圆周上某点出发，按测地线轨迹运动到另一端极孔圆周上某切点，单程期间内芯模所转过的角度。如图 4-27 所示是纤维在封头上的缠绕轨迹。显然可知 $\theta'_n=2\theta'_t$。而 θ'_t 是由两部分组成的，即筒身段缠绕芯模转过的角度 γ（亦称进角）和封头缠绕芯模转过的角度 β（亦称包角）：

$$\theta'_t = \gamma + \beta \tag{4-29}$$

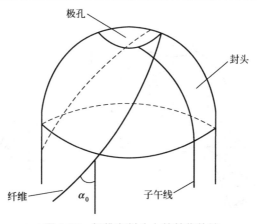

■图 4-27　纤维在封头上的缠绕轨迹

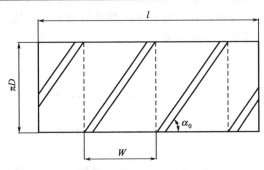

■图 4-28　筒身螺旋缠绕芯模转角求解图

(1) γ 的计算方法　由图 4-28 可知：

$$\gamma = \frac{l}{W} \times 360° = \frac{l\tan\alpha}{\pi D} \times 360° \tag{4-30}$$

式中　l——筒身段长度；

　　　D——筒身直径；

　　　α——缠绕角；

　　　W——螺距，$W = \pi D / \tan\alpha$。

(2) β 的计算方法　封头曲面测地线缠绕所对应的芯模转角的计算是一项复杂的工作。而且在封头曲面上，实际的纤维缠绕轨迹并非是测地线，而是近乎测地线的平行曲线。通常采用辅助平面对封头芯模转角进行计算。如图 4-29 所示，过纤维在赤道面的两个交点 A 和 D，作一个与极孔圆相切的平面，切点为 B，该平面与封头曲面相交形成的交线是平面曲线 ABD，ABD 曲线为纤维缠绕轨迹。此平面称截平面；截平面与筒体轴线夹角为 α'。则封头缠绕芯模转角为：

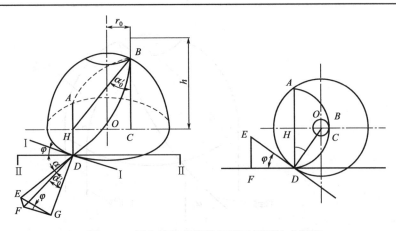

■图 4-29　封头缠绕芯模转角平面假设法求解图

$$\beta = 2 \times (90° + \varphi) \tag{4-31}$$

φ 的计算公式为：

$$\sin\varphi = \frac{h\tan\alpha' - r_0}{R} = \frac{h\tan\alpha\cos\varphi - r_0}{R} \tag{4-32}$$

$$\varphi = \sin^{-1}\frac{h\tan\alpha - r_0}{R} \tag{4-33}$$

一般采用试算法求出 φ 值。工程上可用式（4-33）近似计算，将式(4-30)和式(4-31)代入式(4-29)得单程线芯模转角：

$$\theta'_t = \frac{l\tan\alpha}{\pi D} \times 360° + 2 \times \left(90° + \sin^{-1}\frac{h\tan\alpha - r_0}{R}\right) \tag{4-34}$$

$$\theta'_n = 2\theta'_t \tag{4-35}$$

4.5.3.2 线型的确定

如果能够在表 4-1 中找到一个满足纤维有规律均匀布满芯模表面条件的 θ_n 与测地线缠绕计算的芯模转角 θ'_n 相等，采用此线型和速比进行缠绕成型，不仅可满足纤维有规律均匀布满芯模表面的几何条件，而且可满足纤维位置稳定条件。因此，只要制品几何尺寸确定，线型和速比也确定，便可求得。为了避免极孔处纤维叠加或离缝导致极孔与封头曲面交线处的强度降低，在线型选择时，尽可能选择切点数较少的线型，一般选择 5 切点以内线型。那么，按式(4-34)计算得到的 θ'_t 值，在少切点线型表中就容易找到与其相等的 θ_n。值得注意的是只有线型表中的 θ_n，才能满足纤维有规律均匀布满芯模表面的条件。因此，当计算 θ'_n 值与表 4-1 中的 θ_n 不相等时，必须对 θ'_n 值作出适当调整，使其与 θ_n 相等。其方法是首先选择线型表（表 4-1）中与计算的 θ'_t（θ'_n）相近的线型 θ_t（θ_n）值。然后，依据表 4-1 中的 θ_n 值进行计算，调整制品几何尺寸或者改变缠绕角。调整方法有三种。

① 容器允许改变圆筒段长度 l，α 可不变，调整后的筒身段长度：

$$l' = \frac{[\gamma - (\theta'_t - \theta_t)]}{360°} \times \frac{\pi D}{\tan\alpha} \quad \text{或者} \quad l' = \frac{l[\gamma - (\theta'_t - \theta_t)]}{\gamma} \tag{4-36}$$

式中　γ——以原长 l 计算的、完成筒身段缠绕的芯模转角；

　　　θ'_t——以原长 l 计算的测地线缠绕单程线芯模转角；

　　　θ_t——满足均匀布满条件的芯模转角，由线型表查得到。

② 不改变容器尺寸，调整缠绕角。实践经验表明，对于湿法缠绕来说，实际缠绕角与测地线计算得到的缠绕角在 8°～10° 范围内发生偏离时，纤维不会发生滑移。这是因为纱带受到摩擦力和树脂黏滞力作用。可依据式(4-37)的三角方程的计算结果，调整缠绕角。

$$\theta_t = \frac{l\tan\alpha}{\pi D}360° + 2 \times \left(90° + \sin^{-1}\frac{h\tan\alpha - 2r_0}{D}\right) \tag{4-37}$$

③ 允许改变极孔直径，根据式(4-38)和式(4-39)，依据试算法的结果得到合适的极孔直径和缠绕角。

$$\sin\alpha = \frac{2r_0}{D} \qquad (4\text{-}38)$$

$$\theta_t = \frac{l\tan\alpha}{\pi D} \times 360° + 2 \times \left(90° + \sin^{-1}\frac{h\tan\alpha - r_0}{D}\right) \qquad (4\text{-}39)$$

4.5.3.3 标准线展开图

标准线展开图就是纤维在芯模表面完成一个完整循环时的缠绕轨迹，在缠绕前预先绘制出标准线展开图，对于制品制造是有意义的。

(1) 交叉点数、交带数的计算 交叉点是指纤维纱带在芯模表面上缠绕的交点。一个完整循环的交叉点总数为交叉点数，用 X_n 表示。

$$X_n = (M-1)n \qquad (4\text{-}40)$$

式中 M——一个完整循环的芯模转数；

n——一个完整循环的切点数。

交带是由交叉点组成的垂直芯模轴线方向的轨迹。完成一个完整循环缠绕芯模表面的交带条数为交带数，用 Y_n 表示。

$$Y_n = M-1 \qquad (4\text{-}41)$$

(2) 交叉点及交带的分布规律

① 筒身的圆周可划分成 K 等分，$K = 2n$；

② 交带间有相等的间距。

例 4-1：螺旋缠绕某压力容器。圆筒段直径 $D = 770$mm，长度 $l = 2930$mm，封头极孔直径 $d = 385$mm，封头高度 $h = 285$mm，如图 4-30 所示。纱带宽 $b = 5$mm。请设计螺旋缠绕线型，计算转速比，并绘出标准线展开图。

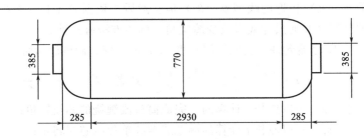

■图 4-30 压力容器

解：① $\sin\alpha = \frac{2r_0}{D} = \frac{385}{770} = 0.5$

$\alpha = 30°$

② 求单程线芯模转角

$$\theta'_t = \gamma + \beta = \frac{\tan 30°}{\pi D} \times 360° + 2 \times \left(90° + \sin^{-1}\frac{h\tan\alpha_0 - 2r_0}{D}\right)$$

$$= \frac{2930 \times \tan 30°}{3.14 \times 770} \times 360° + 2 \times \left(90° + \sin^{-1}\frac{285 \times \tan 30° - 385}{770}\right)$$

$$=252°+2×85°50'=423°40'$$
$$\theta'_n=2\theta'_t=2×423°40'=847°20'$$

查线型表（表 4-1），无 $\theta'_n=847°20'$ 的值，与其相近的是 $840°$，对应的 $S_0=7/3$，$n=3$，$K=1$，$N=2$。调整筒身长度：

$$l'=\frac{\gamma-(\theta'_t-\theta_t)}{360°}×\frac{\pi D}{\tan\alpha_0}=\frac{252°-(423°40'-420°)}{360°}×\frac{3.14×770}{\tan30°}=2889$$

与原始设计长度相比缩短 42mm。

③ 标准线展开图

$$S_0=\frac{M}{n}=\frac{7}{3}$$

交叉点数： $\qquad X_n=(M-1)n=(7-1)×3=18$

交带数： $\qquad Y_n=M-1=7-1=6$

圆筒周长被分成 $K=2n=2×3=6$ 等分。

标准线展开图如图 4-31 所示。

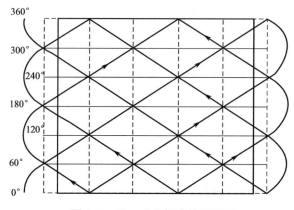

■图 4-31 $S_0=7/3$ 标准线展开图

④ 转速比

$$i=i_0-\frac{b}{n\pi D\cos\alpha}=\frac{7}{3}-\frac{5}{3×3.14×770×\cos30°}=2.3325$$

4.6 缠绕成型工艺设计

4.6.1 内压容器的结构选型

由于纤维排列的可设计性，对于纤维缠绕压力容器，筒形容器更易于实现等强度，且成型工艺简单。要实现球形容器等强度，则必须具有面内各向同性的铺层，但实现这种铺层的缠绕线型与设备都较复杂。纵观现状，采用长径比在 2～5 范围内、具有封头的筒形容器，无论在线型设计还是制造设备方面都是能够实现的。从制造产品的性价比观点看，球形容器不是首选的压力容器的产品型式。对于筒形容器缠绕来说，其技术难点是封头的外形，不论封头是球形还是椭球形，都很难实现等强度缠绕。因此，封头的缠绕通常采用测地线等张力封头、平面缠绕封头及扁椭球形封头。

4.6.1.1 测地线等张力封头

测地线等张力封头上任意一点的纤维应力都相等，纤维的单向强度得到了充分利用，这就实现了等强度结构。这种结构封头，材料用量最少，质量最轻。在生产工艺上，只有满足以下两个条件，方可实现等张力封头结构：封头曲线必须是等张力封头曲线；纤维缠绕轨迹必须是测地线。测地线缠绕等张力封头曲线方程为：

$$y = \int_{\rho}^{x} \frac{\rho^3 \, d\rho}{\sqrt{(1-\rho^2)(\rho^2 - x_1)(\rho^2 - x_2)}} + K \tag{4-42}$$

式中 ρ, ρ_0 ——整化值；

$$\rho = \frac{r}{R}$$

$$\rho_0 = \frac{r_0}{R}$$

$$x_1 = \frac{1}{2}\left(\sqrt{1 + \frac{4\rho_0^2}{1 - \rho_0^2}} - 1\right)$$

$$x_2 = -\frac{1}{2}\left(\sqrt{1 + \frac{4\rho_0}{1 - \rho_0^2}} + 1\right)$$

当 $\rho_0 = 0$ 时，则：

$$y = \int_{\rho}^{x} \frac{\left(\dfrac{\rho}{x}\right)^2}{1 - \left(\dfrac{\rho}{x}\right)^4} \, d\rho \tag{4-43}$$

此式称为"零周向应力"封头曲线。

表 4-2 是测地线等张力封头曲线的 ρ-y 坐标值，表中的数据值是经整化了的数据。当制品内径确定后，乘以表 4-2 中的相应数据，便可得封头曲线坐标。将坐标值逐点描迹就得到封头纤维轨迹曲线。当查表 4-2 时，无法得到极孔半径与制品直径的比值相应的 ρ_0，可采用插法计算得出相应的 ρ_0 值。

4.6.1.2 平面缠绕封头

平面缠绕封头纤维轨迹是一个倾斜平面和封头曲面相截得到的交线。平面缠绕封头要满足纤维张力和壳体受内压产生的内力平衡这一条件，即满足：

$$\frac{R_2}{R_1} = 2 - \tan^2\alpha \tag{4-44}$$

式中　R_1——封头曲面经线方向的曲率半径；

　　　R_2——封头曲面纬线（平行圆）的曲率半径；

　　　α——封头缠绕角。

平面缠绕封头时，缠绕角不是由测地线缠绕角确定的，而是依据平面缠绕的固定的几何关系确定的。平面缠绕封头的纤维轨迹曲线可以通过差分法和作图法来确定。

4.6.1.3 扁椭球形封头

不同极孔的等张力封头曲线坐标值见表 4-4。扁椭球形封头纤维轨迹曲线的整化方程一般采用两种，即：

$$y = \frac{1}{2}\sqrt{1-\rho^2}$$

$$y = \frac{\sqrt{2}}{2}\sqrt{1-\rho^2} \tag{4-45}$$

■表 4-2　不同极孔的等张力封头曲线坐标值

x/R ＼ x_0/R ＼ y/R	0	0.05	0.10	0.15	0.20	0.25	0.30	0.35	0.40	0.45
1.00	0	0	0	0	0	0	0	0	0	0
0.98	0.1400	0.1401	0.1404	0.1408	0.1415	0.1425	0.1437	0.1453	0.1474	0.1502
0.96	0.1964	0.1966	0.1969	0.1976	0.1986	0.1999	0.2017	0.2040	0.2070	0.2110
0.94	0.2386	0.2387	0.2392	0.2400	0.2413	0.2429	0.2451	0.2479	0.2517	0.2566
0.92	0.2731	0.2733	0.2739	0.2749	0.2763	0.2782	0.2808	0.2842	0.2885	0.2943
0.90	0.3027	0.3029	0.3036	0.3047	0.3063	0.3085	0.3114	0.3152	0.3201	0.3267
0.84	0.3728	0.3731	0.3739	0.3754	0.3775	0.3804	0.3342	0.3893	0.3958	0.4046
0.80	0.4092	0.4095	0.4705	0.4122	0.4146	0.4180	0.4224	0.4282	0.4358	0.4460
0.74	0.4536	0.4539	0.4551	0.4570	0.4599	0.4639	0.4692	0.4762	0.4854	0.4978
0.70	0.4778	0.4782	0.4795	0.4817	0.4849	0.4893	0.4952	0.5030	0.5133	0.5273
0.60	0.5247	0.5252	0.5268	0.5295	0.5335	0.5390	0.5465	0.5565	0.5700	0.5891
0.50	0.5566	0.5572	0.5591	0.5623	0.5672	0.5740	0.5833	0.5962	0.6146	0.6436
0.40	0.5774	0.5781	0.5803	0.5842	0.5900	0.5948	0.6104	0.6284	0.6507[①]	0.6890[①]
0.30	0.5878	0.5907	0.5932	0.5978	0.6049	0.6159	0.6295	0.6487[①]		
0.20	0.5962	0.5971	0.6001	0.6057	0.6136	0.6250[①]				
0.10	0.5985	0.5996	0.6025	0.6089[①]						
0.00	0.5990	0.6000[①]								

① 表示x_0/R处的值。

4.6.2 缠绕张力计算

在缠绕过程中，由于缠绕张力的作用，后一层纤维对前一层纤维产生径向压力，导致前面纤维层在径向发生压缩变形，使内层纤维变松。如果缠绕张力恒定不变，使得缠绕层出现内松外紧的现象，缠绕制品的内外层纤维的初应力差别较大，导致纤维不能同时承受载荷，因此制品强度和抗疲劳性能将大幅度降低。为解决上述问题，使由内到外纤维缠绕层具有相同初张力，可采用逐层递减的张力制度，也就是施加在后一层纤维的张力比施加在前一层纤维的张力低，以保证内外层纤维的初应力相等，使纤维能同时承担载荷。因此，张力制度主要包括如何确定纤维初应力值，各层纤维初应力相等的张力递减规则。

4.6.2.1 张力制度的假定条件

① 在内压作用下，内衬与缠绕纤维的变形相同。

② 不饱和聚酯树脂固化收缩不使纤维产生压缩变形，也就是说树脂固化前后纤维应力相同。

③ 外层纤维的缠绕张力可使内部所有的缠绕层和内衬层产生压缩变形，压缩力等于外层缠绕张力。

4.6.2.2 纤维初应力的确定原则

纤维初应力的确定应充分考虑所使用的内衬材料。对于刚性内衬，选择纤维初应力时，应考虑纤维的强度、纤维的强度损失及制品的含胶量要求；对于非刚性内衬，纤维初应力应小于内衬层失稳的临界值，即纤维的初应力应在内衬层材料的弹性压缩范围内。对于无内衬的制品，纤维初应力的确定应参照刚性内衬。

4.6.2.3 张力制度的设计

假设：

① 纤维初应力均为 σ_{0f}；

② 缠绕层的厚度为 t_θ，且环向缠绕各层厚度相等；

③ 将刚性内衬厚度折算为纤维当量厚度。

$$t_{0f} = \frac{E_0}{E_f} t_0 \tag{4-46}$$

式中　t_0——刚性内衬厚度；

E_0——刚性内衬厚度弹性模量；

E_f——纤维材料弹性模量。

纱带应力：

$$\sigma = \frac{T}{t_\theta} \tag{4-47}$$

式中　T——缠绕张力，N/cm。

设环向缠绕层数为 n 层，从第一层到最外层的区间内，每一层纤维的缠绕张力分别为 T_1，T_2，T_3，…，T_i，…T_n，单位为 N/cm。对于任意第 i 层的缠绕张力的大小与该层以内的所有缠绕层（共 $i-1$ 层）和内衬一起共同发生压缩形变，其环向压缩力与第 i 层的缠绕张力大小相等，方向相反，如图 4-32 所示。

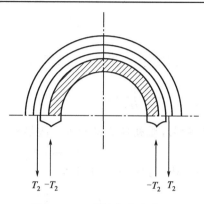

■图 4-32　环向缠绕张力作用图

第一层纤维受到的环向压应力为第二层直到最外层范围内各层缠绕张力对其产生压应力之和。而每层对第一层产生的压应力的大小等于该层缠绕张力对其以内全部缠绕层与内衬一起产生的压应力：

$$-\frac{T_2}{t_\theta+t_{0f}}-\frac{T_3}{2t_\theta+t_{0f}}-\frac{T_4}{3t_\theta+t_{0f}}-\dots-\frac{T_n}{(n-1)t_\theta+t_{0f}}$$

第二层纤维受到的环向压应力：

$$-\frac{T_3}{2t_\theta+t_{0f}}-\frac{T_4}{3t_\theta+t_{0f}}-\dots-\frac{T_n}{(n-1)t_\theta+t_{0f}}$$

第 $n-1$ 层纤维受到的环向压应力为：

$$-\frac{T_n}{(n-1)t_\theta+t_{0f}}$$

显然可知，各层纤维受到的应力为各层缠绕张力对自身产生的拉应力与全部外层缠绕张力对其产生的压应力之和，故：

$$\sigma_{1\text{层}}=\frac{T_1}{t_\theta}-\frac{T_2}{t_\theta+t_{0f}}-\frac{T_3}{2t_\theta+t_{0f}}-\dots-\frac{T_n}{(n-1)t_\theta+t_{0f}}$$

$$\sigma_{2\text{层}}=\frac{T_2}{t_\theta}-\frac{T_3}{2t_\theta+t_{0f}}-\frac{T_4}{3t_\theta+t_{0f}}-\dots-\frac{T_n}{(n-1)t_\theta+t_{0f}}$$

$$\sigma_{i\text{层}}=\frac{T_i}{t_\theta}-\frac{T_{i+1}}{it_\theta+t_{0f}}-\dots-\frac{T_n}{(n-1)t_\theta+t_{0f}}$$

$$\sigma_{n\text{层}}=\frac{T_n}{t_\theta}$$

根据假设各层纤维的初应力相等，$\sigma_1 = \sigma_2 = \cdots = \sigma_{i层} = \cdots = \sigma_{n层} = \sigma_{0f}$，则：

$$T_2 = \frac{t_{0f} + t_\theta}{t_{0f} + 2t_\theta} T_1$$

$$T_3 = \frac{t_{0f} + t_\theta}{t_{0f} + 3t_\theta} T_1$$

$$T_n = \frac{t_{0f} + t}{t + nt} T_1$$

若任意第 i 层缠绕张力用最外层缠绕张力 T_n 来表示，应为：

$$T_i = \frac{t_{0f} + nt_\theta}{t_{0f} + it_\theta} T_n \qquad (i = 1, 2, 3, \cdots, n-1) \qquad (4\text{-}48)$$

因为所有各层纤维初应力都相等，故最外层缠绕张力为：

$$T_n = \sigma_{0f} t_\theta \qquad (4\text{-}49)$$

将式(4-46) 代入式(4-47) 则得：

$$T_i = \frac{t_{0f} + nt_\theta}{t_{0f} + it_\theta} \sigma_{0f} t_\theta \qquad (4\text{-}50)$$

每条纤维纱片的缠绕张力为：

$$f_i = \frac{T_i}{m} (\text{N/条})$$

式中　T_i——纤维缠绕张力，N/cm；

　　　　m——纤维纱片密度，条/cm。

因此，只要纤维初应力 σ_{0f} 与缠绕层数 n 确定，则可计算出任一层纤维的缠绕张力。

当环向与螺旋向交替缠绕时，任意环向缠绕层缠绕张力为：

$$T_{i\theta} = \frac{t_{0f} + t_{f\theta} + t_{f\alpha} \sin\alpha}{t_{0f} + it_\theta + 2It_\alpha \sin\alpha} T_{n\theta} (\text{N/cm}) \qquad (4\text{-}51)$$

式中　$T_{n\theta}$——最外层环向纱片缠绕张力，N/cm；

　　　　$t_{f\theta}$——环向纤维缠绕总厚度，$t_{f\theta} = n_\theta t_\theta$，cm；

　　　　$t_{f\alpha}$——螺旋缠绕纤维总厚度，$t_{f\alpha} = 2n_\alpha t_\alpha$，cm；

　　t_θ，t_α——环向和螺旋单层纤维厚度；

　　　　n_θ——环向缠绕层数；

　　　　n_α——螺旋缠绕循环数；

　　　　I——第 i 层以内的螺旋缠绕循环数。

4.6.3 缠绕线型的选择

4.6.3.1 制品的结构形状和几何尺寸

螺旋缠绕主要应用于长形管状制品。平面缠绕主要用于球形、扁椭球形、长径比小于 4 的筒形容器的缠绕，也应用于两封头极孔不相等容器的缠绕。采用预浸纱（干法）缠绕可防止纤维打滑，极孔直径小于筒体直径的 1/3。

4.6.3.2 强度要求

平面缠绕的制品强度高，且制品质量轻；螺旋缠绕，纤维在筒身上产生交叉，纤维交叉则带来制品孔隙率程度增大，易产生分层和损坏使制品强度降低。

对仅受到内压载荷作用的制品来说，采用螺旋缠绕很难实现制品的等强度。因为纯螺旋缠绕筒体等强度缠绕角为 $54°44'$，对于已知结构制品，其封头测地线是固定的。因此 $54°44'$ 的缠绕角可能远远偏离测地线缠绕角，工艺上可能产生滑线。故对于整体容器封头和筒体的等强度设计和工艺上都存在困难。对于承受内压和外载作用的制品来说，由于受到芯模均匀布满的几何条件限制，缠绕角不能调整。螺旋缠绕的制品受到载荷作用时，基体树脂将承担大部分载荷，导致制品在远低于纤维强度时发生破坏。采用螺旋与环向的组合缠绕，通过改变各方向玻璃纤维的数量可调整纵向和环向强度。

4.6.3.3 缠绕角

当选定线型的缠绕角等于或接近于测地线缠绕角时，工艺上不仅稳定、不滑线，而且满足封头的等强度要求。对于一个已知结构的制品，在表 4-3 中可能找不到与测地线缠绕角相对应的线型，采用由已知结构制品计算出的缠绕角缠绕时，纤维轨迹不稳定，出现滑线现象。所以，尽可能选取与测地线缠绕角接近的缠绕角，所选取的缠绕角与测地线缠绕角相比，缠绕角过大或过小对缠绕工艺都是不利的。从封头强度角度来看，过大或过小的缠绕角破坏了等张力封头纤维应力状态。根据计算，等张力封头所需螺旋缠绕循环数与筒身所需螺旋缠绕循环数相等。若筒身段的缠绕角小于测地线缠绕角时，筒身段的螺旋缠绕层数应减少。这就导致筒体环向强度的降低，为弥补强度可增加环向缠绕层数，但封头却不能进行环向缠绕，产生封头强度降低；若缠绕角大于测地线的缠绕角，则螺旋缠绕循环数相应增加，导致封头的环向强度过剩。由于缠绕过程中存在着树脂对纤维的黏滞作用，导致对纤维的摩擦作用。对于湿法缠绕，实际缠绕角与测地线的缠绕角在一定偏离范围内，纤维在封头曲线上均不致滑线。

4.6.3.4 其他因素

切点数和包络圆对制品的强度有重要的影响。在线型选择时，应尽可能选择切点数少的线型，因为切点数越多，纤维交叉次数也越多，出现在极孔处的纤维堆积和架空现象严重，影响纤维强度。在缠绕中，因包络圆逐渐增大，纤维在极孔处排布的堆积和架空减弱，有利于纤维强度的发挥。

4.7 缠绕工艺参数

缠绕工艺流程一般由芯模或内衬制造、胶液配置、纤维烘干和热处理、浸胶、胶纱烘干、缠绕、固化和检测等组成。缠绕工艺参数包括纤维热处理的时间和温度；浸胶与胶液含量控制；缠绕张力的大小；缠绕速度和制品的固化温度及固化时间；环境温度和湿度。选择合理的缠绕工艺参数是建立合理的复合工艺、制造高性能缠绕制品的保障。

4.7.1 纤维热处理

缠绕前纤维热处理的目的是清除纤维中的水分和有机物，改善纤维与基体树脂的浸渍性能，提高制品的性能。

由于在纤维制造过程中使用了水溶性浸润剂，使得纤维中含有一定的水分，纤维在运输和贮存过程中会吸附一定量水分，水分不仅影响树脂基体与纤维的粘接性能，而且将引起应力集中，从而使制品的强度和耐老化性能下降。因此纤维在使用前必须经热处理。纤维热处理工艺条件可依据纤维含水量和纱锭大小确定。无捻纱一般可在 60~80℃ 处理 24h。

在纤维制造过程中，对于使用了石蜡乳剂型浸润剂的玻璃纤维，在使用前需除去浸润剂，以改善纤维与树脂基体的界面性能。除去润滑油常用的方法有热处理法和化学处理法。热处理法的处理温度为 (350±5)℃，处理时间为 (6±1)s，残油量<0.3%，但纤维强度损失<10%。

4.7.2 纱带浸胶与胶含量控制

纤维中胶含量的大小，不仅影响缠绕制品的质量和厚度，而且直接影响制品的性能。一方面，含胶量过高，导致制品复合强度降低；另一方面，含胶量过低，制品孔隙率增加，使制品气密性和强度下降，也影响纤维强度的发挥。此外，胶液含量的过大变化会引起不均匀的应力分布，并在某些区域引起破坏。因此，纤维浸胶过程必须严格控制。含胶量大小需根据制品的使用要求而定。不饱和聚酯树脂基复合材料缠绕制品的含胶量（质量分数）范围为 20%~30%。

纤维浸胶方式有两种：一种是沉浸式(图 4-33)，经挤胶辊施压来控制纤维中胶液的含量；另一种是表面带胶式(图 4-34)，通过调节刮刀与胶辊的距离，控制胶辊表面胶液层的厚度，从而控制纤维中的含胶量。

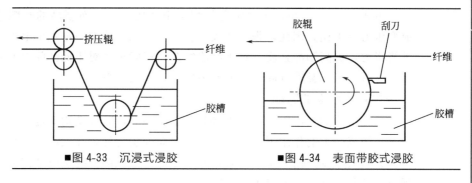

■图 4-33　沉浸式浸胶　　　　　■图 4-34　表面带胶式浸胶

　　控制纤维中含胶量的因素主要有胶液黏度、缠绕张力及刮胶机构效能。为了保证纤维充分浸渍胶液，并使纱带中的气泡尽量逸出，要求胶液黏度控制在 $0.35\sim1.0$Pa·s 范围内。有两种技术途径可以用来控制胶液黏度：一种是浸胶槽内装有恒温水浴；另一种是加入稀释剂。浸胶槽加热会导致树脂胶液的适用期缩短，浸胶槽的加热温度的确定应平衡胶液黏度与胶液适用期之间的矛盾；稀释剂可分为活性稀释剂和非活性稀释剂，在成型时非活性稀释剂如果挥发不干净将会在制品中产生气泡，形成缺陷。对于活性稀释剂，如果化学结构和用量不当，则影响制品的强度。因此，选择非活性稀释剂时，应做到非活性稀释剂挥发速度高于缠绕速度，使非活性稀释剂挥发干净，或选择适当的活性稀释剂控制胶液黏度，以保证胶液充分浸渍纤维，并使纱带中的气泡尽量逸出。

4.7.3 缠绕张力

　　缠绕张力是指在缠绕过程中，对纤维施加的张紧力。它是重要的缠绕工艺参数。张力大小和各束纤维间张力的均匀性以及各缠绕层之间纤维张力的均匀性，对制品的力学性能、孔隙率和含胶量有极大的影响。张力过小，内衬在充压时变形大，疲劳性能就越差；张力过大，纤维磨损大，制品强度下降。缠绕张力能使树脂基体产生预应力，能够提高基体承载能力。

4.7.3.1 张力对制品孔隙率的影响

　　孔隙率是缠绕制品性能的重要影响因素。缠绕在曲面上的纤维，缠绕张力将产生垂直于芯模表面的法向力，工艺上又称为接触成型压力 N，计算公式为：

$$N=\frac{T_0}{r}\sin^2\alpha\times10^4\,(\text{Pa}) \tag{4-52}$$

式中　T_0——缠绕张力，N/cm；

　　　　r——芯模半径，cm；

　　　　α——缠绕角。

由式(4-52)可知,成型压力与缠绕张力成正比,而制品的孔隙率又与成型压力成正比。因此,张力增大,孔隙率降低。故在一定程度上可以提高缠绕张力,提高制品强度。对于湿法缠绕,树脂黏度对于低孔隙率所需的成型压力有影响。黏度升高,成型压力增大;反之亦然。

4.7.3.2 张力对含胶量的影响

缠绕张力的大小影响着纤维浸胶质量、制品含胶量及均匀性。缠绕过程中,在缠绕张力的作用下使得胶液由内层向外层迁移,导致缠绕制品的含胶量在缠绕层厚度方向产生不均匀现象,也就是常说的缠绕层胶液内低外高的现象。消除这种现象的技术途径有三种技术:

① 合理的张力和张力控制制度;

② 预浸胶纱带缠绕技术;

③ 分层固化技术。

综上所述,缠绕张力是缠绕成型最重要的工艺参数,合理的缠绕张力并不是固定的,它受到芯模或内衬的结构、纤维材料强度、胶液黏度及芯模是否加热等因素的影响。湿法缠绕宜在纤维浸胶后施加张力,干法缠绕宜在纱团上施加张力。

4.7.4 纱带宽度和缠绕位置

纱带宽度决定纱带与纱带间是否存在间隙,若纱带间存在间隙,会使树脂在间隙聚集,形成富树脂区,由于树脂基体的强度较纤维低,会造成结构上的薄弱环节。

纱带轨迹能否密布芯模与纱带宽度、缠绕角、切点数和微速比有关,其关系式如下:

$$\Delta i \leqslant \frac{b}{n\pi D\cos\alpha} \qquad (4\text{-}53)$$

式中　Δi——微速比;

　　　b——纱片宽度;

　　　D——圆筒段直径;

　　　n——切点数;

　　　α——缠绕角。

当 Δi 取等号时,纤维纱带能统一密布芯模;Δi 取小于号时,纤维纱带在芯模上产生叠加;可通过调节纱带宽度来控制芯模表面纤维的轨迹。

对于几何尺寸确定了的具体制品,若纱带轨迹与测地线不重合,在缠绕张力的作用下,一方面,纱带会被拉成曲面上两点间最短的线;另一方面,纱带会滑向测地线曲率不为零的方向,于是产生了滑线。在缠绕中,纱带的缠绕位置对缠绕的稳定性有着重要的影响,为防止上述现象发生,纱带宽度和缠绕位置是关键。由于纤维层间存在摩擦力,纱带宽度和缠绕位置满足非测地线稳定缠绕方程，纤维偏离测地线在一定范围内不会产生滑移，式 (4-54)是测地线稳定缠绕方程。

$$F = 2T\sin\left(\frac{\Delta\alpha}{2}\right) \tag{4-54}$$

式中 F——阻止纤维滑移的摩擦力；

T——缠绕张力；

$\Delta\alpha$——偏离测地线的稳定缠绕角。

4.7.5 缠绕速度

缠绕速度是与生产效率相关的工艺参数，将纱带缠绕到芯模上的线速度称为缠绕速度。缠绕速度与芯模速度和导丝头线速度有关，其三者之间的关系如图 4-35 所示。它受缠绕设备能力和浸胶时间的限制，缠绕速度通常应控制在一定范围。纱线速度过大，浸胶时间缩短，纱带不易浸透。此外，由于纱线速度过大使得芯模转速过高，出现胶液从缠绕结构向外迁移或飞溅，影响产品质量；纱线速度过小，生产率低。湿法缠绕，纱线速度最大不得超过 0.9m/s，小车的速度小于或等于 0.75 m/s。

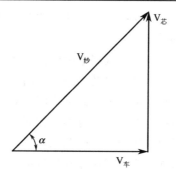

■图 4-35 缠绕速度矢量图

4.7.6 固化制度的建立

缠绕制品的固化过程是一个反应加工过程，固化制度是保证制品充分固化的重要条件，直接影响制品的理化性能、机械强度及产品的使用性能。缠绕制品既可以进行常温固化，也可以进行加热固化，固化方式的选择主要依据树脂的固化体系和产品的使用性能。

对于加热固化体系来说，固化制度需确定加热的温度范围、升温速率、恒温温度及保温时间。

4.7.6.1 加热的温度范围的确定

加热固化可使固化反应较为完全，制品强度提高；同时，温度升高，化学反应速率加快，使生产周期缩短，提高生产率。加热的温度范围是由树脂的固化体系来决定的，由 DTA 或 DSC 测定的树脂放热曲线来确定。

4.7.6.2 升温速率

升温过程中，升温速率应平稳；若升温速率太快，则化学反应激烈，由于纤维缠绕制品的热导率远远小于金属，升温速率太快，使制品外表层温度高，而内部温度低，易产生很大的内应力。因此，应严格控制升温速率。通常的升温速率为 $0.5 \sim 5.0 \, \text{℃/min}$。

4.7.6.3 恒温温度与保温时间

恒温温度与保温时间指固化过程中在某一温度值保温一定时间，通常在最高固化温度下，要保证足够的恒温时间。保温时间取决于两方面：一是树脂聚合反应所需时间；二是传热时间，通过导热使制品内部达到最高固化温度所需的时间。确保制品各部分固化收缩均匀，避免固化产生的热应力，导致制品的变形或开裂。

4.7.6.4 降温冷却

由于纤维和基体树脂的热导率不同。在缠绕制品结构中，顺纤维方向与垂直纤维方向的线膨胀系数相差较大，制品从高温到低温的过程中冷却速率太快，导致收缩不一致，因此，就可能发生开裂破坏。

4.7.6.5 固化制度的确定

固化制度的确定主要依据是树脂固化体系和制品的物理力学性能，并兼顾制品结构、形状、尺寸以及生产率等因素。

对于不同树脂体系，固化制度不同。对于不同性能要求的制品，即使采用相同的树脂体系，固化制度也不尽相同。也就是说，对各种树脂配方和制品没有一个通用的固化制度。因此应根据不同配方的固化特点和制品的使用要求，并兼顾到制品的形状尺寸及构造情况，通过大量实验确定出合理的固化制度。

4.7.6.6 分层固化

分层固化是指在芯模或内衬上先缠绕一定厚度的纤维层，使其固化到一定程度后，冷却至室温再打磨后进行第二次缠绕，依次类推，直至缠绕到满足设计要求的层数为止。

从工艺的角度看，分层固化提高了纤维初始张力一致的可靠性，避免了纤维皱褶和松散，降低了容器体积变形率疲劳强度下降的概率；避免了胶液由里向外迁移，因而在厚度方向树脂含量均匀，保证制品内外质量的均匀性；此外，由于实行多次固化，工艺上容易控制固化放热。从力学角度看，分层固化的制品，可近似成多个紧套在一起的薄壁件组合体。缠绕张力使外壁呈环向拉应力。于是，在内壁上因内压载荷而产生的拉应力，将被套筒压缩产生的压应力抵消一部分，从而消去了环向应力沿筒壁分布的高峰。由于是在厚度方向经多次固化获得的制品，使制品在厚度方向出现多个胶接固化界面层，与整体固化相比，界面层是薄弱层，易发生分层现象。因此，分层固化技术适用于对层间性能要求较低的制品的制造。

4.7.7 缠绕制品的质量控制

缠绕制品是各向异性的，其技术特性与金属、塑料制品相比，在加工过程上有本质的差异，缠绕制品的制造是一个化学反应加工过程，结构、材料和工艺的一致性，使得缠绕制品的性能与原材料的性能、工艺设计和生产过程有关。

4.7.7.1 原材料的影响

玻璃纤维的用量、玻璃纤维在缠绕层中的排列方式和玻璃纤维与树脂的界面性能决定着缠绕制品的力学性能，基体树脂的性能决定着制品耐化学性能、电绝缘性能及耐热性能。依据制品的使用要求选择合适的树脂基体，如通用不饱和聚酯树脂、耐腐蚀不饱和聚酯树脂、阻燃不饱和聚酯树脂、低收缩的不饱和聚酯树脂、耐高温不饱和聚酯树脂等及树脂固化体系；选择满足强度和模量要求、对树脂具有良好的浸润性的玻璃纤维是至关重要的。在缠绕中常用的纤维有无捻和有捻玻璃纤维；无捻玻璃纤维，纤维损伤小，缠绕制品的强度高，树脂对纤维的浸润性好；而有捻玻璃纤维成型时，张力易控制、不易起毛，但浸润性较无捻玻璃纤维差。

4.7.7.2 缠绕成型工艺设计

缠绕制品的结构尺寸、使用状况及要求是千变万化的，满足产品性能要求的纤维铺层方式也是因产品而异的。制品的设计性能是否能够通过制造得以实现，成型工艺设计是保障。产品的结构设计确定，基体树脂和增强纤维选择完成后，确定缠绕线型和计算缠绕层数是工艺的关键。缠绕线型是产品的铺层设计通过纤维在芯模表面的排布线型不离缝或不重叠和稳定缠绕过程实现的。线型设计时，应对制品作出正确的受力分析，找出主受力方向，准确描述产品的应力分布情况，从而设计合理的缠绕线型。合理的固化工艺制度是获得优良制品的另一个条件，树脂由液态到固态的变化，要经历一系列物理和化学的变化过程，正确掌握树脂的变化规律和机理，才能制定出合理的工艺。

4.7.7.3 生产工艺过程的控制

(1) 原材料的质量控制 对于树脂来说，各厂家生产的树脂的化学结构、固含量、酸值和黏度等技术指标各不相同，对于固化体系来说，由于引发剂和促进剂多为混合物，各厂家的引发剂和促进剂性能差别较大。对于纤维来说，各厂家的纤维性能也有一定的差异；在新产品试制期间须进行大量实验；产品一旦定型后，就要建立严格的技术档案和原材料档案；应固定供应商和树脂牌号，每批原料投入使用前应根据原材料的技术要求进行复检。更换供应商后，应重新做实验。

(2) 生产过程中技术规范的执行控制

① 生产现场的环境控制　生产现场的环境温度和湿度控制是制造出优质品的环境保障。环境温度升高，树脂的黏度降低，初期纤维的带胶量少。同时，也将导致树脂的适用期缩短。严重时影响生产的正常进行。环境温度降低，树脂的黏度增大，缠绕过程中，产生的气泡增多，制品的致密性减低，产品的性能下降。环境湿度大，会造成树脂与纤维吸附环境中的水分，影响树脂的固化，使制品产生分层、气泡等缺陷，严格控制环境相对湿度低于80%，可有效提高制品的质量。

② 严格胶液配制　缠绕用胶液现配现用，专人操作。超过适用期的胶液须经检验后方可使用。因为在整个工艺过程中，玻璃纤维的性质没有变化，而树脂会随着时间的变化而变化。对于处于新鲜期内的树脂，初黏度较低，在工艺过程中黏度逐渐增大甚至凝胶，树脂黏度超过工艺要求的范围，则制品的密实度下降，制品强度降低。

③ 张力加载控制　合理控制张力加载，使玻璃纤维按规定要求均匀、稳定地缠绕在制品的各部位，否则制品将出现玻璃纤维排布不匀而形成局部薄弱区域和堆叠区域。注意换纱时间和纤维接头处，防止出现换纱不及时产生的纱带宽度变化所造成的离缝现象。防止设备的不稳定运行造成的纱带堆积，这对于提高制品强度是十分重要的。

④ 缠绕速度控制　缠绕过程中应严格控制缠绕速度，缠绕速度过低，生产效率低，经济效益差；缠绕速度过高，纤维浸润时间短，浸润不完全，纤维与树脂的界面性能差。另一方面，纤维浸润时间短，纤维带胶量少，树脂含量过少且分布不均，从而引起不均匀的应力分布，进而影响整个制品的性能。此外，芯模转速过快，树脂产生飞溅，使得制品的树脂含量降低，从而降低制品的性能。

(3) 制品的质量控制检测

① 外观检查

a. 气泡　耐蚀层表面允许存在气泡的最大直径小于5mm，气泡密度为每平方米少于5个，可不予修补，否则，应划破气泡进行修补。

b. 裂纹　耐蚀表面层裂纹的深度小于0.5mm。增强层裂纹的深度小于2mm。

c. 凹凸　耐蚀层表面应光滑平整，增强层的凹凸部分厚度应不大于厚度的10%。

d. 返白　耐蚀层不应有返白处，增强层返白区最大直径应小于5mm。

② 现场检查

a. 用手接触制品表面，感知制品表面是否发黏，若手感发黏，则表面固化不合格。

b. 用白色干净棉纱蘸取丙酮放在有色制品表面，观察棉纱是否出现颜色，若出现颜色，则表面固化不合格。

c. 用工具或硬币敲击制品，判断发出的声音是模糊还是清脆。声音模糊，即认为制品表面固化不合格。

d. 巴氏硬度用于间接地检测缠绕制品的固化程度，巴氏硬度在 40～55 范围内，认为固化程度较理想，判定缠绕制品合格。

e. 可采用超声波检测器或微孔测试仪检测不饱和聚酯树脂基复合材料衬里存在的微孔。

4.7.7.4 缠绕玻璃钢的缺陷及修复

常见纤维增强不饱和聚酯树脂缠绕制品的缺陷形式、产生原因及防止措施列于表 4-3：

■表 4-3　常见纤维增强不饱和聚酯树脂缠绕制品的缺陷形式、产生原因及防止措施

缺陷形式	产生原因	防止措施
表面发黏	空气中氧气的阻聚作用	使用聚酯薄膜或石蜡将制品表面与空气隔离
	空气中湿度太大，水分对聚酯树脂固化有延缓并阻碍固化	控制相对湿度低于 80%
	不饱和聚酯树脂中石蜡加得太少或石蜡不符合要求	加适量的石蜡或更换石蜡或用其他方法
	固化剂、促进剂用量不符合要求	在配制胶液时应严格控制用量
	苯乙烯挥发量较多，造成树脂中的苯乙烯用量不足	禁止树脂凝胶前加热，降低环境温度
制品气泡	驱赶气泡不彻底	每一层缠绕过程都用辊子滚压，驱赶气泡
	树脂黏度太大，在搅拌或涂刷时，带入树脂中的空气泡不能被赶走	调整基体树脂配方，降低黏度或提高浸胶槽温度
	增强材料表面处理剂选择不当	改进纤维表面处理
	操作工艺不当	严格生产的管理
制品分层	纤维织物热处理不当或纤维未经热处理	对纤维进行热处理或改进纤维热处理工艺
	织物在缠制过程中张力较小，或气泡过多	调整张力，加强缠绕过程中的气泡驱赶
	树脂黏度太大，纤维没有浸透	调整基体树脂配方，降低黏度或提高浸胶槽温度
	树脂用量不够，纤维没有浸透	调整设备，增加纤维在胶槽中的停留时间
	缠绕速度过快；纤维没有浸透或芯模转速过快，胶液流失产生贫胶	减低缠绕速度
	基体树脂配方不合适，纤维与树脂的界面性能差，或固化制度不合理	改进基体树脂配方，制定合理的固化工艺制度
	操作不当，树脂或纤维被污染，如脱模剂等物质混入缠绕层中	严格生产管理
	生产环境洁净度差，缠绕层被污染	改善生产环境

参 考 文 献

[1] 沃丁柱．复合材料大全．北京：化学工业出版社，2000.
[2] 沈开猷．不饱和聚酯树脂及其应用．北京：化学工业出版社，2005：464-473，493-496.
[3] 刘雄亚，谢怀勤．复合材料工艺及设备．武汉：武汉工业大学出版社，1994：73-128.
[4] 黄发荣，焦扬声，郑安呐等．塑料工业手册：不饱和聚酯树脂．北京：化学工业出版社．

第 5 章 不饱和聚酯树脂模塑料的模压成型及其应用

5.1 概述

模压成型是指将一定量的模塑料放入模具中，在一定温度和压力的作用下，固化成型复合材料制品的成型方法。在成型前期加热加压的作用是使模塑料软化、流动充模，同时使树脂对纤维进一步浸润；在流动充模过程中，增强材料也会随着树脂流动；在成型后期加热的作用是使树脂发生固化反应，加压的作用是使制品密实，降低制品的缺陷。模压成型具有制品尺寸精度高、可重复性好、表面光洁、复杂结构可一次成型、无需二次加工、容易实现机械化和自动化并且生产效率高的特点，因此，模压制品被广泛用于农业、化工、建筑、交通、电子电器、通信工程、机械、兵器、飞机、船舶、导弹和卫星等领域。

5.1.1 模塑料及其分类

模塑料一般是指供模塑成型工艺用的树脂/玻璃纤维预浸料，可通过压机加工成型，不仅成型速率快、产品质量高，而且可实现自动化生产。模塑料可分为片状模塑料和团状模塑料。

片状模塑料，即 SMC（sheet molding compound），是用不饱和聚酯树脂、增稠剂、引发剂、交联剂、低收缩添加剂、着色剂、内脱模剂和填料等先混合成树脂糊，然后浸渍短切玻璃纤维粗纱或玻璃纤维毡，并在两面用聚乙烯或聚丙烯薄膜包覆起来形成的模塑料。片状模塑料在 20 世纪 60 年代初首先出现在欧洲，1965 年左右，美国和日本等国家相继发展了这种工艺，80 年代末，我国引进国外先进的 SMC 生产线和生产工艺，形成了工业化生产。

SMC 成型工艺是指通过机组将基体树脂和玻璃纤维制成片材，待片材达到一定黏度后将片材裁减成小块并铺覆在模腔中，在加热加压的条件下固化脱模,得到两面光滑制品的一种闭模成型复合材料的技术。与其他一些开模成型技术相比,SMC 成型技术具有生产成本低、效率高、成型周期短、产品质量稳定、表面光洁度高、无需二次涂装、耐热性好、固化收缩率低、苯乙烯挥发量低、绿色环保、可实现低烟阻燃等优点。

团状模塑料,即 DMC(dough molding compounds),国内常称作不饱和聚酯树脂团状模塑料,是以不饱和聚酯树脂为基体,短切玻璃纤维为增强材料,并加入增稠剂、引发剂、低收缩添加剂、脱模剂、填料、颜料等添加剂,经捏合机均匀混合而成的团状模塑预混料。DMC 于 20 世纪 60 年代在前联邦德国和英国首先得以应用,70 年代和 80 年代分别在美国和日本得到了较大的发展。由于 DMC 具有优良的电气性能、力学性能、耐热性及耐化学腐蚀性,且适宜多种成型工艺,并可满足产品对原材料性能的要求,因此其应用范围也越来越广。

5.1.2 模塑料的用途

模塑料具有优异的电气性能和耐腐蚀性能,质轻且工程设计灵活容易,其制品生产具有机械化程度高、生产效率高、产品质量稳定、生产成本低等优点,被广泛应用于交通运输、建筑工程、电器工业、通信工程及化工等行业中。

(1) 在汽车中的应用 SMC/DMC 可广泛用于汽车零部件的制造,其制品主要包括:保险杠、车身前围侧板、后举升门、前散热器罩和支架、挡泥板、扰流板、引擎盖、卡车驾驶室及箱板、水箱面罩、进气管、挺杆室盖板、装饰板、汽车点火器、行李厢、分离盘、备轮仓、机油滤清器罩盖、通气阀总成及喇叭箱等。

(2) 在高速铁路车辆中的应用 模塑料制品在高速铁路车辆中也有广泛的应用,其制品主要包括:车辆窗框、卫生间组件、座椅、茶几台面、车厢壁板与顶板等。

(3) 在建筑工程中的应用 由于 SMC/DMC 具有优良的着色性、装饰性、耐酸碱性且吸湿性小,因此在建筑行业中被广泛应用,其制品主要包括:水箱、浴缸、淋浴间、洗池、防水盘、坐便器、化妆台、给水槽、净化槽、建筑模板与贮存间构件等。

(4) 在电器工业中的应用 由于 SMC/DMC 具有优良的电绝缘性、比强度高、比模量高及模具灵活性等,因此对于在电性能、结构强度和轻质方面有较高要求的电气装置和部件来说,是一种理想的加工材料,因而被广泛用于电器罩壳、绝缘子、绝缘操作工具、电机风罩、电机换向器、空气开关基座及罩盖、高压开关柜体、隔弧板、灭弧罩、印刷电路板、煤矿用防爆电话机外壳、电气电缆分配器等。

(5) 在通信工程中的应用 在通信工程中的应用主要包括:电话亭、各种计量仪表外壳及其内部零件、通信电缆分配箱、通信设备外壳及其内部零件等。

（6）在其他方面的应用 近年来，国内新建的体育馆、候车室、会议大厅、餐厅及公共汽车等的座椅大多采用 SMC 和 DMC 模压制成。另外模塑料在化工防腐、船艇水上交通、航空航天及军用装备、体育器械等方面也有较广泛的应用。

复合材料将是 21 世纪的主导材料，作为复合材料家族中的重要成员，不饱和聚酯树脂模塑料必将为人类创造美好生活作出更大的贡献。

5.2 模塑料树脂的组成与选择

SMC/DMC 一般由不饱和聚酯树脂、引发剂与促进剂、填料、增塑剂、光稳定剂、抗氧化剂、抗静电剂、阻燃剂、着色剂、增稠剂、低收缩控制剂、内脱模剂及增强材料等组成。其中，增强材料大多使用无捻玻璃纤维粗纱，玻璃纤维长度一般在 25～50mm 范围内，用量为 25%～35%。

5.2.1 成型工艺对不饱和聚酯树脂的要求

不饱和聚酯树脂是模塑料基体的主要组分，它对制品性能、模压成型工艺及产品的价格等都有直接的影响。用于 SMC/DMC 的不饱和聚酯树脂应具有较高的力学性能、电绝缘性能、耐热性能、耐老化性能、良好的阻燃性能和较低的固化收缩率，对模塑料专用的不饱和聚酯树脂的工艺性能有以下要求：

① 树脂对纤维和填料应具有良好的浸润性，树脂的黏度控制在 1200～2500mPa·s；

② 增稠快，满足模塑料制备过程中快速增稠的要求；

③ 良好的贮存稳定性，使用寿命通常在 3～6 个月；

④ 良好的工艺性，在生产环境下，反应活性高，能快速固化，具有较短的模塑周期和较高的生产效率；

⑤ 毒性低、刺激性小、安全；

⑥ 来源方便，价格低廉。

生产 SMC/DMC 专用不饱和聚酯树脂的厂家，国外主要有日本的大日本油墨、英国的 Scott-Bader、德国的 BASF 以及美国的 Owens-Corning 等，国内有常州华润复合材料有限公司、常州天马集团、常州华日新材有限公司、德州市德城区东明树脂厂、哈尔滨合材树脂有限公司、烟台齐鲁树脂厂和南京金陵巴斯夫树脂有限公司等。SMC/DMC 专用树脂，按其化学结构分类有通用型不饱和聚酯树脂、间苯型不饱和聚酯树脂和双酚 A 型不饱和聚酯树脂。近年来，乙烯基酯树脂也可作为模塑料基体树脂，一般用于汽车结构件的生产。

5.2.2 成型工艺对不饱和聚酯树脂固化体系的要求

引发剂是决定模塑料固化反应性的重要因素，对不饱和聚酯树脂糊的适用期、流动性和模压成型周期有重要影响。若引发剂用量过少，则固化反应速率较慢，产物的分子量较低，制品固化不足，力学性能较差；若引发剂用量过多，会使反应速率加快，放热剧烈，从而使制品因固化剧烈而产生较大的内应力，甚至产生爆聚而使制品产生裂纹。

引发剂的选择应依据制品厚度，并考虑不饱和聚酯树脂的适用期和贮存期，模塑料固化速率，固化成型温度，还应考虑使用的填料对引发剂的影响。用于模塑料的引发剂应满足以下条件：

① 引发剂的半衰期长，一般为 10h，分解温度较高，室温下不发生分解，使得模塑料的贮存期长；

② 工艺性好，使用期长，达到成型温度时，分解速率快，固化反应快，成型周期短；

③ 贮存和操作安全，价格低廉。

不饱和聚酯树脂模塑料的常用引发剂为有机过氧化物的复合体系，主要是因为单一引发剂达不到上述要求。所谓引发剂的复合体系是指由两种或两种以上引发剂组成的引发固化体系。常用的复合引发体系有过氧化苯甲酰/过氧化二辛酰体系、过氧化苯甲酰/过氧化甲乙酮/异丁酸叔丁酯体系等具有协同效应的复合引发体系以及过氧化环己酮/过氧化二叔丁基复合引发体系，过氧化苯甲酰/过氧化-二（2,4-二氯苯甲酰）等相互抑制效应的复合引发体系。

5.2.3 成型工艺对不饱和聚酯树脂阻聚体系的要求

阻聚剂能在一定时间范围内延缓不饱和聚酯树脂固化反应的进行，其目的是保障不饱和聚酯树脂模塑料能在一定时间范围内稳定贮存。其作用机理是阻聚剂与引发剂分解产生的自由基作用，使自由基活性消失，只有阻聚剂耗尽时，不饱和聚酯树脂模塑料才能进行反应。阻聚剂的阻聚效果与阻聚剂的用量有关。用于模塑料的阻聚剂应满足以下条件：

① 在低温下具有阻聚作用，能有效阻止不饱和聚酯树脂在室温贮存条件下凝胶，在一定条件下，如高温加热时，失去阻聚作用，使不饱和聚酯树脂发生交联反应；

② 与不饱和聚酯树脂或交联单体相容性好，使得阻聚剂能均匀地分散在树脂体系中；

③ 阻聚剂对交联反应和成型周期不能有太大影响；

④ 来源广泛，价格低廉，毒副作用小。

不饱和聚酯树脂模塑料常用的阻聚剂主要有酚类、醌类和芳香硝基及胺类化合物，如对苯醌（PBQ）等醌类化合物；对苯二酚（HQ）、对叔丁基邻苯二酚（TBC）、二叔丁基对甲酚（BHT）和 2,5-二叔丁基对苯二酚等酚类化合物；二硝基苯、三硝基苯、苦味酸等芳香硝基化合物及吡啶、噻吩嗪等胺类化合物。

5.2.4 不饱和聚酯树脂模塑料其他组分及作用

增塑剂是用于降低制品的脆性，改善材料耐寒性的一种助剂，对增塑剂的基本要求是挥发性很小，与树脂的混容性良好。常用的有苯二甲酸酯类，如邻苯二甲酸二丁酯和邻苯二甲酸二辛酯等，使材料保持良好的绝缘性和耐寒性；磷酸酯类增塑剂，如磷酸三甲酚酯、磷酸三酚酯和三辛酯等，使材料保持较好的耐热性。

光稳定剂用来改善不饱和聚酯树脂基体的耐日光性，降低或防止日光中紫外线对不饱和聚酯树脂的破坏。光稳定剂分为紫外线屏蔽剂、紫外线吸收剂和紫外线猝灭剂。紫外线屏蔽剂的作用是吸收或反射紫外线，阻碍紫外线深入不饱和聚酯树脂内部，使不饱和聚酯树脂模压料免受或减小紫外线的损害，主要品种有 TiO_2、ZnO 等无机颜料和炭黑；紫外线吸收剂的作用是强烈地吸收紫外线，使光能以热能的形式放出，大大减小对 SMC 材料的损伤，主要品种有水杨酸酯类、二苯甲酮类和苯并三唑类，如水杨酸苯酯、2,4-二羟基二苯甲酮和 2-(2′-羟基-3′叔丁基-5′甲基苯基）苯并三唑等；紫外线猝灭剂的作用是猝灭紫外线的活性，它们是一些金属络合物，如二价镍的络合物。

抗氧化剂能延缓或抑制不饱和聚酯树脂的氧化降解。抗氧化剂主要有三种，酚类化合物，如 2,6-二叔丁基苯酚；胺类化合物，如 N,N'-二苯基乙二胺；亚磷酸酯类化合物，如亚磷酸三苯酯。

抗静电剂的作用是防止 SMC 制品表面积聚电荷。抗静电剂有阳离子型抗静电剂，主要包括季铵盐等各种铵盐和烷基咪唑啉等；阴离子型抗静电剂，包括高级脂肪酸盐、各种磷酸衍生物和硫酸衍生物；两性离子型抗静电剂，包括季铵内盐、两性烷基咪唑啉、烷基氨基酸类；非离子型抗静电剂，主要有多元醇、多元醇的脂肪酸酯和胺类衍生物等。

阻燃剂的作用是降低材料的燃着倾向和程度，或降低燃烧速率和火焰传播速率。常用的阻燃剂可分为：添加型含卤化合物阻燃剂，如六溴化苯、四溴丁烷、五溴乙苯和十溴二苯醚等；反应型含卤化合物阻燃剂，如三溴苯酚、五溴苯酚和四溴双酚 A 等；含添加磷化合物有磷酸三酯类，如磷酸三甲酯、磷酸三（氯丙）酯、磷酸三（2,3-二丙基）酯等。

着色剂的主要作用是美化产品，使制品光彩夺目，提高制品的商品价值，同时赋予制品某些特殊功能，如辨认标志、隐蔽伪装，或改善光学性能、耐候性等。着色剂的选用应注意着色剂的分解温度要高于模塑料的成型温度，在光的作用下不褪色，在树脂中不发生迁移。

填料的主要作用是改善树脂和复合材料的某些物理性能并降低材料造价。

增稠剂的主要作用是在一定条件下使树脂的表观黏度迅速增加。

低收缩控制剂的主要作用是控制树脂的固化收缩率，提高制品的尺寸稳定性。

5.3 模塑料的配方设计

5.3.1 增稠方法

5.3.1.1 增稠剂

增稠剂是指在一定条件下，能够与树脂产生物理交联作用，使树脂的表观黏度迅速增加的物质。增稠是制备不饱和聚酯树脂模塑料的关键技术之一。理想的增稠路线是片材复合的初期，树脂糊的黏度要相对较小，以利于玻璃纤维的浸渍，待玻璃纤维浸渍完全后，要求树脂糊的黏度迅速增大，以减少或避免胶液的流失，并尽快进行模压操作。通常情况下，在初始的 15min 内，树脂糊的黏度不超过 $6 \times 10^4 \, mPa \cdot s$。

模塑料的黏度是影响制备、加工和贮存等工艺性能的主要因素，加入增稠剂后所产生的增稠效应对整个过程影响极大，因此选用增稠剂时须注意以下几点：

① 在模塑料制备时，要求增稠尽可能缓慢，以保证树脂对玻璃纤维和填料的充分浸渍；

② 玻璃纤维和填料浸渍后，要求增稠尽可能快，且适应贮存和模压操作；

③ 增稠后的坯料在成型温度下，应使树脂具有良好的流动性，在模压温度下能迅速充满模腔。

常用的增稠剂有碱土金属氧化物、碱土金属氢氧化物以及二异氰酸酯化合物等，它们能使初始黏度为 $0.1 \sim 1.0 \, Pa \cdot s$ 的树脂在短时间内增加到 $10^3 \, Pa \cdot s$ 以上直至成为不粘手且不流动的假凝胶状态。

5.3.1.2 增稠机理

(1) 碱土金属氧化物、氢氧化物的增稠机理 氧化镁类增稠剂价格低，但增稠速率慢，其粒度、分散性和活性等因素对树脂的增稠性能也有较大影响。一般认为，第二主族元素的金属氧化物或氢氧化物的增稠作用分为以下三个阶段。

① 第一阶段　增稠剂扩散到树脂中。

② 第二阶段　金属氧化物或氢氧化物与聚酯端基—COOH 进行酸碱反应，生成碱式盐。以 Me 表示金属原子（Mg、Ca、Ba），则表示形式如下：

$$\sim\sim\sim COOH + MeO \longrightarrow \sim\sim\sim \overset{\displaystyle O}{\overset{\|}{C}}-OMeOH \tag{5-1}$$

$$\sim\sim\sim COOH + Me(OH)_2 \longrightarrow \sim\sim\sim \overset{\displaystyle O}{\overset{\|}{C}}-OMeOH + H_2O \tag{5-2}$$

生成的碱式盐或者不再反应而进行第二阶段的络合反应，或者进一步脱水而使分子量成倍增大。脱水按以下两种方式进行：一是碱式盐与不饱和聚酯树脂中的—COOH 脱水；二是碱式盐之间进行脱水。

$$\sim\sim\sim \overset{\displaystyle O}{\overset{\|}{C}}OMeOH + HOOC\sim\sim\sim \longrightarrow \sim\sim\sim \overset{\displaystyle O}{\overset{\|}{C}}OMe\overset{\displaystyle O}{\overset{\|}{C}}\sim\sim\sim \tag{5-3}$$

$$\sim\sim\sim \overset{\displaystyle O}{\overset{\|}{C}}OMeOH + HOMeOC\sim\sim\sim \longrightarrow \sim\sim\sim \overset{\displaystyle O}{\overset{\|}{C}}OMeOMeOC\sim\sim\sim \tag{5-4}$$

一般认为 CaO 或 Ca(OH)$_2$ 的碱式盐可继续进行式(5-3) 或式(5-4) 的反应。而 MgO 或 Mg(OH)$_2$ 在进行式(5-1) 或式(5-2) 的反应之后，不再发生脱水反应。

③ 第三阶段　由生成的碱式盐（金属原子）与不饱和聚酯树脂分子中的酯基（氧原子）以配位键形成络合物。镁盐的络合反应通常为如下方式：

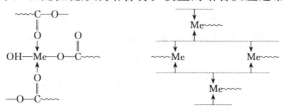

形成的络合物具有网状结构，使树脂体系的黏度显著增加。另外，碱土金属的最大配位数是 6，在树脂中形成配位数是 2 和 4 的络合物结构，如遇到大量水分，则水分取代羰基会优先与镁络合，这将导致黏度下降。

(2) 二异氰酸酯化合物的增稠机理　使用二异氰酸酯化合物进行增稠也称 ITP（interpenetrating thickening process）技术，它是以二异氰酸酯为增稠剂，利用二异氰酸酯化合物与不饱和聚酯树脂反应生成一种交替分散的高分子网状片段，这种网状片段是由两种聚合物经交联与互穿网络形成的一种致密聚合物。这种技术可以更快、更有效地控制黏度，而且模压制品收缩率低、冲击强度高，容易得到强韧性材料。采用这种技术制成的具有独特机电性能的 SMC/DMC 片材，其贮存稳定性长达一年，且长期暴露在高湿环境下的制品的电气性能仍很高。

当采用异氰酸酯单体作为不饱和聚酯树脂的增稠剂时，由于—NCO基团的反应活性很强，因此加入速率不能太快，否则在搅拌不均匀的情况下，树脂可能出现凝胶现象。

当采用异氰酸酯低聚物 PU_{200} 和 PU_{400} 对不饱和聚酯树脂进行增稠时，在初始的4h中黏度增长平缓；当采用TDI单体对不饱和聚酯树脂增稠时，增稠过程中初期黏度增长较快，2h后树脂黏度达21.4Pa·s，这一黏度会给玻璃纤维的浸渍带来困难。产生这种变化的原因可能是TDI的两个—NCO基中，对位的活性比邻位的活性高8～10倍。当采用TDI对不饱和聚酯树脂增稠时，对位的—NCO基易与树脂中的羟基反应，因此体系的黏度增加较快；而在 PU_{200} 或 PU_{400} 中，对位的—NCO基已反应，剩下的是活性较弱的邻位的—NCO基。因此采用异氰酸酯预聚体对不饱和聚酯树脂增稠时，由于—NCO基团的反应活性减弱，所以树脂增稠速率均匀，而且不易凝胶，可见采用 PU_{400} 或 PU_{200} 等异氰酸酯预聚物对不饱和聚酯树脂增稠是比较适宜的。

随着增稠剂的增加，增稠效果变好。这可以归因于随着增稠剂的增加，体系中—NCO基浓度增大，反应速率加快。但当异氰酸酯低聚物的质量分数达到15％时，树脂的初期黏度增长过快，2h后黏度达到24.6Pa·s，因此增稠后的树脂糊在2h之后已无法正常浸渍玻璃纤维。可见采用 PU_{400} 对不饱和聚酯树脂增稠时，增稠剂的质量分数要限制在10％以内，否则树脂无法正常浸渍玻璃纤维。

在相同的质量分数下，增稠速度随增稠剂分子量的增大而下降，这是因为增稠剂分子量越大，其分子数越少，体系中—NCO基浓度越低，因而增稠速率越慢。温度对不饱和聚酯树脂的增稠影响也很大。提高温度，体系中分子的布朗运动加速，加快了增稠剂的扩散，使增稠反应加速。

在273K（0℃）下，尽管树脂增稠较为缓慢，但在四天内仍可完成增稠。在293K（20℃）下，初期增稠较慢，一天后基本完成增稠。在323K（50℃）下增稠速率很快，在8h内即可完成增稠。可见，异氰酸酯对不饱和聚酯树脂的增稠温度存在一定的依赖性，但这种依赖性并不影响异氰酸酯对不饱和聚酯树脂的增稠效果，无论在273K，还是在293K、323K下，增稠的过程都能在四天内完成。

SMC/DMC片材熟化后，在高温固化之前应具有优异的贮存稳定性（即黏度不应有显著的增加），物料在模压时应保持良好的流动性。热固性注射塑料螺线流动实验是测量这种流动性的一种方法，因此，可根据测量物料在规定条件下通过浇口进入螺线模腔中的流动长度来评价片材的贮存稳定性。

黄志雄等人的实验表明，无论采用MgO增稠体系还是异氰酸酯增稠体系，SMC/DMC片材的螺线流动长度都随贮存时间的延长而缩短。贮存三个月后，由异氰酸酯增稠体系制备的片材的螺线长度变化较小，仅从

105mm 降到 86mm，而 MgO 增稠体系制备的片材的螺线长度从 120mm 降到 48mm。

MgO 增稠的树脂体系贮存稳定性较差，而异氰酸酯增稠的树脂体系贮存稳定性相对要好，其片材的加工流动性很好。产生这种现象的原因可能是 MgO 增稠的树脂在增稠结束后的贮存过程中，由于金属氧化物的存在，发生了进一步的络合反应或催化不饱和双键的聚合反应，导致物料在高温模压时流动性变差。而异氰酸酯增稠的树脂在增稠过程中已经稠化得很彻底，不再催化进一步的络合反应或不饱和双键的聚合反应，因而异氰酸酯增稠的树脂片材具有良好的贮存稳定性。

5.3.2 低收缩控制

5.3.2.1 低收缩控制剂

不饱和聚酯树脂固化时，产生 8%～10% 的收缩。低收缩控制剂（LPA）是指能够降低或消除不饱和聚酯树脂固化收缩，提高制品尺寸稳定性的添加剂。从 1978 年 Athins 提出热塑性膨胀理论开始，各种 LPA 的研究一直没有间断。一般认为 LPA 的发展大约经历了 4 代。按与不饱和聚酯树脂的相容性划分，又分为与不饱和聚酯树脂相容体系和不相容体系。

(1) 第一代 LPA 是聚苯乙烯（PS）、聚乙烯（PE）、聚氯乙烯（PVC）等热塑性高分子材料。这类热塑性高分子材料的分子链柔顺性较好，但与不饱和聚酯树脂的相容性都较差，可使收缩率从 0.4%～0.5% 降低到 0.2% 左右。第一代 LPA 大多是以微粒状分散相的形式存在于不饱和聚酯树脂中，初期的相分离使得第一代 LPA 的稳定性及制品的涂装性能都较差。

(2) 第二代 LPA 是聚甲基丙烯酸甲酯（PMMA）、聚乙酸乙烯酯（PVAc）类高分子材料，它们与不饱和聚酯树脂的相容性好，溶解度参数与苯乙烯亦相近，因此这类 LPA 的稳定性较第一代好，且可使制品收缩率降到 0.05%。第二代 LPA 的涂装性能最好，在 SMC/DMC 制品中加入深色颜料不会带来明显的瑕疵。在相同分子量条件下，T_g 是衡量自由体积大小的主要标志，因此根据 T_g 的大小可看出，第二代 LPA 的收缩控制效果是 PVAc 优于 PMMA。

(3) 第三代 LPA 主要是改性 PVAc，其手段有接枝共聚和嵌段共聚，它使得"零收缩"系统成为可能。通常，这类聚合物中含有与不饱和聚酯树脂相容性链段和与不饱和聚酯树脂不相容链段。与不饱和聚酯树脂相容性链段由于能提供在不饱和聚酯树脂中的分散稳定性，因此它的稳定性介于前两者之间。

(4) 第四代 LPA 主要是弹性体，如苯乙烯-丁二烯-苯乙烯（SBS）等。

SBS 和不饱和聚酯树脂相容性很差，所以 SBS 用作 SMC/DMC 的低收缩控制剂时，一般将其切碎，然后靠机械搅拌作用在不饱和聚酯树脂中以微粒状分散。由于 SBS 的线膨胀系数是 PS 的线膨胀系数的 3 倍左右，所以其收缩控制效果较 PS 要好。若用 SBS 作为 SMC/DMC 工艺的低收缩控制剂，则 SMC/DMC 制品的表面光泽度将普遍降低。

各种热塑性树脂低收缩控制剂对模塑料特性的影响列于表 5-1。

■表 5-1　各种热塑性树脂低收缩控制剂对模塑料特性的影响

特　　性	低收缩控制剂				
	聚苯乙烯 (PS)	聚乙烯 (PE)	聚氯乙烯 (PVC)	聚甲基丙烯酸甲酯 (PMMA)	聚醋酸乙烯酯 (PVAc)
低收缩效果	中	差	差	良	优
光滑性	良	良	中	良	良
颜色均匀性	良	优	良	中	差
涂装性	差	差	—	中	良
机械强度	中	中	差	良	差
韧性	差	中	差	差	差
与不饱和聚酯树脂的相容性	差	差	差	差	良
耐水性	良	良	良	良	差

特　　性	低收缩控制剂				
	SBS	聚丁烯 (PB)	聚己内酯 (PCL)	饱和聚酯	聚对苯二甲酸乙二酯 (PET)
低收缩效果	优	差	良	中	良
光滑性	—	差	中	—	良
颜色均匀性	中	中	良	中	优
涂装性	良	良	良	良	优
机械强度	—	—	中	—	良
韧性	—	优	良	—	良
与不饱和聚酯树脂的相容性	差	差	良	—	优
耐水性	—	良	良	—	良

5.3.2.2 低收缩机理

在低收缩模塑料中，线型不饱和聚酯树脂低聚物的用量为 30％～45％，苯乙烯用量占线型不饱和聚酯树脂低聚物的 40％～45％。低收缩控制剂多采用热塑性树脂，其用量占不饱和聚酯树脂体系的 10％～20％，使用时溶解或部分溶解在苯乙烯中，然后与线型不饱和聚酯树脂低聚物混合形成低收缩树脂。低收缩树脂未固化物的实质是热塑性树脂溶液或亚浓溶液。在未固化树脂体系中，热塑性树脂分子链为卷曲无规线团，线团内吸收了苯乙烯，线团孔隙中的毛细管力控制着苯乙烯，使其与卷曲无规线团成为一个整体，并随线团一起运动，即苯乙烯和热塑性树脂可以构成一个运动单元；热塑性树脂在苯乙烯中除了可以转动和移动外，还有热塑性树脂线团链段的持续运动，其构象也在不断变化。因此，有低收缩控制剂的树脂体系的密度比无低收缩控制剂的树脂体系的密度大。固化反应开始时，随着体系温度升高，一方面，热塑性树脂线团的链段运动加快，在热的作用下，卷曲无规分子链的构象不断发生变化的程度增大，线团进一步扩展，其松散程度进一步增大，卷曲无规分子链的体积增大，苯乙烯迁移进入热塑性树脂线团的同时，线型不饱和聚酯树脂低聚物也在向热塑性树脂线团内迁移，这些都使得热塑性树脂线团的体积进一步增大；另一方面，热的作用使引发剂分解，形成自由基。自由基一方面使热塑性树脂无规线团孔隙中的苯乙烯进行自聚，同时也存在着线型不饱和聚酯树脂低聚物迁移进入热塑性树脂线团孔隙中与苯乙烯共聚，导致热塑性树脂线团的体积进一步增大；另一方面，除了自由基引发热塑性树脂线团的聚合以外，主体系苯乙烯与线型不饱和聚酯树脂低聚物也会发生共聚以及苯乙烯的自聚，随着反应的进行，主体系的分子量增大，热塑性树脂的溶解程度降低，并开始析出。在聚合反应热的作用下，热塑性树脂无规线团分子链构象的变化，线团的扩展和卷曲，无规分子链体积的增大，都需要一定的空间，而苯乙烯的自聚和苯乙烯与线型不饱和聚酯树脂低聚物共聚为热塑性树脂无规线团分子链的体积增大提供了空间。在冷却过程中，不饱和聚酯树脂固化物和热塑性树脂低收缩控制剂都在收缩，由于热塑性树脂低收缩控制剂分子链的运动受到交联网络的束缚，热塑性树脂的运动无法恢复到固化反应前的分子链的构象和原始的分子链卷曲无规线团的体积，热塑性树脂的收缩程度降低；不饱和聚酯树脂固化物收缩所需要的空间被热塑性树脂低收缩控制剂占据，不饱和聚酯树脂固化物收缩受到限制，因此，低收缩不饱和聚酯树脂具有较低的固化收缩率。

对于热塑性树脂与不饱和聚酯树脂固化前不相容的低收缩控制剂来说，体系的温度升高时，一方面，热塑性树脂受热后，由于分子链的运动，热塑性树脂在不饱和聚酯树脂中产生一定的溶胀，分子链卷曲，无规线团的体积有一定增大，同时苯乙烯和不饱和聚酯树脂线型低聚物在受热后，分子运动加快，首先表现出分子间距离增大，黏度降低，这为热塑性树脂分子链卷曲无规线团的体积增大提供了一定的空间；另一方面，主体系苯乙烯与线型不饱和聚酯树脂低聚物共聚和苯乙烯的自聚，随着反应的进行，体系的分子量增大，导致热塑性树脂相析出；同时，溶胀在热塑性树脂间的苯乙烯和不饱和聚酯树脂低聚物，也发生共聚和自聚，使得热塑性颗粒相较原始的热塑性颗粒相大，呈现出粗大的热塑性颗粒，最终形成相分离严重的两相结构，对不饱和聚酯树脂固化时体积收缩率降低的贡献较少。

5.3.3 配方设计

在模塑料的成型过程中，基体经过一系列物理的、化学的和物理化学的复杂变化过程，不饱和聚酯树脂基体材料与增强材料才能复合成具有一定形状的整体。因此采用何种成型工艺和配方技术以发挥各自的优势，进而满足加工性能和使用性能的要求，已成为人们日益关注的焦点。

材料的配方技术是一门复杂的技术，它不仅涉及材料应用的各种理论，也涉及了长期积累的实践经验，只有不断地进行摸索，积累经验，不断地通过实验进行改进，才可能使一种配方日臻完善，以满足材料的加工和使用要求，并得到良好的经济效益。下面向读者介绍一些配方设计的原则、基本知识以及典型实例。

5.3.3.1 模塑料配方的设计原则

① 初步判断 SMC/DMC 制品的主要性能有哪些，次要性能有哪些；

② 本着确保主要性能的条件下，兼顾其他性能的原则，按照基体树脂的结构、性能的关系与复合材料制品性能的关系来确定基体树脂的初步配方设计；

③ 考虑组分材料的来源、成本、毒性和刺激性及对环境的污染等因素。

5.3.3.2 模塑料配方设计的基本知识

单变量配方设计是指配方中除合成树脂以外仅有一种助剂，助剂的加入量影响基体的性能。这类配方一般选用消去法来确定。假设 $f(x)$ 是基体的物理性能指标，它在变量区间中只有一个极值点，这个点就是基体物理性能的最佳点。通常用 x 表示这种助剂加入量的取值，$f(x)$ 为目标函数，它应根据具体情况取最大值、最小值或符合要求的某个特定值，常用的方法有爬高法、黄金分割法和均分法。

多因素变量配方设计是指配方中含有两种或两种以上助剂，不同组分对性能的影响都不相同。长期以来采用"炒菜式"的试验方法进行配方设计，不仅耗费了大量的人力和物力，而且难以全面地反映影响材料性能的因素。然而采用科学的设计方法，如正交实验设计法和正交回归设计法，则可以在尽可能减少试验次数的基础上，得到性能良好的配方。

5.3.3.3 模塑料的配方实例

按制品工艺或制品性能配置的几种模塑料配方设计见表 5-2，其中：A为一种典型的 DMC 配方设计（来源：复材在线）；B 为一种阻燃型 SMC 的配方设计（来源：复材在线）；C 为一种阻燃电气型 DMC 配方设计（来源：复材论坛）。表中所用玻璃纤维为无碱玻璃纤维；Al（OH）$_3$ 为一种阻燃型填料；TBPB 为过氧化苯甲酸叔丁酯。

■表 5-2 按照制品工艺和制品性能配制的几种模塑料配方设计

类型	A			B			C		
	原料	规格	用量(质量分数)/%	原料	规格	用量(质量分数)/%	原料	规格	用量(质量分数)/%
树脂	不饱和聚酯树脂	邻苯型	15.93	P801 树脂	—	21	华日 3110＋ 华日 PB930	—	15 10.5
纤维	玻璃纤维	6mm	18	玻璃纤维	—	23	玻璃纤维	7mm	15
低收缩添加剂	40%PS	—	10.6	40%PS	—	9	—	—	—
引发剂	TBPB	纯度99%	0.27	TBPB	—	0.27	TBPB	纯度99%	0.27
增稠剂	Ca(OH)$_2$	试剂级	0.33	MgO	—	0.3	MgO	—	0.15
脱模剂	硬脂酸锌	200目	0.93	硬脂酸锌	—	1	硬脂酸锌	—	1
填料	CaCO$_3$	500目	53.07	Al(OH)$_3$	—	45	Al(OH)$_3$	400目	58 左右
其他助剂	炭黑 CB	炉黑	0.87	颜料	—	0.43	阻聚剂 对苯醌	—	0.03
合计			100			100			100

对于阻燃型 SMC 的一般技术指标要求为：密度为 $1.75\sim1.95$g/cm^3（GB 1033）；收缩率 $\leqslant0.15\%$（GB 1404）；冲击强度 $\geqslant60$kJ/m^2（GB 1043）；弯曲强度 $\geqslant150$MPa（GB 1042）；电气强度 $\geqslant12$kV/mm（GB 1408）；耐电弧 $\geqslant180$s（GB 1411）；绝缘电阻 $\geqslant1\times10^{13}\Omega$（GB 10064）；耐漏电起痕指数大于等于 600V（GB 4027）。

5.4 模塑料的生产工艺与设备

模塑料包括 SMC 和 DMC，一般采用模压成型，其生产工艺与设备大体相同，但 DMC 还可用于注射成型。下面以 SMC 为例对模塑料的生产工艺与设备进行介绍。

5.4.1 SMC 的生产工艺

如图 5-1 所示为 SMC 成型机组示意。SMC 的生产工艺主要包括树脂糊制备、上糊操作、纤维切割沉降、浸渍、稠化等工艺过程，其生产工艺流程如图 5-2 所示。

5.4.1.1 树脂糊的制备及上糊操作

在涂覆于聚乙烯薄膜上前，树脂糊须预先制备好。制备树脂糊常用的方法有批混合法和连续计量混合法。其中批混合法应保证每批树脂糊增稠时间均一，它是将树脂和除增稠剂以外的各组分计量后，先行混合，再通过计量混合泵加入增稠剂。其中对增稠剂的要求是在加入后 30min 内黏度低于最大允许值。批混合法适合小批量制备树脂糊，且设备造价低，但其不足之处是所制成的树脂糊的贮存寿命受增稠时间限制，时间过长会导致树脂快速增

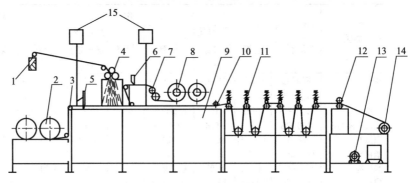

■图 5-1　SMC 成型机组示意

1—无捻粗纱;2—下薄膜放卷;3,7—展幅辊;4—三辊切割器;5—下树脂刮刀;6—上树脂刮刀;
8—上薄膜放卷;9—机架;10—导向辊;11—浸渍压实辊;12—牵引辊;
13—传动装置;14—收卷装置;15—树脂胶槽

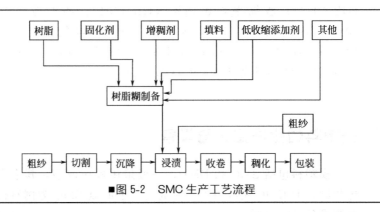

■图 5-2　SMC 生产工艺流程

稠,影响对玻璃纤维的浸渍。

采用连续计量混合法来制备树脂糊,是将树脂糊分为双组分制备,然后通过计量装置进入静态混合器混合,混合均匀后连续送入 SMC 成型机的上糊区,如图 5-3 所示。

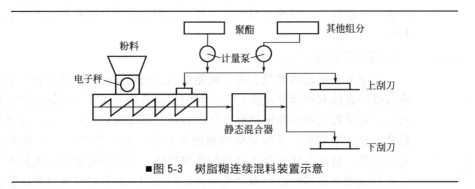

■图 5-3　树脂糊连续混料装置示意

双组分配置中，一个组分为树脂、引发剂和填料；另一组分为含有惰性不饱和聚酯树脂或其他载体、增稠剂及少量用作悬浮体的填料。

涂覆树脂糊有一定的要求限制：

① 涂覆树脂糊的宽度应比薄膜每侧窄 75mm；

② 涂覆树脂糊的上、下薄膜及糊宽应对正，以免影响复合。

5.4.1.2 玻璃纤维的切割与沉降

玻璃纤维经切割器切断，SMC 玻璃纤维三辊切割刀如图 5-4 所示。切割步骤如下：首先将玻璃纤维从纱架中引出，经过横动杆 2 进入由橡胶和压力辊 5 包覆的支承辊 3 中，纤维最终形成短切玻璃纤维是由于在两辊的牵引下，纤维被导入切割辊 8 和支承辊中，然后切断。玻璃纤维被短切后，用压块将刀片固定于刀套中，然后将切片沿轴向方向装配，将整个轴向上刀套径向固定的刀片刃口彼此间错开一个角度，切割过程中若刀口重叠则会使垫辊橡胶套遭受损坏，故应使切割辊与垫辊直径不同。

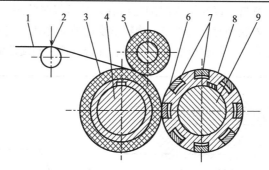

■图 5-4 SMC 机组用玻璃纤维三辊切割刀

1—连续玻璃纤维；2—横动杆；3—支承辊；4,9—金属辊；5—压力辊；

6—刀片；7—压块；8—切割辊

短切玻璃纤维在沉降室中靠自重沉降，沉降过程中应注意沉降的均匀性，故可在切割器下吹入空气。将 1～4 台切割器装于一台机组上，要求整个切割器的长度应宽于片材的幅宽；粗纱在切割过程中因速度太快会产生静电效应，应在切割过程中防静电产生。工业中常采用以下防静电措施：①在设备上安装粗纱静电消除器；②严格控制切割区温度和湿度（相对湿度在 50%～60%）；③在粗纱浸润剂中添加抗静电剂。另外，粗纱的切割速度太快会产生静电效应，但是其切割速度也不宜过慢，若太慢，则会降低粗纱分散性。

5.4.1.3 浸渍和压实

SMC 成型机组有两种结构的浸渍压实机构，分别是环槽压辊筒式与弯曲双带式，如图 5-5 和图 5-6 所示。两种浸渍压实机构的作用都是使纤维充分浸渍树脂，在压制厚度均匀的片状模塑料时，赶走气泡。在 SMC 生产工艺中，浸渍、脱泡及压实由压辊及片材自身所产生的弯曲、拉伸、压缩和揉捏等作用实现。环槽压辊式浸渍压实机构由一系列上、下交替排列的成对辊筒组成。每对辊筒的上压辊（小辊）外表都带有环槽，下辊（大辊）外表面是平的。于是，当片材通过辊筒时，在环槽的凸凹部，形成高、低压区，如图 5-5 所示，利用环槽辊式的多辊筒及弯曲双带式的输送带来压实厚度均匀的片状模塑料。另外还有一种环槽压辊式浸渍压实机（图 5-7），对于这种压实机，当片材通过下对辊时，低压区逐渐变成高压区。因此其相邻两个槽辊的环槽彼此错开。在低压和高压的反复转变过程中，物料沿辊筒轴向往复流动，反复挤压捏合，起到均匀混合、充分浸渍的作用；在弯曲双带式浸渍压实机构中，SMC 片材在两条牵引带（导带）之间前进，在此过程中所需的压力可通过调节倒带的张力获得。片料在绕过辊筒的过程中，内外倒带所受的力不同，内导带（内薄膜）受压应力，而外导带（外薄膜）受拉应力。由于导带、聚乙烯薄膜均为弹性体，外导带（外薄膜）相对于内导带（内薄膜）产生弹性伸长。基于此，靠近内膜的物料因内阻的作用而不能滑移，呈紧密状态。而靠近外膜的物料可以克服内阻随之滑移，并呈舒张状态。当物料前进至下个辊筒时，内、外膜相对位置改变，物料承受的拉力作用、疏密状态亦随之交替变化。经过以上作用，物料可被充分穿插、捏合从而达到浸渍的目的。

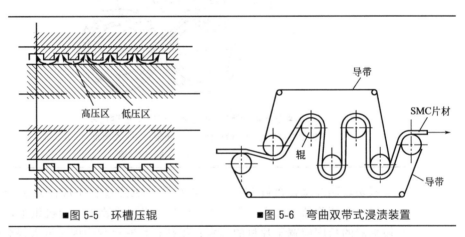

■图 5-5　环槽压辊　　　　　　■图 5-6　弯曲双带式浸渍装置

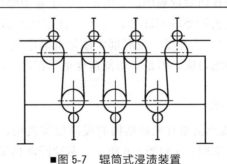

■图 5-7　辊筒式浸渍装置

5.4.1.4 收卷

SMC 片材通过浸渍压实区后，用收卷装置将其卷成一定质量的卷。在收卷过程中应注意控制力度以免将片材拉断。收卷过程中，由于转速不易调控，收卷卷径会逐渐增大。这样会使得收卷线速度大于主传动速度，从而可能导致 SMC 片材的断裂。同时，收卷装置要保持可控且恒定的张力。

5.4.1.5 熟化与存放

当片状模塑料从成型机上卸下后，并不能直接使用，必须经过一个熟化的程序，即使得片状模塑料的黏度达到模压黏度范围并稳定后，才可使用。一般来说，如若 SMC 在室温下存放，熟化时间很长，需 1～2 周的时间，这样的处理工艺显然会大大降低生产效率，为使其黏度尽快达到模压黏度，常对其进行加速稠化（40℃下在稠化室处理 24～36h）。现阶段更为先进的方法是在成型机组内装配稠化区或采用新型高效增稠剂来进行加速稠化。

SMC 的贮存寿命与其贮存状态和条件息息相关。如为防止苯乙烯挥发，在存放时须用非渗透性薄膜对其密封包装。另外环境温度对存放寿命也有较大的影响，在 15℃下，可贮存 3 个月，而在 2～3℃下，贮存寿命可达 6 个月。

5.4.2 SMC 的生产设备

SMC 制品的成型主要用到制片机，其结构主要包括机架、输送系统、聚乙烯薄膜供给装置、刮刀、玻璃纤维切割器、浸渍和压实装置、收卷装置、玻璃纤维纱架、树脂糊的制备及喂入系统、静电消除器等。

5.4.2.1 机架

机架主体通常为钢制结构，主要用于安装输送系统和各种部件。机架应当具有足够的刚性，以承受各种静载荷和动载荷。通常在机架上为新结构设计预留足够的备用空间。

5.4.2.2 输送系统

输送系统主要包括两种类型：一种是输送带；另一种是用聚乙烯薄膜兼起输送带的作用。输送系统主要用于运载和支撑复合片材，并使其完成复合、浸渍和压实。输送带应比所生产的片材略宽，其张力应可调节。

5.4.2.3 聚乙烯薄膜供给装置

聚乙烯薄膜供给装置用以保证生产过程中有充足的薄膜供给，使薄膜在张力作用下无皱褶地进入上糊区。为保证生产的连续进行，通常在机组中安装两套供膜装置。

5.4.2.4 玻璃纤维切割器

玻璃纤维切割器大多直接固定在机架上，切割辊的长度应比所生产的片材略宽。切割器刀辊的刀片应呈螺旋形安装，以减少冲击振动且方便换刀。刀片间距由所需纤维长度决定。切割器刀片与垫辊间的压力由液压机供给，这样易实现人为控制，提高切割效率并降低对橡胶辊的损坏。

5.4.2.5 刮刀装置

刮刀装置安装在机组的上糊区，主要用于控制施加到聚乙烯薄膜上的树脂糊量。刮刀应容易调节且具有较高的精度。为防止树脂糊中结块或杂质在上糊区引起薄膜扯裂，刮刀底板应能够临时性瞬间下降。

5.4.2.6 浸渍和压实装置

浸渍和压实装置由一系列的光辊和槽辊组成，某些机组中也装有刺穿辊。其作用主要是实现片状模塑料的复合、浸渍、脱泡和压实。

5.4.2.7 收卷装置

收卷装置是将所得片状模塑料收集成卷。对于实验性机组或小批量生产机组，多采用单轴静位收卷装置；而对于大批量生产的机组，通常采用双轴双位转台式收卷装置，以实现生产过程中的自动换卷。应当注意的是在收卷过程中要使片状模塑料保持恒定的可控张力。

除了上述七个主要部分外，制片机组还包括玻璃纤维纱架、树脂糊制备及喂入系统和除静电系统等。对有特殊要求的机组，还可以安装熟化装置。

纱架主要用于存放生产用纱，可将粗纱导入切割器进行短切。为保证精确的切割长度和效率，粗纱进入切割器前应施加一定的张力。纱架上的纱团旁应有备用纱。纱架上应装有陶瓷或不锈钢导钩，同时须防止与粗纱接触部分的金属生锈。纱团较大时，常采用双纱道进纱。在纱道上，粗纱之间的距离要考虑防止静电干扰。粗纱张力的控制，一般通过打开或闭合纱道上一对可调"Z"字形固定的钢销加以控制。

树脂糊制备及喂入系统在前面已经介绍过，这里不再赘述。

目前，商品化的制片机种类繁多，从功能结构来看，这些制片机的主要区别在于增强材料的引入、浸渍和脱泡系统。首先，玻璃纤维毡和玻璃纤维纱所选用的增强材料引入系统有很大区别。选用玻璃纤维毡作增强材料时，只要几对辊筒即可实现毡片叠合；选用玻璃纤维纱时，除几对辊筒外，还需装配粗纱短切装置和沉降、除静电系统。其次，从浸渍、脱泡机构看，主要有辊式和带式两种。

(1) 玻璃纤维毡制片机　玻璃纤维毡制片机是一种早期的制片机组，其结构如图 5-8 所示。该机组机构简单，但使用玻璃纤维毡作为增强材料成本较高，且玻璃纤维含量和长度均难以控制，故在国外已不再使用。

(2) 带式制片机　如图 5-9 所示是带式制片机，采用玻璃纤维粗纱作为增强材料。树脂糊刮刀可以安装在机组的上、下两个位置。短切玻璃纤维通过重力作用沉积进入树脂糊内，机组中安装有多个槽（盘）辊以利于树脂浸渍纤维，同时安装有刺穿辊，可刺穿薄膜，以排出片材内部困集的空气，便于浸渍、脱泡和压实。带式制片机主要是通过带槽辊筒对输送带上的片材进行滚压来实现玻璃纤维的浸渍和脱泡，但其输送带的运动系统易发生故障。

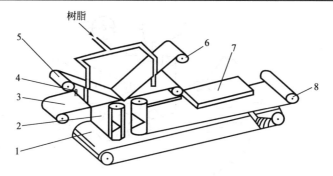

■图 5-8　玻璃纤维毡制片机

1—运输带；2—胶带；3—底面聚乙烯薄膜；4—刮刀；

5，6—玻璃毡；7—加热器；8—SMC 成品

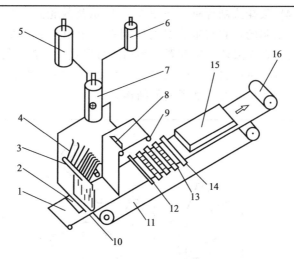

■图 5-9　带式制片机

1—底部聚乙烯薄膜；2，8—刮刀；3—玻璃纤维切割器；4—粗纱；5—树脂混合器（树脂、催化剂、

填料、脱模剂）；6—增稠剂分散器；7—混合器；9—薄膜；10—平台；11—运输带；

12—盘式辊；13—刺穿辊；14—挤压辊；15—加热器；16—收卷

（3）辊式制片机　如图 5-10 所示是辊式制片机，采用驱动辊代替输送带，利用聚乙烯薄膜携带树脂糊和玻璃纤维，并通过辊筒来揉捏和驱赶空气。可以通过调整辊的位置和压力，使片材受到不同的张力。除此之外，辊筒可以加工成不同的直径，使得薄膜在经过辊周围的同时受到拉伸方向的力；也可以在机组中安装锯齿形工作辊，以利于玻璃纤维充分浸渍；还可以在制片机中安装加热装置，以提高树脂浸渍速率。辊式制片机主要是靠卷绕张力对辊面产生的压力实现玻璃纤维浸渍和脱泡，其结构紧凑，占用空间小，可实现双面浸胶、脱泡，便于质量控制，也可实现片状模塑料的单重变化和高速生产。

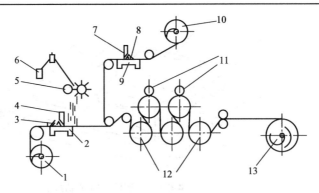

■图 5-10 辊式制片机

1—底部聚乙烯薄膜；2,9—平台；3,8—树脂糊；4,7—刮刀；5—粗纱切割器；
6—粗纱；10—顶部聚乙烯薄膜；11—压辊；12—中空辊；13—SMC 成品

(4) 鼓轮式制片机 如图 5-11 所示是鼓轮式制片机，它是在辊式机的基础上研制的，它与辊式机的区别在于用中空的钢制大鼓轮取代小直径的辊，同时在大鼓轮周围配置一系列的行星式压实辊，使纤维压实和浸透，而且大鼓轮也可以进行加热或冷却，增加纤维浸渍速率。与辊式制片机相比，鼓轮式制片机具有更加紧凑的结构。

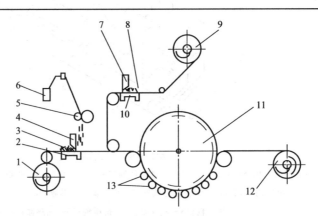

■图 5-11 鼓轮式制片机

1—底部聚乙烯薄膜；2,10—平台；3,8—树脂糊；4,7—刮刀；5—粗纱切割器；
6—粗纱；9—顶部聚乙烯薄膜；11—中空钢鼓轮；12—SMC 成品；13—压紧辊

5.4.3 SMC 的性能测试

　　SMC 的性能包括片材本身的各种质量指标（如玻璃纤维含量、挥发分含量、质量均匀性、单重、薄膜剥离性等）、成型性（如脱模性、流动特性、收缩性、固化特性等）以及应用特性（如波纹度、电性能、各种物理性能和

5.4.3.1 挥发物含量的测定

取模压料 $1\sim1.5g$，称重 g_1（准确至 $0.001g$），于（105 ± 2）℃烘 $30min$，取出后在干燥器内冷却至室温，再称重 g_2，按下式计算挥发物含量：

$$V=\frac{g_1-g_2}{g_1}\times100\%\qquad\qquad(5\text{-}5)$$

式中　V——挥发物含量（质量分数），%。

5.4.3.2 树脂含量和不溶性树脂含量的测定

取模压料 $1\sim1.5g$，称重 g_1（准确至 $0.001g$），然后于丙酮溶液中浸泡 $15min$，取出后于烘箱内（105 ± 2）℃烘 $30min$，然后在干燥器内冷却至室温称重 g_2，称重后将料放入 $600\sim800$℃的高温炉中烧 $10\sim20min$，直到把树脂全部烧尽为止。取出后在干燥器内冷却至室温，称重 g_3，则可按下式计算树脂含量和不溶性树脂含量：

$$R=\frac{g_1(1-V)-g_3}{g_1(1-V)}\times100\%\qquad\qquad(5\text{-}6)$$

$$C=\frac{g_2-g_3}{g_1(1-V)-g_3}\times100\%\qquad\qquad(5\text{-}7)$$

式中　R——树脂含量（质量分数），%；

　　　C——不溶性树脂含量（质量分数），%。

5.4.3.3 玻璃纤维含量的测定

取模压料 A 灼烧，将灼烧残渣用 10% 的盐酸 $100mL$ 溶解非玻璃质，过滤以后用丙酮洗涤三次，于 110℃内烘 $1.5h$，取出后在干燥器内冷却至室温，称重 B（精确至 $0.001g$）。玻璃纤维含量按下式计算：

$$玻璃纤维含量=\frac{C}{A}\times100\%\qquad\qquad(5\text{-}8)$$

式中　A——灼烧前模压料的质量（精确至 $0.001g$）。

5.4.3.4 硬度测定

SMC 的硬度测定是用于确定和指导成型工艺的一个重要指标，也是评价材料力学性能最迅速、最经济、最简单的一种试验方法。常用的硬度测定方法有下垂法、折叠法、压入法以及布氏硬度测定法等。

如图 5-12 所示为布氏硬度的测定原理示意。

$$HB=\frac{F}{S}=\frac{F}{\pi Dh}\qquad\qquad(5\text{-}9)$$

式中　F——试验力，N；

　　　S——压痕表面积，mm；

　　　D——球压头直径，mm；

　　　h——压痕深度，mm；

　　　d——压痕直径，mm。

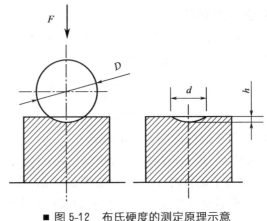

■ 图 5-12　布氏硬度的测定原理示意

5.4.3.5 SMC 质量均匀性检查

SMC 的质量均匀性是指各部位重量分布均匀性和沿宽度方向各部位玻璃纤维含量分布的均匀性。前者的离散系数采用重量来表示，后者的离散系数采用玻璃纤维的含量来表示。

玻璃纤维含量分布均匀性测试的取样方法：沿 SMC 宽度方向取不少于 14 个样，按照之前所述的玻璃纤维含量和试样尺寸，测定所得到的试样重量或玻璃纤维含量，然后进行计算即可得到玻璃纤维含量离散系数和重量分布离散系数。

5.4.3.6 流动特性

模压料的流动特性在模压成型工艺中是一项十分重要的工艺性能，故要想制备外观良好、高强度的制品，需充分掌握模压料的流动性。有人采用压制成型原理和 X-Y 函数记录仪自动记录试验结果来对流动性进行检测，它是由压力变化曲线和模具闭合过程中的位移曲线组成。

5.4.3.7 单重的测定

将 SMC 试样按 300mm×300mm 规格切取，迅速揭去上下两面模进行称量。单重按下式计算：

$$单重=\frac{W}{9} \tag{5-10}$$

式中　W——SMC 试样质量，g。

5.4.3.8 灼烧减量的测定

所谓的灼烧减量是指 SMC 在高温灼烧后的重量损失百分率。该损失是由树脂、低收缩添加剂、苯乙烯、色料等在高温下灼烧而引起的。具体测定方法如下。

沿片材宽度方向，切取规格为 50mm×50mm 的试样，迅速揭去两片薄膜称重（精确至 0.001g），然后将试样放置在 600℃的马弗炉中灼烧 3～

3.5h，取出后在干燥器中冷却 30min 后称重（精确至 0.001g）。按照下式进行计算。

$$灼烧减重 = \frac{m_0 - m_1}{m_0} \times 100\%$$ (5-11)

式中　m_0——SMC 灼烧前质量，g；

　　　m_1——SMC 灼烧后质量，g。

通过选取 3~5 个试样，取其算术平均值作为试验结果。

5.4.3.9　固化特性

SMC 的固化特性一般是指利用固化放热法所作出的固化放热曲线来进行测定，而固化放热曲线通常采用差示扫描量热仪（DSC）来绘制。通过 DSC 曲线的测试可获得固化特性等一系列重要的热力学参数，从而为复合材料成型加工提供理论和实验指导。

5.4.3.10　固化收缩率

SMC 制品在热固化时，通常会产生固化收缩。按下式对固化收缩率进行计算：

$$收缩率(\%) = \frac{1}{6}\left(\frac{A_1 - a_1}{A_1} + \frac{A_2 - a_2}{A_2} + \frac{A_3 - a_3}{A_3} + \frac{A_4 - a_4}{A_4} + \frac{A_5 - a_5}{A_5} + \frac{A_6 - a_6}{A_6}\right)$$

(5-12)

式中　$a_1 \sim a_6$，$A_1 \sim A_6$——制品和模具在 6 个波处的对应宽度。

5.5　模压成型工艺与设备

在制得质量合格的模塑料后，还需进一步的加工处理才能将其制成所需制品。目前，模压成型是模塑料制品成型最主要的方式，它属于干法成型，具有操作环境优良、成型工艺性好、制品强度高和生产效率高的优点。

5.5.1　模压成型工艺

模压成型工艺是将一定量的预浸料放入金属模具型腔中，利用带热源的压机产生一定的温度和压力，合模后在一定的温度和压力作用下使预浸料在模腔内受热软化、受压流动、充满模腔、成型固化，最终获得复合材料制品的一种工艺方法。模塑料的模压成型工艺流程如图 5-13 所示。

5.5.1.1　压制前的准备

（1）模压料预热和预成型　模压料的预热是指压制前对模压料进行的预先加热处理。经过预热处理可使模压料的工艺性能得到改善，如提高其流动性，从而有利于装模和降低制品收缩率，同时经过预热处理，可使得模压料

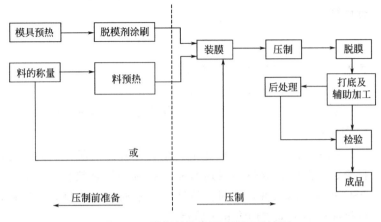

温度提高，从而降低成型压力并缩短固化时间。经预热的模压料压制的制品，其物理性能和化学性能以及尺寸稳定性均有不同程度的提高。

常见的模压料预热方法有以下几种，红外线预热、电烘箱预热、加热板预热、高频预热以及远红外预热等。电烘箱预热虽然温度易于控制、使用方便，且预热温度一般在 80~100℃，但存在一定的局限性（物料内外受热不均），故最好使用热鼓风系统；红外灯预热温度一般为 60~80℃，其热效率高，且物料受热均匀，但温度范围有限。实际预热时间应根据各个不同的反应来加以控制，一般不超过 30min。

制品在压制前首先要经过模压料的预成型。模压料预成型是将模压料在室温下预先压成与制品相似的形状，这样可将成型周期缩短，同时提高生产效率和制品的性能。一般在批量生产、使用多腔模具或成型特殊形状和要求的预混料模压制品时采用。

(2) 装料量的估算　装料量的估算有利于提高生产效率和确保制品的尺寸。首先进行初次估算，即模压料制品的密度与体积相乘，再加上 3％～5％的挥发物、毛刺等损耗，然后再经过几次试压即可得出精确的装料量。

模压制品的体积常采用下列方法进行粗略估算。

① 形状简化法　凭以往的经验将具有复杂形状的制品简化成一系列简单几何制件，然后进行计算。

② 相对密度法　该法适用于具有相对应的金属或其他材料零件的模压料制品。

$$\omega = \frac{m}{\rho}\rho'(1+k) \tag{5-13}$$

式中　ω——模压料制品质量；

m——金属制品质量；

ρ，ρ'——模压料与金属的密度；

k——取 3%～5%。

③ **铸型比较法** 先用树脂或石蜡等铸型材料在成型制品的金属模具中铸成制品形状并称其质量，再按密度法即可求得模压制品质量。

(3) 脱模剂的选用 模压料使用的脱模剂有两种：分别为外脱模剂和内脱模剂。外脱模剂是在装料前直接涂刷在模具的成型面上，而内脱模剂则是在模塑料制备过程中填加在树脂糊中。在直接模压中多用外脱模剂或内、外脱模剂结合使用。为了保证制品的表面质量，脱模剂应在满足脱模要求下尽可能少用且涂刷均匀。

5.5.1.2 模压工艺参数

物料在模压的过程中主要经历黏流、凝胶和固化三个阶段。温度、压力和时间是模塑料模压成型工艺的主要影响因素。压制制度包含温度制度和压力制度。

温度的作用主要是促进树脂的塑化和固化。初期温度升高使得不饱和聚酯树脂的黏度降低，从而易于模压料的流动并充满模腔；到后期，随着温度的逐渐升高，黏度增大，最后变成了不溶不熔的固态。模压成型的温度制度主要包括装模温度、升温速率、最高模压温度和恒温、降温及后固化温度等。

(1) 装模温度 即放入物料时模具的温度，由模压料的质量指标和品种来决定。除此之外，还应充分考虑制品的结构和生产率。

装模温度的确定应与溶剂的挥发温度相结合，应有利于赶出小分子的物质且易于物料的流动，同时树脂不会发生明显的化学变化。为保证物料表面温度的均衡性，应在装模温度下停留一段时间。当挥发物的含量较高，不溶性树脂的含量较低时，应选择较低的装模温度；反之，要适当提高装模温度。对于结构较为复杂或者是大型的制品，适宜的装模温度一般在 25～90℃范围内。

(2) 升温速率 即由装模温度到最高压制温度的升温速率。对快速模压工艺而言，不涉及升温速率的问题，而在慢速模压工艺中，应慎重选择升温速率，尤其对于较厚制品的成型。模压料本身导热性差，若升温太快，则可能导致与热源接触部位的物料先固化，从而限制内部未固化物料的流动，使其不能充满模腔，造成制品内外不均匀；但升温过慢，又会使得生产效率有所降低。常用的升温速率为 1～2℃/min。

(3) 模压温度 通过放热曲线可以确定模压温度。差热分析（DTA）或差示扫描量热（DSC）可以自动、连续地测定树脂固化过程中放热（或吸热）的情况，可根据放热量来确定模压温度。

复合材料的固化需要一个相对恒定的温度。在实际的生产中，要想达到固化工艺要求，需找出升温速率趋于零的峰值温度。该峰值温度可通过将不同升温速率下的结果连成直线再采用外推法求得。模压温度不宜过高或过低，温度过高或过低，都会影响制品的强度、热性能、电绝缘性能以及外观质量，造成脱模困难、生产周期长等缺陷。合理的模压温度应通过工艺性能试验来制定。

(4) 保温时间 保温时间是相对于成型压力和模压温度而言的，具有完全固化制品和消除内应力的作用。不稳定的导热时间和模压料的固化反应时间是决定保温时间的两个主要因素，其中导热时间与以下几个因素有关：制品结构尺寸、加热装置的热效率、模压料的品种以及环境温度。

(5) 后固化处理 一般是在制品脱模以后在烘箱中进行，其目的是进一步提高制品的固化程度。提高反应温度可使未发生反应的基团进一步交联，从而使制品的交联密度增大，同时可消除内应力。通过后处理可使制品的耐热性、电绝缘性以及力学性能均有所提高，但同时也应注意到后处理本身就是一个热老化的过程，温度太高或是时间太长会使制品的性能下降。

5.5.1.3 压力制度

模压成型工艺的压力制度主要包括成型压力和加压时机。

(1) 成型压力 成型压力具有以下两个主要作用：一是克服模压料的内摩擦及物料与模腔间的外摩擦，使物料充满模腔；二是克服物料挥发物（空气、溶剂、水分及固化副产物等）产生的抵抗力及压紧制品，以保证制件具有精确的形状和尺寸。模压料的种类、质量指标及制品的结构、形状和尺寸是影响成型压力的主要因素。成型压力的确定应充分地考虑到以下情况：所需的成型压力随制品壁的加厚而增大；圆锥形制品所需要的成型压力小于圆柱形制品；制品结构越复杂，其所需的成型压力也就越大；模压料流动方向与模具移动方向相反较相同时的成型压力大。一般情况下，成型压力的增大有利于制品质量的提高，但成型压力过大会导致纤维损伤，从而使制品的强度降低，且不利于压机的寿命和耗能，故需要通过工艺性能试验来确定合理的成型压力。表 5-3 给出了几种模压料的成型压力参考值。

■表 5-3 几种模压料的成型压力参考值

模压料名称		成型压力/MPa
不饱和聚酯树脂料团	一般制品	0.7～4.9
	复杂制品	4.9～9.8
片状模压料	特种低压成型料	0.7～2.0
	一般制品	2.5～4.9
	复杂深凹制品	4.9～14.7

成型压力是用单位压力表示的，即制品在水平投影方向上单位面积所承受的力。选用压机时需了解压机的最大压力、表压、最大允许表压，它们之间存在一定的关系：

$$k p' S' = p S \tag{5-14}$$

$$T = 9.8 \times 10^{-2} P_{\max} S' \tag{5-15}$$

$$p' = \frac{9.8 \times p S p_{\max}}{T \times 10^2} \tag{5-16}$$

式中 p——制品单位压力，MPa；

S——制品水平投影面积，cm^2；

p'——压机表压，MPa；

S'——压机柱塞面积，cm^2；

k——压机效率系数，粗略计算取 $k=1$；

p_{max}——压机最大允许表压，MPa；

T——压机最大压力，kN。

（2）加压时机 指经过装模以后，在一定的时间和温度下加全压。选择合理的加压时机是制造合格制品的关键工艺参数之一。加压过迟，使得树脂的反应程度大大增高，相应地分子量急剧增大，黏度也增大，树脂的流动性很低，较难流动以充满模腔，所以制品的孔隙率高；若加压太早，树脂的反应程度低，分子量较小，黏度也较低，较易流动，在制品中就会产生树脂的集聚或是纤维的裸露，甚至出现制品的贫胶现象。要制备合格的产品，需使树脂的反应程度适中，从而使纤维和树脂一起流动。合理的加压时机是经过大量实验总结出来的。一般可采用以下方法：用热分析方法来测定树脂放热峰区间、树脂的凝胶温度，当接近树脂的凝胶温度时开始加压。

5.5.2 模压成型模具

5.5.2.1 模具结构

典型的 SMC 模压成型模具结构如图 5-14 所示，它是由上模和下模两部分组成，上、下模分别安装于压机的上压板和下压板上。置于加料室和型腔中的模压料在上模和下模闭合时就会受热和受压，在温度和压力的作用下，模压料呈熔融态充满整个型腔。成型后上、下模打开，顶出装置将制品顶出。

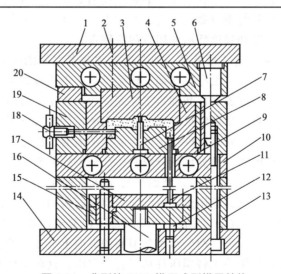

■图 5-14 典型的 SMC 模压成型模具结构

1—上板；2—螺钉；3—上凸模；4—凹模；5,9—加热板；6—导柱；7—型芯；8—下凸模；

10—导套；11—顶杆；12—挡钉；13,15—垫板；14—底板；16—拉杆；

17—顶杆固定板；18—侧型芯；19—型腔固定板；20—承压板

(1) 型腔　型腔是直接成型制品的部位。模具型腔由上凸模、下凸模、凹模三部分构成。凹模和凸模配合得好坏对于制品的成型有很大的影响。

(2) 加料室　凹模的上半部分即是加料室。当模压料比容较大，成型前不能将原料全部装纳时，需在型腔上面加设一个加料室。

(3) 导向机构　由导柱和装有导向套的导柱孔组成。

(4) 侧向分型抽芯机构　带有侧孔和侧凹的制品脱模时，需要侧抽芯机构抽出侧孔或侧凹的型芯，才能保证制品的顺利脱模。

(5) 脱模机构　由顶出板、顶出杆等零件组成。

(6) 加热系统　热固性模压成型需要在较高温度下固化，故模具需要设置加热装置。常见加热方式有电加热、蒸汽加热等。

5.5.2.2 模具分类

(1) 根据与压机连接方式分类　模压成型模具可分为三种：移动式模具、固定式模具及半固定式模具。

① 移动式模具是一种机外装卸模具，不固定在压机上，且模具本身不带加热装置。一般情况下，模具的开模、装料、闭合及成型后制品从模具中取出等操作均在机外进行。这种模具适用于压制批量不大的中小型制品，制件内部具有很多嵌件、螺纹孔及旁侧孔的制品，以及新产品试制等。移动式模具结构简单，制造周期短，造价低。但是加料、开模、取件等工序均为手工操作，劳动强度大，生产效率低，故模具质量及尺寸都不宜过大。

② 固定式模具是一种机内装卸模具，固定在压机上，且本身带有加热装置。整个生产过程开模、装料、闭合、成型及顶出制品都在压机上进行。固定式模具使用寿命长，适于大批生产尺寸较大的制品，同时它还具有生产效率高、劳动强度低和使用方便等特点。

③ 半固定式模具是一种介于上述两者之间的模具，一般为上模固定在压机上，下模可沿导轨移动。成型以后，下模被移到压机外侧的工作台上进行作业。待安放嵌件和加料工序完成后，再于压机内进行压制。

(2) 按分型面特征分类　分型面的作用是将已经成型好的制品从型腔中取出或为满足安装嵌件及排气等成型的需要。根据模压件结构，可将直接成型模压件的那一部分模具分成若干部分的接触面。

① 水平分型面　分型面平行于压机的工作台面，如图 5-15(a) 所示，一个水平分型面的压模，可分为凸模和凹模两大部分。两个水平分型面的压模，如图 5-15(b) 所示，分型面将压模分成凸模、凹模和模套三部分。当分模时，压模可在两个水平分型面的方向上分成三部分，而模套中仍保留有模压件，可用手工将模压件从模套中取出。这种结构没有顶出器，故常用于移动式压模中。

② 垂直分型面　分型面垂直于压机的工作台面。垂直分型面的具体结构如图 5-15(c) 所示，它是由两块或数块组成的，外形为楔形或截锥型凹模，装在模套中。当凸模进行压制时，模套便将凹模套住，使模具处于闭合

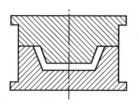
(a) 一个水平分型面敞开式压模

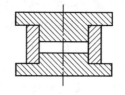
(b) 两个水平分型面闭合式压模

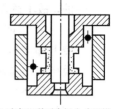
(c) 垂直分型面半闭合式压模

■图 5-15　模具类型

状态，型芯用来成型模压件中的孔。当凹模从模套中顶出后，方可将模压件取出。

③ 复合分型面　分型面既有平行于压机工作台面的，也有垂直于压机工作台面的。

(3) 按上、下模闭合形式分类

① 敞开式模具（溢式压模）　如图 5-16(a) 所示，该模具的特点是没有加料室，装料容积有限。模压成型时每次加料量不要求十分准确，但必须过量。此类模具结构简单，造价低，耐用，易脱模，安装嵌件方便；缺点是制品的密实性较差。由于有溢料且每次加料量有差异，因此很难保证成批生产的制品厚度和强度的均匀性。加料过量导致原料有一定的浪费。该模具适于压制扁平的盘形制件，尤其是对强度和尺寸无严格要求的制品，如纽扣、装饰品、密封垫以及其他各种小零件。

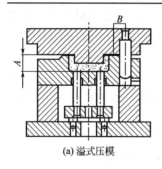
(a) 溢式压模

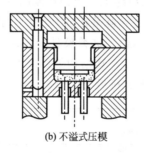
(b) 不溢式压模

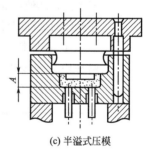
(c) 半溢式压模

■图 5-16　模具按照闭合形式分类

制件高度大体上等于模腔总高度 A，由于凸模与凹模无配合部分，故压制时过剩的模压料极易溢出。挤压面即为图中所示的环形面 B，由于要减少制品的毛边，故其宽度较窄。基于模压料在合模后其压缩量有一定的限度，因而制品的密度较低，力学性能也不太高。压模时若闭合速度太慢，则会使物料在挤压面快速固化，同时也会使制品的毛边增厚。制品的溢边不易除去，且对制品的外观有一定的损害。若闭合速度太快，则会使得溢料量增多，从而既浪费了原料又降低了制品的力学性能。对溢式模具来说，由于没有加料室，装料的容量有限，不宜使用高压缩的模压料。由于凸模和凹模的配合仅仅是靠导柱来定位的，故不适合用于制造薄壁和壁厚均匀性要求很高的制品。

② 密闭式模具（不溢式压模） 如图 5-16(b) 所示，模具的加料室为型腔上部的延续部分，无挤压面，模压件几乎承受着压机所施加的全部压力。模压料的溢出量非常少，其缺点是加料量直接影响制品的高度尺寸，因此，加料量必须准确控制。不溢式模具不宜用于容易按体积计量、流动性好的模压料。另一个较为严重的缺点是模具凸模与加料室边壁摩擦，边壁容易损伤，在顶出时，带有损伤痕迹的加料室壁又容易将制品表面损伤。不溢式模具必须设顶出装置，否则很难脱模。

不溢式压模的最大特点是制品承受压力大，密实性好，机械强度高，适于压制流动性特别小、比容较大的模压料，也适于压制形状复杂、薄壁、长流程和深形制品。不溢式模具成型出的制品毛边不但极薄，而且毛边在制品上呈垂直分布，毛边去除方便。

③ 半密闭式模具（半溢式压模） 如图 5-16(c) 所示，该模具型腔上有加料室，且加料室断面的尺寸大于制件断面的尺寸。凸模与加料室呈动态配合，型腔内有挤出环，宽度为 4～5mm，凸模与挤压面相接触。对这种模具应严格控制加料量，因为加料稍有过量，多余的原料便会通过配合间隙或者在凸模上开设的溢料槽排出。制品的密实性比敞开式模具成型的制品好，且易于保证高度方向尺寸精度，脱模时能避免擦伤制品。半溢式压模的加料量只需按体积计算即可，制品的高度尺寸取决于型腔的高度。基于以上特点，半溢式模具被广泛的使用。

由于加料室断面尺寸较制件大，使得凸模与型腔壁无摩擦，不能损伤型腔壁表面，即使在顶出时也不能损伤制品外表面。半溢式模具由于有挤压边缘，在操作时要随时注意清除落在挤压边缘上的废料，以免挤压面过早损伤。

④ 带加料板压模 这类模具介于溢式模具和半溢式模具之间，兼有这两种模具的多数优点，其结构如图 5-17 所示。主要构件为凹模、凸模、加料板。加料室是由加料板与凹模组成的。加料板在开模时以浮动板的形态悬

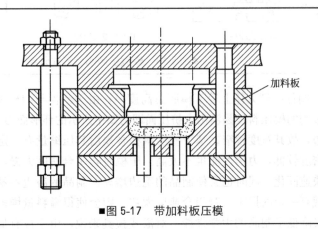

加料板

■图 5-17 带加料板压模

挂在凸模与型腔之间。结构虽然比较复杂，但有如下的优点：与半溢式压模相比，在开模后的型腔较浅，便于取出制件和安放嵌件。同时开模后挤压边缘上的废料容易清除干净；与溢式压模相比可采用高压缩比的材料，制品密度较好。其造价与半溢式压模和溢式压模这两种模具的造价相近。

5.5.3 模压成型质量控制

5.5.3.1 成型前的质量控制

(1) 原材料质量控制 对于不同厂家、不同批次的原材料，如不饱和聚酯树脂、玻璃纤维、填料及各种添加剂等，它们的性能差别较大，因此在新产品试制期间需进行大量的实验。产品一旦定型后，要建立严格的技术档案和原材料档案。原料供应商不宜经常更换，且每批原料投入使用前应根据原材料的技术要求进行复检。另外，还要检查供应商是否通过 ISO 9000 等认证，原材料是否有产品合格证书和产品出厂标准等。

(2) 模压前的准备 模压料的质量对成型工艺过程及制品的性能有很大影响，因此在模压前必须控制模塑料的质量。首先要考虑树脂糊的配方、树脂的固化特性、树脂的增稠曲线、纤维含量、纤维浸润剂、制品单件重量、硬度和质量均匀性等因素。配方的变化直接影响工艺过程中的一些参数，如流动性、脱模难易程度等，配方设计必须与制品结构及使用要求相匹配；制品单件重量直接影响加入模腔内的片状模塑料的层数；成型压力和加料方式的选择都与增稠程度有关，增稠程度过高，则需要加大成型压力和加料面积，且难以成型结构复杂或薄壁结构的制品。

5.5.3.2 模压工艺参数控制

(1) 模压温度 模塑料的成型温度主要取决于所用树脂和固化剂的类型。在成型过程中，很难保证模腔内温度恒定且均匀，而不均匀的温度场是引起残留应力和变形，导致模压成型制品早期破坏的重要原因。在固化过程中，由于物料和模具间的传热行为较为复杂，模腔温度分布和补偿效果不均，加上树脂聚合放热量不同等因素，使模具内部产生了复杂的温度梯度：在温度偏低的部位，树脂难以完全固化，使制品表面不光滑甚至凹凸不平；在温度偏高的部位，外层树脂在高温条件下快速固化，而受传热速率的限制，体系内部温度相对较低，预混料甚至仍处于黏流状态，此时内部树脂聚合时放出的反应热就会积蓄出相当大的内应力，而内部的填料也会随着温度过高而析出，导致制品出现不一致的颜色或者裂纹。在成型过程中可采用适当的保温措施来减小或避免这种不利影响。

(2) 模压压力 主要取决于树脂的种类、模具结构、制品形状以及预混料的黏度。流动性越差、加料面积越小、模具结构越复杂，所需的模压压力也就越大。模压成型工艺中，SMC 预混料充满模腔的过程主要靠模压压力。随着压力的施加，物料也随之流动，但物料的流动速度落后于合模速度。在压力很大时，模腔不能被完全充满，物料中裹挟着气泡，特别是在螺纹处或空隙狭小的部位。为了避免出现砂眼，往往需要更大的压力（高达 6MPa 以上）使预混料充满整个模腔。另外，物料在压力的作用下流动时，由于受到模具中嵌件等凸起部位的阻挡，流动形态发生改变，受到挤压而呈放射状流动，从而使纤维出现取向。预混料流动受阻时，树脂能够自由流动，但纤维受到很大的限制，于是形成了富树脂区。这种情况可以通过调节铺层方式以及调整压力来改善。

(3) **模压时间**　模压时间是固化过程所需要的时间，即从预混料放入模具中开始，经升温、加压至固化完全这段时间。模压时间与预混料的类型、挥发物含量、制品形状、厚度、工装模具结构、模压温度及压力等因素有关。模压时间的长短对制品性能影响很大：模压时间太短，固化不完全，制品的力学性能低、表面粗糙度差、易出现变形；模压时间的增加可降低制品的收缩率和变形，但模压时间过长，树脂交联密度过大，制品的内应力会增加，因此要选择适当的模压时间。

(4) **脱模**　结构复杂的模塑料制品，特别是一些面积大且壁薄的制品，脱模时，在脱模力的作用下，容易在薄弱部位发生开裂或出现微裂纹，同时，带有翻边的制品在开模时，模腔内容易形成真空状态，真空吸力和黏着力也使得制品薄弱部位发生位移而造成裂纹等缺陷，因此在脱模时模压机速度不能太快。在顶出过程中，顶出力大或制品强度低都会造成开裂现象，因此顶出速度也不能太快。另外，为了避免在开模时由摩擦力和真空吸力等造成的不利影响，可采用气压法。气压法是把压缩空气导入制品与模具界面处，使空气在空隙处产生均衡的作用力，使得制品顺利脱模，这种方法效率高且不伤害制品。

5.5.3.3 制品质量控制

(1) **制品检验**　制品脱模后应对其进行检验。外观检查如光泽度、裂纹、应力发白、斑点、颜色和流动纹等，还要对不同批次制品的弯曲强度、拉伸强度和弹性模量等力学性能以及耐热、耐腐蚀性等进行抽样检测。

(2) **后加工及贮运**　对于装配精度要求高的制件，需在制件成型后进行定型、校准等处理；对于需要打孔、修边等二次加工的制件，宜采用数控加工设备进行加工，以保证加工尺寸精度；制件在生产、转序、包装、贮存和运输等过程中应采取必要的防护措施，防止制件变形和二次损伤；同时需注意环境条件对制件精度的影响。

5.5.3.4 常见缺陷及解决措施

模压成型制品常见的缺陷、产生原因及解决措施见表 5-4。

■表 5-4 模压成型制品常见缺陷、产生原因及解决措施

缺陷	说　明	产生原因	解决措施
模腔未充满	模具边缘部未充满	加料不足 成型温度太高 压机闭合时间过长 成型压力太低 加料面积太小	增加加料量 降低成型温度 缩短闭合时间 加大压力 增大加料面积
	模具边缘少数部位上未充满	加料不足 模具闭合前物料损失 上下模间隙配合过大或配合长度过短	增加加料量 放料时要小心谨慎 缩小配合间隙；增加配合长度，若缺陷细小可提高成型温度或加入过量物料
	虽然整个边缘充满，但某些部位未充满	加料不足 空气未能排出 盲孔处空气无法排出	增加加料量 改进加料方式 模具改进，开设排气槽；若缺陷细小，可加大压力
焦化	在未完全充满的位置上制品表面成暗褐色或黑色	被困的空气和苯乙烯蒸气受压缩使温度上升至燃点	改进加料方式，使空气随料流流出，不发生困集；若褐色斑点在盲孔处出现，在模具相应位置开排气孔
内部开裂		仅在厚壁制品个别层之间存在过大的收缩力所致	减少加料面积，以便各层纤维之间更好地交织；降低成型温度
表面多孔	制品表面上有大量孔，制品脱模困难	加料面积太大，表面空气因流程过短而未能排出	减小加料面积；在大料块顶部加小料块
鼓泡	已固化制品表面的半圆形鼓起	片材间困集空气 温度太高（单体蒸发） 固化时间太短（单体蒸发）	用预压法除去层间空气；减小加料面积，以利于空气的排除 降低模具温度 延长固化时间
	在厚截面制品的表面上的半圆形鼓起	在特厚制品中，内应力使个别层间扯开 沿熔接线存在薄弱点 在具有极长流程区某方向上强度下降（纤维取向）	减小加料面积，使各层纤维更好地交织；降低模具温度 改变料块形状 用增加加料面积的方法缩短流程
		由于以下原因在脱模过程中引起损坏 形成切口（无意识产生） 顶出料面积太小 顶出料的数量不够 粘模 未完全固化	去除切口 增加顶出杆面积 增加顶出销数量或采用推板顶出 参见"粘模" 改进固化工艺

续表

缺陷	说　　明	产生原因	解决措施
粘模	制品难以从模具内脱出，部分材料粘在模具上	模具温度太低 固化时间太短 料卷打开时间太长，使用仅打开了外层的料卷 使用新模具或长时间未用的模具，而又未经开模处理 模具表面太粗糙	提高模具温度 延长固化时间 使用前料卷要始终保持密封或更换原料 在开始的几次模压成型中使用脱模剂 表面抛光
	已固化的制品，难以脱出，部分材料粘在模具上，同时制品表面有微孔和伤痕	加料面积过大，空气未能排出，且空气阻碍固化	减小加料面积，在大料块顶部加小料块
模具研磨	已固化制品表面上有暗黑斑点	模具磨损	模具镀铬
翘曲	制品稍有翘曲	在硬化和冷却过程中产生翘曲 一半模具比另一半热得多	制品在模具中冷却；在配方中使用低收缩或无收缩树脂 减小模具温差
	制品严重翘曲	特别长的流程引起玻璃纤维取向，产生翘曲	增加加料面积，缩短流程；在配方中采用低收缩或无收缩树脂
表面起伏	在与流动方向成直角的长度方向、垂直的薄壁表面上产生波纹，或由其他不利条件产生的不规则表面起伏	制品的复杂设计妨碍材料均匀流动	多数情况下不能完全消除，但可通过以下方法改进：增大压力；改进模具设计；变换装料位置；改进模压料配方
缩孔标记	在表面或者筋、凸起部背面的凹陷（发亮或发暗点）	成型过程中的不均匀收缩	配方中采用低收缩或无收缩树脂；增加一半模具的温度通常差值为 $5\sim6℃$；加大压力；缩短纤维短切长度；改变模具设计；改变加料位置；采用狭小的上下配合间隙
表面发暗	表面没有足够的光泽	压力太低 模温太低 模具表面不理想	加大压力 提高模温 模具镀铬
流动线	表面上局部有波纹	模具闭合设计不当或损坏 模温太低 纤维在极长流程或不利流程处发生取向 在一边缘过度的压力降引起模具移动	按模具设计介绍的方法改进 提高模温 加大加料面积，缩短流程 改进模具导向，增加模具定位机构

5.6 模塑料在汽车工业中的应用

  自从 1953 年世界上第一部 FRP 汽车——GM Corvette 制造成功以后，复合材料即成为汽车工业的一支生力军，并得到了快速发展。随着社会各界对环保、轻量化和节能等要求的不断提高，以模塑料为代表的复合材料得到迅猛发展，主要用于汽车结构部件的制造，年增长速率达到 10％～15％。

  模塑料制品的汽车零部件主要分为 3 类：车身部件、结构件及功能件。

  (1) 车身部件 包括车身壳体、车篷硬顶、天窗、车门、散热器护栅板、大灯反光板、前后保险杠以及后备厢盖等。这是模塑料制品在汽车中应用的主要方向，主要针对适应车身流线型设计和外观高品质要求的需要，具有较大的开发应用潜力。

  (2) 结构件 前端支架、保险杠骨架、座椅骨架和地板等。其目的在于提高制品的设计自由度、多功能性和完整性，主要使用高强度模塑料。

  (3) 功能件 发动机气门罩盖、油底壳、空滤器盖、齿轮室盖、导风罩、前后灯罩、进气管护板、风扇导风圈、加热器盖板、水箱部件、出水口外壳、水泵涡轮、发动机隔声板和油箱壳体等。其主要特点是要求耐高温、耐腐蚀，以发动机及其周边部件为主。

  (4) 其他相关部件 客车与房车卫生设施部件、摩托车部件、高速公路防眩板和防撞立柱、商品检测车顶柜等。

5.6.1 在美国汽车工业中的应用

  目前，模塑料制品汽车部件的生产工艺最先进的是美国。在美国的汽车业制造中，实用化的 SMC/DMC 汽车部件已有 375 种，有 65％的美国轿车采用 SMC 作前脸和散热器护栅板；95％以上的汽车前灯反射镜采用 DMC 作为主要材料。模塑料汽车部件的应用几乎涵盖了美国本土的所有汽车制造厂家，包括通用汽车、福特汽车、戴姆勒·克莱斯勒三大汽车公司以及 Mack、Aero-star 等重型汽车生产厂家。应用实例如下。

  GM EV1 全 FRP 车身电动汽车的车顶、发动机盖、后备厢盖、车门等部件，Hummer h2 型 SUV 引擎盖和前挡泥板（图 5-18），雪弗兰所有的 Corvette 99 型车的内板和新型车顶内饰、车门、发动机罩、行李厢盖等均为模塑料制品。

  Ford Focus/C-MAX 的前窗下饰板，Thunderbird 的前围、前端板、前翼子板、发动机盖板、后备厢盖、后座盖板、活动车顶等，Mercury Sable 和 Taurus 前围中的下散热器托架，Mercury Mountaineer 运动服务车的前

(a)   (b)

■图 5-18　Hummer h2 中的 SMC 引擎盖和前挡泥板

翼子板、格栅，Cadillac XLR 的门板、后备厢盖、翼子板、前端板，Lincoln Continental 的发动机盖、翼子板和后备厢盖等部件为模塑料制品。

Chrysler Crossfire（图 5-19）的后导流板、扰流板、挡风玻璃盖板/A-立柱等部件为模塑料制品。

(a)   (b)

■图 5-19　Chrysler Crossfire 车型及其扰流板

Chrysler T2、609D-814D 型重型载货车的发动机噪声屏蔽罩、后灯架、转向柱管和传动系统噪声屏蔽装置等部件为模塑料制品。

5.6.2 在欧洲汽车工业中的应用

在欧洲，英国、德国、法国、意大利和瑞典等国家较早采用了模塑料汽车部件。目前模塑料已在梅德赛斯-奔驰、BMW、大众、标致-雪铁龙、沃尔沃、菲亚特、莲花和曼恩等欧洲汽车厂的轿车、客车和载货车等各种车型中大量应用。汽车用复合材料年消耗量约占欧洲复合材料年产量的 25%，其中 35% 左右的为模塑料制品。应用实例如下。

2002 年雷诺 Renault 公司推出了全 SMC 车身的 Avantime 车（图 5-20），车身 90% 采用模塑料，整车 SMC 使用超过 90kg，最大日产量为 350 辆。

■图 5-20 雷诺 Renault 公司推出的全 SMC 车身的 Avantime 车

雷诺 Gamme AE 型重型载货车的增强门梁、电控箱、内门板、后导流器、车顶和车顶旁面板等部件为模塑料制品。

梅德赛斯-奔驰轿车的 CL Coupe 后备厢盖、运动型 Coupe 后尾门，SLR 天窗、隔声罩、通风侧板和后扰流板，Smart Roadster 发动机盖板、后备厢盖，Maybach 后备厢盖，E 系列车灯反射罩，CLK SLK 系列轿车后备厢盖（图 5-21）等部件为模塑料制品。

(a)   (b)

■图 5-21 奔驰 CLK SLK 系列轿车后备厢盖

梅赛德斯-奔驰凌特的侧踏板由 SMC 材料制成（图 5-22），当用叉车将满载货物的托盘装入车辆中时，这些踏板完全能够承载整个托盘的重量。

梅德赛斯-奔驰 Actros/Actros Megaspace、MAN TG-A、F2000、Volvo FH/FM 系列、Renault Magnum/Premium/Midlum 和 Pre-mium H130、Scania 以及 IvecoStralis 等重型载货车车型上，均大量使用以 SMC/DMC 为主导的复合材料。

BMW 3 系列 Touring 的后扰流板、Z4 系列的硬顶、5 系列的车灯反射罩、X5 系列的汽车翼子板（图 5-23）和 MINI Cooper 的天窗等部件为模塑料制品。

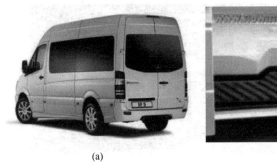

(a)   (b)

■图 5-22 奔驰凌特车型及其 SMC 侧踏板

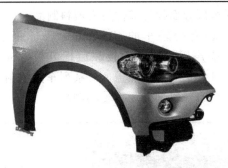

■图 5-23 宝马 X5 系列轿车的 SMC 翼子板

VW Touareq/Polo GT1/LupoGT1/FS1 后扰流板、VW Golf R32 发动机盖、Audi A2 分割式贮物箱、Audi A4 可折叠型后备厢盖（图 5-24）、VW Golf A4 车灯反射罩以及 Golf 全复合材料电动车的车身等部件均为模塑料制品。

■图 5-24 Audi A4 后备厢盖

标致 807 后尾门（图 5-25）和翼子板，雪铁龙系列 Berlngo 车顶模板，607 的尾部行李厢，206 的面端，C80 后尾门等部件为模塑料制品。

■图 5-25　标致 807 后尾门

Volvo XC70（图 5-26）、XC90 和 V70 的后尾门以及 Renault Espace 的后举升门、侧门、侧护板及车顶，FL 系列卡车的前散热器格栅，Mosaic 的车灯反射罩等部件为模塑料制品。

■图 5-26　Volvo XC70 后尾门

Volvo F7、F10、F12 和 F16 型重型载货车的防尘罩、挡板及外延、格栅、前灯壳，480 型重型载货车的前面板、发动机盖和遮阳罩架等部件为模塑料制品。

荷兰达夫 F95 型重型卡车的保险杠转角、除霜器罩、发动机罩存贮箱、雾灯罩、噪声隔离件、车顶排气管、后壁存贮箱和导流板等部件为模塑料制品。

5.6.3 在日本汽车工业中的应用

日本的汽车制造业与欧美同属领先地位。到 20 世纪 80 年代中期，日本才正式开始积极研究开发 FRP 汽车部件，并转入规模生产，其中大部分采用 SMC 工艺，而且呈逐年上升趋势。

日本三井化学的子公司——Japan Composite 在 2010 年 5 月 19 日于太平洋横滨会展中心举行的"人与车科技展"上，展出了丰田"雷克萨斯

LFA"的 SMC 制后挡泥板（图 5-27）。LFA 车型的挡泥板、车门、后挡泥板、支柱外侧和侧裙板均为模塑料制品。

 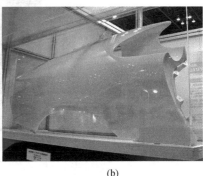

(a)   (b)

■图 5-27　丰田"雷克萨斯 LFA"车型及其 SMC 制后挡泥板

5.6.4 在我国汽车工业中的应用

到 20 世纪 80 年代中后期，随着国家汽车发展政策的重大转型以及国外先进汽车技术和资本的引入，国内一些汽车生产厂家通过技术引进与消化，吸收并融入了 SMC/DMC、RTM、喷射等成型工艺技术，并形成了一定的规模化生产，零部件质量也得到大幅提高。目前，国内的模塑料制品除了可以大规模应用于引进车型外，在自主研发的一些车型上，如奇瑞、比亚迪、吉利、长城等，也有较为广泛的应用，并在近几年取得了较大发展，但总体来说与发达国家尚有距离。

5.6.4.1 在轿车中的应用

我国轿车生产仍以进口车型为主。这类车型的模塑料部件基本沿用原厂设计，部分实现本地化生产配套，但相当一部分依然需要进口。表 5-5 和表 5-6 为复合材料制品分别在国内部分轿车及 SUV 车型中的应用实例。

■表 5-5　复合材料在国内部分轿车中的应用

汽车生产商	车型	复合材料部件
一汽大众	奥迪 A6	SMC 后保险杠背衬、后备胎箱和 DMC 车灯反射罩
一汽轿车	红旗系列	SMC 后保险杠背衬、后备胎箱和 FRP 尾翼
上海大众	帕萨特 B5	DMC 车灯反射罩
	桑塔纳 3000	DMC 车灯反射罩
	凯悦、君悦系列	SMC 天窗板
上汽汽车	荣威系列	SMC 底部导流板
南汽名爵	名爵跑车 MG7	SMC 车顶骨架
东风雪铁龙	富康两厢	SMC 上扰流板、中扰流板
北京奔驰	300C 系列	SMC 油箱副隔热板
奇瑞汽车	东方之子	SMC 油箱副隔热板

■表 5-6　复合材料在国内部分 SUV 车型中的应用

汽车生产商	车型	复合材料部件
北汽制造	勇士系列（图 5-28）	SMC 前后保险杠、左右风窗铰链装饰板、蓄电池托架、FRP 发动机罩盖、左右翼子板和车顶等
北汽福田	冲浪系列	FRP 扰流板、牌照灯支架、左右护板、左右轮眉、左右后保包角、踏步杠和侧围等
郑州日产	锐骐系列	SMC 顶饰件总成、中隔窗和双开式后门
江铃陆风	大陆风系列 小陆风系列	SMC 后导流板、FRP 尾翼及大包围部件等 FRP 车顶骨架
保定长城	赛弗、赛骏、赛影系列	FRP 扰流板、左右护板、左右轮眉、涉水器、踏步杠和侧围等
河北中兴	富奇 6500	FRP 前保险杠和发动机盖板
北京 Jeep	2500 型（图 5-29）	SMC 后举升门
长丰猎豹	猎豹系列	FRP 扰流板

■图 5-28　北汽集团二代军车勇士系列 SUV 车型

(a)　　　　　　　　　　　　　　　(b)

■图 5-29　北京 Jeep2500 车型及其 SMC 后举升门

5.6.4.2　在客车中的应用

在客车车身的设计制造中，合理采用新型轻质材料，可使客车的质量减轻 10%，油耗降低 8%。近年来，复合材料在国内客车中继续得到进一步的拓展应用，几乎囊括所有厂家的所有车型，郑州宇通、北京客车、南京依维柯、西安西沃、厦门金龙、苏州金龙、安徽安凯、神马巨鹰、上海申沃、上海双龙、丹东黄海、深圳尼普兰、中通客车、桂林大宇、亚星-奔驰、天津伊利萨尔、北方尼奥普毫和金华青年等。涉及的部件有前后围、前后保险杠、翼子板、轮护板、行李厢门板、侧围板、踏步围板、仪表板、仓门板、后视镜和空调顶置壳体等，部分应用实例见表 5-7。

■表 5-7 复合材料在国内部分客车中的应用

汽车生产商	车 型	复合材料部件
北旅	御虎	FRP 前后保险杠和后扰流板
金杯	旅行车	DMC 前大灯和雾灯罩
南京依维柯	S 系列	SMC 前保险杠、手糊/RTM 硬顶和 DMC 前大灯反射罩
南京依维柯	都灵 V 系列	SMC 豪华面罩、电动门总成、三角窗总成、后行李厢门总成和 DMC 前大灯和雾灯和 FRP 后围总成等
上海申沃	客车	SMC、RTM 或手糊 FRP 座椅等
上海双龙	客车	FRP 连体座椅等

5.6.4.3 在载货车中的应用

随着国民经济的高速发展，载货车产量也在不断攀升，复合材料在载货车中的应用取得了突破性进展，尤其在中、重型卡车方面。以 SMC/DMC、RTM 为主导的复合材料应用尤为活跃，其制品涉及驾驶室顶盖、前翻转盖板、前围面罩、前围装饰罩、导流罩、保险杠、翼子板、侧围护板、脚踏板、轮罩及其装饰板、门下装饰板、侧裙板、杂物箱以及发动机内部件等。表 5-8 为复合材料在国内部分货车中的应用实例。

■表 5-8 复合材料在国内部分货车中的应用

汽车生产商	车 型	复合材料部件
北汽福田	奥铃轻卡系列	SMC 前翻转盖板、FRP 导流罩
	欧马可轻卡系列	FRP 导流罩
	江铃轻卡系列	RTM 侧防护板、挡泥板和 FRP 导流罩，厢式货车的手糊 FRP 厢体
	时代轻卡	手糊或 RTM 导流罩
	欧曼 H2、ETX 系列重卡	SMC 前翻转盖板、保险杠、左右翼子板，FRP 导流罩、导流板、侧裙板、脚踏板和副轮罩等
南京跃进	轻卡系列	SMC 轮眉与侧装饰条、FRP 导流罩
一汽集团	解放轻卡系列	DMC 发动机导风管、SMC 发动机箱体油盖、机油滤清器外罩
	解放重卡系列	SMC、RTM 或手糊前后保险杠、前围面板、导流罩和驾驶室顶盖
	解放奥威（J5P）	SMC 前后保险杠、前围面板、左右侧围护板、导流罩和驾驶室顶盖等
	解放 J6 系列	SMC 前保险杠、前围面板和 RTM 导流罩和驾驶室顶盖等

汽车生产商	车型	复合材料部件
东风汽车	多利卡轻卡系列	SMC 前围面罩、保险杠外侧板与轮罩和 FRP 导流罩
	小霸王轻卡	高强 SMC 保险杠、SMC 前围面罩和轮罩
	153 改型（P210 驾驶室）	SMC 轮罩、水箱面罩、护风罩、进气管以及 FRP 导流罩等
	天龙系列	SMC 前保险杠、前围面板和 FRP 导流罩等
保定长城	迪尔	FRP 保险杠
江淮汽车	轻卡系列	手糊或 RTM 成型的 FRP 导流罩
重庆红岩	霸王、斯达-斯太尔	SMC 面罩、副保险杠、脚踏板，手糊 FRP 遮阳罩和导流罩
济南重汽	沃尔沃重卡	SMC 或 RTM 前端面板、左右角板和左右扰流板
东风柳汽	新霸龙系列	SMC 前面板、前保险杠、脚踏板及座下护板总成、翼子板、前角板、前车门外下饰板和风窗上/下饰板等
	乘龙系列	SMC 面板、保险杠、上围板、前围板、举升电器罩盖、左右脚踏板和脚踏板座下护板总成等
中国重汽	豪泺系列	SMC 前端面板、左右导风罩、后翼子板、门下装饰板、侧护板以及驾驶室顶盖总成、导流罩等
	金王子系列	SMC 面罩、保险杠、翼子板、导风罩和踏板
	黄河少帅	SMC 保险杠、翼子板、内衬板、挡泥板和导风罩
	华沃系列	SMC 前端面板、左右角板与 A 立柱和左右挡风板、脚踏板、门下装饰板和侧护板等
陕汽	德龙系列	SMC 面罩、保险杠、脚踏板、牌架板、左右护栏板和 FRP 导流罩等
	德御系列	SMC 面罩、保险杠总成及左右翼子板装饰罩、前翼子板（左右件）、轮罩、脚踏板，FRP 导流罩与导流板等
上汽依维柯红岩	霸王、T 霸系列	SMC 散热器面罩、脚踏板以及 FRP 导流罩、导流板等
上海汇众	大通系列	SMC 保险杠、粗滤器、仪表盘及左右挡泥板、装饰板和驾驶室护板等
北方奔驰	北奔、铁马系列	SMC 保险杠、脚踏板、前围面板和 FRP 导流罩
洛阳福赛特	福德重卡	RTM 面罩和保险杠等

5.6.4.4 在特种车辆中的应用

在工程车和改装车等特种车辆方面，复合材料也在近几年得到进一步应用，如北汽福田瑞沃系列，使用了 SMC 前翻转盖板、翼子板和保险杠等；河南冰熊、河南红宇和济南考格尔等专业冷藏车生产厂，采用 FRP 内外板内夹 PU 泡沫材料生产的冷藏车厢体等；山东工程机械厂、徐州工程机械厂和天津美卓戴纳派克公司等生产的工程机械，其机盖总成和侧围大多采用手糊 FRP 或 RTM 工艺制作。

参 考 文 献

[1] 黄正群. 环氧片状模塑料增稠特性的研究［学位论文］. 武汉：武汉理工大学，2007.

[2] 刘海华. SMC 用结晶树脂的合成及应用研究［学位论文］. 武汉：武汉理工大学，2007.

[3] Frankisquoting. 片状模塑料. http://baike.baidu.com/view/958900.htm，2007-05-21.

[4] 李文中. SMC 快速固化体系与模拟仿真研究［学位论文］. 武汉：武汉理工大学，2007.

[5] 卞忠义，王宇洋.SMC生产工艺质量管理.玻璃钢/复合材料，2002（4）：43-44.

[6] 徐宗海.玻璃纤维增强不饱和聚酯模塑料在成型过程中应注意的问题.不饱和聚酯树脂基复合材料/复合材料，2000（5）：35-37.

[7] 孔毅.SMC和DMC模塑料成型加工及制品应用.工程塑料应用，2000，28（3）：21-23.

[8] 沈开猷.不饱和聚酯树脂及其应用.北京：化学工业出版社，1988：128-138.

[9] 黄发荣，焦扬声，郑安呐等.塑料工业手册：不饱和聚酯树脂.北京：化学工业出版社，2001：118-120，268-270.

[10] 周祖福，成煜.SMC/BMC用低收缩添加剂的研究进展.不饱和聚酯树脂基复合材料/复合材料，2002（1）：47-49.

[11] 燕小然，汪张兴，高金涣等.SMC/BMC用低收缩添加剂的研究进展.绝缘材料，2007，40（3）：18-21.

[12] 李忠恒，张宁，陶国良.SBS改性SMC复合材料的研究.玻璃钢/复合材料，2007（4）：34-37.

[13] 张少国，张成武，张晓文.低收缩剂.玻璃钢/复合材料，2000（3）：54-55.

[14] 孙巍，翟国芳，潘徽辉.低收缩/低波纹添加剂对SMC力学性能的影响.玻璃钢/复合材料，2006（6）：25-27.

[15] 刘雄亚，谢怀勤.复合材料工艺及设备.武汉：武汉工业大学出版社，1994：73-128.

[16] 孙巍.高填充快速引发高性能SMC体系的研究［博士学位论文］.武汉：武汉理工大学，2008.

[17] 毕向军，李宗慧，唐泽辉等.SMC制品的模压工艺设计.工程塑料应用，2010，38（2）：30-32.

[18] 陈元芳，李小平，宫敬禹.SMC模压成型工艺参数对成型质量的影响.工程塑料应用，2009，37（4）：39-41.

[19] 沃西源，薛芳，李静.复合材料模压成型的工艺特性和影响因素分析.高科技纤维与应用，2009，34（6）：41-44.

[20] 郑学森，朱姝，翟国芳.SMC制件精度的影响因素.纤维复合材料，2006，23（3）：23-25.

[21] 李忠恒，李军，宦胜民等.汽车用高性能SMC复合材料.纤维复合材料，2009，26（2）：27-29.

[22] 郑学森，潘徽辉.玻璃钢/复合材料在汽车工业中的应用.新材料产业，2008（3）：25-32.

[23] 朱则刚.车用玻璃钢复合材料的应用技术拓展新天地.现代技术陶瓷，2009，（3）：26-31.

[24] 郑学森.国内汽车复合材料应用现状与未来展望.玻璃纤维，2010（3）：35-42.

[25] 李惠生.车用树脂基复合材料结构件的应用研究.化学与黏合，2010，32（3）：66-71.

[26] 叶爱凤，徐彪.东风商用车轻量化开发.汽车工艺与材料，2010（2）：7-11.

[27] 黄志雄，王伟，刘坐镇.SMC/BMC制备中树脂糊的粘度控制.纤维复合材料，2007，24（4）：3-6.

第6章 不饱和聚酯树脂连续成型与应用

6.1 概述

所谓连续成型工艺，是指从投入原材料开始，到获得复合材料制品的整个工艺过程，都是不间断地进行。其特点是生产效率高，产品质量稳定，适合大批量、不间断、稳定生产，且制品长度不限；生产过程中废料较少，节省原材料和能源；设备自动化程度高，操作方便，劳动条件好，但设备投入较大。

根据产品的不同，连续成型工艺可分为连续拉挤成型工艺、连续制管成型工艺和连续制板成型工艺三种。

(1) **连续拉挤成型工艺** 主要用于生产各种二维半拉伸的空芯或实芯几何体，如棒状、工字形、角形、槽形、方形、空腹形及异型断面型材等。这种成型工艺是将浸渍树脂胶液的连续纤维经加热模具拉出，然后再通过加热室使树脂进一步固化而制成的具有单向高强度的连续不饱和聚酯树脂基复合材料型材。

(2) **连续制管成型工艺** 主要用于生产不同口径的不饱和聚酯树脂基复合材料管材。20世纪80年代国外开发出一种特殊的连续制管工艺——热固性和热塑性复合管连续生产工艺（"EPF"法），它是热塑性挤出成型、热固性拉挤成型和热固性缠绕成型相结合的连续制管成型工艺。

(3) **连续制板成型工艺** 主要是指连续、不间断地将树脂胶液浸渍玻璃纤维毡或布，定型固化，得到复合材料平板、波纹板和夹层结构板等制品。

6.2 拉挤成型不饱和聚酯树脂的组成与特点

6.2.1 拉挤成型工艺的特点、发展、应用

拉挤成型工艺是将浸渍树脂胶液的不饱和聚酯树脂表面毡、无捻玻璃纤

维纱及其织物在外力牵引作用下通过一定断面形状的加热室使树脂固化而制成的不饱和聚酯树脂基复合材料型材,整个拉挤成型工艺都是连续、不间断地进行。

拉挤成型的特点是自动化程度高,生产效率高,拉挤速度可达到 4.5m/min;制品中增强材料的含量一般在 40%～80%,可以很好地发挥纤维的增强作用;可以生产截面形状复杂的制品,能与其他材料镶嵌成型;制品质量稳定,尺寸精度高,表面光洁;原材料利用率高,在 95% 以上,生产成本较低,具有市场竞争力。拉挤成型不饱和聚酯树脂基复合材料制品性能参数参见表 6-1。

■表 6-1　拉挤成型不饱和聚酯树脂基复合材料制品性能

性能 (长度方向上)	棒材 (玻璃纤维含量70%, 单向增强)	型材 (玻璃纤维含量50%, 多向增强)
拉伸强度/MPa	690	207
拉伸模量/MPa	41.4×10^3	17.2×10^3
弯曲强度/MPa	690	207
压缩强度/MPa	414	276
介电强度(平行)/(kV/m)	2360	984
热导率/[W/(m²·K)]	1.2×10^4	0.6×10^4
热膨胀系数/℃⁻¹	5.4×10^{-6}	9.0×10^{-6}
吸水率/%	0.3	0.5
容积密度/(g/cm³)	2.00	1.80

拉挤不饱和聚酯树脂基复合材料成型工艺始于 1951 年,首先在美国注册并获得专利,20 世纪 50 年代末趋于成熟,60 年代以后发展迅速,80 年代美国的拉挤产品以每年 12.5% 的速率递增,现在已在日本、欧美等国家和地区得到广泛应用。

国内对拉挤成型工艺及设备的研究始于 20 世纪 70 年代,最初开展这项研究工作的北京二五一厂、武汉理工大学和哈尔滨玻璃钢研究所等单位研究采用国产树脂和玻璃纤维原料,摸索拉挤成型工艺及其设备的研发。进入 20 世纪 80 年代,国内不少厂家从国外引进了拉挤成型设备,如西安绝缘材料厂从英国 Pultrex 公司引进了用于生产电机槽楔、棒材等制品的拉挤成型设备。中意玻璃钢有限公司从意大利 Top Glass 公司引进 5 条拉挤生产线,其中有一条是我国首家引进的光缆增强芯拉挤成型设备,其拉挤速度可达 15～35m/min。进入 20 世纪 90 年代,我国拉挤不饱和聚酯树脂基复合材料产业开始迅速发展,大小拉挤厂家纷纷建立,并开始研制用拉挤法生产不饱和聚酯树脂基复合材料门窗型材的生产工艺。我国不饱和聚酯树脂基复合材料门窗技术已日趋成熟,不饱和聚酯树脂基复合材料型材和门窗的性能均达到了国家门窗标准。

世界各国的拉挤成型工艺正处于高速发展阶段。国内外主要发展趋势为生产各种大型、复杂截面的厚壁制品。发展重点为新型海洋用复合材料和电力传输等的结构组件及高层建筑项目领域等。目前国外最厚的拉挤制品已达101.6mm，同时拉挤工艺也从模腔内"黑色艺术"发展到验证研究模内反应动力学阶段，同时借助各种电子设备、模具设计等不断优化工艺，提高生产率。随着先进设备的发展，那些之前被认为不可想象的工艺，如在线编织拉挤成型、反应注射拉挤成型、曲面拉挤工艺和含填料的拉挤工艺等新型工艺正在不断涌现。

拉挤制品的主要应用领域如下。

(1) 耐腐蚀领域　主要用于化工设备、水处理设备、酿造设备、耐腐蚀贮罐保护架、洗涤器组合构件、水族馆检查走廊、冷却塔支架、抽油杆和海上采油设备等。

(2) 电工领域　主要用于高压电缆保护管、电缆架、绝缘梯、绝缘杆、电杆、灯柱、变压器和电机的零部件等。

(3) 建筑领域　主要用于门、窗结构用型材、桥梁、栏杆、帐篷支架和天花板吊架等。

(4) 运输领域　主要用于卡车构架、冷藏车厢、汽车簧板、刹车片、行李架、保险杠、船舶甲板和电气火车轨道护板等。

(5) 体育器材领域　主要用于弓箭、鱼竿、帆船用操作杆、冲浪板构件、帆船张力构件、滑雪板、组合式游泳池侧壁板、雪船、平衡棒和高尔夫球杆等。

(6) 能源开发领域　主要用于太阳能收集器和风力发电机叶片等。

(7) 航空航天领域　如宇宙飞船天线绝缘管和飞船用电机零部件等。

6.2.2 拉挤原理

拉挤成型工艺过程为：送纱→浸胶→预成型→固化定型→牵引→切割→制品。在成型过程中需要控制玻璃纤维的输送、胶液浸渍、预成型、模具温度、牵引系统和切割系统等。如图6-1所示为卧式拉挤成型工艺设备原理。

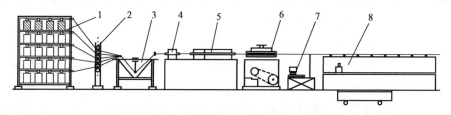

■图6-1　卧式拉挤成型工艺设备原理

1—纱架；2—排纱器；3—胶槽；4—预成型模；5—成型固化模具；

6—牵引装置；7—切断机；8—制品托架

　　无捻粗纱从纱架引出，经过排纱器进入浸胶槽浸透树脂胶液后，进入预成型模，将多余胶液和气泡排出并初步定型，再进入成型固化模具凝胶、固化。固化后的制品由牵引装置连续不断地从模具中拔出，最后由切断机切成所需的定长制品，并整齐摆放在制品托架上。

6.2.3 拉挤设备

　　拉挤成型工艺包括立式拉挤工艺和卧式拉挤工艺，两种工艺的设备主体基本相同。一般包括：纱架、浸胶槽、模具（包括预成型模和成型模）、固化炉、牵引设备和切割装置等部分。

6.2.3.1 送纱装置

　　送纱装置的作用是从纱架上的纱筒中引出无捻粗纱，然后通过导纱装置进入浸胶槽中浸渍树脂胶液。送纱装置的结构一般比较紧凑，以减少占地面积。装置大小取决于纱团的数目，而纱团的数目又取决于制品的尺寸。一般要求送纱装置稳固、换纱方便和导纱自如，且能组合使用。纱筒在纱架上可以纵向和横向安装，纱架可以安装脚轮，便于移动。若需精确导向时，可使用孔板导纱器或塑料管导纱器。

6.2.3.2 浸胶装置

　　浸胶装置主要由五部分组成：树脂槽、导向辊、压辊、分纱栅板和挤胶辊。由纱架引出的玻璃纤维无捻粗纱，在浸胶槽中浸渍树脂胶液，通过挤胶辊控制含胶量并排除气泡。浸胶时间是确定浸胶槽长度的依据。浸胶槽的前后要呈一定的角度，使纤维在进出胶槽时的弯曲角度不至于太大而导致张力增加。树脂胶液在胶槽中的停留时间不宜过长，应连续不断地更新，以防止树脂胶液变质，影响制品的性能。树脂黏度不宜太大，为确保胶液对纤维充分浸润，胶槽可设有加热装置。胶槽中各部件间的连接应便于清洗。胶槽应设有放胶口，以便在停止生产时，放掉胶槽内剩余的树脂胶液。如图6-2所示为简易胶槽构造。

　　分纱栅板的作用是将浸渍树脂的玻璃纤维无捻粗纱按铺层设计要求分开，满足纤维铺层的设计要求，确保制品质量达到预期目标，尤其对截面形状复杂的制品更为关键。

6.2.3.3 预成型模和成型模

　　预成型模具的作用是根据制品要求使浸渍有树脂胶液的增强材料逐步除去多余的树脂胶液并排除气泡，与玻璃纤维粗纱组合在一起，确保它们的相对位置并使其形状渐缩并接近于成型模的截面形状。拉挤成型棒材时，一般使用管状预成型模具；成型空心型材时，通常使用芯轴预成型模具；生产异型材时，大都使用形状与型材截面形状接近的金属预成型模具。在预成型模具中，材料被逐渐成型到所要求的形状，并使增强材料在形状断面的分布方

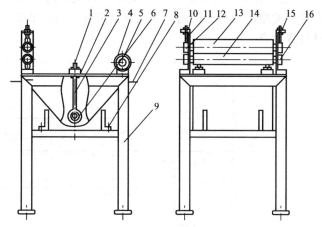

■图6-2 简易胶槽构造

1—压杆调整螺母；2—压杆支撑板；3—压杆；4—导向辊；5—导向辊轴承；

6—压辊；7—胶槽；8—胶槽支撑；9—支架；10—上挤胶辊调整螺母；

11—挤胶辊调整螺杆；12—上挤胶辊轴承；13—上挤胶辊；

14—下挤胶辊；15—调整螺杆支架；16—下挤胶辊轴承

面符合制品设计要求，然后再进入成型模具，进行成型固化。

　　成型模具的作用是将来自预成型模具的坯料压实、成型和固化。模具截面几何形状与型材轮廓相同，模具长度与树脂种类、模具温度、制品尺寸、拉挤速度、增强材料性质等有关，模具长度通常为 300～500mm。模具材料可为金属、陶瓷或工程塑料，一般使用钢镀铬成型模具。模具的模腔表面要光洁、耐磨，以减少拉挤成型过程中的摩擦阻力，使制品容易脱模，并提高模具的使用寿命。模具设计时还需考虑使用过程中树脂的热膨胀和固化过程中树脂的收缩问题。模具加热以电加热方式为好，因为它易于控制温度分布，模具进口处需装有冷却装置以防止树脂过早固化。

　　成型模具按结构形式可分为整体成型模具和组合成型模具两类。

　　① 整体成型模孔由整体钢材加工而成，一般适用于成型棒材和管材的成型加工。模具外有载热体加热套。为了避免树脂过早固化，影响下一步工艺，热成型模具前端装有循环水冷却系统。如图6-3所示为整体成型模具装置示意。

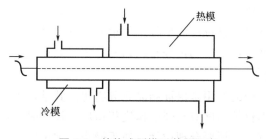

热模

冷模

■图6-3 整体成型模具装置示意

② 组合成型模具是由上、下模对合而成，这种类型的模具易加工，可生产各种类型的型材，但制品表面有分型线痕迹。如图 6-4 所示为组合成型模具装置示意。

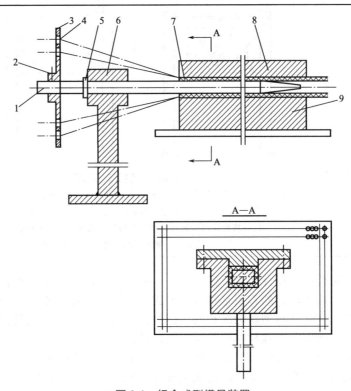

■图 6-4　组合成型模具装置

1—芯模；2—顶丝；3—分纱器；4—孔；5—销钉；6—轴承；7—制品；8—上模；9—下模

芯模 1 固定在轴承 6 上，而轴承支撑处用销钉 5 将芯模固定，以保证在牵引过程中芯模不被拉动。芯模的另一端悬臂伸入上模 8 和下模 9 所形成的空间内，与上、下模一起构成产品所需的截面形状。模具长度一般由固化时间和牵引速度等条件决定，为减少脱模时芯模产生的阻力，将芯模尾部 200～300mm 处加工成 1/300～1/200 的锥度，较大的芯模可以考虑采用芯模加热装置。

成型模具是拉挤成型技术的重要工具，模具设计应合理，并有足够的强度和刚度，加热后热量分布均匀和稳定，以保证拉挤制品的质量。

6.2.3.4　固化炉

固化炉的作用是保证制品充分固化。其结构由制品的形状和几何尺寸来决定，固化炉温度应与牵引速度相适应。设计时，不仅要考虑固化炉的结构和加热方式，还要合理设计以便于操作。炉中温度根据工艺要求进行分段控制，炉体应适当保温，并设有观察孔、控温装置和抽风装置。固化炉的加热方式通常有电阻加热和远红外加热两种。

6.2.3.5 牵引装置

牵引机是在拉挤成型工艺中所用到的重要工具，它必须同时具备夹持与牵引两大功能，且夹持力、牵引力和牵引速度均需可调。牵引机分履带式和液压式两大类。履带式牵引机的特点是运动平稳、速度变化量小和结构简单，适用于成型有对称面的型材、棒材和管材等。液压式牵引机的特点是体积紧凑、惯性小，能在很大的范围内实现无级调速，运动平稳，与电气、压缩空气机等相配合，可实现多种自动化，适用于复合材料拉挤成型。

6.2.3.6 切割装置

切割装置一般装配的是圆盘锯式人造金刚石锯片，分为手动切割和自动切割两大类。自动切割机效率较高，为实现拉挤工艺自动化提供设备保障。

6.2.4 拉挤工艺对树脂的要求

树脂基体将增强材料黏结在一起，起传递载荷和均衡载荷的作用。树脂基体的性能决定了材料的耐热性、耐化学腐蚀性、阻燃性、耐候性、电绝缘性、生物性和透光性等性能。由于拉挤工艺不仅要满足产品的设计和使用要求，而且必须具有较长的凝胶时间和较快的固化速率，因此在树脂基材选择方面应具备以下要求。

① 较低的黏度　一般情况下，树脂黏度低于 2Pa·s，最好是无溶剂型树脂或反应型树脂。树脂在使用过程中具有良好的流动性和快速浸渍玻璃纤维的性能，且容易消除气泡。

② 树脂适应期长　配好的树脂胶液在室温下的适用期应在 24h 以上。

③ 高的反应活性　固化时间短，通过模具环境快速成型。

④ 固化收缩小　一般保证固化收缩率低于 4%。

6.2.5 拉挤树脂的组成与选择

6.2.5.1 拉挤成型工艺树脂基材的主要组分

(1) 合成树脂　在拉挤成型工艺中应用最多的是不饱和聚酯树脂，占树脂用量的 90% 以上，其中以邻苯型和间苯型应用最为广泛，邻苯型较间苯型价格较低，但不同厂家产品的质量差距较大。间苯型树脂具有良好的力学性能、耐热性和韧性等，在使用中应根据不同需求选择相应的不饱和聚酯树脂。下面是国内外一些生产拉挤用不饱和聚酯树脂的厂家。

国内如金陵帝斯曼树脂有限公司生产的 P61-972、P61-972B、430# 不饱和聚酯树脂适用于拉挤成型工艺；常州华日新材有限公司生产的 Polylite HN-239、DION 31029、TM-107PH 等牌号的树脂；常州市方鑫化工物资有限公司生产的 FX-1002、FX-1001、FX-1201 和 FX-1202 四个牌号的树脂；常州市华润复合材料有限公司生产的 HR-P192、HR-P195、HR-P196 和 HR-P107 等牌号的树脂。详见书后附录一。

国外如美国 Reichhotle 公司生产的专门用于拉挤成型的不饱和聚酯树脂有 Polylite 31-20 树脂、Polylite 92-310 树脂、Polylite 92-311 树脂、Polylite 92-312 树脂和 Polylite 92-313 树脂，Koper 公司研制的 Dion8200 树脂等。

(2) 引发剂、阻聚剂 引发剂是决定拉挤成型工艺固化反应性的重要因素，引发剂的选择和用量对拉挤用树脂的流动性和模压成型周期等有较大影响。应采用低温、中温、高温共同引发的多级引发系统，使树脂基体在较低的温度下就能引发，以保证内层和外层的树脂基体能够同时固化，消除由于内外树脂基体固化时间不一样而产生的裂纹和型材弯曲现象，采用此体系，还可以在很大程度上缩短胶凝时间，提高胶凝体的强度，减少工艺事故率的发生，提高了拉挤速度，且增大了固化度，从而提高了型材的表面质量。对于拉挤成型用树脂要求引发剂在较低温度下或中等温度下分解，但在室温下要有一定的稳定性，需要存放几个小时到几天的时间，因此需要选择具有中等活性引发剂，温度在 80℃时，引发剂的半衰期为 10h。常用的引发剂有过氧化苯甲酰、过氧化甲乙酮、过氧化环己酮、过氧化甲酸叔丁酯等。在实际应用中多以双组分或三组分按不同的临界温度搭配使用。

阻聚剂的作用是使树脂具有一定的贮存期，还可以用来有效控制不饱和聚酯的聚合反应与固化反应，调节树脂体系的工艺性能。对阻聚剂的要求主要有：与拉挤用不饱和聚酯树脂有良好的相容性；能有效阻止聚合反应的进行，延长贮存期；来源广泛，价格低廉，毒副作用小等。拉挤用不饱和聚酯常用的阻聚剂主要有酚类、醌类和芳香硝基及胺类，如对苯醌（PBQ）等醌类化合物。

(3) 辅助剂 拉挤工艺中应根据制品的特殊要求和工艺要求添加一些辅助材料，常用的辅助剂包括阻燃剂、脱模剂、增韧剂、填料和着色剂等。其作用是阻燃、提高工艺性、降低成本和提高表面光洁度等。

添加型阻燃剂有水合氧化铝、氢氧化镁、三氧化二锑、硼酸盐、有机氯化物、有机磷化物等。添加型阻燃剂的用量一般较高，但首先要满足成型工艺的黏度要求。

脱模剂的主要作用是拉挤制品完好无损地与模具分离，以保证拉挤成型的顺利进行。拉挤成型工艺的模具，在连续生产过程中是闭合的，无法涂刷脱模剂。为了使制品顺利地从模具中脱出，必须使用内脱模剂。要求内脱模剂对复合材料的性能影响小，且与树脂相容性好。常用的内脱模剂有硬脂酸钙、硬脂酸锌、硬脂酸铝和烷基磷酸等，用量为 1%～2%。

填料在拉挤成型工艺中可以改善树脂的工艺性，如树脂的流动性、耐热性等，还可以改善制品的性能，如提高机械强度、硬度，降低体积收缩率等，此外还可以降低成本。用量可根据树脂黏度的不同，为树脂的 10%～

15％，粒度在 150～300 目。一般使用较多的填料为碳酸钙、滑石粉，还有发泡黏土、膨胀珍珠岩、高岭土、绢云母粉和空心玻璃微珠等。

着色分为内着色和外着色两种。内着色是先将颜料研磨于低黏度的拉挤树脂中。使用时，按 0.5％～5％的比例均匀地混入树脂中。外着色的原理及工艺基本与玻璃钢喷射成型工艺中的胶衣工艺相同。

6.2.5.2 树脂基材的选用原则

(1) **设计要求** 在选择基体材料时首先要考虑产品的技术要求，其产品是否为结构件，是否要求耐腐蚀，对电性能和光学性能有无特殊要求，有无环保标准等，根据上述技术要求来确定基体选用何种树脂，以达到产品质量和性能的标准，满足使用要求。

(2) **工艺要求** 在树脂基材选择方面应具备以下性能特点：较低的黏度，一般在 2000mPa·s 以下，具有良好的流动性和浸润性，以便于对增强材料的浸渍；固化收缩率低，可在树脂配方中加入某些填料以达到此目的；凝胶时间短，固化速度快；对增强材料的粘接性能好；具有较好的柔韧性；成型制品时不易产生裂纹。

(3) **经济性** 在选择树脂时除考虑制品的工艺要求和使用要求外，还应尽量选用来源广泛、价格较低的树脂，以增强产品的市场竞争力。

(4) **安全性** 所选树脂基体和辅助剂应具有毒性小且环境友好等特点。

6.2.6 拉挤成型工艺参数

拉挤成型工艺的工艺参数主要包括：浸胶时间、拉挤速度、成型温度、固化时间和牵引力等。当前，我国拉挤成型工艺及其制品还处于研发阶段，因此，在相关文献中对拉挤成型工艺参数的介绍很少，在这里只简单叙述成型温度、拉挤速度和牵引力及其三者间的关系。

6.2.6.1 成型温度

玻璃纤维浸渍胶液后通过加热的模具，经固化得到制品。模具分为预热区、凝胶区和固化区。浸渍树脂的玻璃纤维首先通过预热区，加热过程中，随温度逐渐升高黏度逐渐降低，树脂对纤维进一步浸润，挤出多余的胶液和气泡；进入凝胶区后，树脂体系经凝胶、初步固化后，进入固化区，在固化区内树脂进一步受热固化完全，以保证出模时有足够的固化度。

树脂的加热条件由树脂胶液固化体系来确定的。应首先对树脂体系进行 DSC 动态扫描分析，得放热峰曲线。模具温度通常应高于树脂的放热峰温度，但低于树脂的降解温度，并且通过测定树脂的凝胶时间，使成型温度、拉挤速度与树脂凝胶时间相互匹配。预热区温度相对较低，凝胶区与固化区温度有一定的梯度，应尽量使树脂固化放热峰出现在模具固化区的中部，凝胶点、固化分离点控制在模具各区域中部，三段温度梯度不应过大。拉挤工艺温度梯度制度的设置可以通过实验确定，也可以根据树脂的固化特性，建立温度梯度模型,经计算机辅助设计拉挤工艺参数,通过对模型分析和实验结果分析,确定拉挤工艺温度梯度制度。

6.2.6.2 拉挤速度

拉挤速度与树脂的固化特性、模具温度分布和模具的长度有关。在确定拉挤速度时,首先应由树脂体系的固化放热曲线来确定模具的温度,在一定的温度下,树脂体系的凝胶时间对拉挤速度的确定非常重要。一般在选择拉挤速度时应尽量使凝胶、固化分离点在模具中部并尽量靠前,以保证产品在模具中部凝胶固化。拉挤速度过快,可能导致制品固化不良或者不能固化,影响产品质量;拉挤速度过慢,制品在模具中停留时间过长,可能导致制品固化过度,影响生产效率。

拉挤速度还取决于树脂的类型、壁厚和复杂程度,拉挤成型刚启动时,速度应适当放慢,然后逐渐提高到正常拉挤速度,一般的拉挤速度为300mm/min 左右。我国在拉挤速度方面相对较慢,而国外由于采用低温固化体系及树脂注射模具系统,速度相对较快。因此,未来我国拉挤成型技术方面的发展方向之一就是高速化,目前拉挤速度最快可达 14m/min。

6.2.6.3 牵引力

牵引力的大小是由制品与模具间界面上的摩擦力来确定的,是保证制品顺利脱模的关键,且在模具中摩擦力随拉速的变化而变化。

在模具入口处,剪切应力应与模具壁附近树脂的黏滞阻力相一致。在模具预热区,树脂黏度和剪切应力开始下降,并随温度升高而降低。初始剪切力峰值的变化由树脂的流体性质决定。另外,填料含量、模具入口温度也对初始剪切应力有较大的影响。

随着树脂固化反应的进行,使得黏度增加而产生第二个剪切应力峰。该值对应于树脂与模具壁面的脱离点,且受拉挤速度影响很大,随着拉挤速度的增加,此点的剪切应力大大减小。

最后,在模具出口处出现连续的剪切应力,这是由于在固化区域制品与模具壁摩擦而引起的,这个摩擦力较小。

牵引力在工艺控制中非常重要。要使拉挤制品表面光洁,必须要求制品在脱离点的剪切应力较小,并且快速脱模。牵引力的变化反映了制品在模具中的反应状态,它与纤维含量、制品的几何形状和尺寸、脱模剂、温度、拉挤速度等诸多因素有关。

6.2.6.4 成型温度、拉挤速度、牵引力的关系

在连续拉挤成型工艺中,成型温度、拉挤速度和牵引力这三个主要工艺参数之间有着密切的关系,其中树脂体系的固化特性决定了成型温度的高低,为拉挤工艺中需考虑的首要因素,可通过树脂固化体系的 DSC 曲线峰值和相关条件来确定模具各段的加热温度值;拉挤速度确定的主要原则是在给定模具温度所对应的凝胶时间下,保证制品在模具中部凝胶和固化;牵引

力的影响因素较多，如模具温度和拉挤速度的控制等，拉挤速度的增加直接影响制品在脱离点处牵引力的大小。

综上可知，通过对树脂体系进行DSC扫描曲线所确定的模具各段的温度分布是确定其他工艺参数的前提。拉挤速度必须与所确定的模具温度相匹配，并且随模具温度的升高而增大。在生产过程中为了提高生产效率，一般需要尽可能提高拉挤速度，这样可降低模内的剪切应力，从而改善制品的表面质量。对于壁厚制品，应选择较低的拉挤速度或使用较长的模具，并增加模具温度，使产品能较好地固化，提高制品性能。此外，脱模剂的好坏直接影响牵引力的大小，为降低牵引力，使产品顺利脱模，必须采用较好的脱模剂。

6.2.7 拉挤制品的设计

6.2.7.1 结构设计

拉挤成型工艺主要用于生产各种二维半拉伸形成的空芯或实芯几何体型材的成型，如不饱和聚酯树脂基复合材料棒，工字型、角型、槽型、方型、空腹型及异型断面型材等。由于拉挤制品为细长结构，故可视为杆件或梁。

(1) 强度设计 许用应力是为保证结构件的安全，规定结构在一定工作条件下允许担负的最大应力，因此它是一种安全使用应力。许用应力可以通过下式计算：

$$[\sigma] = \frac{\sigma_b}{K} \tag{6-1}$$

式中 $[\sigma]$——许用应力，一种安全使用应力；

σ_b——材料的极限破坏应力，或称为材料强度；

K——安全系数。

实践证明，安全系数的选取与结构所承受的载荷类别有关。一般情况下，在承受短期静载荷时 $K \geq 2$；可变静载荷、长期静载荷时 $K \geq 4$；疲劳载荷时 $K \geq 6$；冲击载荷时 $K \geq 10$。

根据强度设计准则，设计强度有如下关系：

$$\sigma \leq [\sigma] \tag{6-2}$$

对拉伸强度：

$$\sigma = \frac{F}{A} \tag{6-3}$$

式中 F——轴向拉伸力；

A——拉伸制品的横截面积。

对弯曲强度：

$$\sigma_F = \frac{M_{max}}{W} \tag{6-4}$$

式中 M_{max}——截面上的最大弯矩；

W——梁的抗弯截面系数。

根据以上公式可对制品的截面尺寸进行设计。

(2) 刚度设计 不饱和聚酯树脂基复合材料拉挤制品的刚度相对较低，因此一般采用刚度设计方法。

许用变形是为保证结构件的安全与正常使用，规定结构在一定工作条件下允许的最大变形。许用变形一般是指许用应变或许用挠度，许用应变可用下式表示：

$$[\varepsilon]=\frac{[\sigma_\mathrm{b}]}{K} \tag{6-5}$$

式中 $[\sigma_\mathrm{b}]$——材料的断裂伸长率；

K——安全系数。

许用挠度指梁受到弯曲变形时所允许的最大挠度，许用挠度可表示为：

$$[f]=\frac{f}{k_\mathrm{n}} \tag{6-6}$$

式中 k_n——可取 250~750 范围内的某个值。

进行应变或挠度设计时，要符合如下设计准则：

$$\sigma\leqslant[\sigma]或 f\leqslant[f] \tag{6-7}$$

具体应变或挠度计算，可参考设计手册。

(3) 连接设计 制品连接方式主要分为胶接连接、机械连接和复合连接三种。其中胶接连接是利用胶黏剂进行连接。胶结连接方式主要有单面胶结、双面胶接、斜面胶接、角形板接头和丁字形板接头；机械连接是通过铆接、螺栓或销钉等将被连接件连接在一起；复合连接是将胶接和机械连接两种方式结合使用，以提高连接强度，达到更好的连接效果。

胶接连接的设计原则是拉挤制品承受载荷时不能使胶接处成为最薄弱环节；估算接头强度时不能简单地采用平均应力来估算，还应考虑胶层应力集中对强度的影响，避免接头产生剥离应力；厚度不大的板材可采用单面或双面搭接方法来连接，长度与板材厚度之比应大于 15，而对于厚度较大的板，应采用斜面或阶梯搭接。斜面搭接时应增加斜接长度，倾角一般控制在 5°左右。

机械连接的设计原则应满足强度方面的要求；紧固件连接时，应避免紧固件受力不均匀，避免被接板刚度不平衡，防止紧固件对孔壁造成的磨损。

6.2.7.2 制品设计

(1) 横断面形状设计 拉挤制品的横断面形状一般需按用户要求进行设计。设计不仅要考虑制品的使用性能，还要考虑其工艺性能，必须依照拉挤工艺的特点进行横断面形状设计。

最初不饱和聚酯树脂基复合材料制品的加工沿用的是钢结构标准，但由于不饱和聚酯树脂基复合材料是非均质材料，会因固化收缩导致制品产生翘曲，因此需对拉挤型材进行改进，如在成型角材时应减小角材夹角的内倒角半径，让角材的两端基本保持矩形断面，使角材所有 5 条棱线均成很小的圆弧倒角。

(2) 材料结构设计 材料结构设计主要是指研究制品内部各组分材料的合理配置，包括增强材料的配置、树脂系统的设计和增强材料与基材的配比三个方面的内容。

① 增强材料的配置 不同形状、不同使用性能的制品应选用不同的增强材料，一般考虑以下四点：

a. 对于圆柱形、骨形等实心杆件一般只需采用无捻单向纤维增强；

b. 对于槽形、角形等横断面为薄壁的型材，可采用无捻纤维和连续纤维毡结合使用的方法，以达到增强横向强度的目的。两种增强材料之间的配比，可依据型材的具体几何尺寸及力学性能要求进行配置；

c. 对于有横向强度和横向刚度使用要求的制品，如宽幅薄壁型材等，应选用无捻粗纱、织物或连续毡作增强材料；

d. 对于表面有特殊使用要求的制品应采用表面毡增强。

② 树脂系统的设计 树脂系统的设计包括树脂、添加剂、填料等的选用及各自的含量、配比等方面，必须按照产品的使用要求进行设计。树脂系统除需具备良好的固化性能、与增强材料有良好的黏结强度外，还应满足如耐腐蚀、阻燃、耐高温、绝缘和隔热等不同的使用要求。

③ 增强材料与基材的配比 要使制品达到预期力学性能指标，除选用优质的树脂基体和增强纤维外，还必须严格控制玻璃纤维的含胶量，根据性能要求确定树脂和纤维重量比率。

一般情况下，棒、杆中玻璃纤维含量大约占 80%；角材、槽材、圆管等玻璃纤维含量大约为 60%。而实际拉出产品中玻璃纤维含量较低，为 50%~60%。

对具有特殊性能（如耐热、耐磨、耐腐蚀和绝缘等）要求的制品，也应对其组分材料配比进行合理的设计。

6.2.8 拉挤成型的质量控制

表 6-2 为拉挤工艺中的常见缺陷、原因分析及消除方法。解决拉挤制品缺陷的方法为逐步调节各工艺参数如粗纱含量、成型温度、拉挤速度等；在拉挤过程中边调节边观察，先在预先选定的工艺条件基础上进行微调、摸索，最后逐步获得并采用最佳工艺参数。

制品产生缺陷前往往有预兆，如牵引力或压力的升高等，因此在生产过程中操作人员应认真监控工艺流程，若发现异常，应及时采取措施。当缺陷产生时，应立即关机停产，找出原因且排除故障后再重新启动生产线。

除此之外，还应对拉挤操作进行科学的管理，如加强原材料验收、中间材料检验、工艺参数的控制、模具管理和产品检验等。

■表6-2 拉挤工艺中的常见缺陷、原因分析和消除方法

常见缺陷	原因分析	消除方法
色斑、颜色不均匀、变色	颜料在树脂中混合不均匀；颜料耐温性不好，导致分解	加强搅拌；更换颜料类型
表面粗糙、无光泽	模具表面光洁度不够；脱模剂效果不好；制品表面树脂含量过低；成型时模腔压力不足	针对原因采取相应措施
表面沟痕、不平	缺纱或局部纱量过少；模具黏附制品，划伤制品	提高纤维含量；改善脱模效果
制品中有异物混入	树脂胶液中混入异物；玻璃纤维表面被污染；进入模具时混入异物	根据原因细心检查
玻璃毡包覆不全	玻璃毡宽度过窄，毡的定位装置不精确，导致成型中毡的偏移	毡铺覆时应搭接一定长度；在毡进入模具前，预成型模具一定要有比较精确的导毡缝，必要时在模具口装限位卡
产品表面有液滴	温度低或拉速高；纤维含量少，收缩大，未固化树脂发生迁移	提高温度或降低拉速；增加纤维含量或添加低收缩剂、填料
白粉	模具内表面光洁度差；脱模时，模具内壁粘模，导致制品表面损伤	提高模具表面光洁度
分型线明显，分型线处磨损	模具尺寸精确度不够，合模时模块定位偏差大，分型线有粘模情况，造成白线	停机，修复模具，拆开模具重新组装，再重新启动
表面纤维外露	纤维含量过高；树脂和纤维不能充分黏结	降低纤维含量；选择合适的偶联剂
不耐老化，易褪色	没有添加抗老化剂，颜料耐光性差	添加合适的抗老化剂，选用优质颜料
绝缘性差	树脂、纤维的绝缘性较差，界面相容性较差	选用优质的原材料，使用合适的偶联剂以增强界面性能
表面起皮、破碎	表面富树脂层过厚；成型内压力不够；纤维含量太少	增加纱含量以增大模内压力；调整引发系统，调整温度
强度不够	原材料的力学性能较低，固化度不够	选用优质原材料；合理控制工艺参数以保证固化度，进行后固化处理
气孔密集	原材料质量较差，温度控制不合理	选用优质的原材料，合理控制温度，不宜过高

6.2.9 拉挤制品的实例

　　玻璃钢窗（图6-5，来源：中国玻璃钢型材网）保留了树脂基复合材料的优异性能，与传统的窗材料相比，玻璃钢窗在力学性能、综合性能和使用性能方面有突出的特点。

　　(1) 轻质高强　玻璃钢型材的密度在 $1.7g/cm^3$ 左右，它比钢轻 $4\sim5$ 倍，而强度却很大，其拉伸强度为 $350\sim450MPa$，与普通碳钢接近，弯曲强度为 $388MPa$，弯曲弹性模量为 $20900MPa$，模量比木材大两倍，因而不需用钢衬加强。

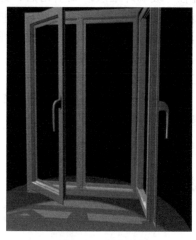

■图 6-5 玻璃钢窗

（2）节能保温 玻璃钢型材的热导率为 $0.39W/(m \cdot K)$，只有金属的 $1/100 \sim 1/1000$，是优良的绝热材料。加之，玻璃钢型材为空腹结构，所有的缝隙均有胶条和毛条密封，因此隔热保温效果好。

（3）密封性能佳 玻璃钢窗在组装过程中，角部处理采用胶粘加螺接工艺，同时全部缝隙均采用橡胶条和毛条密封，加之特殊的型材结构，因此密封性能好。

（4）耐腐蚀，使用寿命长 玻璃钢门窗的耐化学腐蚀性能优异，对各种酸、碱、有机溶剂及油类具有稳定性。因此，用玻璃钢代替钢和铝合金及木材等材料制作窗，可大大延长窗的使用寿命，降低保养和维修费用，具有较好的经济效益。

玻璃钢窗型材的配方和成型工艺如下。

（1）配方 拉挤玻璃钢窗质量的好坏，很大程度上取决于树脂体系的配方，拉挤玻璃钢窗的一般配方见表 6-3。

■表 6-3 拉挤玻璃钢窗配方

原　　料	用量/质量份	原　　料	用量/质量份
196#树脂	100	偶联剂	$0.5 \sim 1$
引发剂	$2 \sim 3$	内脱模剂	$1 \sim 3$
填料	$20 \sim 30$	低收缩添加剂	$10 \sim 15$
阻燃剂	$20 \sim 30$	颜料糊	$2 \sim 3$

（2）成型工艺过程

① 配胶　先将引发剂加入树脂中充分搅拌均匀，然后依次加入各物料，机械搅拌均匀后备用。

② 拉挤过程 玻璃纤维从纱架引出后，经过排纱器进入浸胶槽浸渍树脂胶液（上述配好的胶液），然后进入预成型模具，将多余的树脂和气泡排出，再进入成型固化模凝胶和固化，固化后的制品由牵引机连续不断地从模具中拉出，最后由切断机定长切断。

③ 拉挤工艺条件

a. 温度　第 1 段 80℃；第 2 段 130℃；第 3 段 128℃；

b. 牵引速度　320mm/min。

6.3 连续制管成型

6.3.1 连续制管成型工艺的发展、特点

连续制管成型是对于定型产品的大批量的高效生产工艺，这种工艺对设备的要求较高，可满足工程的特殊需求和成本低。连续制管成型工艺的研究始于 20 世纪 50 年代，60 年代丹麦的"德罗斯索"公司研制成功了第一台用于生产大口径复合材料管和容器的纤维缠绕机。20 世纪 70 年代美国、日本等国家从丹麦引进了连续制管技术，对其进行改进并投入生产，制成直径为 3500mm 的管道。目前，世界上最大的不饱和聚酯树脂基复合材料管道制造厂是挪威和阿联酋合资建立的，拥有三条用于生产 400～2500mm 管材的连续制管生产线，年产约 26 万米。

我国连续制管设备的研制始于 20 世纪 70 年代。20 世纪 90 年代从美国和意大利等国家引进了连续制管生产线，可生产 400～2400mm 的管材。

连续制管成型工艺的优点是连续化生产，效率高；工艺参数集中控制，产品质量稳定；制品可以任意长度切割，减少管道的接头，有利于施工安装；原材料利用率高，芯模用量少，一芯即可；产品结构多样，劳动强度低。但这种成型工艺具有技术含量高、设备投资大和变径难度大等缺点。

6.3.2 连续制管成型对不饱和聚酯树脂的要求

树脂基体的性能决定了复合材料的耐热性、耐化学品腐蚀性、阻燃性、耐候性和电绝缘性等，因此需根据管材的工况条件和使用要求合理地选用树脂，设计合理的树脂胶液配方。从管材的工况条件和应用的性价比出发，目前使用较多的仍然是不饱和聚酯树脂，如间苯二甲酸系列、双酚 A 系列、含卤素树脂、环氧丙烯酸树脂以及乙烯基酯树脂等。

连续制管工艺对不饱和聚酯树脂的要求：黏度低，一般小于 1Pa·s，具有良好的流动性和浸润性；树脂胶液凝胶时间长，固化时间短；树脂有较低的放热峰，以保证复合材料管材的充分固化和连续生产操作的进行；树脂分子链链段具有一定的柔顺性；有一定的阻燃性，能满足制品阻燃方面的要求；固化收缩率低，在配方设计时可适当引入低收缩添加剂，以降低制品固化后的收缩变形，保证制品的尺寸稳定性；基体树脂中应有抗静电剂组分，以消除连续成型时由静电带来的危害。常用的抗静电剂有季铵盐、烷基咪唑啉、磷酸衍生物、多元醇及胺类衍生物等。

6.3.3 连续制管成型工艺参数

连续制管成型工艺参数主要包括缠绕规律的选择、纵向纱片数的计算、螺旋缠绕角的计算、树脂配方以及加热方式的选择等。

6.3.3.1 缠绕规律

缠绕规律主要是指纵向玻璃纤维纱与环向玻璃纤维纱在芯模上的排布规律。在连续制管成型工艺中，排布的关键是如何将玻璃纤维纱均匀、平整地铺层排布在芯模表面。常用的有平接和搭接两种排布方式，满足以下公式：

$$排布方式 = \frac{n-1}{n}(n=1, 2, 3, \cdots) \tag{6-8}$$

式中，$n=1$ 时为平接；$n \geqslant 2$ 时为搭接。

6.3.3.2 螺旋缠绕角

连续制管工艺的螺旋缠绕角的缠绕规律满足以下公式：

$$\tan\alpha = \sqrt{\frac{\pi D}{b_m} - 1} \tag{6-9}$$

式中　　α——螺旋缠绕角，(°)；

b_m——纱片宽度，mm；

D——铺设的管道外径，mm。

6.3.3.3 纵向纱片数

纵向纱的排布要确保玻璃纤维纱能均匀布满芯模表面。纵向纱片数的计算公式如下：

$$m = \frac{\pi D}{b_m} \tag{6-10}$$

式中　　b_m——纱片宽度，mm；

m——纱片数；

D——铺设的管道外径，mm。

6.3.3.4 树脂配方和加热方式

连续制管成型工艺中，为了发挥连续成型的优越性，不仅要有快速固化树脂胶液配方和合理的装置布局，还需采用高效的加热方式，必要时还应装配二次加热固化装置。目前，常用的加热方式有高频加热和远红外加热等。

6.3.4 连续制管成型设备

连续制管工艺是在缠绕成型的基础上发展起来的一类制管方法，融入了拉挤成型技术要点，可实现较高程度的自动化生产。连续制管成型设备主要包括传动系统、成型芯轴、纤维供给装置、树脂供给装置、固化炉、切割装置、翻管机构和控制台等。根据设备总体布置、成型装置和脱模方式可分为：

$$
连续制管机组
\begin{cases}
立式
\begin{cases}
垂直向上移动芯抽式\\
低熔点金属芯轴式
\end{cases}\\
卧式
\begin{cases}
外牵引式
\begin{cases}
芯轴固定，成型管仅轴向移动\\
芯轴固定，成型管移动且转动
\end{cases}\\
步进式——芯轴转动且移动，内推脱模，成型管移动且转动\\
钢带式——芯轴旋转，自动脱模，成型管移动且转
\end{cases}
\end{cases}
$$

综上可知，连续制管机的类型较多，下面以钢带式和步进式两种为例具体说明其结构特点和工作原理。

6.3.4.1 钢带式连续制管机

如图 6-6 所示是凸轮推动钢带式芯轴，它是钢带式连续制管机的核心部件，它由三部分组成，第一部分是管状主轴 1 在传动装置的带动下转动；第二部分是一条首尾相接的薄钢带 5，边缘对接且螺旋缠绕在主轴 1 上；第三部分是多个滑动推块 4，推块上装有滚轮，主轴旋转时，带动推块 4 一起旋转，在圆柱凸轮的带动下，各个推块做纵向往复运动，往复行程和钢带螺旋缠绕的螺距相等。当钢带每缠绕一个螺旋，推块 4 就将缠好的钢带向前移动一个螺距。这样钢带不间断地缠绕在芯轴上并均匀向前移动，也就形成旋转移动式芯轴。当钢带移动到芯轴的末端退绕后从芯轴内孔返回，在导轮 2 的带动下又推到前端继续进行缠绕，于是缠绕在螺旋钢带外部的不饱和聚酯树脂基复合材料管由钢带带动自动脱模并继续向前移动。

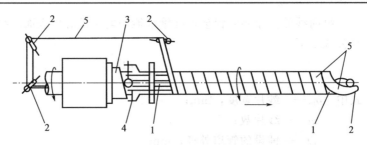

■图 6-6　凸轮推动钢带式芯轴

1—主轴；2—导轮；3—凸轮；4—推块；5—薄钢带

钢带式连续制管机成型管材时,芯模的成型表面由螺旋缠绕在旋转芯轴上的钢带形成,钢带循环前移完成自动脱模。钢带式连续制管机主要由传动装置、芯轴、内表层、环向纤维纱供给装置、纵向纤维纱供给装置、固化炉、切割和翻转机构及控制台等组成(图6-7)。

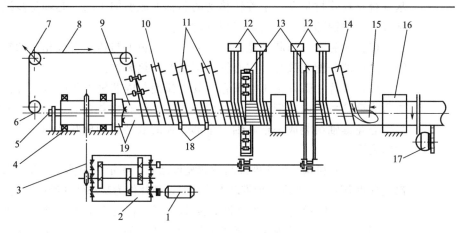

■图6-7　钢带式连续缠管机原理

1—调速电机;2—主传动箱;3—链传动;4—轴承;5—固定管芯;6—导向辊;7—张紧装置;
8—钢带;9—芯轴;10—脱模片;11—内表层供给装置;12—环向纤维纱供给装置;
13—纵向纤维纱供给装置;14—外表层;15—钢带尾部导向装置;
16—固化炉;17—切割装置;18—树脂槽;19—凸轮推块机构

成型管材时,启动调速电机1,经主动传动箱2和链传动3,使固定在芯轴上的大链轮转动,并带动芯轴旋转。当芯轴旋转时,钢带则螺旋地缠绕在芯轴表面上,使芯轴表面形成光滑圆柱用于成型管材内表面。由于芯轴的转动,纵向缠绕纤维纱需由与芯轴同步转动的纱盘供给。由图6-7可以看出,主动传动箱有两个动力输出轴,即转动芯轴和另一个转动纵向纱盘。主动传动箱的动力输出轴经传动轴和齿轮带动纱盘转动。因由同一传动箱带动齿轮和纱盘,故可实现同步操作。纱盘的转动和停止由操作杆手柄控制离合器来实现。

在成型管道时,首先把起脱模作用的薄膜缠绕在钢带表面上,并在其表面涂刷树脂,然后缠绕表面毡,形成内衬层。待内衬层凝胶后开始缠绕结构层,先缠绕一层浸渍有树脂胶液的环向纤维纱,接着缠一层未浸胶的纵向纤维纱和一层浸渍过树脂胶液的环向纤维纱,然后通过第一个固化炉使不饱和聚酯树脂基复合材料层初步固化,接下来依次缠上第三层环向纤维纱、第二层未浸胶的纵向纤维纱和第四层浸过胶的环向纤维纱。当成型的管向前移动到芯轴尾部后,尾部钢带经导向装置进入芯轴内腔,实现自动脱模。已成型的不饱和聚酯树脂基复合材料管继续向前移动到芯轴尾部,尾部钢带经导向装置进入芯轴内腔,进入第二固化炉进一步固化,实现自动脱模。最后,由切割装置将成型的管材自动切割成一定长度，同时经翻转机构将管材集中堆放。整个成型过程连续不间断地进行。

6.3.4.2 步进式连续制管机

步进式连续制管机主要用于湿法环向纱浸胶成型工艺，不饱和聚酯树脂基复合材料管材是在一个旋转移动的芯轴上成型加工的。芯轴是步进式连续制管机的关键部件，主要由三部分构成。

(1) 内芯轴 内芯轴是一根安装在传动箱上与传动系统相连的空心花键轴，悬壁部分配装弧片，空心轴内部装有加热装置。

(2) 弧片 弧片是1/8圆管，其内弧面与内芯轴外径配合，外弧面则构成所成型管材的内成型面。内弧面有与空芯轴花键相配合的键槽，8根弧片与空心花键轴组装成一根芯轴，全部弧片的成型面构成圆柱面，用于成型管材内表面。

(3) 凸轮机构 包括推进凸轮和复位凸轮，固定于箱体上。每根弧片端部都装有两个滚轮，在内芯轴带动下旋转时，弧片作为从动件开始做往复运动。

如图 6-8 所示是芯轴展开图，从图中可以直观看出芯轴是由 8 个弧片组成，每个弧片只能沿内芯轴做轴向运动。弧片的一端装有滚轮，滚轮安装于凸轮的槽内。凸轮固定不动，当内芯轴旋转时，将带动弧片和滚轮一起转动。如果弧片按图 6-8 中箭头方向转动，则按凸轮曲线 a 及 c 斜面移动的六个弧片（1、3、4、5、7、8）朝同一方向移动；而沿曲面 b 移动的两个弧片（2、6）则向相反方向移动。当弧片 2、6 移至斜面 a 和 c 时，3、7 移向 b，此时弧片的运动方向转换。随着内芯轴的旋转，其他弧片不断相应地改变移动方向。这样，在任一时刻内，有 6 个弧片往一个方向前进，而另两个弧片

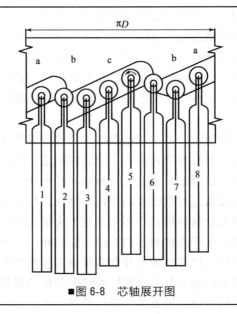

■图 6-8 芯轴展开图

朝相反方向运动。在缠绕过程中，6个轴向运动弧片，带动成型管材向前运动。由于反向运动的弧片数量少，不会影响管材的运动方向。随着芯轴的连续旋转，成型管便一步步地沿组合芯模向前运动。因此，实现了连续制管。

步进式连续制管机的主要特点如下：

① 不饱和聚酯树脂基复合材料管是在一个既旋转又做轴向移动的弧片组合芯模上缠绕成型，实现了管材连续生产并内推自动脱模，无需另设牵引装置；

② 弧片轴向运动速度可通过凸轮升程、芯轴转速和凸轮转速进行调节，工艺适应性强；

③ 芯轴结构复杂，制造精度高。

6.3.5 连续制管成型工艺过程

连续制管成型工艺的一般流程是将预浸渍树脂的无捻纱带或织物带（无纬带或纤维毡），按一定线型规律缠绕在可以移动的芯轴上，经芯轴加热实现管材固化成型，在外力作用下牵引脱模，再经二次加热固化后按产品要求定长切割管材，整个工艺流程是连续进行的。

6.3.5.1 卧式干法缠绕成型

卧式干法连续缠管工艺是采用玻璃布预浸带缠绕成型。卧式干法缠绕成型主要工艺流程：纵向、环向玻璃布预浸带缠绕→预固化→二次固化→外牵引脱模→切割→包装。

如图6-9所示为卧式干法连续缠管工艺设备示意。

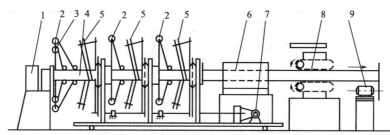

■图6-9 卧式干法连续缠管工艺设备示意

1—控制装置；2—固定带盘；3—脱模片；4—管状芯轴；5—环状带盘；
6—固化炉；7—电动机；8—牵引机；9—切割装置

树脂胶液预浸的无纬带或玻璃布，首先经脱模片3缠一层聚酯薄膜，然后经固定带盘2把纵向布带缠在芯模上，再经环状带盘5缠绕环向布带，如此往复，直至达到要求厚度，经固化炉6固化，最后切割装置9牵引切割，得到所需定长管材。

6.3.5.2 卧式湿法纵向纱浸胶缠绕成型

卧式湿法纵向纱浸胶缠绕成型工艺是将连续玻璃纤维粗纱浸渍树脂胶液

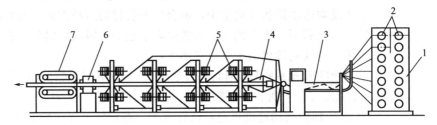

■图 6-10 卧式湿法纵向纱浸胶缠绕成型设备示意

1—纵向纱架；2—纵向纱团；3—浸胶槽；4—固定芯轴；

5—环向缠绕装置；6—高频固化炉；7—牵引机构

后进行缠绕成型的一种连续制管工艺。如图 6-10 所示是卧式湿法纵向纱浸胶缠绕成型设备示意。

首先从纵向纱架 1 引出纵向连续纤维粗纱，经浸胶槽 3 浸胶后，由分纱器均匀铺覆在芯轴表面上，形成纵向纱层，然后通过环向缠绕装置 5 环向缠绕未浸胶的环向连续纤维粗纱，并通过纵向纱所带的多余胶液浸渍。环向纱和纵向纱交叉铺设，直至达到所需厚度，经高频加热固化、脱模和切割，得到要求定长的管材。整个成型工艺过程是连续进行的。

6.3.5.3 卧式湿法环向纱浸胶缠绕成型

卧式湿法环向纱浸胶缠绕成型工艺是将连续玻璃纤维粗纱浸渍树脂胶液后进行缠绕成型的一种连续制管工艺。如图 6-11 所示是卧式湿法环向纱浸胶缠绕成型设备示意。

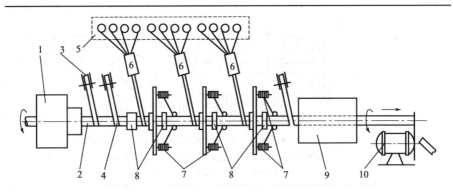

■图 6-11 卧式湿法环向纱浸胶缠绕成型设备示意

1—传动装置；2—芯轴；3—脱模片；4—玻璃纤维毡；5—环向纱架；6—浸胶槽；

7—纵向纱团；8—加热装置；9—固化炉；10—切割装置

首先从环向纱架 5 引出环向连续纤维粗纱，经浸胶槽 6 浸胶后，经分纱器均匀铺覆在芯轴表面上，形成环向纱层，然后由纵向纱团 7 引出纵向连续纤维粗纱，缠绕成型过程中采用纵向纱和环向纱交错铺层的方式铺覆纵向纤维纱，并通过环向纱所带的多余胶液浸渍，直至达到缠绕要求厚度，经二次固化、自动脱模、切割得到所需定长管材制品。整个成型工艺过程是连续进行的。

6.3.5.4 立式垂直向上移动芯轴式缠绕成型

如图 6-12 所示是立式垂直向上移动芯轴式缠绕成型设备示意。此法是采用若干根首尾相接的定长芯轴，在驱动器的作用下，芯轴可以从上至下运动。芯轴表面螺旋地缠绕浸渍树脂胶液的玻璃纤维层达到要求厚度，再缠绕一层玻璃纸，使表面光滑，然后在芯轴连接处将管材切断，送入固化炉固化后脱出芯轴，即得到不饱和聚酯树脂基复合材料管材。

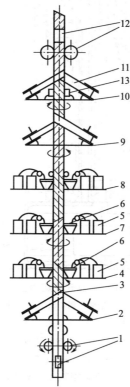

■图 6-12　立式垂直向上移动芯轴式缠绕成型设备示意

1—机械传动轮系；2—旋转盘（顺时针转）；3—钢带芯轴；4—旋转盘（逆时针转）；

5—无捻粗纱团；6—浸胶槽；7—旋转纱盘（顺时针转）；8—固定盘；

9—旋转盘（逆时针转）；10—旋转盘（顺时针转）；11—玻璃纸带；

12—机械中心轮组；13—压实装置

6.3.5.5 立式低熔点金属芯模式缠绕成型

如图 6-13 所示为立式低熔点金属芯模式缠绕成型设备示意此法采用的是一个垂直的空心支柱，在其外面有一个用低熔点金属（如铅-铋合金，铅含量 64%~71%）制成的可以向上移动的芯轴。在移动芯轴外缠绕浸渍树脂胶液的玻璃纤维层至要求厚度，然后通过一个热压模装置，使管材固化成型，并使移动芯轴的上端熔化，通过空心支柱流回熔锅中，完成自动脱模。其中流回的低熔点合金液可回收利用，重新制作芯轴。

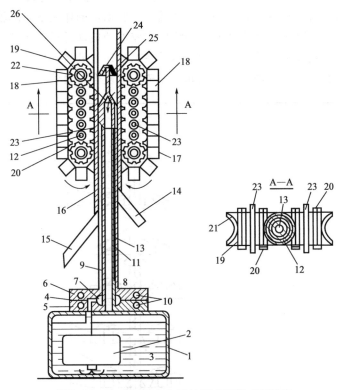

■图 6-13　立式低熔点金属芯模式缠绕成型设备

1—金属熔锅；2—齿轮泵；3—熔融金属；4，13—通道；5—内喷嘴板；6—外喷嘴板；7—空心支柱；
8—通孔；9—芯轴；10—冷却圈；11—间隙；12—管心；14—玻璃纤维带；
15—玻璃纤维布带；16—不饱和聚酯树脂基复合材料管；17—热压模装置；
18—无端链带；19—链节；20—螺栓；21—半圆槽；22—链轮；
23—感应加热圈；24—轴头；25—法兰；26—支架

6.4 热固性和热塑性复合管连续生产

6.4.1 热固性和热塑性复合管材的特点、应用

热固性和热塑性复合管材连续生产起源于 20 世纪 80 年代初，它是热塑

性挤出成型、热固性拉挤成型和缠绕成型相结合的连续制管成型工艺，即以连续挤出塑料管材为芯模，沿塑料管轴向以拉伸法铺设纵向纤维层，然后以缠绕法铺设环向纤维层，获得热固性和热塑性复合管材，其中挤出的塑料管起到芯模和防腐内衬的作用，整个过程是连续进行的。此种方法又被称为"EPF"法。

"EPF"法具有生产效率高、经济效益好、制品机械强度高、耐腐蚀性好、质量轻、抗渗透、耐热及良好的电绝缘性能等优良特点，并且管材外表面光滑平整。"EPF"法管与其他材料管性能的比较见表 6-4。

■表 6-4　"EPF"法管与其他材料管性能比较

性能	密度/(g/cm³)	玻璃纤维含量（质量分数）/%	拉伸强度/MPa	弯曲模量/MPa	比拉伸强度
"EPF"法管	1.7~1.75	60~65	600~700	20000~25000	340~400
拉挤棒材	1.8~2.1	55~70	700~1000	24000~26000	140~160
缠绕管材	1.8	60~70	250~300	24000~26000	140~160
硬质 PVC	1.35~1.40	—	50~60	3000~4000	35~44
铁管	7.85	—	480	2×10^5	61
铝管	2.7	—	200~300	7×10^4	75~110

由于"EPF"法制得的管道比普通的不饱和聚酯树脂基复合材料管道具有更好的防腐和抗渗性能而被广泛应用于海水养殖业、化工管道、电站排渣、污水处理等领域。

6.4.2　成型原理

"EPF"法工艺流程如图 6-14 所示。

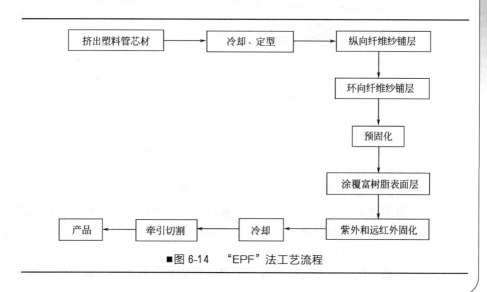

■图 6-14　"EPF"法工艺流程

"EPF"成型工艺是以挤出成型的热塑性管为芯材,沿管材轴向缠绕出热固性不饱和聚酯树脂基复合材料层,最后在管材表面层涂覆热固性和热塑性的富树脂层,形成光洁平整的表面外观。整个成型工艺过程是连续进行的。

6.4.3 "EPF"管材用不饱和聚酯树脂的特点

(1) **缠绕工艺要求** 树脂黏度低、凝胶时间长、固化时间短,由于有热塑性内衬,缠绕层的固化温度不宜太高,通常采用光固化与热固化结合的固化方式。树脂胶液固化体系应包括光引发和热引发组分,以实现光固化和热固化的要求,如牌号为 Polylite HY-201 的不饱和聚酯树脂,且所选不饱和树脂对内衬材料有优良的粘接性。

(2) **缠绕层固化树脂的要求** 为达到制品的力学性能要求,缠绕层用树脂的固化物应具有一定的耐化学品腐蚀性、阻燃性和耐候性等。

6.4.4 热固性和热塑性复合管材的生产工艺与设备

如图 6-15 所示为"EPF"法生产不饱和聚酯树脂基复合材料管设备生产线示意。

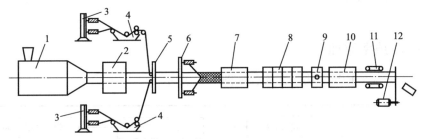

■图 6-15   "EPF"法生产不饱和聚酯树脂基复合材料管设备生产线示意
1—塑料管挤出机;2—冷却罐;3—纱架;4—纵向纱浸胶槽;5—分纱器;
6—环向缠绕机构;7—预成型模具;8—紫外、红外固化炉;9—富树脂
层涂覆装置;10—冷却罐;11—牵引机构;12—切割装置

"EPF"法成型工艺首先是将热塑性塑料管在塑料管挤出机 1 中挤出成型管材,然后在塑料管表面缠绕纵向浸胶玻璃纤维纱。玻璃纤维纱由纱架 3 引出后,通过纵向浸胶槽 4 浸渍不饱和聚酯树脂胶液,由挤压辊控制纤维中的树脂含量,通过分纱器 5 将浸胶纱带沿塑料管的轴向铺满管材表面。为提高径向强度,在管表面环向缠绕玻璃纤维纱,并通过纵向纱所带的多余胶液浸渍,环向缠绕角的范围可从 30°变化到 90°。

铺满纵向和环向的管被牵引进入预成型模具 7 中,挤出轴向玻璃纤维纱中多余的树脂胶液，并对环向纤维进一步浸渍。随后复合管进入紫外线辐射设备，进行紫外光引发，初步固化的管材进入远红外固化炉，进行完全固化。为提高管道尺寸精度和表面光洁度、耐候性、耐磨性、耐湿性，将热塑性树脂涂刷在管道的表面，经冷却后定型。最后通过切割装置12将管材切成一定长度，成型制品。

6.5 板材连续成型

6.5.1 板材连续成型工艺的发展、特点、应用

连续制板成型工艺的主要产品是复合材料平板和波形板，早期这些产品的生产工艺为手糊成型和喷射成型，其生产效率低，厚度不均，存在气泡，工作条件较差。第二次世界大战后，法国发明了波形瓦连续生产技术，之后欧美、日本等国家波形瓦连续生产技术也相继得到工业化，并取得了进一步完善和发展。我国连续制板工艺始于1965年，首先研究成功的是钢丝网增强聚氯乙烯波形板生产工艺，制品为横波形瓦，20世纪70年代在上海研制成功纵波不饱和聚酯树脂基复合材料生产线，80年代先后又引进3条板材连续生产线，其生产技术达国际先进水平。目前国内外连续生产工艺大体相同，主要发展趋势都是提高生产效率，发展多品种、多规格的大宽幅产品。如美国费隆（Filon）公司生产的不饱和聚酯树脂基复合材料波板机组，可在同一条生产线上生产几十种不同断面形状的板材，日本有生产2m以上板材的连续机组。连续制板成型特点是生产效率高、产品质量均匀、尺寸稳定和产品的变形小等。连续成型生产的板主要应用在以下几个方面。

① 采光板　由于选用热固性不饱和聚酯树脂，使其具有良好的透光性、较高的耐热性、热膨胀系数小、不会因冷热收缩而引起漏雨等优点，可应用于钢结构厂房、体育馆、公共场所和温室等。

② 彩条板　主要用于户外的装饰用板。

③ 遮阳板　生产原料中加入颜色和填料，使产品不透明，用于户外的遮阳。

④ 标牌板　主要是利用不饱和聚酯树脂基复合材料的密度小、防腐、防水的性能特点，多用于广告招牌、高速公路标示牌等。

⑤ 其他方面的应用　如阻燃波板的应用，具有提高冲击强度、阻燃性好、不易破损等优点，多应用于火药厂和化工厂。

连续制板工艺的出现克服了手糊、喷射法成型波形瓦和平板厚度不均匀、有气泡等缺陷。生产工艺由一片发展到两片重叠的双层连续技术，尺寸方面发展到二幅、三幅宽。现如今人们在生产生活中对板需求量将越来越

大，因而在未来的生产和应用中，如何提高生产效率、开发新品种和多规格的大宽幅制品无疑将是连续制板工艺的发展趋势。

6.5.2 波纹板的连续成型对树脂和助剂的要求

6.5.2.1 连续成型波纹板对树脂固化物的要求

① 具有较高的机械强度和冲击韧性；

② 树脂与增强材料有较好的黏结性能，固化后收缩变形小；

③ 具有良好抗紫外线和抗氧化性能；

④ 具有良好的耐热性和阻燃性能；

⑤ 对某些制品的使用要求而言，树脂固化后具有良好的透光性能。

6.5.2.2 连续成型对树脂工艺性能的要求

① 对于浸渍连续成型波纹板的树脂胶液，其黏度一般为 $1 \sim 3Pa \cdot s$，对增强材料有良好的浸渍性能。

② 胶液有较长的使用期，在成型温度下能迅速地固化。对于波纹板的连续成型，单一引发剂过氧化甲乙酮、过氧化环己酮、异丙苯过氧化氢及过氧化苯甲酰等，促进剂可以是环烷酸钴和 N,N-二甲基苯胺等，也可以是复合引发体系，如过氧化二苯甲酰/过氧化甲乙酮体系、过氧化二苯甲酰/过氧化甲乙酮/过异丁酸叔丁酯体系等具有协同效应的复合引发体系以及过氧化环己酮/叔丁基过氧化氢复合引发体系、过氧化二苯甲酰/2,5-二甲基己烷-2,5-二过氧化氢等相互抑制效应的复合引发体系。对于透光率高达 80% 以上的波纹板，引发剂为过氧化甲乙酮；促进剂不能使用环烷酸钴，而采用异辛酸钴。

③ 生产彩色波纹板树脂胶液，应加入相应颜色的颜料糊。为防止颜料糊沉淀，生产前颜料糊用苯乙烯稀释，也可以用一部分阻燃剂代替苯乙烯作稀释剂。对于透光率高达 80% 以上的无色波纹板，在选择阻燃剂和抗氧剂等助剂时，应采用无色透明的助剂，使形成的基体树脂体系的折射率与选用的玻璃纤维匹配。

④ 对于透光率高达 80% 以上的无色波纹板，不饱和聚酯树脂的交联剂可以选用甲基丙烯酸甲酯，也可以选用苯乙烯与甲基丙烯酸甲酯混合物。

⑤ 价格便宜，来源方便。

⑥ 所选的树脂胶液应具有毒性小和环境友好等特点。

国内目前生产的可用于连续制板成型工艺的树脂牌号有常州华日新材有限公司生产的 FH-H-1087 和 FH-H-1071，常州天马集团生产的 TM-10170，湖州红剑聚合物有限公司生产的 HCH 系列等。

6.5.3 波纹板的连续成型工艺过程

波纹板连续成型工艺是指将浸有不饱和聚酯树脂的玻璃纤维增强材料均

匀地铺覆在两层薄膜之间，形成夹层结构，经挤压辊挤压，使之密实，排除气泡，并达到规定的厚度，然后经凝胶和固化成型为各种规格及断面的产品，经脱模、切割、清洗和检验最终得到产品。成型过程从供给原材料开始到最后得到产品都是连续进行的。其工艺流程如图6-16所示。

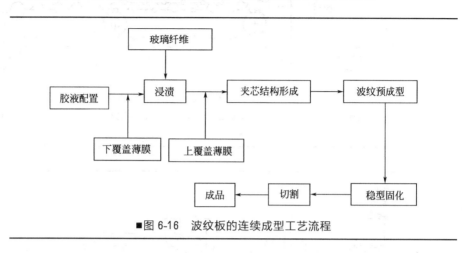

■图6-16　波纹板的连续成型工艺流程

6.5.4 波纹板的连续成型设备

不饱和聚酯树脂基复合材料波形板的成型设备分为横向波板成型机组和纵向波板成型机组两大类。以下分别介绍两种成型设备及原理。

6.5.4.1 横向波板连续成型原理及设备

如图6-17所示为横向波形板连续成型原理，增强材料采用玻璃布或玻璃纤维毡，首先玻璃布或玻璃纤维毡1从开卷机展开，经浸胶槽2浸渍树脂胶液，然后在上下表面覆盖玻璃纸3，形成"夹芯结构"（防止空气中氧气对树脂固化的阻聚作用；另外还可以防止树脂黏附在成型辊上，从而获得光滑的制品表面），紧接着"夹芯结构"进入固化炉4中，固化炉中安装了可连续成型波纹模具组5，用来连续成型波纹，固化成型后运出固化炉，并由转筒6收卷两面覆盖的玻璃纸。经纵向切割装置7，切除毛边，由转筒9将成品收卷，整个机组由动力装置8传动。从图6-17中可以看出波纹的产生过程是横向的，而产品运行方向是纵向的，故称为横向波板成型机组。

6.5.4.2 纵向波板连续成型原理及设备

纵向波纹板使用的增强材料是短切玻璃纤维。在纵向波纹板成型过程中聚酯薄膜分别作为纵向不饱和聚酯树脂和短切玻璃纤维的载体及覆盖层，形成"夹芯结构"进行连续成型。如图6-18所示为以短切玻璃纤维为增强材料的纵向连续波纹板成型原理图。

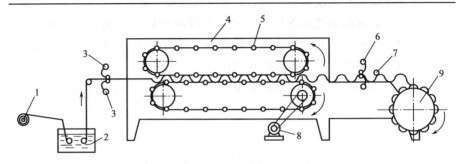

■图 6-17 横向波纹板连续成型原理

1—玻璃布或玻璃纤维毡；2—浸胶槽；3—玻璃纸；4—固化炉；5—连续成型波纹模具；

6，9—转筒；7—纵向切割装置；8—动力装置

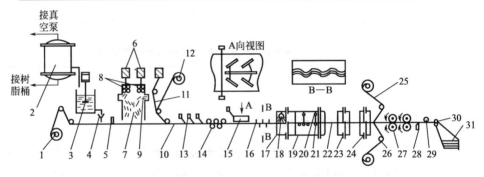

■图 6-18 以短切玻璃纤维为增强材料的纵向波纹板连续成型机原理

1，12—聚酯薄膜；2—高位树脂贮罐；3—胶液配料混合筒；4—过滤网；5—刮刀；6—玻璃

纤维无捻粗纱；7—短切纤维沉降室；8—四辊室切断机；9—吹气孔；10—纤维毡；11—纵向

纤维纱；13—钢丝刷；14—压辊；15—刮板；16—波纹模板；17—预热炉；18—红外灯；

19—初成型加热炉；20—蒸汽加热管；21—稳型弯管；22—波纹模板；23—定型固化炉；

24—保温炉；25—上薄膜回收；26—下薄膜回收；27—橡胶压辊牵引机构；

28—横向切割；29—纵向切割；30—输送辊；31—成品

    首先，作为载体，聚酯薄膜 1 在收卷机中展开并向右运动，从高位树脂贮罐 2 流出的树脂在胶液配料混合筒 3 中与固化剂混合，经过滤网 4 流至聚酯薄膜载体，经刮刀 5 作用，树脂在载体膜上形成均匀的树脂层，载体膜继续向右运动，进入纤维沉降区。

    玻璃纤维无捻粗纱 6 通过四辊室切断机 8 切成定长纤维后，经吹气口 9 均匀地铺撒在涂有胶液的聚酯薄膜上，形成均匀的短切纤维毡 10。为了防止短切纤维窜动和提高毡的纵向强度，纤维毡 10 上铺置了数束纵向纤维纱 11，并覆盖上聚酯薄膜 12，形成"夹芯带"。采用钢丝刷 13、压辊 14、刮板 15 等技术手段驱赶"夹芯带"中的气泡，同时完成纵向纤维的浸渍。"夹芯带"继续向右移动，经过波纹模板 16，逐渐形成所要求的波纹。波纹板

经预热炉 17 内的红外灯预热后进入稳型固化区。稳型固化区设有三段加热炉（19、23、24），经稳型固化后，由卷取机构将上下薄膜（25、26）回收。最后经横向和纵向切割，将板材的毛边切去，形成具有一定长度和宽度的波形板制品。制品从左至右的水平运动均是由橡胶压辊牵引机构 27 完成的。表 6-5 是生产不饱和聚酯树脂基波纹板配方，表 6-6 是透明不饱和聚酯树脂基波纹板配方。

■表 6-5　生产不饱和聚酯树脂基波纹板配方

原　　料	用量/质量份
191# 或 307# 不饱和聚酯树脂	100
过氧化环己酮	2
异辛酸钴糊	0.3～1
颜料糊	0.2
BPO（1:1 糊）	2

其中颜料糊是由酞菁绿与钛白粉 1:1 混合，再与邻苯二甲酸二丁酯研磨而成。为了不影响制品的透光性，配方中不能加其他填料，选用的增强材料折射率应与树脂相近。为了改善制品的耐冲击性能和耐老化性能，可在制品的表面附上一层 0.20mm 左右的胶衣树脂层。

■表 6-6　透明不饱和聚酯树脂基波纹板配方

原　　料	用量/质量份
195# 水晶不饱和聚酯树脂	100
苯乙烯:甲基丙烯酸甲酯（1:1）	35
过氧化环己酮	2
异辛酸钴糊	1

参 考 文 献

[1] 刘雄亚，谢怀勤. 复合材料工艺及设备. 武汉：武汉工业大学出版社，1994：243-267.

[2] 黄发荣，焦扬声，郑安呐等. 塑料工业手册：不饱和聚酯树脂. 北京：化学工业出版社，2001：369-372，401-407.

[3] 欧国荣，倪礼忠. 复合材料工艺与设备. 上海：华东化工学院出版社，1991：251-252.

[4] 黄家康，岳红军，董永祺. 复合材料成型技术. 北京：化学工业出版社，1999：436-437，453-457.

[5] 张垣，庄瑛. 玻璃钢门、窗型材研制. 广东建材，2003（3）：7-10.

[6] 刘雄亚，晏石林. 复合材料制品设计及应用. 北京：化学工业出版社，2003：318-344.

第7章 不饱和聚酯树脂的其他成型与应用

7.1 概述

前面几章介绍了不饱和聚酯树脂的手糊成型、低压成型、缠绕成型、模压成型和连续成型等成型工艺，本章将简单介绍一下不饱和聚酯树脂的其他成型工艺，如不饱和聚酯树脂的浇注成型以及不饱和聚酯树脂在其他领域的应用，如人造石材、涂料和泡沫塑料等。

7.2 不饱和聚酯浇注成型

浇注成型是以不饱和聚酯树脂为基体，一定比例不同细度的填料、不同颜色的色浆与助剂等原料混合，通过搅拌、浇注、凝胶和固化等一系列工艺过程制成的一种 0-3 型的复合材料，其工艺流程如图 7-1 所示。浇注成型主要用于生产无纤维增强的复合材料制品，如人造大理石、纽扣、包埋动（植）物标本、工艺品、锚杆固定剂和装饰板等。浇注成型比较简单，但要生产出优质产品，则需要熟练的操作技术。

浇注成型的特点是所用设备较简单，成型时一般不需要加压设备，对模

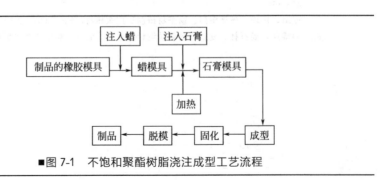

■图 7-1 不饱和聚酯树脂浇注成型工艺流程

具强度的要求也较低。浇注成型对制品尺寸的限制较少，宜生产小批量的大型制品。制品的内应力较低，质量良好，缺点是成型周期长、制品尺寸的精确性较差等。

浇注成型制品一般由不饱和聚酯树脂、引发剂、促进剂、增塑剂、光稳定剂、抗氧化剂、阻燃剂、着色剂和内脱模剂及增强材料等组成。其中增强材料的形态大多为颗粒状，用量为 $70\%\sim80\%$。

7.2.1 浇注成型工艺对不饱和聚酯树脂的要求

不饱和聚酯树脂浇注件要求无气泡、气隙和裂纹。而导致残留气泡和气隙的原因主要有两种：一种是加入大量填料时带入了空气，这个问题可以在浇注工艺中采用延长真空脱泡时间的方法来解决；另一种是不饱和聚酯树脂中存在低分子量挥发物，这个问题可以在不饱和聚酯树脂制造中排除。因此，成型工艺对不饱和聚酯树脂有以下的要求：

① 树脂必须能快速、充分地均匀浸润填料，因此树脂的黏度要低，通常在 $0.6\sim8Pa\cdot s$；

② 树脂与颜料有良好的相容性，可以调配各种颜色、在各批产品之间的颜色均匀色差较小，以保证制品的美观；

③ 良好的贮存稳定性，使用寿命通常在 $3\sim6$ 个月；

④ 对于大理石树脂基体，树脂应使填料保持均匀的悬浮状态，直到树脂凝胶；

⑤ 在生产环境下，树脂固化时应平稳放热，使热量能均匀地放出，以免制品内部存在较大的热应力，导致产品开裂或产生微裂纹，因此树脂要有良好的反应性，既要形成交联结构，又要快速固化而不产生过大热应力；

⑥ 树脂固化后要有良好的耐热性、耐冲击性，在急冷急热、多次反复冲击下不产生过度的内应力而导致产品损坏；

⑦ 对于制造家具和地板等仿木制品的不饱和聚酯浇注树脂要求树脂固化后具有柔顺性、一般要求不饱和聚酯树脂的延伸率可达到 9% 以上；

⑧ 对于室内外装饰用浇注制品，要求树脂具有良好的光稳定性，在日光作用下，不变色、翘曲和龟裂而导致制品损伤；

⑨ 固化物具有阻燃性，可达 V0 级，且发烟量低，毒性低、刺激性小，可保证制品使用的安全性；

⑩ 来源方便，价格低廉。

7.2.2 浇注成型工艺对不饱和聚酯树脂固化体系的要求

在不饱和聚酯树脂浇注成型工艺过程中，引发剂对不饱和聚酯树脂的适用期、不饱和聚酯树脂的黏度变化和成型工艺周期等具有重要的影响，随着引发剂用量的增加，反应速率加快，有利于不饱和聚酯树脂的黏度增大。但引发剂用量过大，会导致反应速率过快，放热量骤增，从而使制品在固化过程中急剧收缩，产生裂纹；反之，若引发剂的用量太少会使固化反应速率变慢，甚至造成固化不足，影响制品的力学性能等。

有机过氧化物为浇注型不饱和聚酯树脂常用的引发剂。此类化合物的分子中存在能分解产生自由基的—O—O—键，能够引发不饱和聚酯树脂和苯乙烯的交联固化反应，从而使树脂固化。为了加速不饱和聚酯树脂的固化过程，提高引发剂的引发作用，通常还需要使用促进剂，常用的促进剂有有机钴盐和叔胺类化合物。

一般浇注成型树脂用有机过氧化物作为引发剂，如过氧化甲乙酮（MEKP）、过氧化环己酮（CHP）糊等，其引发剂的分散介质均为邻苯二甲酸二丁酯，促进剂是环烷酸钴的苯乙烯溶液。但对于外观要求比较高的浇注成型制品，一般不使用由过氧化甲乙酮和钴促进剂组成的固化体系，而使用过氧化（2-乙基）己酸叔丁酯（过氧化辛酸叔丁酯）、过氧化辛酸叔己酯（THPO）等。近年来，为了提高生产效率，广泛使用以过氧化二碳酸双（4-叔丁基环己）酯为基础的复合引发剂。

7.2.3 浇注成型工艺对不饱和聚酯树脂阻聚体系的要求

为了防止不饱和聚酯树脂在成型过程中，由于受到环境（如光、热等）因素的影响，而过早地发生凝胶，使不饱和聚酯树脂失去流动性，特别是特殊要求使用多种交联系组分的不饱和聚酯树脂体系，为防止某些组分自聚，通常在不饱和聚酯树脂中加入少量阻聚剂进行调节，使不饱和聚酯树脂具有一定的工艺稳定性，能够在一定时间范围内延缓不饱和聚酯树脂固化反应的进行，从而控制浇注成型工艺过程中黏度的不稳定变化。阻聚剂按其作用可分为抑制剂和链转移剂两类。其中，抑制剂主要有对苯醌、对甲苯醌、氢醌、对叔丁基邻基二酚等苯醌类和多价苯酚类化合物；链转移剂主要使用的是硫醇类化合物，如十二烷基硫醇。通常，阻聚剂的阻聚效果与阻聚剂的用量有关。用于浇注成型工艺的阻聚剂一般满足以下条件：

① 在低温下具有阻聚作用，能有效阻止不饱和聚酯树脂在室温贮存条件下凝胶，在一定条件下，如高温加热时，失去阻聚作用，使不饱和聚酯树脂发生交联反应；

② 阻聚剂与不饱和聚酯树脂相容性好，能够均匀分散在树脂体系中；

③ 阻聚剂不能对交联反应和成型周期影响太大。

7.2.4 浇注成型工艺对不饱和聚酯树脂低收缩性的要求

在浇注成型工艺中一定程度的收缩是必然的，也有利于制品脱模，一般收缩率为 0.7% 即可。如果收缩率过大，易导致制品产生较大的内应力，特别是在壁厚较厚的部位，往往引起制品的开裂现象。制品收缩率的大小与苯乙烯用量，添加剂的化学结构和用量有关。在不饱和聚酯树脂固化过程中，苯乙烯含量过高时会引起不饱和聚酯树脂的固化收缩率过大，影响产品的力学性能。不饱和聚酯树脂基体中加入热塑性树脂，可以大幅度降低制品的收缩性，如在人造石的基体树脂中加入热塑性树脂可制成具有较低收缩性的人造石产品。常用的热塑性树脂有聚苯乙烯及其共聚物、改性聚氨酯和聚乙烯醇及 PVC 等。

7.3 不饱和聚酯树脂人造石材

　　人造石材是通过不饱和聚酯树脂浇注成型的，它具有高效和低成本的优点。近几年，建筑业的复苏、城市绿化率的提高、基础设施建设的扩大以及人们对居住条件要求的提高，给人造石材创造出了很大的市场空间，人造石材凭借自身优良的性能已逐步取代天然石材。表 7-1 是 2009～2010 年我国不饱和聚酯树脂浇注体的用量及其市场份额。从表 7-1 中可以看出，人造石材越来越受到人们的关注。与天然石材相比，人造石材具有无毒性，常温下不散发任何气体；无放射性；抗污性好；使液体渗透的可能性较小，顽渍可被除去；还有抗菌防霉、耐磨、耐冲击、阻燃、易保养、拼接无缝、可修复和造型可塑性强等优点。表 7-2 为人造石材与天然花岗石、大理石的部分性能对比。

■表 7-1　2009～2010 年我国不饱和聚酯树脂浇注体的用量及市场份额

年份	不饱和聚酯树脂浇注树脂用量/万吨	不饱和聚酯树脂总量/万吨	市场份额/%
2009 年	约 44	155	28
2010 年	约 55	150	36.7

　　注：资料来源：中国聚合物网和阿里巴巴网。

■表 7-2　人造石与天然花岗石、大理石的部分性能对比

性能指标	树脂基人造石	花岗石	大理石	水泥型人造石
密度/（g/cm³）	2.5	2.5～3.0	2.4～2.8	2.6～2.7
弯曲强度/MPa	29～30	16～20	11～13	8～10
压缩强度/MPa	73～75	160～200	120～130	60～65
吸水率/%	0.01～0.05	0.05～0.08	0.1～0.4	2.0～4.0

　　目前，国外浇注成型人造石材的研究开发主要集中在美国、意大利、德国和日本等国家，我国的不饱和聚酯树脂浇注成型人造石材产业在"十一五"期间迅速崛起，在建筑、家装、卫浴洁具、工艺品等领域得到广泛的应用。

7.3.1 人造大理石用原材料

人造石材是用不饱和聚酯树脂和填料制成的。由于所选用的填料不同，制成的人造石材分为人造大理石、人造玛瑙、人造花岗石和不饱和聚酯树脂混凝土等。以下主要以人造大理石为例，简单介绍不饱和聚酯树脂在人造石材方面的应用。

人造大理石是一种由不饱和聚酯树脂和磨细的填料（如石灰石粉或三水氧化铝粉等）、颜料和助剂等，经一定复合工艺而制成的材料。填料均匀分散于树脂的连续基体中，而颜料不均匀分散，从而产生各种各样的花纹。

7.3.1.1 人造大理石用树脂基体

不饱和聚酯树脂是人造大理石用的重要基体材料，其性能的好坏决定着人造大理石的最终性能。常用的不饱和聚酯树脂有邻苯型、间苯型、新戊二醇型、间苯/新戊二醇型、乙烯基酯型、丙烯酸型和食品级人造石树脂等。其中用量较大的是邻苯型、间苯/新戊二醇型和乙烯基酯型。

国内如常州华日新材料有限公司生产的 POLYLITE TP-260、POLY-LITE TP-254；德州市德城区东明树脂厂生产的 3501#、2000#；广东省番禺福田化工有限公司生产的 LY-288-2、LY-288-2G 等。

(1) 邻苯型不饱和聚酯树脂 邻苯型不饱和聚酯树脂具有黏度适中、树脂凝胶快、固化定型时间较慢但固化较快的特点。固化物具有颜色较浅、放热峰较低、断裂延伸率较大和耐候性好等特点；然而浇注体的强度和热变形温度较低，耐化学性能较差，固化收缩率较大，但因其价格低廉，还是得到了广泛的应用。

(2) 间苯/新戊二醇型不饱和聚酯树脂 采用间苯/新戊二醇型不饱和聚酯树脂生产出的人造大理石，耐水性、耐化学性和耐热性稳定性好，强度高且耐冲击性能好而成为国际上广泛采用的人造大理石树脂基体，国内常用来制造档次较高的人造大理石，它具有优异的耐水性、耐腐蚀性、着色性、硬度和韧性。

(3) 乙烯基酯树脂 乙烯基酯树脂的力学性能、耐热性和耐化学性能明显优于邻苯型与间苯/新戊二醇型不饱和聚酯树脂。一般用于高温或有强腐蚀性的酸、碱环境，如医院的手术台、清洗污物的水池及实验室工作台面等。表 7-3 是人造大理石用邻苯型、间苯/新戊二醇型、乙烯基酯型不饱和聚酯树脂的基本指标。

7.3.1.2 填料

人造大理石常用的填料有 $Al(OH)_3$ 粉、磷酸氢钙、碳酸钙、天然大理石粉、无机花岗石粉以及空心玻璃微珠等，由 $Al(OH)_3$ 粉和磷酸氢钙生产的产品具有良好的耐水性、耐污性、阻燃性等特点，其密度与天然石材接近，且具有玉石的质感；碳酸钙、天然大理石粉、无机花岗石粉具有低廉的

■表 7-3　人造大理石用邻苯型、间苯/新戊二醇型、乙烯基酯型不饱和聚酯树脂的基本指标 （25℃ ）

类别	酸值 /(mg KOH/g)	黏度/Pa·s	固体含量/%	凝胶时间/min	外观
邻苯型	23	1	68	8	透明水白液体
间苯/新戊二醇型	13	0.6	64	8	透明水白液体
乙烯基酯型	10	0.8	67	8	透明淡黄液体

价格优势，但是碳酸钙的吸油量大，耐污性能非常差。天然大理石粉、无机花岗石粉在生产过程中容易沉降，产品表面开裂或产品力学性能、耐腐蚀性能等下降；空心玻璃微珠一般与上述填料配合使用，空心玻璃微珠填料具有以下优点：

① 改善冲击性能，提高抗龟裂能力，降低产品的破损率；

② 改善纹理布局、颜色的连续性及浅颜色的着色性能，使得产品更加美观；

③ 缩短固化时间，具有较快的模具周转速率；

④ 改善机械加工性，减少去飞边、切割、钻孔和打磨的时间，并且降低了对后处理工具的磨损；

⑤ 重量轻，使其在搬运及安装过程中变得更容易，也降低了运输成本。

表 7-4 为空心玻璃微珠对人造大理石密度的影响。所用树脂黏度为 $600 \sim 2000 mPa \cdot s$，空心玻璃微珠的加入，不会增加混合体系的黏度。配方中，空心玻璃微珠占 3.8%（质量分数），但其体积分数可达 26.8%，使得人造大理石最终重量降低 30%。

■表 7-4　空心玻璃微珠对人造大理石密度的影响

类　别	配　方	用量(质量分数) / %	用量(体积分数) /%	密度/(g/cm³)
不含空心玻璃微珠	树脂	23	41	2.079
	碳酸钙	77	59	
	合计	100	100	
含空心玻璃微珠	树脂	30.2	37.7	1.466
	碳酸钙	3.8	26.8	
	空心玻璃微珠	66	35.5	
	合计	100	100	

7.3.1.3 颜料

颜料的作用是赋予人造大理石玉石般的质感和色泽。人造大理石用色浆应具有色差小、颜色均匀、易分散且耐老化性好等特点。对用于厨房、餐厅和浴盆等与人类密切接触的人造大理石不能选用重金属类颜料，如铅、镉、钼和砷类型的颜料，以免会危害人类健康，对环境造成污染；对于制造装饰板及工艺品来说，应选择耐光、耐热、耐水及耐久的颜料。

7.3.2 人造大理石制品的设计和工艺设计原则

设计人造大理石制品，应满足装饰美观的要求。制品应满足力学性能、阻燃性能、耐水性、耐候性和耐磨性等要求，还应满足成型制造及二次加工要求，使制品具有较长的使用寿命。

① 制品外壁要薄。薄壁在固化时产生的收缩内应力较小，薄浇注板中应力集中较弱，因此产品不易产生裂纹。在急冷急热条件下，制品内部因反复膨胀和收缩而使内应力增大，因薄板的两面温差较小，可以有效地减小急冷急热对产品的损害。

② 制品厚度尽量保持一致。在固化过程中，薄壁与厚壁膨胀或收缩大小的不同，易产生裂纹。在制品的弯角处要采用圆角过渡，以避免制品厚度的大幅度变化。

③ 在制品配方中，填料的粒径应有较宽的分布，也可以采用多种材质的填料，如 Al_2O_3 和空心玻璃微珠。为满足制品的多种要求，树脂体系可以采用两种或两种以上树脂进行混杂使用。

④ 成型人造大理石时，为保证制品表面的光洁度和密度，应采用凸凹对模，必要时可以施加一定压力。

7.3.3 人造大理石制造工艺与质量控制

7.3.3.1 人造大理石工艺流程

不饱和聚酯树脂人造大理石的工艺流程如图 7-2 所示。

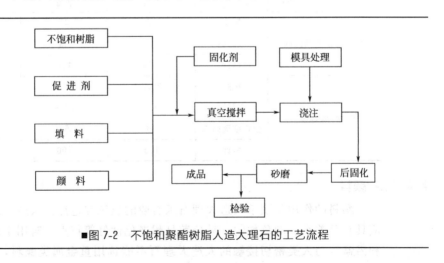

■图 7-2　不饱和聚酯树脂人造大理石的工艺流程

为了进行连续化生产，应设计人造大理石制品的生产线，使模具准备、胶衣涂覆、基体浇注、振动、固化、后固化以及脱模修整等各道工序合理衔接，组成生产车间。这种车间可有多种布置方法。有环形生产线、区域分块生产线等。如图7-3所示为人造大理石制品生产车间简图。

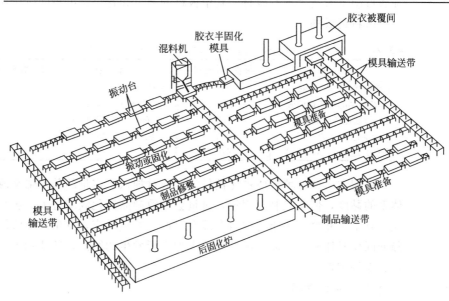

■图7-3 人造大理石制品生产车间简图

7.3.3.2 人造大理石的质量控制

(1) 制品密实性控制 为保证制品质量，待树脂浇注完成后应开启振动器进行长时间连续振动，尽可能地排除浇注体中的气泡。振动时间和振幅应适当，振动不足则制品中气泡含量多，质量下降；振动剧烈或振动时间过长则树脂中填料过分沉积，导致制品在厚度方向树脂含量不均，使制品因固化时收缩、放热不均匀而开裂。

(2) 颜色和纹理控制 人造大理石的颜色和纹理可通过不同方法获得，可将颜料局部分散于树脂基体中，也可将颜料先分散于少量的树脂基体中，再局部分散于整个树脂基体中。人造大理石对外观要求很高，要求表面光泽、无缺陷、无气孔、无麻面和色泽纹理要美观。为保证制品美观，通常要在制品表面涂覆一层胶衣，一般采用高性能的间苯二甲酸-丙二醇型树脂或苯酐-新戊二醇型树脂作为胶衣树脂。胶衣层可保护制品不受水分、紫外线、化学介质等的侵蚀，延长使用寿命。

7.3.4 人造大理石配方

人造大理石是采用颜色浅、透明的不饱和聚酯树脂，加入天然大理石粉、碳酸钙、石英砂和玻璃粉等填料制造而成。

7.3.4.1 普通人造大理石配方

表 7-5 是一种可作为墙面板材和卫浴洁具的人造大理石工艺配方。将上述原料混合均匀，在适当黏度时注入金属模具中，经加压、升温、合模数分钟后可制得人造大理石板材。其中板材的颜色和花纹是由不同阶段加入的颜料和涂料组成的。

■表 7-5　一种可作为墙面板材和卫浴洁具的人造大理石配方[14]

原　料	用量/质量份	原　料	用量/质量份
不饱和聚酯树脂（196#）	215	大理石粗粉（小于 1mm）	250
环烷酸钴的苯乙烯溶液	适量	碎石（1~4mm）	300
过氧化环己酮浆	适量	碎石（4~20mm）	760
碳酸钙粉（170 目）	250	块石（30~120mm）	1950
白色大理石粉（170 目）	470		

由配方可知，填料所占比例较大，通过加入一定量的苯乙烯来改善树脂体系的黏度，但要控制其用量，过量会导致制品固化收缩过大，影响制品性能。且不饱和聚酯树脂与填料在混合时产生放热反应，发生固化收缩，为了降低固化时体积收缩而造成的人造大理石板发生的翘曲，还要加入一定量的低收缩添加剂。

7.3.4.2 透光人造大理石

透光人造大理石透光率好，克服了传统人造大理石无法透光的问题，基色颜料均随意可调；仿真度高，韧性好，具有粒状结构，树脂含量低，可加工成 0.8mm 的薄板；具有耐热性好（耐热可达 70℃ 以上）、不易变形老化等优点。表 7-6 是透光人造大理石的配方。

■表 7-6　透光人造大理石的配方

原　料	用量/质量份
透明不饱和聚酯树脂	58~150
白钻晶或松香玉粉砂（500~700 目）	5~100
超微细碳酸钙粉（1250 目以上）	30~180
透明纳米 SiO_2	30~50
引发剂（酮类）	0.9~1.8
促进剂（钴类）	0.06~0.08
颜料（钛白粉、铁黄）	0.01~1.5

按表 7-6 的比例，首先将颜料加到白钻晶或松香玉粉砂和超微细碳酸钙粉中搅拌 5~20min，然后在搅拌均匀的混合料中加入透明的不饱和聚酯树脂、引发剂和促进剂，混合搅拌，随后抽真空，真空度为 −60~−70MPa，继续搅拌，再加入透明纳米 SiO_2，搅拌、抽真空后将物料浇入模具，加压成型，固化脱模，切割打磨得透光人造大理石。

7.3.4.3 节能型人造大理石

微胶囊相变体、不饱和聚酯树脂与石英粉按照（0.6~3）：（0.2~0.5）：1

的比例混合，然后加入颜料、固化剂过氧化甲乙酮和促进剂异辛酸钴，其中颜料占石材料基料的 0.05%～0.15%，过氧化甲乙酮占 0.05%～0.2%，异辛酸钴 0.01%～0.05%。人造石具有节能功效的原理是将微胶囊相变材料与人造石复合，使得人造石具有自动调节温度的功能，可以用作家装材料，来调节室内温度，节约能源。因此，作为一种节能型人造大理石在节能和贮能方面具有良好的应用前景。

7.3.5 人造大理石的应用

7.3.5.1 在家庭中的应用

以不饱和聚酯树脂为基体原料的人造大理石制品，其表面光滑、无裂纹、强度高，可作为墙面板材和卫浴洁具等，因此在家庭中有很大的应用前景。如图 7-4 和图 7-5 所示，分别为人造大理石洗面池和浴室墙体。

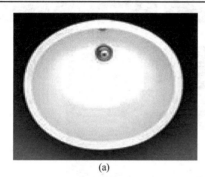 

(a) (b)

■图 7-4 人造大理石洗面池

(a) (b)

■图 7-5 人造大理石浴室墙体

7.3.5.2 在高铁中的应用

人造大理石也被广泛应用于高铁列车的卫生间和餐厅吧台等，日本新干线的 JR 西日本列车-371 系的卫生间采用高感度的高级人造大理石。沪宁 G5000 城际高铁 5 号车厢的餐车有一个大理石台面的小吧台，京沪高铁和 D-96 和谐号动车的洗漱池也都采用了人造石台面，如图 7-6 所示。

(a) 京沪高铁   (b) D-96和谐号动车

(c) 沪宁G5000城际高铁

■图 7-6　人造石在高铁上的应用

（a）、（b）是在洗漱台上的应用；（c）是在吧台上的应用

7.3.5.3 在客车中的应用

人造大理石在长途客运汽车上也有很多的应用领域。如图 7-7 所示为在金龙房车中的人造大理石的卫生洁具和橱柜台面。

7.3.5.4 在医院台面和实验室台面中的应用

人造大理石的耐酸碱性优异，易清洁，能抑制细菌生长，因而被广泛应用于医院台面和实验室台面等重要场合。尤其对于医院等对环境要求严格的场所，要求手术室和操作台都必须用抑菌材料，而人造大理石不仅不会滋生细菌，而且有一定的抑菌作用，这恰恰是天然石材所不具备的（图 7-8 和图 7-9）。在欧美国家已得到了广泛应用。近年来，国内也将人造大理石用于医院手术室和操作台面。

(a)   (b)

■图 7-7　金龙房车的人造大理石卫生洁具和橱柜台面

■图 7-8　人造大理石实验台

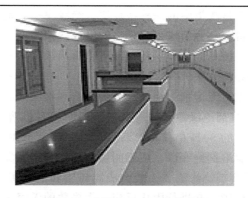

■图 7-9　人造大理石医用分诊台

7.3.6 人造大理石的发展前景

目前，人造大理石主要用于橱柜、卫浴台面等领域，但应用前景非常广阔，特别是各类异形人造大理石建材制品，如壁炉、电视机柜、工艺品、人造大理石墙、地砖、家具面料、天花板等，以替代天然石材、高档陶瓷、木材、金属类装饰材料。随着人造大理石生产技术的不断提高，一个能适应多方位、多功效、多用途需求的人造大理石市场正面临发展壮大的契机，人造大理石产品由单一的传统产品，正向着双色、多色、拼花、超薄型、多样化方向发展。如人造大理石超薄板重量轻，普通胶黏剂就可以将其固定在墙壁上，既节省了运输成本，也可以大量节省和有效利用石材资源。

7.4 不饱和聚酯树脂涂料

不饱和聚酯树脂具有高硬度、高丰满度、耐候性、耐水性、耐油性好、光泽度高、优良的电气绝缘性以及价格低廉等优点，不饱和聚酯树脂最初的实际应用便是作为表面涂层，虽然现在用于涂层的不饱和聚酯树脂仅占总生产的 2% 左右，但是不饱和聚酯树脂涂料在漆装家具、钢琴、电视机、收音机外壳、缝纫机台板以及自行车罩光漆等方面都有着十分重要的应用。

7.4.1 不饱和聚酯树脂绝缘漆

由于不饱和聚酯树脂的交联网络分子中极性基团被屏蔽，因此聚合物介电常数和介电损耗均随着交联度的提高而下降，因此不饱和聚酯树脂具有较好的绝缘性能，可用作绝缘漆。

7.4.1.1 绝缘漆的定义与分类

绝缘漆是漆类中的一种特种漆。绝缘漆一般是由成膜物、溶剂或稀释剂和辅助材料三部分组成。成膜物的组成、结构、分子量以及纯度决定漆膜的介电性能。按不同的需求和标准可以将绝缘漆划分为若干类。绝缘漆通常有以下几种分类方法。

(1) **按有无溶剂**　绝缘漆分为有溶剂绝缘漆和无溶剂绝缘漆两种。

① 有溶剂绝缘漆　一般由成膜树脂和有机溶剂等组成，溶剂的含量通常为漆总量的 50% 左右。如果溶剂的含量少于 30%，这种有溶剂绝缘漆通常又称为少溶剂绝缘漆，或者叫做高固体分绝缘漆。

② 无溶剂绝缘漆　一般由成膜树脂和活性稀释剂等组成，活性稀释剂能同成膜树脂一起进行固化反应。大多数的无溶剂绝缘漆在固化成膜的过程中，活性稀释剂大部分要挥发掉，真正的无溶剂绝缘漆是很少的。

(2) 按固化方式 绝缘漆分为自干型绝缘漆、烘干型绝缘漆和紫外光固化绝缘漆。

① 自干型绝缘漆 涂覆后能自己干燥成膜的绝缘漆。自干型绝缘漆的机理一般分为三类。

a. 挥发干燥 将树脂溶剂混合物进行涂覆，涂覆后溶剂挥发，留下成膜树脂。这类绝缘漆应用简便，干燥快，但耐溶剂性差，受热易软化。

b. 氧化干燥 绝缘漆含有干性植物油，不饱和双键在空气中氧的作用下，自行氧化交联，从而达到干燥目的。一般来讲油性酚醛树脂和干性油醇酸树脂绝缘漆都属于氧化干燥类绝缘漆。这类绝缘漆由于植物油含量较多，使得耐热性较低，干燥时间长。

c. 常温固化干燥 绝缘漆在常温条件下，通过化学反应交联固化。这类漆是双组分或多组分体系，现用现配。聚酰胺树脂固化环氧树脂漆和双组分的聚氨酯漆等均属于这类绝缘漆。这类漆因为是化学交联，所以耐热、耐溶剂和耐化学品性能均比较好。

② 烘干型绝缘漆 需经加热烘焙至一定温度才能反应固化的绝缘漆。大多数绝缘漆都是烘干型的绝缘漆。这类漆是化学交联型，又经过加热烘焙，因此性能较好，具有多种用途。

烘干型绝缘漆根据烘焙温度的高低和固化速率的快慢可分为常规烘干漆、快干烘干漆、低温烘干漆和低温快干烘漆。固化速率的快慢是相对的，没有明确的标准，温度也影响固化的快慢。一般将产品指标中干燥时间小于1h 的浸渍漆称为快干漆，产品能在100℃以内干燥的，称为低温烘漆。

③ 紫外光固化绝缘漆 在不饱和聚酯树脂中加入光引发剂形成紫外光固化绝缘漆。固化机理为通过适当波长的紫外光照射，将光引发剂分解，形成自由基，进而引发树脂交联固化。这类漆的固化时间极快，固化时间通常为几分钟，甚至几秒钟，适用于流水线生产作业。该漆多用作产品的表面涂覆，也可用作浸渍漆。

(3) 按安全性 绝缘漆分为阻燃漆、无苯漆和无毒漆。

① 阻燃绝缘漆 成膜物质不燃或是被燃烧时能在 5s 内自熄的绝缘漆。这种性能对家用电器产品极为重要，是家用电器安全性的保证。阻燃绝缘漆可选用阻燃的树脂来制造，也可在一般的绝缘漆中添加合适的阻燃材料来达到自熄阻燃效果。

② 无苯绝缘漆 多数绝缘漆用苯类溶剂来配制，苯类溶剂对人体有毒害作用，并且污染环境，因此大力提倡无苯绝缘漆的开发。

③ 无毒绝缘漆 目前家用电器行业无此项要求。若要选用无毒绝缘漆，该漆必须经由有关卫生部门的鉴定认可。

(4) 按施工方式 绝缘漆分为浸渍漆、滴浸漆和涂覆漆。

① 浸渍漆 对电子变压器产品进行浸渍绝缘处理用的绝缘漆。浸渍漆分为常规浸渍漆和快干型浸渍漆。

a. 常规浸渍漆 该漆有使用稳定性好的优点，在正常生产条件下，漆槽中的浸渍漆可长期使用。常规浸渍漆的施工工艺可采用一般常压浸渍绝缘处理、真空浸渍绝缘处理和真空压力浸渍绝缘处理。

b. 快干型浸渍漆 该漆有固化干燥快的优点，多为双组分体系，但使用稳定性较差。这种漆多用连续浸渍绝缘处理工艺，用于绝缘处理专机，流水线生产。

② 滴浸漆 对电子变压器产品进行滴浸绝缘处理的绝缘漆。该漆一般为双组分的无溶剂绝缘漆，现用现配。用滴浸专机进行绝缘处理，通常滴浸绝缘处理的工时为 1～2h。

③ 涂覆漆 用于电子变压器产品表面涂装的绝缘漆。涂覆工艺为浸涂、喷涂和刷涂等。干燥工艺为自然干燥、烘焙干燥和紫外光固化干燥等。

7.4.1.2 绝缘漆对成膜用树脂的要求

(1) 工艺性要好，使用方便

① 漆液黏度 要求漆液黏度小，保证其有好的浸透性和填充绕组层间、匝间和槽间的能力；而对于滴浸用漆，黏度要稍微高一些以保证漆液不至于因黏度太小而被甩出，但又不能太高导致不能滴透。所以黏度要与滴漆机规定的工件温度、旋转速度和工件仰角相匹配。对于无溶剂绝缘漆要求树脂黏度低，贮存期及适用期长，干燥快。

② 漆液的固体含量要高 对有溶剂漆、少溶剂漆等漆液，固体含量在保证黏度小的情况下尽可能的高。对无溶剂漆则活性稀释剂要少，这样可以保证漆液在干燥之后充分填充绕组中的空隙，提高绝缘的整体性，而减少溶剂挥发所存留的微小通道。

③ 适当的固化特性 内干性好、固化快、固化温度低，以提高绝缘性能，缩短浸烘周期，节省能源，避免由于烘焙温度过高导致对其他绝缘材料带来热损伤，也可减少浸漆后绕组内漆液的流失。其固化时间要与连续沉浸机及滴浸机的工艺参数相匹配，以保证绝缘质量良好。

④ 贮存稳定性好 漆在运输过程中、贮存期间不得凝胶；使用时漆液黏度要稳定，特别是沉浸用漆的漆槽容量大，更新更快，必须做到漆液稳定性好。对于连续沉浸及滴浸用漆要保证在使用时间内不凝胶。

⑤ 其他 使用方便，原料来源广泛，质量稳定，性价比高，生产过程对环境污染小，对操作者健康危害小。

(2) 良好的力学性能和介电性能

① 黏结力好、机械强度高 漆膜应有良好的韧性，电机电器在运行中需承受各种原因引起的机械力作用，绝缘层力学性能不好，就会造成线圈松动、变形从而导致绝缘的损坏。漆膜在电机电器停止工作时应冷却至室温。因此从运行到停止运行过程中就要受到冷热变化引起的应力，漆膜必须有良好的韧性以保证反复使用而不会开裂，损坏绝缘的整体性，但又不能太柔软导致在电机电器的工作温度下黏结力小而使绝缘整体散架，特别是高速旋转

的电机转子更要注意这一问题。

② 介电性能优良、绝缘电阻和介电强度高　这是漆膜应具备的介电性能，这样在电机电器运行中能经受住运转带来的电压而不至于击穿；特别是介电损耗要小，减少电机电器运行过程中的能耗损失。

③ 耐热性好　要使电机电器缩小体积、减轻质量、提高出率和可靠性，就要提高绝缘漆的耐热性。绝缘漆的耐热性对电机电器的使用寿命有很大的影响。绝缘漆的耐热性常用温度指数、玻璃化温度以及热态下的介电性能和力学性能来表示。

④ 耐环境性要好　保证产品运行环境中绝缘性能持久。

⑤ 相容性好　绝缘浸渍漆在使用时不应对其他绝缘材料和导体有负面影响，烘焙时不应放出腐蚀性气体，在电机电器运行时也不应对其他绝缘材料带来有害的损伤，以保证绝缘处理的质量及绝缘结构的可靠性和合理性。

7.4.1.3 制备实例及其性能

(1) 浸渍漆树脂的合成及其性能　将顺丁烯二酸酐 98.1g、苯酐 74g、新戊二醇 89.1g、丙二醇 62.5g 以及亚胺化二元酸（BIG）54.3g 加入装有搅拌器、回流冷凝管、氮气和温度计的四口烧瓶中，反应 30min 后升温至 160℃，待物料溶解后，开始搅拌，回流并不断馏出水分，反应 20min，升温至 180℃，回流反应 1h，升温至 190℃，回流反应 2h，升温至 200℃，回流反应 1h，升温至 210℃，测量体系酸值，降至 27mg KOH/g 时停止反应，冷却至 120℃，加入对苯二酚 0.2g，冷却至 90℃，加入苯乙烯 120g，快速冷却至室温，即得到一种用于浸渍工艺的不饱和聚酯亚胺树脂。其基本性能见表 7-7。

■表 7-7　浸渍漆树脂性能

项　目		性　能	测量标准
外观		棕色透明无杂质	肉眼观察
黏度（12℃）/s		17	GB 7193.1—87
酸值/（mg KOH/g）		14	GB 2895—82
表面干燥时间（140℃）/s		600	GB 1728—79
凝胶时间/s	130℃	60	GB 7193.6—87
	140℃	43	
固化物的挥发分/%		43	GB 7193.3—87
挂漆量（螺旋线圈）/g		0.2346	ANSI/ASTM D 2519—87
黏结力（螺旋线圈法）/N		81.7	ASTM D 2519—87
体积电阻率/Ω·m	常态	9.6×10^{15}	GB 1410—78
	浸水 24h 后	5.6×10^{15}	
介电强度/（MV/m）	常态	63	GB 1409—78
	浸水 24h 后	62	
耐温指数（热失重法）/℃		157.6	JB 2624—79

(2) 无溶剂浸渍漆的合成及其性能　将耐热树脂（25 份）与新戊二醇（24 份）及催化剂（适量）加入反应釜内，升温熔化、搅拌，于 150~160℃

下回流 1h，然后加入顺丁烯二酸酐，逐步升温到 200～210℃保温至酸值小于 25mg KOH/g，降温至 30℃加入引发剂及促进剂，搅拌均匀制得环氧改性不饱和聚酯树脂无溶剂浸渍漆。其基本性能见表 7-8。

■表 7-8　环氧改性不饱和聚酯树脂无溶剂浸渍漆的性能

项　　目		性　　能	测量标准
外观		棕色透明黏稠液体，无机械杂质	肉眼观察
黏度 [涂 4 杯，（25±1）℃] /s		40	GB 7193.1—87
厚层固化能力		$S_1 U_1 I_{2.2}$	GB 15023—94
挥发物含量（150℃×3h）/%		10.3	GB 7193.3—87
介电强度/（MV/m）	常态	33.6	GB 1409—78
	浸水 24h 后	28.5	
敞口容器中贮存稳定性 [（50±2）℃×96h 黏度变化] /倍		0.16	GB 15023—94
温度指数/℃		191	JB2624—79
体积电阻率/Ω·m	常态	$1.1×10^{14}$	GB 1410—78
	浸水 24h 后	$1.3×10^{13}$	
黏结力（线束法）/N	常态	540	ASTM D 2519—87
	（180±2）℃	68.2	

（3）无溶剂滴浸漆的制备及其性能　将 52.8 份的耐热不饱和聚酯树脂、27.2 份的 E-44 环氧树脂、18 份的苯乙烯、2 份的 DCP 和 0.01 份的对苯二酚在一定条件下即可合成环氧不饱和聚酯树脂无溶剂滴浸漆。其基本性能见表 7-9。

■表 7-9　环氧不饱和聚酯树脂无溶剂滴浸漆的性能

项　　目		性　　能	测量标准
黏度 [涂 4 杯，（25±1）℃] /s		≥100	GB 7193.1—87
凝胶时间/（min/℃）		≤8/140	GB 7193.1—87
挥发物含量（150℃×3h）/%		10.3	GB 7193.3—87
介电强度/（kV/mm）	常态	≥22	GB 1409—78
	浸水 24h 后	≥18	
温度指数/℃		>155	JB 2624—79
体积电阻率/Ω·cm	常态	≥1×10^{14}	GB 1410—78
	浸水 24h 后	≥1×10^{12}	

随着电气设备向大容量、高性能、小型和安全可靠方向发展，许多问题有待于耐热绝缘材料的研制和应用，这不仅可以提高电气设备运行的可靠性、延长使用寿命，而且能够减薄绝缘厚度、增加容量和确保产品质量的稳定性。目前，针对绝缘不饱和聚酯树脂涂料的耐热绝缘改性研究主要着重于对基体树脂的改性，一般是通过引入耐热基团的方法提高树脂的耐热性能，如耐热酸酐改性不饱和聚酯树脂、有机硅树脂改性不饱和聚酯树脂、亚胺改性不饱和聚酯树脂等。通过使用这些改性方法，绝缘漆的耐热绝缘稳定性可以得到显著提高。

陈亚昕等合成了一种含有耐热基团的酸酐，并将其用于环氧树脂/不饱和聚酯树脂体系制得绝缘浸渍漆。由于耐热基团参与涂料的交联成膜反应，涂料的耐热性能得到显著提升。绝缘漆可以达到 F 级的耐热等级，完全可以满足 F 级电机、电器的绝缘处理要求。无溶剂连续沉浸漆及其固化后的主要性能见表 7-10。

■表 7-10　无溶剂连续沉浸漆及其固化后的主要性能

序号	项目名称	试验条件	单位	测试结果
1	外观	目测	—	淡黄色透明液体无机械杂质
2	黏度	20℃，涂-4 杯	s	36
3	胶化时间	试管法，(130±2)℃	min	5
4	干燥时间	漆饼法，140℃	h	1
5	后层干燥	120℃，1h 140℃，2h	—	内部坚韧均匀，无气泡，无裂纹，表面光滑不粘
6	体积电阻率	常态	Ω·cm	1.7×10^{15}
		浸水 24h	Ω·cm	1.4×10^{15}
7	电气强度	漆饼法，室温	MV/m	23
		浸水 24h 后	MV/m	22
8	热弹性	175℃，72h，ϕ 3mm 弯曲不开裂	—	合格
9	加热减量	175℃，72h	%	2.68
10	耐油性	120℃，72h	—	漆膜无膨胀及黏附现象
11	贮存期	25℃以下存放	月	6
		100℃	h	12

Pravat Kumar Maiti 等研制了一种有机硅树脂改性不饱和聚酯树脂绝缘漆，并且对其耐热绝缘性能进行了评价。由于有机硅树脂具有优异的热氧化稳定性和突出的电绝缘性能，它在较宽的温度和频率范围内均能保持良好的绝缘性能，将其用于不饱和聚酯树脂绝缘漆的耐热绝缘改性效果显著。研究表明，该绝缘漆浸渍线圈后的耐温指数可以达到 208℃，完全可以用于200℃等级的耐热绝缘场合。卢军彩等在普通聚酯亚胺漆中引入耐热亚胺环氧，得到了一种高温状态下黏结力及耐温指数均较高的新型不饱和聚酯亚胺无溶剂浸渍漆。不饱和聚酯亚胺漆 180℃的黏结力实测值达 55N。180℃割线法耐温指数为 182.7℃，绝缘等级达到 H 级。

7.4.2 道路反光涂料

道路反光涂料是用于公路路面标线并能在夜间反光的一种涂料。该涂料要求树脂基体能够耐机油、汽油、弱酸和弱碱等腐蚀，并且基体与颜料和填料等添加剂具有良好的相容性。由于现代公路运输事业的发展，公路反光标线涂料在发达国家已得到较为普遍的应用，并取得了提高车速、减少交通事故的效果。

7.4.2.1 道路反光涂料的原料

道路反光涂料主要组分：合成树脂 10%～20%，溶剂 30%～40%（液体树脂用溶剂为 20%～30%），体质颜料 30%～40%，着色颜料 10%～20%，添加剂 3%～5%。

7.4.2.2 原理及设计要求

交通标线在夜间的可见性是由在涂膜表面凸起的玻璃微珠通过反射光形成的。在反光标线涂料中多采用高折射率、密度为 2.3～2.5g/cm³ 的玻璃微珠为宜。而反光性的好坏与两种因素有关：一种是玻璃微珠的折射率；另一种是玻璃的面撒量、嵌入涂膜量以及形状。

通过在涂料配方中填加玻璃微珠可以制成反光路标涂料。这些玻璃微珠能嵌在涂膜上，产生光的回归反射作用，使道路标线在夜间仍具有一定的可辨性。

反光路标涂料的反光原理可以用玻璃微珠的回归反射作用解释，如图 7-10 所示。由光源发出的入射光在图中 A、B 两点处经过两次折射后，进入涂层。所产生的折射光一部分被涂层中的颜料、填料、基料等选择性吸收，而到达浅色颗粒（属高折射率的颗粒）的折射光则被反射或再次折射，这些反射光或折射光会形成光的散射现象，若散射度足够大就会引起漫反射。这种漫反射的光会从图 7-11 中 C 点进入玻璃微珠，而后到达 D 点进入空气。这一反射光几乎与入射光平行，这束光就是被人眼看到的反射亮光。整个过程就称为玻璃微珠的回归反射作用，即反光路标涂料的反光原理。

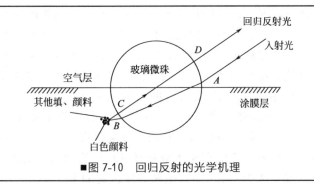

■图 7-10　回归反射的光学机理

需要指出的是，回归反射光与入射光平行才能产生反射作用。玻璃微珠在整个反射过程中的两次透射作用确保了这一点。

玻璃微珠的面撒量要适中，一般以涂料重量的 15%～20% 为最好。如果用量大于 20%，则易积灰尘，不但影响标线的反光效果，而且还会影响标线白天的可见度；如果用量小于 15%，则反光性太弱，影响标线的夜间可见度。同时对于微珠，外形要规则，呈圆球状，否则会影响光的定向反射。一般要求折晶或不圆的颗粒在 20% 以下。

玻璃微珠嵌入涂膜的位置一般以露出 40%～50% 时的反光为最佳。要达到最佳效果，必须根据不同的涂料类型来控制面撒玻璃微珠的时间。如果涂膜已经开始干燥，撒微珠会造成颗粒面浮，浮珠会透光，而且容易脱落。

如果撒得过早，则微珠沉到涂膜内，造成初期不能反光。为了避免上述情况的发生，除适当控制面撒的时间外，还可以采取下列两种方法来解决：一种是将面撒的微珠按照不同的粒径分级，这样使小粒径或中粒径的微珠干扰大粒径珠子的下沉，使大粒径的微珠部分嵌入涂膜内；另一种方法是在涂料中预混一定量的微珠，使预混的微珠托住面撒的珠子，这样不仅标线初期反光性好，而且当表面微珠被磨掉后下面的微珠又能露出，使标线保持持久的反光性。不过后一种方法对喷涂设备的技术要求较高，对喷嘴的磨损严重，一般很少采用。

另外，涂料中的颜料数量也要适当，当颜料数量足够时，能保证绝大部分光反射回来；当颜料数量不够时，光可以从涂料中透出一部分，而使反光能力减弱。

7.4.2.3 道路反光涂料的配方及制备实例

(1) 道路反光涂料的原料及配方 道路反光涂料的原料为 191# 不饱和聚酯树脂、玻璃微珠、金红石型钛白粉、石英粉、重质碳酸钙、硅灰石粉、凹凸棒土、磷酸三丁酯、邻苯二甲酸二丁酯和引发剂，均为市购，以及废弃的聚苯乙烯泡沫塑料。其具体配方见表 7-11。

■表 7-11 道路反光涂料的配方

原 料	用量/质量份	原 料	用量/质量份
PS 溶液	50	硅灰石粉	65
191# 树脂	50	磷酸三丁酯	3
金红石型钛白粉	11	邻苯二甲酸二丁酯	2
石英粉	65	玻璃微珠	24
重质碳酸钙	20		

(2) 道路反光涂料的制备 道路反光涂料的制备工艺流程如图 7-11 所示。

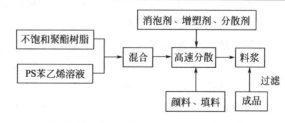

■图 7-11 道路反光涂料的制备工艺流程

按上述工艺得到的成品涂料在使用时，加入引发剂，搅拌均匀后，用涂布器涂于基板上，在 (23±2)℃条件下干燥 24h 后，可进行光反射比测定。如将加入引发剂的涂料用涂布器涂于基板后，快速撒布玻璃微珠，在 (23±2)℃条件下干燥 24h 后，可进行逆反射系数的测定。其基本性能见表 7-12。

■表 7-12　道路反光涂料的性能

项目测试	结　果	项目测试	结　果
容器中的状态	均匀无结块	附着力（划格法）	100
外观	平整光滑	耐洗刷性/次	>2500
光反射比/%	78	耐冲击性/N·cm	50
表干时间/min	15	耐水性	好
实干时间/min	60	硬度/H	5

7.4.3　不饱和聚酯树脂涂料的新进展

随着科技的进步、不饱和聚酯树脂涂料应用领域的不断扩大以及人们环保意识的日益增强，普通不饱和聚酯树脂涂料已无法适应社会发展的需求。近几十年来对于不饱和聚酯树脂涂料的改性研究一直是人们关注的热点和焦点，并且由此产生出了一系列的不饱和聚酯树脂涂料品种，如防污涂料、防火涂料、防腐涂料、绝缘涂料及低（零）挥发性有机物（volatile organic compound，VOC）排放涂料等。

7.4.3.1　气干性不饱和聚酯树脂涂料

由于不饱和聚酯树脂涂料常温固化时存在表面氧阻聚问题，通常涂膜表面会发黏，性能较差，无法满足涂装要求，因此克服表面氧阻聚已成为不饱和聚酯树脂涂料亟待解决的问题之一。气干性涂料就是为克服不饱和聚酯树脂表面氧阻聚问题而研制的一类涂料品种。

(1) 表面氧阻聚机理　不饱和聚酯树脂表面氧阻聚的机理可以表述为：在室温下，氧和树脂体系中的初级自由基发生反应，会先形成不活泼的过氧自由基。

$$M_x \cdot + O_2 \longrightarrow M_x—O—O \cdot$$

过氧自由基本身或与其他自由基歧化终止或偶合终止，有时也与少量单体加成，形成低分子量的共聚物，使得不饱和聚酯树脂的交联固化无法继续进行，宏观上表现为涂膜表面发黏。

(2) 改善涂料气干性的方法　克服不饱和聚酯树脂涂料表面氧阻聚的研究由来已久。目前有薄膜遮盖法、石蜡覆盖法、添加醋酸丁酸纤维素法以及在不饱和聚酯树脂中引入气干性基团等方法。

最早使用的是薄膜遮盖法和石蜡覆盖法。方法是将涤纶薄膜或玻璃等覆盖于涂膜上，隔离空气，或在配制涂料时加入少量高熔点石蜡，使涂料在固化时形成一层薄薄的蜡膜浮于涂膜表面，以隔绝空气。但是前者施工操作烦琐，在涂装结构形状复杂的构件时无法使用；采用后者时，石蜡的加入会使漆膜透明度和层间附着力下降，甚至因局部表面张力降低而产生缩孔等弊病。为克服上述缺点，发展了醋酸丁酸纤维素隔绝空气的方法。采用添加醋酸丁酸纤维素的涂料体系不但涂膜常温干燥性能较好，而且涂膜性能也会得到改善。通常使用的醋酸丁酸纤维素应具有高丁酸基含量，且成膜树脂的黏度要较低（1/2s）。操作时，先将醋酸丁酸纤维素在 150℃时加入不饱和聚酯树脂内，待溶化后，再加入苯乙烯稀释制成涂料。

在不饱和聚酯树脂中引入气干性基团合成非厌氧型不饱和聚酯树脂也可有效解决涂料的气干性问题。如最早有用烯丙基醚类缩水甘油醚部分代替二元醇进行缩聚就是不饱和聚酯树脂链上引入气干性基团的改性方法，其中的烯丙基醚（ $H_2C{=}CH{-}CH_2{-}O{-}$ ）结构中含有正电性碳原子，与其相连的亚甲基氢原子化学性质活泼，容易与氧阻聚效应产生过氧化自由基反应，生成聚合物的氢过氧化物，这种氢过氧化物可以产生很强的自由基，使反应继续进行，因此树脂具有气干性。但是烯丙基醚类缩水甘油醚依赖进口，成本较高，推广受到限制。为此，近年来，又研制出许多新型气干性不饱和聚酯树脂用于涂料的配置，如缩水甘油苄基醚改性不饱和聚酯树脂、干性油改性不饱和聚酯树脂、双环戊二烯（DCPD）改性不饱和聚酯树脂等，特别是将 DCPD 用于不饱和聚酯树脂的合成，近年来已成为国内外研究的热点。

朱江林等报道了涂料用 DCPD 型不饱和聚酯树脂的合成工艺以及原材料的选择对树脂性能的影响，同时对合成的树脂进行调漆测试。DCPD 是石油裂解制乙烯的副产品 C_5 馏分，经脱氢、脱重及精制而成，来源广泛，价格较为低廉。DCPD 具有烯丙基醚的分子结构，与烯丙基醚类缩水甘油醚有相似的气干改性机理，将其作为不饱和聚酯树脂的合成原料可以制备气干性不饱和聚酯树脂，进而可以配制气干性不饱和聚酯树脂涂料。用 DCPD 制备的不饱和聚酯树脂型涂料综合性能比较优异，基本上能满足中低档家具漆用树脂要求。涂料的配方及涂膜性能见表 7-13 和表 7-14 所示。

但是使用该法也存在一定问题，如固化后涂膜比较脆，绿化严重，厚涂很容易发白等，对此又产生出油改性 DCPD 型不饱和聚酯树脂的报道。万石官等利用豆油或蓖麻油改性 DCPD 型涂料用不饱和聚酯树脂并进行调漆性能测试。发现油的使用极大地提高了涂膜的柔韧性和抗绿化性，同时涂膜厚涂不发白，透明性好。涂料配方及涂膜性能见表 7-15～表 7-17。

■表 7-13 树脂配漆基本配方

材料	用量(质量分数)/%
气干性不饱和聚酯树脂	65～80
气相二氧化硅	1～5
CAB55-0.2	2～5
硬脂酸锌	3～5
BYK306	0.5～1.5
苯乙烯	5～15
阻聚剂 B	3～5

■表7-14　配漆性能测试结果

检测项目	配方 1	配方 2	配方 3	配方 4
凝胶时间/min	20	15	18	21
表干时间/min	30	26	32	34
可打磨时间/min	165	138	150	165
表面效果	平整，无缩孔	平整，无缩孔	平整，无缩孔	平整，无缩孔
打磨性	易打磨，不粘砂，出粉爽	易打磨，不粘砂，出粉爽	易打磨，不粘砂，出粉爽	易打磨，不粘砂，出粉爽
铅笔硬度	2H	3H	2H	2H
附着力/级	2	2	1	2
柔韧性/mm	8	10	6	8
耐冲击性/cm	32	28	34	32

■表7-15　代表性树脂配方　　　　　　　　　　　　　　　　　单位：质量份

材料	配方 1	配方 2	配方 3
豆油	8-12	0	0
蓖麻油	0	8~12	0
甘油	4~8	4~8	2~5
顺丁烯二酸酐	20~25	20~25	15~25
水	3.0~3.5	3.0~3.5	3.0~3.5
双环戊二烯	16~22	16~22	15~21
新戊二醇	5~7	3~5	0
二乙二醇	5~7	2~4	16
邻苯二甲酸酐	5~10	5~10	5~15
阻聚剂	0.1	0.1	0.1
苯乙烯	25~30	25~30	25~30

■表7-16　树脂调漆基本配方

原　料	用量(质量分数)/%	原　料	用量(质量分数)/%
气干性不饱和聚酯树脂	55~70	BYK306	0.5~1.5
滑石粉	8~12	硬脂酸锌	2~6
气相二氧化硅	2~5	苯乙烯	5~15
CAB55-0.2	2~5	1%对苯二酚苯乙烯溶液	3~5

■表7-17　调漆性能测试结果

测试项目	配方 1	配方 2	配方 3
凝胶时间/min	23	21	18
抗绿化情况	不绿化	不绿化	绿化严重
表干/min	35	33	32
可打磨时间/min	165	160	150
表面效果	平整，无缩孔	平整，无缩孔	平整，无缩孔
打磨性	易打磨，不粘砂，出粉爽	易打磨，不粘砂，出粉爽	易打磨，不粘砂，出粉爽
硬度	2H	2H	3H
透明性	厚涂透明性好	厚涂透明性好	厚涂发朦
附着力/级	1	1	1
柔韧性/mm	2	2	8
耐冲击/N·m	40	40	34
耐温变性	厚涂不发白，不开裂	厚涂不发白，不开裂	轻微发白，不易开裂

7.4.3.2 防污不饱和聚酯树脂涂料

船舶表面附着海洋生物后，不仅会使船舶的重量增加，航速降低，操控性下降，燃油消耗量增加，而且还会造成船舶、海水淡化设备及水下设施等的腐蚀程度加剧，使用寿命显著缩短。为了降低海洋生物附着的危害，防止海洋生物对船舶和海上设施的污损，防污涂料被视为是一种既经济又高效的途径。不饱和聚酯树脂本身不具有防污性能，一般需要通过外加防污助剂达到防污的目的。1958 年 Montermoso 第一次提出含四丁基锡的丙烯酸树脂防污涂料。此后，以有机锡化合物作为毒剂的防污涂料得到了广泛的应用。但是有机锡化合物具有致畸性，严重影响人类及其他生物的遗传和生存，将其用于不饱和聚酯树脂涂料的防污改性已不具有可行性。目前，开发新型无毒防污剂，进一步发展自抛光防污涂料成为不饱和聚酯树脂涂料防污改性的主要方向。

Kaarnakari，Matti 等发明了具有防污性的不饱和聚酯树脂凝胶涂料，该涂料可以作为船舶涂料，对长期淹没在水下的船舶部分起到防污保护。涂料中含有防污剂，防污剂选自 4,5-二氯-2-正辛基-4-异噻唑啉酮-3、环丙基-N'-(1,1-二甲基乙基)-6-(甲基硫代)-1,3,5-三嗪-2,4-二胺和 N'-[(氟-二氯-甲基）硫代] 邻苯二酰亚胺或其混合物，属无毒防污剂。该涂料不但具有良好的防污性能，而且表面性能优异，是船舶防污的理想涂料。

7.4.3.3 防火不饱和聚酯树脂涂料

不饱和聚酯树脂的碳、氢元素含量高，极限氧指数为 19.5％～21.5％，属易燃材料，以其为主要成膜物的不饱和聚酯树脂涂料防火隔热性能差。随着人们对涂料防火性能的要求越来越高。不饱和聚酯树脂涂料的防火阻燃改性成为了国内外关注的热点。经过几十年的发展，如今的不饱和聚酯树脂防火涂料已成为防火涂料领域中的主要品种，并不断涌现出更加适应社会需求的新技术。

不饱和聚酯树脂涂料阻燃改性的方法分为反应法和添加法两种。反应法是对不饱和聚酯树脂进行分子改性，使用具有阻燃元素的合成单体制备不饱和聚酯树脂，然后再与活性单体均匀混合制成阻燃型不饱和聚酯树脂。如四溴苯酐和氯桥酸酐等可作不饱和聚酯树脂合成中的二元酸反应，引入阻燃元素。环氧氯丙烷等可对二元醇进行阻燃改性。采用含磷（或同时含卤）的反应型阻燃剂如甲基磷酸二甲酯、乙烯基磷酸酯等，也可制造阻燃不饱和聚酯树脂。

添加法是在普通不饱和聚酯树脂内添加阻燃剂（如氢氧化铝等）以达到阻燃效果。阻燃添加剂可分为无机添加剂和有机添加剂。如用氢氧化铝（ATH）作无机阻燃添加剂。ATH 既可用作抑烟剂，又可用作填料，应用十分普遍。有机添加剂方面，应用较多的是含溴或含氯阻燃剂，其中又尤以含溴阻燃剂较多。典型的溴阻燃剂有十溴二苯醚（DBDPO）、八溴二苯醚

（OBDPO）和四溴二苯醚（TBDPO）等。使用卤系阻燃添加剂，添加量小，阻燃效果显著，应用非常广泛。

但是，用卤素作为阻燃剂，尤其是某些溴苯醚系阻燃剂，在燃烧过程中会产生大量有毒气体，对人体健康和环境造成严重危害，近年来逐渐受到了人们的质疑。2003 年 1 月 27 日欧盟正式公布了 WEEE 和 RoHS 两项指令，对部分含卤物质的使用做出了限制，此后无卤阻燃特别是含磷、氮阻燃研究成为国内外研究的热点，也成为了防火不饱和聚酯树脂涂料的主要研究方向。Gu 等以不饱和聚酯-环氧树脂复合物为基体树脂，防火助剂采用聚磷酸铵（APP）、三聚氰胺（Mel）和季戊四醇（PER），并辅以填料和其他助剂，配制膨胀型防火涂料。在涂层厚度为 2.0mm 时，其耐火极限时间超过210min，防火性能优异。Gu 等通过 DSC、TGA、Photo 和 SEM 对涂料的炭化层形成及阻燃机理进行了系统而深入的分析，认为涂层受热时熔融，然后 PER 在 277℃先分解，随后 APP 在 290℃附近分解放出 NH_3 和磷酸，磷酸进一步热解脱水放出偏磷酸和焦磷酸，这些酸作为脱水剂与炭化剂 PER在气相发生反应，使 PER 脱水炭化，形成炭化层。发泡剂 Mel 在 296℃下分解释放出氨气等不燃性气体，与反应中的水蒸气同时使熔融体系发泡膨胀，形成均匀致密的炭化层，覆盖在可燃基材表面，减少外部热源对基材的作用，使基材受到很好的保护。其涂料配方见表 7-18。

■表 7-18　膨胀型防火涂料最优配方

组　分	用量/质量份	组　分	用量/质量份
191# 不饱和聚酯树脂	25～35	聚磷酸胺	25～35
苯乙烯	0.5～0.7	季戊四醇	10～15
环烷酸钴（T-8E）	0.025～0.035	三聚氰胺	15～20
过氧化甲乙酮（MEKP）	0.5～0.7	填料、助剂	适量
石蜡溶液	适量	溶剂	适量

7.4.3.4　防腐不饱和聚酯树脂涂料

普通不饱和聚酯树脂的耐化学腐蚀性能不佳。不饱和聚酯树脂的腐蚀可分为物理腐蚀和化学腐蚀。物理腐蚀是由于不饱和聚酯树脂分子结构中含有羟基和羧基等极性基团，使固化物易与水分或极性有机溶剂发生吸附、吸收作用，出现溶胀现象而造成的。化学腐蚀是由于不饱和聚酯树脂分子中酯基易发生水解反应，使固化物发生降解作用而造成的。为了提高不饱和聚酯树脂涂料的耐蚀性，针对涂料进行防腐改性，制得防腐不饱和聚酯树脂涂料至关重要。

为了提高不饱和聚酯树脂涂料的防腐性能，近几十年来人们通过改变不饱和聚酯树脂的分子结构得到了很多具有耐腐蚀性能的不饱和聚酯树脂品种，使得漆膜本身就具有很好的防腐性能，如采用分子量大的二元醇或二元酸合成不饱和聚酯树脂、用醚氧键代替酯键、提高固化物的交联密度、增大不饱和聚酯树脂的分子量、提高不饱和聚酯树脂分子结构的对称性等均可改善不饱和聚酯树脂的耐蚀性。这些方法为不饱和聚酯树脂防腐涂料的研制奠定了基础。

Ayman M. Atta 等以马来松香酸酐、马来酸酐、间苯二甲酸、己二酸、丙二醇和一缩二乙二醇为反应原料通过原位聚合制得防腐型不饱和聚酯树脂，并将其与苯乙烯以质量比 2.5:1 的比例制成用于防腐涂料的不饱和聚酯树脂。由于以马来松香酸酐为原料制备的树脂固化后具有高交联密度，可以防止腐蚀性物质的入侵，涂料防腐性能优良。Ayman M. Atta 等对树脂体系的耐化学腐蚀性能进行基于钢铁防腐等级的评价。在盐雾测试中涂膜经500h 腐蚀仍具有较好的附着力。可以用于石油管道及容器的涂覆等。

一般涂层的防腐效果来自于两方面：一种是通过漆膜防止腐蚀性物质侵入底材；另一种是依靠防腐颜、填料的阻挡作用防止腐蚀的发生。若将不饱和聚酯树脂配以合适的颜料（特别是片状的惰性体质颜料）则可制成性能更优的防腐涂料。玻璃鳞片的厚度一般在 $2\sim5\mu m$ 之间，在涂层中能排列数十层，使得涂层内形成复杂、曲折的渗透扩散路径，腐蚀介质的扩散变得相当困难，很难渗透到基材。同时，玻璃鳞片会把涂层分割成许许多多的小空间，固化后涂膜收缩率小，大大降低了涂层的收缩应力，减少各接触面的残余应力，增加了涂膜的附着力。

7.4.3.5 低（零）VOC 排放涂料

社会经济和科学技术的不断发展推动了人们环保意识的日益增强，全球面临的环境恶化问题备受关注，环境保护已成为近十几年中全球最热门的话题之一。1966 年，美国洛杉矶州率先颁布限制有机溶剂挥发的环保法令，规定溶剂型涂料中有机溶剂（尤其是易产生光化学烟雾的溶剂）含量要低于17%（体积分数）。此后，各国开始逐渐限制溶剂型涂料的使用，加紧研制低（零）VOC 排放环保涂料。美国于 20 世纪 60 年代后期率先开始研制水性不饱和聚酯树脂涂料及不饱和聚酯树脂粉末涂料等环保涂料，日本紧随其后。经过几十年的发展，如今的不饱和聚酯树脂环保涂料已成为不饱和聚酯树脂涂料的重要组成部分，并且不断涌现出更为环保的新品种。

(1) 水性不饱和聚酯树脂涂料 水性不饱和聚酯树脂涂料是环保涂料的重要品种之一。与溶剂型涂料相比，它最大的优点就是 VOC 含量较低、无异味、不燃烧且毒性低。其主要成分为水性不饱和聚酯树脂。水性不饱和聚酯树脂是在分子链中引入离子型结构单元的一种离子型共聚物。离子型基团的存在不仅赋予不饱和聚酯树脂水溶性，同时也使其具有优良的吸湿性能和离子导电特性。常用的水性改性剂有挥发性胺、磺酸盐等。这些单体可以单独使用，也可复合使用，由其产生或引入的盐基，可以赋予树脂水溶性或水分散性。控制不饱和聚酯树脂的不同酸值或中和度可提供不同的水溶性，制成不同的分散体系，如溶液型、胶体型、乳液型等。

然而水性不饱和聚酯树脂涂料也存在缺陷，如耐水性和耐溶剂性差、硬度低、光泽和丰满度差以及干燥速率慢等，限制了其进一步发展，对此近年来人们展开了大量的研究工作。

Satpute，Anuradha 等将丙二醇与不同配比的顺丁烯二酸酐和邻苯二甲酸酐反应，制备了带羧基端基、相对分子质量为 3000 左右的 6 种不同的不饱和聚酯树脂，同时单独使用顺丁烯二酸酐与丙二醇制备液体不饱和聚酯树脂。在水中，用氨作中和剂乳化这些不饱和聚酯树脂，得到涂膜性能极好的稳定乳液。顺丁烯二酸含量高的不饱和聚酯树脂乳液具有硬度高，柔韧性好，耐水、耐化学药品、耐溶剂性能优良等特点。将这些乳液转化为水性涂料，评估其涂膜性能，发现其表面干燥时间都在 1h 之内。

史志超等用适量的丙烯酸类单体在过氧化苯甲酰（BPO）引发下，对不饱和聚酯树脂进行了溶液接枝聚合，得到了丙烯酸/不饱和聚酯树脂杂化水分散体，制备出了水分散体涂料，讨论了丙烯酸类单体的组成，BPO、三乙胺、助溶剂的用量对产物性能的影响。结果发现，当 BPO 用量为 2.2% 时，接枝率最高，大约为 20%。改性后的不饱和聚酯树脂漆膜干燥时间大大缩短，硬度可以达到 4～5H，是可用于室温干燥的水分散体涂料。涂料配方及性能见表 7-19 和表 7-20。

■表 7-19　清漆与色漆配方

A 配方	用量/g	B 配方	用量/g
水性不饱和聚酯	15	水性不饱和聚酯	15
成膜剂	适量	成膜剂	适量
去离子水	适量	去离子水	适量
催干剂	适量	钛白粉	15
		催干剂	适量

■表 7-20　接枝前后漆膜性能比较

性能	不饱和聚酯树脂	A	B
表干时间/h	48	8	10
铅笔硬度/H	3	5	4
附着力（划格法）	0	0	0
柔韧性/mm	3	1	1
耐冲击性/cm	50	50	50

P. Jankowski 等利用共聚反应制备了一种含有吸水性磺酸基团的紫外光固化水溶性树脂。用于合成树脂的原料有 3-羟基-1-丙烷磺酸钠或二羟基丙烷磺酸钠、含有烯丙基的交联剂、二元醇及二元酸酐。合成反应在较低的温度下进行。然后将树脂乳化后配制成水性涂料并在紫外光照射下固化。磺酸盐在水性涂料中的不同含量使得涂膜能够获得从 125～312 的硬度（用 Persoz 摆杆硬度计测定）以及与玻璃或金属较好的附着力。该种涂料完全可以满足玻璃、木材及金属的涂装要求。

(2) 粉末不饱和聚酯树脂涂料　粉末涂料也是一类环境友好型涂料。它具有无溶剂、零 VOC 排放、涂装效率高、漆膜性能好、漆膜厚度易控制、生产和操作比较安全等优点。但是粉末涂料也存在生产成本高，涂装设备与一般涂料的不可共用，薄涂膜难以得到，更换涂料颜色、品种工序繁琐，施工烘烤温度高等缺点。这些缺点限制了其进一步发展，特别是其固化温度较高，一般只能用于金属等材料的涂装。近年来，人们针对这一问题开发出了光固化粉末涂料（主要指紫外光固化）。这种固化方法大大降低了涂料的固化温度并且涂膜的表面平整度得到有效提高，如今该种涂料已广泛用于木材、塑料、中纤板等热敏性材料的涂装。

不饱和聚酯树脂型光固化树脂发展最早、销售量最大。将其制成紫外光固化粉末涂料不仅克服了粉末涂料烘烤温度高的问题，而且环保无污染。近年来国内外对于该类涂料的研究方兴未艾。

许杰等合成了无定型和半晶型两种不同结构的不饱和聚酯树脂，由此配制成可紫外光固化的双组分粉末涂料，结果表明，涂料配方中加入半晶型不饱和聚酯树脂后，涂膜的耐冲性能和附着力明显提高，固化后涂膜的综合性能良好。不饱和聚酯的性质、涂料的配方及性能见表 7-21～表 7-23。

■表 7-21 不饱和聚酯树脂的性质

序号	相对分子量	T_m/℃	T_g/℃	软化温度/℃	熔融黏度(150℃)/Pa·s	官能团数/个	双键含量/(mmol/g 树脂)
1	3500	128	<20	—	1.907	6-8	1.0
2	3500	117	<20	—	1.984	4	0.69
3	3000	98	<20	—	4.073	4	0.91
4	2500	—	45	93	3.989	4-5	0.63
5	2500	—	43	2	3.851	4-5	0.68

■表 7-22 涂料配方

序号	半晶型树脂	含量(质量分数)/%	无定型树脂	含量(质量分数)/%	光引发剂含量(质量分数)/%	其他
1	1#	10	4#	90	2	—
2	1#	20	4#	80	2	—
3	1#	30	4#	70	2	流平剂1%
4	2#	30	5#	70	2	分散剂0.4%
5	3#	20	5#	80	2	—
6	3#	30	5#	70	2	—

■表 7-23 涂膜性能

序号	附着力/级	冲击强度/kg·cm		固含量(质量分数)/%	硬度
		正向	反向		
1	0～1	30	10	91	HB
2	0～1	50	10	90	HB
3	0～1	50	30	93	HB～H
4	0～1	50	30	89	HB
5	0～1	50	30	88	HB
6	0～1	50	30	86	HB
7	1～4	20～40	<10	71～85	H

N. Alcón 等采用不饱和聚酯树脂作为涂料的主要成膜物，锶铝酸盐为发光颜料，2-羟基-2-甲基-1-[4-(2-羟基乙氧基) 苯基]-1-丙酮为光敏引发剂，并配以合适的消泡剂和流平剂制得可紫外光固化的粉末涂料。研究了发光颜料的不同含量及涂料的制备工艺对涂膜性能的影响。发光颜料含量越少涂膜的衰变时间越短；涂料制备时，如果挤出速度控制不当会造成涂料颜色发黑；涂膜的厚度大于 $100\mu m$ 时性能最佳。

7.5 泡沫塑料

泡沫塑料是以树脂为主体，内部为许多微小泡孔的塑料制品。由于泡沫塑料由大量的泡孔构成，泡孔内又充满气体，故又称以气体为填料的复合塑料。一般热固性塑料、通用塑料、工程塑料和耐高温塑料等均可制成泡沫塑料。用不同的原料或不同成型工艺，可制得不同性能的泡沫塑料。泡沫塑料有很多优点，如质轻、比强度高、冲击载荷能力强、隔热和隔声性能好等。较常见的传统泡沫塑料主要有聚苯乙烯（PS）、聚氨酯（PU）、聚氯乙烯（PVC）、聚乙烯（PE）、聚丙烯（PP）、酚醛树脂（PF）等。聚苯乙烯泡沫塑料大都采用物理发泡剂发泡，较硬，刚性较大，电性能极佳但性脆，冲击强度低，耐热性差，且易老化。聚氨酯泡沫塑料应用较多的是聚醚型聚氨酯泡沫塑料，其耐水性和电化学性较好，但力学性能、耐温性、耐油性较差，原料成本高。聚氯乙烯泡沫塑料主要使用化学发泡剂，但由于其分解温度低于流动温度，因此加工较为困难。酚醛树脂泡沫塑料具有良好的耐热性、难燃、遇火无滴落物以及发烟量低等特点，而且重量轻，刚性大，尺寸稳定性好，耐化学品腐蚀，但脆性大，开孔率高。

以不饱和聚酯树脂作为基体的泡沫塑料，其韧性、强度好，原料成本低，成型温度低，环境友好，可弥补上述泡沫塑料的某些不足。与酚醛树脂泡沫塑料相比，不饱和聚酯树脂泡沫塑料的优势在于成型温度低，泡沫中无游离的酚和甲醛；与聚氨酯泡沫塑料相比，不饱和聚酯泡沫塑料的产品安全性好（无异氰酸酯残留），能在室温成型，而两者的耐热性相当。另外，不饱和聚酯泡沫塑料韧性、强度高于发泡 PS，加工性优于泡沫 PVC。

不饱和聚酯泡沫塑料具有保温隔热性能好、质轻、吸声等特性，尤其适合寒冷地区的保温。基于这些优点，其在建筑保温节能领域有着广阔的发展前景。

7.5.1 泡沫塑料制造方法

发泡的方法通常有物理发泡法、化学发泡法和机械发泡法三种。

7.5.1.1 物理发泡法

物理发泡分为惰性气体发泡法、低沸点液体发泡法和中空微球复合填充三种方法。

(1) **惰性气体发泡法** 压力下将惰性气体溶于已熔融的聚合物熔体或糊糊状物料中，然后升温或降压释放使其膨胀发泡，形成泡沫塑料。此法所要求的压力大，设备复杂，价格高，但发泡气体不会残留在基体中，故不会对泡沫本身有不良影响，适合大型的工业化生产。

(2) **低沸点液体发泡法** 将低沸点的液体与聚合物充分混合，或在一定的压力下加热使其溶渗到聚合物颗粒中，然后加热软化使液体汽化发泡，这就是通常所说的可发性珠粒法。

(3) **中空微球复合填充法** 将中空微球（玻璃微球、塑料微球和弹性体微球等）加入树脂中再模塑成型，制品固化后成为泡沫塑料。

7.5.1.2 化学发泡法

化学发泡法分两种：一种是靠基体原料组分相互反应放出气体，形成泡沫结构；另一种是靠化学发泡剂的分解产生气体，形成泡沫结构。

① 通过原料的配制使原料的各组分之间相互反应放出气体而发泡。在发泡的过程中所产生的气体，如氮气和二氧化碳，可使物料发泡。为使聚合反应与发泡反应平衡进行，最好加入适量的催化剂和泡沫稳定剂。

② 利用发泡剂发泡。将发泡剂加入树脂中经加热加压分解出气体，形成泡孔结构，这是最常用的发泡办法。这种发泡方法气体的分解速率可控制，加速不受压力影响，且产生气体量大。在分解过程中不会产生大量的热量，不会影响制品的成型，且在物料中具有优良的分散性。

用化学发泡法生产泡沫塑料的设备简单，并适于现场浇注发泡。

7.5.1.3 机械发泡法

强烈搅拌液态树脂，混入空气，产生泡沫，然后胶凝固化，使气泡保存在树脂基体内形成泡沫塑料。机械发泡的特点是选择合适的表面活性物质，保证搅拌产生的泡沫稳定，从而使泡沫壁内的气体固定。

无论是哪一种发泡方法，都有一个共同的特点，就是树脂基体必须处于液态或处于黏度较低的塑性状态时方可实施发泡。只有通过添加发泡剂，或添加能产生泡孔的固体、液体或气体，才能生成泡孔结构，故对泡沫塑料的原料配制、工艺条件和加工方法选择较为严格。由于不同的泡沫塑料对性能要求不同以及各树脂自身性能的差异，因此应根据树脂的种类和用途选择适当的发泡方法。

7.5.2 发泡剂的选择

不饱和聚酯树脂的发泡主要采用化学发泡剂，使用物理发泡剂的较少。物理发泡剂主要是氟里昂，但污染环境。化学发泡剂主要有异氰酸酯类、偶氮类、磺酰肼类、碳酸酯酐类等。

7.5.3 泡沫塑料性能的影响因素

泡沫塑料种类、气泡含量和泡沫的结构直接影响泡沫塑料的性能。一般来说，泡沫塑料的强度与密度成正比。泡沫塑料的耐化学品性能，主要取决于聚合物的化学结构。泡沫塑料的气泡结构对吸水性、透湿性和隔声性有很大影响。开孔泡沫的透湿性和吸水性大，而隔声性和隔热性差。

7.5.3.1 加工因素

影响泡沫塑料性能的加工因素主要有设备条件、工艺过程和工人的经验。泡沫塑料在加工过程中，由于气流的推力或外界拉力作用，会使气泡变形，呈现椭圆形和细长形气泡。这样泡壁沿膨胀方向拉伸，致使泡沫塑料的性能各向异性。也就是说，沿拉伸方向取向的力学性能增大，而垂直于取向方向的力学性能变低，因此作为泡沫塑料应尽量避免各向异性（应用中有特殊要求的除外）。

7.5.3.2 泡孔结构因素

压缩强度是衡量泡沫塑料主要性能的指标之一。泡孔的开合影响泡沫塑料的性能，通过针刺泡孔得到所要求的开孔率，开孔率高者，其压缩强度降低；反之，则压缩强度高。

7.5.3.3 泡孔尺寸因素

影响泡沫塑料压缩强度的重要因素之一是泡孔尺寸大小。若泡孔直径为 $0.5\sim1.5mm$，泡沫塑料泡体被压缩 15％时，外层泡孔开始弯曲，当被压缩 25％时，外层泡孔崩塌。这时内层的泡孔开始弯曲，中心的泡孔开始变形。而泡孔直径在 $0.020\sim0.008mm$ 范围内的泡沫塑料泡体，当被压缩时所有泡孔均呈现等量压缩。

7.5.4 不饱和聚酯树脂泡沫塑料制备实例

7.5.4.1 中北大学自制不饱和聚酯树脂泡沫塑料

如图 7-12 所示为中北大学自制的不饱和聚酯树脂泡沫塑料，该树脂体系的组成为不饱和聚酯树脂、苯乙烯、硬脂酸锌、碳酸氢钠、碳酸氢铵和顺丁烯二酸酐等。

称量一定量的不饱和聚酯树脂，加入固化剂后搅拌均匀，然后加入硬脂酸锌，搅拌均匀后加入碳酸氢钠和碳酸氢铵。不饱和聚酯树脂在引发剂作用下发生固化反应，此时发泡剂在树脂体系中迅速分解发泡，气体分散于树脂混合液中并起泡，形成泡沫液，搅拌混合均匀后即可将泡沫液浇注到模具型腔中，得到不饱和聚酯树脂泡沫塑料。该不饱和聚酯树脂泡沫塑料的性能见表 7-24。

■图 7-12　中北大学自制的不饱和聚酯泡沫塑料

■表 7-24　中北大学自制不饱和聚酯树脂泡沫塑料的性能

项　　目	实验结果	测量标准
表观密度/（kg/m³）	280	GB 6343—1995
吸水率/%	9.48	GB/T 8810—2005
拉伸强度/kPa	381	GB 9641—88
弯曲强度/kPa	940	GB 8812—88
热变形温度/℃	62	GB 1634—79
平均泡孔直径/mm	0.95	GB/T 8810—2005

7.5.4.2 乙烯基/聚氨酯硬质泡沫塑料

在塑料杯中将乙烯基树脂与引发剂偶氮二异丁腈（AIBN）和过氧化二苯甲酰（BPO）、泡沫稳定剂、催化剂、阻燃剂、水、发泡剂混匀，然后再加入 N,N-二甲基环己胺和异氰酸酯，以 3500r/min 的转度搅拌 7s，然后立即倒入模具中，制得乙烯基树脂硬质泡沫塑料。其基本性能见表 7-25。

■表 7-25　乙烯基/聚氨酯硬质泡沫塑料的基本性能

引发剂种类	中心密度/(kg/m³)	10%耐压强度[1]/kPa		热导率/[mW/(m·K)]	尺寸稳定性[2]/%								
					100℃			70℃，RH100[3]			−30℃		
		平行	垂直		W	L	T	W	L	T	W	L	T
AIBN	34.5	156.8	71.3	23.7	1.29	1.22	−0.05	1.39	1.31	−0.01	0.14	0.16	0.46
BPO	30.7	94.7	43.1	37.2	0.88	0.68	−2.36	2.71	2.72	−1.61	0.18	0.36	0.07

① 平行和垂直分别指泡沫塑料的方向。

② W、L、T 分别指泡沫的宽、长、厚。

③ RH 是指相对湿度。

7.5.4.3 不饱和聚酯泡沫塑料的增韧

改性蓖麻油可用于不饱和聚酯型泡沫塑料的增韧，其组分为改性蓖麻油树脂 100 份，乙烯基单体 5~60 份，发泡剂 1~15 份，泡沫稳定剂 0.5~5 份，引发剂 0.5~10 份，促进剂 0~10 份，水 0~15 份，交联单体 0~5 份。上述配方中的份数为质量份。其技术特征为：在蓖麻油的分子链上引入活性双键，含有活性双键的改性蓖麻油可与不饱和聚酯树脂反应，因此，蓖麻油与不饱和聚酯树脂树脂间有良好的界面性能，由于蓖麻油具有一种柔性化学结构，制备的蓖麻油改性不饱和聚酯型泡沫塑料，具有柔性或半硬质泡沫塑料的特征。其密度在 $0.1 \sim 0.4 g/cm^3$ 之间，25%应变时压缩强度在 $10 \sim 900$ kPa 之间，可用于包装材料、家具材料或作为汽车减震泡沫塑料等。

参 考 文 献

[1] 汪泽霖. 树脂基人造石. 玻璃钢，2009，1：8-10.

[2] 梁志刚. 人造大理石配方. 哈尔滨：哈尔滨工程大学出版社，2003.

[3] 邢帮元，陈文利. 聚酯型透明人造大理石. 化工时刊，2004，18（4）：39-40.

[4] 梁志刚. 人造大理石配方. 哈尔滨：哈尔滨工程大学出版社，2003.

[5] 汪泽霖. 树脂基人造石（续一）. 玻璃钢，2009，2：9-22.

[6] 张丹，余海军，李三喜. 聚酯型人造大理石的制备. 辽宁化工，2007，36（2）：86-87.

[7] 王浔，张秉坚. 人造大理石研究进展. 石材，2000，4：9-11.

[8] 沈开猷. 不饱和聚酯树脂及其应用. 北京：化学工业出版社，1988：267-269，145.

[9] 袁淮洲. 树脂基人造石及其应用. 玻璃钢/复合材料，2002，5：30-33.

[10] 石成利，梁忠友. 玻璃微珠及其应用. 山东陶瓷，2005，28（3）：26-28.

[11] 胡遇明. 人造大理石的技术综述. 芜湖联合大学学报，1998，2（3）：25-27.

[12] 王宁森. 透光人造大理石及其制造方法. 中国专利：CN 101186464A，2008-05-28.

[13] 袁文辉，陈华荣，董钊行等. 一种含微胶囊相变材料的节能型人造大理石的制备方法. 中国专利：CN 101633197A，2010-01-27.

[14] 俞翔霄，俞赞琪，陆惠英. 环氧树脂电绝缘材料. 北京：化学工业出版社，2007：118-121.

[15] 彭瑛，刘建华，刘敏. 不饱和聚酯型人造大理石的力学性能. 热固性树脂，2009，24（2）：39-41.

[16] Verónica Morote-Martínez, et al. Improvement in mechanical and structural integrity of natural stone by applying unsaturated polyester resin-nanosilica hybrid thin coating. European Polymer Journal，2008，44（10）：3146-3155.

[17] 周菊兴，董永祺. 不饱和聚酯树脂生产及工艺. 北京：化学工业出版社，1999.

[18] Pereira C M C，et al. Preparation and properties of new flame retardant unsaturated polyester nanocomposites based on layered double hydroxides. Polymer Degradation and Stability，2009，94（6）：939-946.

[19] 朱江林，万石官. 涂料用双环戊二烯型不饱和聚酯树脂的合成及应用. 涂料工业，2008，38（10）：52-55.

[20] 王巍，罗先平. 浅谈改善不饱和聚酯涂料气干性的方法. 广东化工，2007，34（9）：51.

[21] 李相权，吴大虎. 二步法双环戊二烯改性不饱和聚酯树脂的研究. 现代涂料与涂装，2009，12（2）：1.

[22] 万石官，朱江林. 油改性涂料用双环戊二烯型不饱和聚酯树脂的合成及应用研究. 中国涂料，2009，24（2）：36.

[23] Diego Meseguer Yebra, et al. Antifouling technology—past, present and future steps towards efficient and environmentally friendly antifouling coatings. Progressin Organic Coatings，2004，50（2）：75-104.

[24] 桂泰江，于雪艳. 海洋防污涂料基体树脂的现状和发展趋势. 中国涂料，2010，25（10）：8.

[25] Kaarnakari，Matti，et al. Unsaturated polyester gel coats with antifouling properties：WO，0174953. 2001-10-01.

[26] 龚兵，李玲. 不饱和聚酯树脂改性研究进展. 绝缘材料，2006，39（4）：25-28.

[27] Gu J W，et al. Study on preparation and fire-retardant mechanism analysis of intumescent flame-retardant coatings. surface & coating technology，2007，201（18）：7835.

［28］ Ayman Atta M, et al. Unsaturated polyester resins based on rosin maleic Anhydride adduct as corrosion protections of steel. reactive & functional polymers, 2007, 67（7）: 617-626.

［29］ 刘新. 码头钢管桩重防腐涂料的应用. 施工与应用, 2005, 20（12）: 34.

［30］ 张桂林, 韩世冬. 220℃级 H9161 改性耐高温不饱和聚酯亚胺无溶剂浸渍树脂的研制. 黑龙江科技信息, 2007, （6）: 29.

［31］ 陈亚昕, 张传喜. 新型 F 级快固化无溶剂绝缘浸渍漆的研制. 船电技术, 2004（6）: 43-45.

［32］ Pravat Kumar Maiti. Development of a silicone modified unsaturated polyester varnish for rated electrical insulation application. Dielectrics and Electrical Insulation, 2005, 12（3）: 4-55-468.

［33］ 卢军彩, 祝斌, 王德祥. 新型 H 级不饱和聚酯亚胺无溶剂浸渍漆的研制. 船电技术, 2008, 28（5）: 312-314.

［34］ 张心亚, 魏霞, 陈焕钦. 水性涂料的最新研究进展. 涂料工业, 2009, 39（12）: 17.

［35］ 程万里, 涂伟萍. 水性聚酯的合成及性能研究进展. 热固性树脂, 2009, 24（2）: 56.

［36］ Satput A, et al. VOC free water thinnable coatings based on unsaturated polyester. Paintindia, 2008, 58（7）: 75-88.

［37］ 史志超, 童身毅. 丙烯酸接枝不饱和聚酯水性杂化涂料的制备及性能. 现代涂料与涂装, 2008, 11（5）: 1-6.

［38］ P Jankowski, et al. Styrene-free water-thinnable unsaturated polyester resins with hydrophilic sulfonate groups for coating applications. part II. Syntheses carried out via copolymerization. Polimery/Polymers, 2010, 50（1）: 12-19.

［39］ Li Z, Zhu J, Zhang C. Numerical simulations of ultrafine powder coating systems. powder technology, 2005, 20（3）: 155.

［40］ 许杰, 李宝芳. 新型 UV 固化粉末涂料的研制. 高校化学工程学报, 2005, 19（5）: 715.

［41］ Alcón N, et al. Development of photoluminescent powder coatings by UV curing process. Progress in Organic Coatings, 2010, 68（1-2）: 88-90.

［42］ 李东光. 功能性涂料生产与应用. 南京: 江苏科学技术出版社, 2006: 725.

［43］ 高南. 功能涂料. 北京: 中国标准出版社, 2005: 103.

［44］ 徐刚, 刘显亮, 曾小君等. 利用废聚苯乙烯泡沫塑料制备反光道路标志涂料的研究. 江西师范大学学报: 自然科学版, 1999（23）: 38-48.

［45］ 郑桂兰, 关瑞芳, 隋肃等. 反应型反光型道路标线涂料识别效果研究. 山东大学学报: 工学版, 2007, 37（1）: 87.

［46］ 张京珍. 泡沫塑料成型加工. 北京: 化学工业出版社, 1999, 79-80.

［47］ 胡学贵. 高分子化学与工艺. 北京: 化学工业出版社, 1991: 44-45.

［48］ 窦东友, 金建锋, 胡春圃. 以乙烯基酯树脂为多元醇制备聚氨酯硬质泡沫塑料的研究. 功能高分子学报, 2000（13）: 255-259.

［49］ 容敏智, 王红娟, 章明秋. 一种蓖麻油不饱和聚酯型泡沫塑料及其制备方法. 中国专利: CN 200710028315.7, 2007-11-21.

第 **8** 章 不饱和聚酯树脂基复合材料的性能测试

测试是测量与试验的概括，是人们借助于一定的装置，获取被测对象的相关信息，并在此基础上，借助于人、计算机或一些数据分析与处理系统，从被测量中提取被测量对象的有关信息。测试是在各种科学研究和生产实践过程中必不可少的手段。从某种意义上讲，没有测试技术就没有科学技术的发展，没有测试技术就没有材料科的进步和新材料的产生，没有测试技术企业就没有依据组织产品的生产，没有测试技术市场上就没有合格产品的销售，没有测试技术世界将处于一种模糊状态。

近几年来，随着复合材料工业的迅速发展，性能测试工作也有了较快发展。不饱和聚酯树脂基复合材料是由玻璃纤维和不饱和聚酯树脂组成的，其性能因所用原材料及工艺方法的不同而呈现出极为显著的差别。不饱和聚酯树脂基复合材料的性能还与外界的温度和湿度等因素密切相关，因而测试数据对测试条件尤为敏感。

为了便于理论分析、计算和设计及应用，在力学性能测试中通常作如下基本假设：

① 材料是均质的；

② 树脂与增强材料对于力的传递看成是一体的；

③ 材料受力不超过弹性极限，其应力应变曲线为直线关系；

④ 有三个相互正交的弹性对称平面。

这样的基本假设与实际还是有一定的差距。尽管人们对不饱和聚酯树脂基复合材料的力学性能测试方法进行了大量的工作和进一步的探讨，但是，为了给不饱和聚酯树脂的合成、不饱和聚酯树脂基复合材料制品的设计和开发及生产提供科学和准确的试验数据，笔者参考了国内外一些相关单位的经验，总结了多年来积累的生产实践经验，并结合国家标准，将不饱和聚酯树脂基复合材料制品的设计、开发和生产中经常用的测试项目和测试标准总结于此，希望为从事不饱和聚酯树脂基复合材料研发和生产及刚刚进入这一领域的人员提供有益的帮助。

8.1 不饱和聚酯树脂复合材料的力学性能测试方法

8.1.1 力学试验方法总则

8.1.1.1 试样的外观检查

试验前，每一根试样都要经过严格的外观检查，并将所发现的缺陷（如树脂淤积、皱褶、分层、翘曲、错误铺层或气泡等）做详细的记录。进行制品质量检查，取样时不应故意避开这些缺陷，而应随机取样。如有缺陷或不符合尺寸及制备要求的试样，则一律作废，不予进行试验。

8.1.1.2 试样的测量

试样经过严格外观检查以后，就要进行测量、编号和登记。测试所用的量具名称及精度等都要详细记录，且所用量具要相对固定，定期标定。为使测量准确可靠，应在工作段内任取三处，每一处的每个参数均要测量三次，取其平均值。

8.1.1.3 试样的预处理

测量之前的试样，要先经过预处理，然后再进行试验。考虑到生产和科研以及其他方面的一些不同的需要，采用以下预处理方法：

① 试验前，试样在实验室标准环境条件下至少放置 24h；

② 若不具备实验室标准环境条件，试验前，试样可在干燥器内至少放置 24h；

③ 特殊状态预处理方法按需求而定。

试样经过以上任何一种预处理以后，均可立即进行试验。

8.1.1.4 试验设备

力学性能所用试验设备必须符合以下要求：

① 试验机载荷相对误差不应超过±1％，误差超过±1％、小于±2％的，要有校正曲线；

② 机械式和油压式试验机使用吨位的选择应使试样施加载荷落在满载的 10％～90％范围内（尽量落在满载的一边），且不应小于试验机最大吨位的 4％；

③ 能获得恒定的试验速度，当试验速度不大于 10mm/min 时，误差不应超过 20％，当试验速度大于 10mm/min 时，误差不应超过 10％；

④ 电子拉力试验机和伺服液压式试验机使用吨位的选择应参照该机的说明书；

⑤ 测量变形的仪器仪表相对误差均不应超过±1％；

⑥ 试验设备应定期经过具有相应资格的计量部门进行校准。

试验时，所用的夹具应使试样受力状态合理、操作简便且具有一定的刚度。夹具不符合要求必须严禁使用。同一组试样或同一种试样，不允许改用不同种类或不同形式的夹具进行试验。

8.1.1.5 试验数据处理

试验数据处理的目的是要找出未知参数最可信赖的数值，以及评定这一数值所含有的误差。直接测量的数学处理方法，通常是利用偶然误差正态分布曲线导出的一系列数学公式来计算未知参量最可信赖的数值（平均值）和所含有的误差。间接测量的数学处理方法，是根据已知函数关系求出参量的数值，并根据各部分的误差，求出间接测量的误差。无论采用任何完善的测试方法和高精度的测量仪器，都不可能完全避免测量误差，所以任何测量的结果都只是未知参数的一个近似值，即测量结果＋误差＝未知参数的真实值。

对于不饱和聚酯树脂基复合材料性能测试来说，要认真地对待试验过程中的每一个细小环节，尽量设法减少测量误差；其次，要重视测试数据的处理。目前对于不饱和聚酯树脂基复合材料来说，每组试验数据可作如下处理：

$$X = \frac{\sum X_i}{n} \tag{8-1}$$

$$S = \left[\frac{\sum (X_i - X)^2}{n-1} \right]^{\frac{1}{2}} \tag{8-2}$$

$$C_v = \frac{S}{X} \tag{8-3}$$

式中　　X——算术平均值；

　　　　X_i——每个有效试样的性能值；

　　　　n——有效试样的总数；

　　　　S——标准差；

　　　　C_v——离散系数。

对数据中个别有较大波动的值，除非确认是由试验本身引起的，否则一律不允许轻易舍弃。

8.1.2 力学试验方法

8.1.2.1 不饱和聚酯树脂基复合材料弯曲强度试验方法

(1) 方法原理　将试样以简支梁的形式放在两个支点上。在其中点施加集中载荷，直至破坏。试样中间截面上所承受的最大垂直正应力称为弯曲强度。在弹性变形范围内对试样施加轴向力，所引起的弯曲应力与弯曲应变之比，称为弯曲弹性模量。跨距中点试样表面在弯曲过程中距初始位置的距离称为挠度。

(2) 试样尺寸

① 试样型式和尺寸　见图 8-1 和表 8-1。

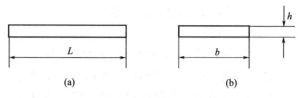

(a)　　　　　　　　　　　　(b)

■图 8-1　板状弯曲试样形状

■表 8-1　弯曲试样尺寸　　　　　　　　　　　　　　　　　　　单位：mm

厚度 h	宽度 b	长度 L_{min}
$1<h \leqslant 3$	15.0 ± 0.5	$20h$
$3<h \leqslant 5$	15.0 ± 0.5	$20h$
$5<h \leqslant 10$	15.0 ± 0.5	$20h$
$10<h \leqslant 20$	30.0 ± 0.5	$20h$
$20<h \leqslant 35$	50.0 ± 0.5	$20h$
$35<h \leqslant 50$	80.0 ± 0.5	$20h$

② 仲裁试样尺寸　见表 8-2。

■表 8-2　仲裁弯曲试验试样尺寸　　　　　　　　　　　　　　单位：mm

材　料	长度 L	宽度 b	厚度 h
纤维增强热固性塑料	$\geqslant 80$	15.0 ± 0.5	4.0 ± 0.2
短切纤维增强塑料	$\geqslant 120$	15.0 ± 0.5	4.0 ± 0.2

(3) 计算

① 弯曲强度计算

$$\sigma_f = \frac{3Pl}{2bh^2} \qquad (8\text{-}4)$$

② 弯曲弹性模量计算：

$$E_f = \frac{l^3 \Delta P}{4bh^3 \Delta S} \qquad (8\text{-}5)$$

③ 试样外表面层的应变计算：

$$\varepsilon = \frac{6Sh}{l^2} \qquad (8\text{-}6)$$

式中　σ_f——弯曲强度（或挠度为 1.5 倍试样厚度时的弯曲应力），MPa；

　　　P——破坏载荷（或最大载荷，或挠度为 1.5 倍试样厚度时的载荷），N；

　　　l——试样跨距，mm；

　　　b——试样宽度，mm；

　　　h——试样厚度，mm；

E_f——弯曲弹性模量，MPa；

ΔP——载荷-挠度曲线上初始直线段的载荷增量，N；

ΔS——与载荷增量 ΔP 对应的跨距中点处的挠度增量，mm；

S——试样跨距中点处的挠度，mm；

ε——应变，%。

8.1.2.2 不饱和聚酯树脂基复合材料拉伸强度试验方法

(1) 方法原理 试样在轴向拉力作用下，缓慢地、连续地增加载荷，直至破坏。试样工作截面上单位面积所能承受的荷载数，称为拉伸强度。在弹性变形范围内，对试样施加轴向力所引起的拉伸应力与拉伸应变之比，称为拉伸弹性模量。在弹性变形范围内，对试样施加轴向力所引起的横向应变与纵向应变之比，称为泊松比。在拉力作用下，试样断裂时标距范围内所产生的相对伸长率，称为断裂伸长率。

(2) 试样尺寸

① 测定拉伸应力、拉伸弹性模量、断裂伸长率和应力-应变曲线试样型式和尺寸分别如图 8-2、图 8-3、表 8-3 和图 8-4 所示。

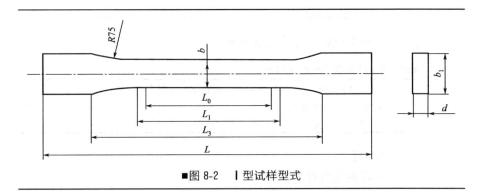

■图 8-2 Ⅰ型试样型式

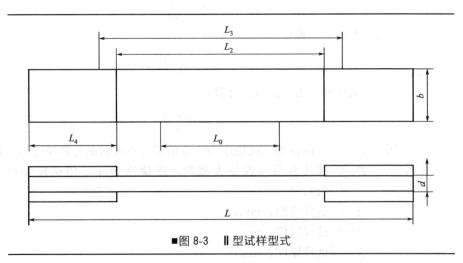

■图 8-3 Ⅱ型试样型式

■表 8-3　Ⅰ型、Ⅱ型试样尺寸　　　　　　　　　　　　　　　　　　　　　单位：mm

符　号	名　　称	Ⅰ 型	Ⅱ 型
L	总长（最小）	180	250
L_0	标距	50.0 ± 0.5	100.0 ± 0.5
L_1	中间平行段长度	55.0 ± 0.5	—
L_2	端部加强片间距离	—	150 ± 5
L_3	夹具间距离	115 ± 5	170 ± 5
L_4	端部加强片长度（最小）	—	50
b	中间平行段宽度	10.0 ± 0.2	25.0 ± 0.5
b_1	端头宽度	20.0 ± 0.5	—
d①	厚度	$2 \sim 10$	$2 \sim 10$

① 厚度小于 2mm 的试样可参照本标准执行。

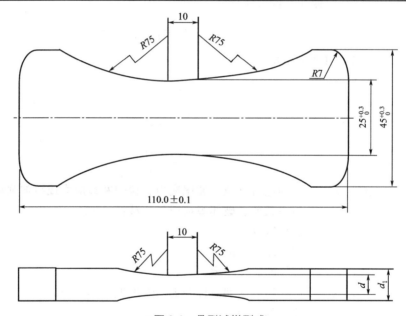

■图 8-4　Ⅲ型试样型式

试样厚度为 6mm 时，厚度 d 为（6.0 ± 0.5）mm，d_1 为（10.0 ± 0.5）mm；

试样厚度为 3mm 时，厚度 d 为（3.0 ± 0.2）mm，d_1 为（6.0 ± 0.2）mm

②　Ⅰ型试样适用于纤维增强热塑性和热固性塑料板材；Ⅱ型试样适用于纤维增强热固性塑料板材。Ⅰ、Ⅱ型仲裁试样的厚度为 4mm。

③　Ⅲ型试样只适用于测定模压短切纤维增强塑料的拉伸强度。其厚度为 3mm 和 6mm 两种。仲裁试样的厚度为 3mm。测定短切纤维增强塑料的其他拉伸性能可以采用Ⅰ型或Ⅱ型试样。

④　测定泊松比试样型式和尺寸，如图 8-5 所示。

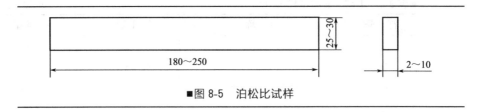

■图 8-5 泊松比试样

(3) 计算

① 拉伸应力（拉伸屈服应力、拉伸断裂应力或拉伸强度）计算

$$\sigma_f = \frac{F}{bd} \tag{8-7}$$

② 试样断裂伸长率计算

$$\varepsilon_f = \frac{\Delta L_b}{L_0 \times 100} \tag{8-8}$$

③ 拉伸弹性模量计算

$$E_t = \frac{L_0 \Delta F}{bd \Delta L} \tag{8-9}$$

④ 泊松比计算

$$\mu = -\frac{\varepsilon_2}{\varepsilon_1} \tag{8-10}$$

$$\varepsilon_1 = \frac{\Delta L_1}{L_1} \tag{8-11}$$

$$\varepsilon_2 = \frac{\Delta L_2}{L_2} \tag{8-12}$$

式中　σ_f——拉伸应力（拉伸屈服应力、拉伸断裂应力或拉伸强度），MPa；

　　　F——屈服载荷、破坏载荷或最大载荷，N；

　　　b——试样宽度，mm；

　　　d——试样厚度，mm；

　　　ε_f——试样断裂伸长率，%；

　　ΔL_b——试样拉伸断裂时标距 L_0 内的伸长量，mm；

　　　L_0——测量的标距，mm；

　　　E_t——拉伸弹性模量，MPa；

　　ΔF——载荷-变形曲线上初始直线段的载荷增量，N；

　　ΔL——与载荷增量 ΔF 对应的标距 L_0 内的变形增量，mm；

　　　μ——泊松比；

ε_1，ε_2——与载荷增量 ΔP 对应的轴向应变和横向应变；

L_1，L_2——轴向和横向的测量标距，mm；

ΔL_1，ΔL_2——与载荷增量 ΔF 对应的标距 L_1 和 L_2 的变形增量，mm。

8.1.2.3 不饱和聚酯树脂基复合材料压缩强度试验方法

(1) 方法原理　试样在轴向压力作用下，缓慢地、连续地增加荷载直到破坏。试样截面上单位面积所承受的荷载数称为压缩强度。在弹性变形范围内对试样施加轴向力，所引起的压缩应力与压缩应变之比，称为压缩弹性模量。

（2）试样尺寸 见图 8-6 和表 8-4。

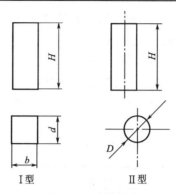

■图 8-6 试样型式

■表 8-4 压缩试样尺寸

尺寸符号	Ⅰ型		尺寸符号	Ⅱ型	
	一般试样	仲裁试样		一般试样	仲裁试样
宽度b /mm	$10 \sim 14$	10.0 ± 0.2	—	—	—
厚度d /mm	$4 \sim 14$	10.0 ± 0.2	直径D /mm	$4 \sim 16$	10.0 ± 0.2
高度H /mm	$\lambda d /3.46$	30.0 ± 0.5	高度H /mm	$\lambda D /4$	25.0 ± 0.5

注：λ 为长细比（等截面柱状体的高度与其最小惯性半径之比）。

（3）计算

① 压缩应力（压缩屈服应力、压缩断裂应力或压缩强度）计算

$$\sigma_c = \frac{P}{F} \tag{8-13}$$

Ⅰ型试样：

$$F = bd \tag{8-14}$$

Ⅱ型试样：

$$F = \frac{\pi D^2}{4} \tag{8-15}$$

② 压缩弹性模量计算

$$E_c = \frac{L_0 \Delta P}{bd \Delta L} \tag{8-16}$$

式中 σ_c——压缩应力（压缩屈服应力、压缩断裂应力或压缩强度），MPa；

P——屈服载荷、破坏载荷或最大载荷，N；

F——试样横截面积，mm²；

b——试样宽度，mm；

d——试样厚度，mm；

D——试样直径，mm；

E_c——压缩弹性模量，MPa；

ΔP——载荷-变形曲线上初始直线段的载荷增量，N；

ΔL——与载荷增量 ΔF 对应的标距 L_0 内的变形增量，mm；

L_0——仪表的标距，mm。

8.1.2.4 不饱和聚酯树脂基复合材料剪切强度试验方法

(1) 方法原理 层间剪切试样在顺层单面剪切力的作用下直至破坏，单位面积上承载数值即为材料层间剪切强度。断纹剪切试样在垂直于板面的剪切力作用下直至破坏，单位面积上的承载数值即为材料断纹剪切强度。在弹性变形范围内对试样施加剪切力，所引起的剪切应力与剪切应变之比，称为剪切弹性模量。

(2) 试样尺寸 如图 8-7 所示。

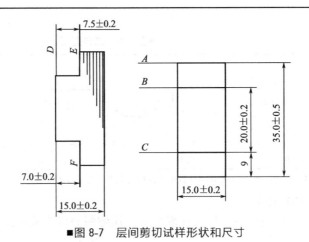

■图 8-7 层间剪切试样形状和尺寸

(3) 计算 层间剪切强度计算：

$$\tau_s = \frac{P_b}{bh} \tag{8-17}$$

式中 τ_s——层间剪切强度，MPa；

P_b——破坏或最大载荷，N；

h——试样受剪面高度，mm；

b——试样受剪面宽度，mm。

8.1.2.5 不饱和聚酯树脂基复合材料冲击强度试验方法

(1) 方法原理 将开有 V 形缺口的试样两端水平放置在支撑物上，缺口背向冲击摆锤，摆锤向试样中间撞击一次，使试样受冲击时产生应力集中而迅速破坏。试样破坏时单位面积上所消耗的功称为冲击强度。

(2) 试样尺寸

① 缺口方向与布层垂直的纤维织物试样型式和尺寸如图 8-8 所示。

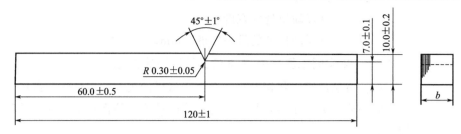

■图 8-8　缺口方向与布层垂直的纤维织物试样型式和尺寸

单位为 mm，试样宽度 b 为板的厚度，取 6～10mm。伸裁试样的宽度为（10.0±0.2）mm。

当板厚大于 10mm 时，单面加工至（10.0±0.2）mm

② 缺口方向与布层平行的纤维织物试样型式和尺寸如图 8-9 所示。

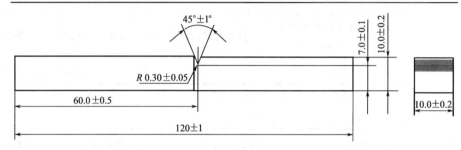

■图 8-9　缺口方向与布层平行的纤维织物试样型式和尺寸

单位为 mm，当试样厚度大于 10mm 时，单面加工至（10.0±0.2）mm。缺口开在加工面上

③ 短切纤维增强塑料的试样型式和尺寸如图 8-10 所示。

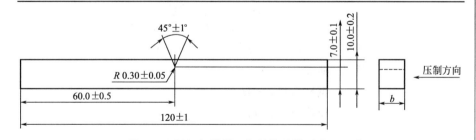

■图 8-10　短切纤维增强塑料的试样型式和尺寸

试样宽度 b 为 6～10mm，伸裁试样的宽度为（10.0±0.2）mm；缺口方向与压制方向一致，

缺口由加工而成，若缺口所在面与底面不平行，则加工缺口所在面，使其与底面相平行

(3) 冲击韧性计算

$$\alpha_k = \frac{10^3 A}{bd} \tag{8-18}$$

式中　　α_k——冲击韧性，kJ/m^2；

A——冲击试样所消耗的功，J；

b——试样缺口处的宽度，mm；

d——试样缺口处的最小厚度，mm。

8.1.2.6 不饱和聚酯树脂基复合材料布氏硬度测定方法

(1) 方法原理 将钢制小球垂直于试样的表面，以恒定荷载压入，经过一定时间后，测定压痕直径。由此形成的球痕单位面积上的荷载数称为布氏硬度。

(2) 试样尺寸 布氏硬度测试的试样尺寸为 40mm×40mm×6mm 或 ϕ40mm×6mm，25mm×25mm×6mm 或 ϕ25mm×6mm。试样经外观检查，如发现表面凸凹不平、两表面不平行、裂缝以及加工分层等现象均作废。经检查合格的试样，则按下列条件进行试验（表 8-5 和表 8-6）。

■表 8-5 布氏硬度试样测试条件

荷载(应使 d 值符合规定) /mm	负荷时间/s	钢球直径/mm	凹痕	测定部分
$d = 2.5 \sim 4.75$	30	10	永久凹	测直径d

注：通常可按表 8-6 关系选取钢球直径D 及荷载P 。

■表 8-6 钢球直径D 及荷载P 的选取

布氏硬度	D 与 P 之关系	布氏硬度	D 与 P 之关系
26 以下	$P = 2.5D^2$；$P = 1.5D^2$；$P = 5D^2$	$80 \sim 160$	$P = 15D^2$
$26 \sim 80$	$P = 5D^2$	160 以上	$P = 15D^2$

(3) 硬度计算

$$HB = \frac{2P}{D\left[D - (D^2 - d^2)^{\frac{1}{2}}\right]} \tag{8-19}$$

式中　HB——布氏硬度，kg/mm²，1kg/mm²≈9.8MPa；

P——荷载数，kg；

D——钢球直径，mm；

d——压痕直径，mm。

8.2 电性能的测试方法

8.2.1 电阻率

电阻率试验试样尺寸如图 8-11 所示。

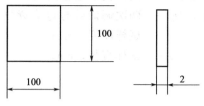

■图 8-11 电阻率试验试验尺寸

(1) 表面电阻

$$\rho_s = \frac{2\pi R_s}{\ln\left(\dfrac{D_1}{D_2}\right)} \tag{8-20}$$

式中 R_s——表面电阻值（超高值绝缘电阻测试仪测定）；

　　　D_1——测量电极直径，cm；

　　　D_2——保护电极的内径，cm。

(2) 体积电阻

$$\rho_V = \frac{\pi r^2 R_V}{d} \tag{8-21}$$

式中 R_V——体积电阻值（超高值绝缘电阻测试仪测定），$\Omega \cdot cm$；

　　　r——测量电极的半径，cm；

　　　d——绝缘材料试样的厚度，cm。

8.2.2 介电性能

　　频率为 $1MH_z$ 的介电损耗可采用 Q 表测试，也可采用介电损耗仪测定，介电损耗试样尺寸如图 8-12 所示。

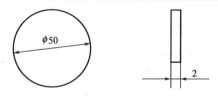

■图 8-12　介电损耗试样尺寸

(1) 介电常数

$$\varepsilon = \frac{(C_1 - C_2) \times 14.4 \times t}{D^2} \tag{8-22}$$

(2) 介电损耗角

$$\tan\delta = \frac{C_1(Q_1 - Q_2)}{(C_1 - C_2)Q_1 Q_2} \tag{8-23}$$

式中　C_1，C_2——两次调谐电容读数；

　　　　Q_1，Q_2——两次调谐后的 Q 表读数；

　　　　　t——试样厚度，cm；

　　　　　D——试样直径，cm。

8.2.3 介电强度

① 电击穿强度（kV/mm）测试试样尺寸　如图 8-13 所示。

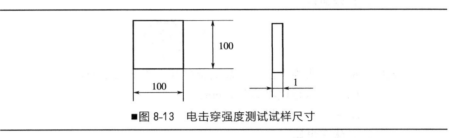

■图 8-13　电击穿强度测试试样尺寸

② 电击穿强度计算

$$E = \frac{U}{d} \tag{8-24}$$

式中　U——击穿电压有效值，kV；

　　　d——试样厚度，mm。

8.3 热性能测试方法

8.3.1 热导率

① 热导率由平板稳态法测定，热导率试样尺寸如图 8-14 所示。

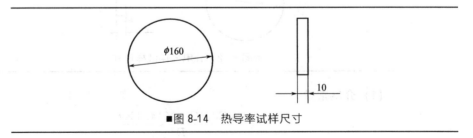

■图 8-14　热导率试样尺寸

② 热导率计算如下。

$$\lambda = \frac{Qd}{S\Delta Z\Delta t} \quad [\text{W}/(\text{m} \cdot \text{K})] \tag{8-25}$$

式中　Q——恒定时试样的导热量，kJ；

d——试样厚度，m；

S——试样有效传热面积，m^2；

ΔZ——测定时间间隔，h；

Δt——冷、热板间平均温差，℃。

8.3.2 线膨胀系数

① 线膨胀系数由示差法测定。线膨胀系数试样尺寸如图 8-15 所示。

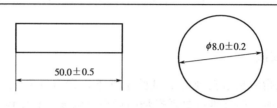

50.0±0.5　　　$\phi 8.0 \pm 0.2$

■图 8-15　线膨胀系数试样尺寸

② 线膨胀系数的计算如下。

$$\alpha = \frac{\Delta L}{L_0 \Delta t} + \alpha_0 \qquad (1℃^{-1}) \tag{8-26}$$

式中　ΔL——试样在温差 Δt 时的绝对长度增量，mm；

L_0——试样的原始长度，mm；

Δt——温差，℃；

α_0——温差 Δt 时顶杆及载体（一般为石英材质）的平均线膨胀系数，一般为 $0.51 \times 10^{-6}℃^{-1}$。

8.3.3 马丁耐热

(1) 方法原理　试样在匀速升温环境中，在一定静弯曲力矩作用下，测定达到一定弯曲变形时的温度，称为该材料的马丁耐热性，此法称为马丁耐热试验方法。

(2) 马丁耐热试样尺寸　如图 8-16 所示。

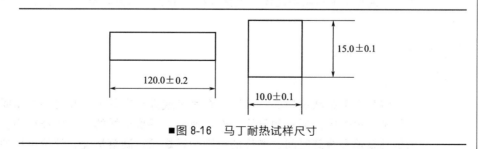

120.0±0.2　　　15.0±0.1　　　10.0±0.1

■图 8-16　马丁耐热试样尺寸

8.4 不饱和聚酯树脂基复合材料的阻燃性测试方法

在众多的高聚物材料燃烧试验方法标准中，最具代表性且应用最广泛的是氧指数测定法和 UL94 塑料燃烧性试验法。前者可以从测得的氧指数数值的大小来评价材料阻燃性能的高低，其值越大，阻燃性越高。一般认为具有自熄性的高聚物材料的氧指数应在 22 以上，在要求更高的阻燃性时，至少应在 27 以上。而用 UL94 的试验结果则可给高聚物材料的阻燃性分级，如94HB、94V-0、94V-1、94V-2 级，其中以 94V-0 级的阻燃性最好。

8.4.1 氧指数法

氧指数是指在规定的试验条件下，在氮气和氧气混合气体中 [（23±2)℃] 时，刚好维持材料燃烧的最小氧浓度，它以体积分数表示。采用这一指标可以确定不饱和聚酯树脂基复合材料的相对可燃性。

(1) 原理 将试样垂直固定在燃烧筒中，将氧、氮混合气流由下向上流过，点燃试样顶端，同时计时和观察试样燃烧长度，与所规定的判据相比较。在不同的氧浓度中试验一组试样，测定试样刚好维持平稳燃烧时的最低氧浓度，用混合气中氧含量的体积分数表示。

(2) 试样尺寸 试样长度为 70～150mm，宽度为 (6.5±0.5) mm，厚度为 (3.00±0.25) mm，其他厚度的试样也可进行试验，但试验结果只能在同样厚度下比较。每组试样不少于 5 根。

(3) 结果计算 氧指数 OI 按下式计算。

$$OI = \frac{(O_2)}{(O_2) + (N_2)} \times 100\% \qquad (8\text{-}27)$$

式中 OI——氧指数（体积分数），%；

(O₂)——氧气的流量，L/min；

(N₂)——氮气的流量，L/min。

如果氧指数在 38% 以上，在空气中不会燃烧，定为一级品；若氧指数在25% 以上，离火即灭，定为二级品，即认为该物质在空气中具有自熄性；普通的不饱和聚酯树脂浇注体，氧指数约为 18%，可燃，空气中可完全燃烧。

8.4.2 水平法和垂直法

8.4.2.1 原理

将长方形条状试样的一端固定在水平或垂直夹具上，其另一端暴露于规定的试验火焰中。通过测量线性燃烧速率，评价试样的水平燃烧行为；通过测量其余焰和余辉时间、燃烧的范围和燃烧颗粒滴落情况，评价试样的垂直燃烧行为。

  试验的主要特点是将试样水平或垂直放置，不同的试样放置方法从不同的角度来评估试验的阻燃性能。如试验方法 A，水平燃烧（HB）试验中，试样水平放置，主要通过线性燃烧速率来评价材料的阻燃性能。试验方法 B，垂直燃烧（V）试验中，试样处于垂直位置，主要通过有焰及无焰燃烧时间来评价试样的燃烧性能。

8.4.2.2 试样尺寸

  条状试样尺寸应为：长（125±5）mm，宽（13.0±0.5）mm，而厚度通常应提供材料的最小和最大的厚度，但厚度不应超过 13mm。边缘应平滑同时倒角，半径不应超过 1.3mm。也可采用有关各方协商一致的其他厚度，不过应该在试验报告中予以注明（图 8-17）。

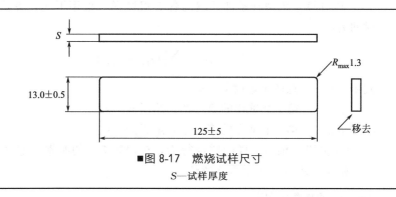

■图 8-17　燃烧试样尺寸
S—试样厚度

  方法 A 最少应制备 6 根试样，方法 B 应制备 20 根试样。

8.4.2.3 结果计算

(1) 试验方法 A

  ① 计算　火焰前端通过 100mm 标线时，每个试样的线性燃烧速率 v，采用下式计算：

$$v = \frac{60L}{t} \tag{8-28}$$

式中　v——线性燃烧速率，mm/s；

   L——火焰前端通过 100mm 标线时试样损坏的长度，mm；

   t——试样离开火焰后继续燃烧的时间，s。

  ② 分级　根据下面给出的判据，应将材料分成 HB、HB40 和 HB75（HB=水平燃烧）级。

  a. HB 级材料应符合下列判据之一：

  ⓐ 移去引燃源后，材料没有可见的有焰燃烧；

  ⓑ 引燃源移去后，试样出现连续的有焰燃烧，但火焰前端未超过 100mm 标线；

  ⓒ 移去引燃源后，火焰前端超过 100mm 标线，对于厚度在 3.0～

13.0mm 的试样、其线性燃烧速率不超过 40mm/min，对于厚度低于 3.0mm 的试样，其线性燃烧速率不超过 75mm/min；

ⓓ 如果试验用试样的厚度为 (3.0±0.2) mm，其线性燃烧速率未超过 40mm/min，那么降至最小厚度 (1.5mm) 时，就应自动地接受为该级。

b. HB40 级材料应符合下列判据之一：

ⓐ 移去引燃源后，没有可见的有焰燃烧；

ⓑ 移去引燃源后，试样持续有焰燃烧，但火焰前端未达到 100mm 标线；

ⓒ 如果火焰前端超过 100mm 标线，线性燃烧速率不超过 40mm/min。

c. HB75 级材料：如果火焰前端超过 100mm 标线，线性燃烧速率不应超过 75mm/min。

(2) 试验方法 B

① 计算   由两种条件处理的各 5 根试样，采用下式计算该组的总余焰时间 t_f：

$$t_f = \sum_{i=1}^{5} (t_{1,i} + t_{2,i}) \tag{8-29}$$

式中 t_f——总的余焰时间，s；

$t_{1,i}$——第 i 个试样的第一个余焰时间，s；

$t_{2,i}$——第 i 个试样的第二个余焰时间，s。

② 分级   根据试样的燃烧行为，按照表 8-7 的判据，把材料分为 V-0、V-1 和 V-2 级 (V 表示垂直燃烧)。

■表 8-7   垂直燃烧级别

判　　据	级　别		
	V-0	**V-1**	**V-2**
单个试样余焰时间 (t_1 和 t_2)/s	≤10	≤30	≤30
任一状态调节的一根试样总的余焰时间 t_f/s	≤50	≤250	≤250
第二次施加火焰后单个试样的余焰加上余辉时间 (t_2+t_3)/s	≤30	≤60	≤60
余焰和 (或) 余辉是否蔓延至夹具	否	否	否
火焰颗粒或滴落物是否引燃棉垫	否	否	是

注：如果试验结果不符合规定的判据，材料不能使用本试验方法分级。

参 考 文 献

[1]　GB/T 1446—2005.
[2]　GB/T 1449—2005.
[3]　GB/T 1447—2005.
[4]　GB/T 1448—2005.
[5]　GB/T 1450.1—2005.
[6]　GB/T 1451—2005.
[7]　黄发荣，焦扬声，郑安呐. 不饱和聚酯树脂. 北京：化学工业出版社，2001.
[8]　徐应麟，王元宏，夏国梁. 高分子材料的实用阻燃技术. 北京：化学工业出版社，1987.
[9]　GB/T 8924—2005.
[10]　GB/T 2408—2008.

第 9 章 不饱和聚酯树脂基复合材料的生产和使用安全与环境安全

安全是人类赖以生存和发展的最低需求。不饱和聚酯树脂的合成及其复合材料生产过程中使用的原料、半成品和产品绝大多数具有易燃、易爆、毒害和腐蚀等特性，且生产过程连续化，工艺过程复杂化，使得不饱和聚酯树脂的合成及其复合材料生产过程中存在着一定的潜在危险。一旦发生事故不仅影响正常的生产秩序，还威胁着生产者的人身安全和健康，有些事故甚至给社会和环境造成严重破坏。因此，了解不饱和聚酯树脂的合成和使用及其复合材料生产过程中所涉及的化学品的毒性、燃烧性能和爆炸特性以及安全操作规则，建立健全化学品使用和管理规范，以保障生产过程中生产者的安全与健康，防止工伤事故和职业病的发生。

9.1 不饱和聚酯树脂原料的毒性及使用安全

9.1.1 不饱和聚酯树脂常用原材料的毒性

物质的毒性分类一般是按照鼠类口服致死用量的大小来区分，见表 9-1。不饱和聚酯树脂成型工艺中常用有害物质毒性见表 9-2。

■ 表 9-1 不饱和聚酯树脂成型工艺中常用有害物质毒性

毒性及分类	鼠类口服 LD_{50}/(mg/kg)	人可能致死剂量/g
极毒	≤1	0.06
高毒性	1~50	4
中毒性	50~500	30
轻微毒性	500~5000	250
无毒	5000~15000	1200
相对无害	15000 以上	>1200

注：LD_{50} 是指一次服药后，引起实验白鼠（1kg 重）死亡半数的剂量。

■表 9-2 不饱和聚酯树脂成型工艺中常用的有害物质毒性

名　　称	毒性 LD_{50}	危　害　性
顺丁烯二酸酐	$400 \sim 800$	刺激眼睛和呼吸道
邻苯二甲酸酐	$800 \sim 1600$	刺激眼睛和呼吸道
六氯亚甲基邻苯二甲酸酐	$2000 \sim 3000$	—
四溴邻苯二甲酸酐	—	刺激皮肤和黏膜
过氧化环己酮	$50 \sim 500$	中毒厉害，吸入将导致器官损坏
过氧化甲乙酮	—	蒸气能刺激甚至伤害眼睛和呼吸系统
环烷酸钴	$4000 \sim 5000$	吸入将导致器官损坏
环烷酸锰	> 6000	—
乙二醇	5500	—
二缩乙二醇	20700	—
甲基丙烯酸甲酯	8400	—
丙酮	5500	刺激皮肤
苯乙烯	5000	刺激皮肤和呼吸道，吸入中毒
玻璃纤维	—	刺激皮肤，呼吸不畅，肺病
碳纤维	—	刺激皮肤，呼吸不畅，肺病
填料	—	呼吸不畅，肺病，有些填料可能致癌
不饱和聚酯树脂	—	刺激皮肤和眼睛，雾气有较高的毒性

　　按照物质口服毒性标准来衡量，不饱和聚酯树脂成型用的原材料基本属于中等毒性和轻微毒性，而且轻微毒性的原料占大多数，尽管如此，长期接触这些原料，对人的健康还是有一定危害的。例如生产不饱和聚酯树脂基复合材料时，经常接触到苯乙烯，它虽属于低毒类，但长期接触会引起神经衰弱、恶心、食欲减退及白血球下降等症状。酸酐毒性较高，苯二甲酸酐被吸入人体后，会强烈地损害肝及干扰肠胃功能。

　　苯乙烯属于易燃产品，苯乙烯蒸气与空气可形成爆炸性混合物，当遇到明火或高热能时会引起燃烧爆炸。苯乙烯与强氧化剂能发生强烈反应，放出大量的热，可能会引起反应容器的破裂甚至爆炸，故使用时应当注意环境通风。

　　过氧化物引发剂是不饱和聚酯树脂常用的引发剂，由于结构中含有过氧基—O—O—，其结构不稳定，易发生反应，属易燃、易爆的高活性化合物。例如过氧化甲乙酮是使用最广的室温引发剂，极具易燃易爆性，当遇到明火或者高热环境以及受到过度摩擦或剧烈震动或猛烈撞击时，就可能燃烧或者爆炸，因此，在使用过氧化甲乙酮的过程中应当小心谨慎。

　　增强材料和填料也能危害人的健康。例如玻璃纤维能刺激人的皮肤，引起皮肤瘙痒和皮炎；长期接触石棉粉填料，石棉粉会被大量吸入体内，然后附着并沉积在肺部，造成肺部疾病。人若长期处于有石棉纤维的环境中，则可能引发肺癌和肠胃癌等职业病，而且与石棉有关的疾病症状往往有十几年甚至几十年的潜伏期，因此，从事相关职业时必须进行合理的防护。

　　粉状材料散发在空气中也会对人体产生危害，故操作时应注意，如有粉尘飞扬要戴面罩才能操作。粉尘的危害有四个等级：第一级，强危害性粉尘，如已加热的硅石、青石棉、蓝石棉等；第二级，危害性粉尘，包括石英、硅石以及青石棉以外的石棉等；第三级，中等危害性粉尘，如滑石粉、滑石、云母、高岭土、硅藻土（未加热）、棉尘、石墨等；第四级，弱危险性粉尘，如矾土、重晶石、金刚砂、水泥、玻璃与玻璃纤维、氧化铁、石灰石（不含硅石）、氧化镁、二氧化钛、氧化锌、氧化锆、硅酸锆和其他硅酸盐等。

9.1.2 不饱和聚酯树脂的使用安全与防护

9.1.2.1 引发剂与促进剂的安全操作

过氧化物引发剂是非常强的氧化剂，且极易燃，供货时必须混合于增塑剂中以备安全操作，使用时须严格遵守以下安全规程。

① 全部过氧化物引发剂应贮存于冷、暗处，并在原贮存容器中保存，与其他材料隔开。在室温下如放在紧闭的容器中，则会由于气压缓慢增加而发生缓慢分解。因此容器的盖子应有出气口或只是松松地盖上。

② 过氧化物不能直接接触细分散的有机材料及金属粉末。

③ 必须严防过氧化物引发剂进入眼中。在操作中使用引发剂时，应配戴眼镜，一旦误入眼睛，要立即用大量清水洗，再用药物处理，皮肤接触后，要立即用清水洗，再用保护油脂涂抹。

④ 在使用过氧化环己酮、过氧化甲乙酮和钴促进剂时，切记过氧化物引发剂和钴促进剂绝不能直接混合，否则会造成剧烈反应，甚至发生爆炸。引发剂和促进剂必须隔离放置，使用时可以各自先加入树脂，并混合好，然后才能加入其他组分。实际使用时，往往先加入钴促进剂，混合好后，再加入引发剂。

⑤ 清洁引发剂与促进剂所用的碎布及沾有过氧化物引发剂的纸、木屑等要及时处理掉，绝不要随便遗弃或放在废物箱中，否则有自燃危险。

⑥ 多余的引发剂不能倒回原容器。

⑦ 引发剂有泄漏时，要用无机吸收物如砂子或硅藻土或滑石粉等擦去，并立即移至室外。不能用碎布或纸或锯末等可燃物吸擦，否则易起火。

使用过氧化甲乙酮时要尤其注意安全操作。过氧化甲乙酮是应用最广泛的不饱和聚酯树脂引发剂，具有较高的危险性，由于它是一种较强的有机过氧化物，具有挥发性，其蒸气遇明火、高热、摩擦、震动、撞击会引起燃烧爆炸；与还原剂、促进剂、有机物、可燃物等接触会发生剧烈反应，具有燃烧爆炸的危险；同时，过氧化甲乙酮具有可分解性，其分解时会释放出活性氧和热，若与其混合的稳定剂不足或者改变稳定剂的成分，可导致过氧化甲乙酮分解并引发爆炸；它对皮肤及呼吸道都会产生影响，使用时应佩戴耐酸碱手套和防护面具加以防护。

9.1.2.2 不饱和聚酯树脂的贮存

不饱和聚酯树脂中常混有苯乙烯，必须按易燃碳氢化合物处理，防止着火。在贮存树脂处必须进行严格管理，热与光会影响树脂的贮存时间。贮存温度应低于 25℃。温度愈低，有效期愈长；反之，寿命愈短。树脂要密闭贮存，防止单体挥发损失以及外界杂质落入。不能用铜或铜合金制容器贮存，可用其他金属或聚乙烯或聚氯乙烯容器。

9.1.2.3 不饱和聚酯树脂的使用安全

① 由于树脂、单体、引发剂、促进剂都是易燃物，因此车间严禁烟火，车间内部应尽量减少存放树脂及各种辅助剂。此外车间也应设置两个出口。

② 车间要有足够通风。车间通风有两种：一是室内空气循环，排除苯乙烯挥发物，由于苯乙烯烟气密度大，故在靠地面处浓度大，因而排风口应设在近地面处，如图 9-1 所示；二是在操作区进行局部排风，单独设置抽风机把操作区密集的苯乙烯烟气抽走或由总吸风管排走烟气。苯乙烯单体的毒性是较低的，在浓度为 2mg/L 时，会对眼睛与呼吸系统产生中等刺激；浓度高达 6mg/L 时会严重刺激眼睛和鼻子；浓度达 46mg/L 时，会刺激肺部及抑制中枢神经系统。车间内要加强通风，使空气中苯乙烯浓度保持在 100mg/m³ 以下，短时间（15min）接触浓度保持在 100mg/mg 以下。

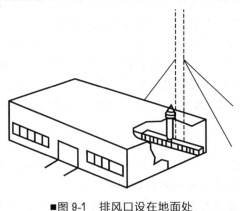

■图 9-1 排风口设在地面处

③ 未使用的已加引发剂的树脂应移到安全位置，防止在堆积中自行积累大量热量。

④ 若树脂泄漏，要用干的不燃材料吸去，以防火灾和损害健康。

⑤ 操作工人要注意车间卫生，对溅出的或漏出的树脂要及时进行清理，以保持车间的卫生和整洁。这不仅是安全的需要，而且是产品质量的重要保证。

⑥ 树脂中含有苯乙烯，对皮肤有中度刺激，故操作时要戴手套、围裙，并且手上最好涂保护油脂。应禁止用溶剂来清除溅在皮肤上的树脂，清洗时

要用热水和肥皂，不要用丙酮等洗手，这些溶剂对皮肤有脱脂作用。操作人员要经常洗澡和换洗工作服。

9.2 不饱和聚酯树脂及其复合材料生产过程的安全与防护

不饱和聚酯树脂基复合材料制品的原材料，均具有不同程度的毒性。有些原料挥发性很大，极其容易在空气中扩散，当操作人员接触或吸入人体后，就会引起中毒反应，如皮肤过敏、头昏脑胀、慢性咽喉炎、肠胃不适及白血球下降等症状。因此，在组织不饱和聚酯树脂基复合材料生产时，必须对劳动保护予以充分重视。

在生产不饱和聚酯树脂基复合材料的过程中，某些药品如过氧化物、乙醇和丙酮等，易燃易爆，如果管理不善，也会引起火灾或爆炸造成伤亡事故。因此，在组织不饱和聚酯树脂基复合材料生产时必须注意。

在不饱和聚酯的合成和使用时，可以通过涂保护油脂、戴防护手套等方法来尽量避免化学药品、试剂、溶剂和不饱和聚酯树脂等与皮肤直接接触，皮肤上如有裂口、擦伤等时，要避免沾上树脂及各种添加剂。在脱下手套前要先把化学品洗掉，不可使之接触皮肤或弄脏手套内部，内部已弄脏的手套不能再戴。衣服如已沾污，要洗净后再穿。为预防树脂溅出，除穿工作服外，最好还要戴面罩（图 9-2 和图 9-3）和塑料围裙。合成制造时要戴保护眼镜，必要时要戴面罩。在休息、吸烟、吃饭、喝水及上厕所时要先用肥皂洗手，不可使树脂等材料入口或接触皮肤。车间的设计要满足安全要求，需能够预防各种有害物质侵害或污染人体。在使用挥发性材料时，操作区应设抽风排气装置。车间内有炉子、热压机等设备时要设置排烟系统，以排出废气及烟气。对于易于发生溢溅物质的地方，应考虑便于清洗。

■图 9-2　口罩防护

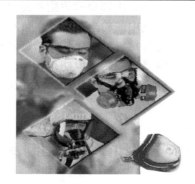

■图 9-3　面罩防护

降低工作场所有害物质的浓度。不饱和聚酯树脂基复合材料车间必须按照劳动保护及卫生部门的规定，把有害物质的浓度限制在允许范围之内。如丙酮的极限允许浓度是 $400\mathrm{mg/m^3}$，玻璃纤维粉的允许含量为 $3\mathrm{mg/m^3}$，苯乙烯的允许浓度是 $50\mathrm{mg/m^3}$ 等。

车间应备有紧急处理各种突发事故的设施，并有受过训练的、负责安全保护工作的人员。眼睛、皮肤沾染化学品后要及时处理。眼睛沾染化学品要立即用大量清水冲洗，连续冲洗 $10\sim15\mathrm{min}$。皮肤沾染后要立即用清洗油清洗，再用肥皂和清水彻底洗净，如无效，则用丙酮或其他溶剂再洗，用量要尽可能少，溶剂不可接触皮肤裂口或伤口的周围。清洗后要再用保护油脂涂抹。人吸入化学气体情况严重时，要迅速将其抬到空气流通的地方，直到呼吸恢复正常为止。从口中进入时要立即用水冲洗干净，如已服下肚，要大量喝水并立即去医院。

为了降低排出气体中的苯乙烯对周围环境的污染，必须采取某些方法进行处理，苯乙烯气体排除方法见表 9-3。

■表 9-3　苯乙烯气体排除方法

处理方法	原理	特征	缺点	适用范围
活性炭吸附法	活性炭表面吸附苯乙烯气体	设备简单，效果好	自己再生产困难，运转成本高	低浓度气体处理，造船厂断续处理等
直接燃烧法	在高温燃烧炉中（650～800℃）燃烧气体	提高燃烧效果时，除去率高	无臭，不完全燃烧、辅助燃料费高	利用已有锅炉
催化剂燃烧法	使用白金催化剂低温完全燃烧（200～300℃）	节省燃料费	初期投资高，要求完全前处理。防止排出气体中混入粉尘	高浓度气体处理

加强对易燃易爆物品的管理。过氧化物和溶剂等物品，应放在专用仓库内分类保管，现场随用随取。过氧化环己酮、过氧化苯甲酰易爆，不能用机械研磨，不能受热，不能用铁、铜等容器贮存，更不能和促进剂直接混合，必须先将过氧化物加入树脂内搅匀，再加入促进剂，否则会引起爆炸。

不饱和聚酯树脂基复合材料加工时的粉尘，特别是直径在 $10\mu\mathrm{m}$ 以下，空气中的粉尘浓度达到 $120\mathrm{g/m^3}$ 时，有爆炸危险。防止不饱和聚酯树脂基复合材料粉尘爆炸的措施和防止一般粉尘相同，主要是除去火源，如电机等电动设备、采取防尘构造、消除静电、防止电焊火花等。防止二次爆炸，要注意清除粉尘积物，防止溶剂蒸气混入，采用不燃装置，把粉尘浇湿等。

9.3 不饱和聚酯树脂制品的环境安全

9.3.1 概述

从 20 世纪 50 年代我国开始树脂基复合材料的大规模生产，到 2010 年，我国热固性树脂基复合材料产量已经达到 238 万吨，其中不饱和聚酯树脂基复合材料的产量达到 153 万吨。随着复合材料工业的迅速发展，复合材料废弃物也逐年增加。如何处理废弃的复合材料已成为当前我国乃至全世界面临的十分迫切的课题。由于复合材料的强度高、耐腐蚀性好等优异性能导致其废弃物的处理非常困难。传统的处理复合材料废弃物的方法就是焚烧和掩埋。焚烧产生有害气体而造成环境污染，掩埋后不饱和聚酯树脂基复合材料废弃物 50～100 年不降解，使土地被大量占用。因此，解决废弃物不饱和聚酯树脂及其复合材料的循环利用对复合材料的生存与发展具有重大而深远的意义。

9.3.2 热固性树脂基复合材料 SMC 的回收方法

9.3.2.1 SMC 循环利用的意义和可行性

不饱和聚酯树脂基复合材料的成型方法较多，生产出不饱和聚酯树脂基复合材料的制品种类繁多，其中 SMC（包括 BMC、DMC 和 TMC 等）以高效快捷的成型特点得到了迅速发展，以下以 SMC 为例说明。据估计，目前世界上 SMC 的年产量已愈百万吨，且仍以比较快的速度继续增长。SMC 制品在达到其使用寿命后便被废弃，大量的废弃物堆积占据了土地，不仅对环境构成了较大威胁，而且阻碍复合材料进一步的发展和应用；面对商业竞争的加剧、环保意识的增强以及全球面临资源枯竭的压力，使越来越多的工厂不得不重视对不饱和聚酯树脂基复合材料废弃物的回收。以保护好现有的 SMC 市场，并利于开拓新的市场。

SMC 回收与利用的目的是将其回收料在同一应用领域中的再利用，而不是在很少需要的应用领域中的重新利用，以减少废弃物对环境的危害。SMC 回收得成功与否，主要取决于 SMC 回收者和 SMC 回收料使用者在 SMC 回收与利用过程中的经济性、实用性及合理的利益分配。目前，各发达国家对 SMC 回收的问题尚存在一些争论，收集、加工与销售回收材料这一整套基础设施建立与完善，需要的投资较大是争论的主要问题。因此，至今在世界上，这种专业的 SMC 回收加工厂还是不太多。对 SMC 废弃物进行回收与利用，需先解决以下问题：①回收与利用技术应具有实用性、可靠性和经济性；②应具有存放和加工处理废弃物的基础设施；③应存在回收材料或产品的市场，使回收与利用有利可图。目前，在发达国家已经开始着手解决 SMC 的回收问题。通过专门技术将废弃 SMC 回收加工成高品质的填料和纤维，从而替代部分原材料，加入新的 SMC 配方中，以实现材料的循环利用。既可以实现资源的有效利用，又降低 SMC 的生产成本，减少废弃料带来的环境污染，保护环境，增强 SMC 与其他材料的竞争力，促进 SMC 的发展。经过了许多年 SMC 回收与利用的开发研究与生产应用，逐渐使更多的 SMC 制造商与用户认识到 SMC 回收的可行性与经济性，如在汽车应用领域，人们认为 SMC 组件可以像工程塑料一样容易回收；而且回收 SMC 的技术具有实用的和经济可行性。为此，美国 SMC 汽车协会着手进行复杂的 SMC 回收系统的设计，并联合政府与私人组织为 SMC 回收加工厂选址和筹措资金；德国四大 SMC 制造商 Mitras、BWR、Duroform 和 Menzolit 合资建立了专业的 SMC 回收处理厂；日本 Tekeda 化学公司和 Dainippon Ink and Chemicals 公司也建起了专门的 SMC 回收系统。尽管有关 SMC 回收前景的讨论仍将继续，但有理由相信 SMC 回收材料与技术不仅可以为 SMC 制造业缓解了"循环利用"的压力，而且为制造商实现低成本而不损害产品质量提供一种途径。

9.3.2.2 SMC 回收的方法

对于 SMC 的回收，按照回收所得产物可分为热裂解法、粉碎法和焚烧法三种，SMC 回收处理示意如图 9-4 所示。目前国内外较为普遍使用的是粉碎法和热裂解法，其再利用率高，实用效果好；而焚烧法具有工艺简单、处理费用低的特点。

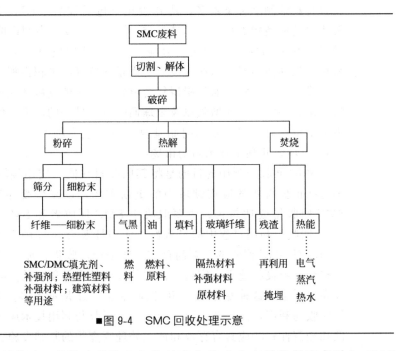

■图 9-4 SMC 回收处理示意

(1) 焚烧法 焚烧法是将有机物的废弃物或含有机物的废弃物如 SMC 作为燃料进行焚烧处理，实现能量回收。如图 9-5 所示为典型的 SMC 废弃物焚烧处理示意。焚烧处理的方法简单，无需太大投资，但由于 SMC 的有机物含量低，一般只有 $25\% \sim 30\%$，因此，焚烧处理 SMC 废弃物所带来的能量益处十分有限，同时 SMC 废弃物焚烧后产生的固体产物含量很高；由于焚烧过程中高温和氧的存在，使得 $CaCO_3$ 填料转变成 CaO，CaO 会对 SMC 和 DMC 的化学增稠产生不良影响，故 SMC 废弃物焚烧后产生的固体产物不能再用作 SMC/DMC 的填料。此外，焚烧过程中易产生有毒有害气体，导致环境污染，因此，焚烧法对 SMC 废弃物进行回收循环再利用的收益较低，不作为安全可靠的长期回收方法。

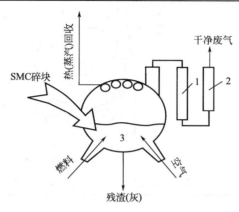

■图 9-5 典型的 SMC 废弃物焚烧处理示意
1—净化器；2—过滤器；3—废料

（2）热裂解法 热解法又称高温分解法，是一种在无氧条件下完成的热分解方法。其工作原理是在一定温度下加热分解复合材料，且该温度条件不致引发纤维和填料等无机物发生化学反应，从而使纤维和填料等无机物与基体分离。在热的作用下，聚合物基体分解为分子量小的烃类化合物，这类烃类化合物可作为燃料进一步使用；而纤维和金属嵌件可进一步再循环。它与焚烧法的区别在于不是将不饱和聚酯树脂完全氧化释放出能量，而是将其分解成为可重新利用的分子量小的产物。日本的高知工试和四国工试以及美国 Conrad 工业公司，在 SMC 的热解技术研究与应用中做了大量的工作。如图 9-6 所示为美国 Conrad 工业公司的 SMC 热解处理示意。SMC 热裂解处理的一般过程为：先将废弃的 SMC 制品切割成 50mm×50mm 大小的碎块，用水蒸气蒸煮后，置于热解炉中处理，将玻璃纤维和 $CaCO_3$ 完全从不饱和聚酯树脂基体中分离开来。热裂解过程所需的温度在 480～980℃ 范围内，热解温度的不同生成的产物不同，一般在 400～500℃ 产生热解油，产物以芳香成分为主，与重油组成接近，占热裂解产物总量为 14%；在 600～700℃ 以产生热解气为主，其成分与天然气接近，占热裂解产物总量为 14%；其余 72% 是 $CaCO_3$、玻璃纤维和炭。

SMC 热裂解法的关键是专门的热裂解设备和热裂解过程各阶段产物的控制与分离技术。目前 SMC 热裂解技术尚处于开发阶段，还没有专门的处理设备，通常采用原来废旧橡胶轮胎的处理装置。但是 SMC 热裂解法已被实验证明可以回收得到油、气和固体产物等有用物质，这些也肯定了 SMC 回收和重新利用的经济性和实用性，因此，热裂解法可成为一种长期的 SMC

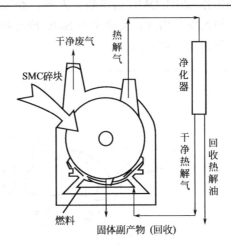

■图 9-6　美国 Conrad 工业公司的 SMC 热解处理示意

回收方案。SMC 热裂解技术所具有的另一个突出优点是它适用于处理受污染的废制品，也就是说那些采用其他材料进行表面涂装、黏结与固定的 SMC 可以直接采用热裂解法回收，无需担忧表面涂装物和黏结与固定物的清除及分离问题。

(3) 粉碎法　粉碎法是直接利用废弃的 SMC，且不改变其化学性质的一种 SMC 回收方法，它是最直接和最有效的回收方法。废弃 SMC 可以切割成小块或粉碎成一定的形态，作为填料或增强材料使用。粉碎法回收废弃 SMC 主要通过两种途径：一种是将整个废旧 SMC 制品研磨粉碎成细粉末（包括所有的玻璃纤维和填料）；另一种是先以一定的方式切碎或磨碎废弃 SMC 制件，然后从颗粒材料中分离回收一些玻璃纤维。粉碎方式的不同，对所得粉碎料的物理性能有直接影响，进而决定 SMC 回收料用途。因此，寻找最佳的粉碎方式是 SMC 回收技术研究的一个重要课题。

目前国外对 SMC 的回收使用较多的是粉碎法，如德国的 Ercom 工厂（年处理能力 80kt）、加拿大的 Phoenix Fibreglass 公司（年处理能力 4kt）、日本的 Takeda 化学公司等。但由于不同公司具体回收工艺的差异，制成的回收材料的组成与物理状态也有很大差异，如 Ercom 工厂主要产品是有 6 个级别的细粉料，而 Phoenix 公司的产品则是高品质的回收玻璃纤维和填料。以 Ercom 工厂的生产过程为例介绍粉碎法的工艺过程：

① 将废旧 SMC 制品切成 50mm×20mm 大小的碎块；

② 将预切碎的 SMC 碎块通过振动输送槽均匀喂入缓冲箱内，通过装有磁铁的传送带将磁性部件（如金属嵌件）挑出，用锤磨机对 SMC 料块进行压碎处理；

③ 在气旋式分离器中将粉碎料中的粗料与细料分开，粗料重回锤磨机中粉碎，然后所有粉料通过第二个气旋式分离器，再次进行分级分离；

④ 通过振动筛对粉料进行分级处理；

⑤ 将回收粉料进行贮存保管，并发送给 SMC 制造商使用。

SMC 回收工艺中粉碎法可以制成大至 9.5mm 的颗粒粗料，小至 200 目（60μm）或更细的粉状填料，以满足不同的用途。

9.3.2.3 SMC 回收材料的再利用

SMC 回收的主要方法是热裂解法和粉碎法。热裂解法所能回收的热解气和热解油的数量也不多，所得最多的是固体产物，粉碎法所能回收的全部是固体产物。总体来说两种 SMC 回收得到主要产物都是固体，然而，每种回收方法得到的固体产物性质不同，因此，以下分别说明每种 SMC 回收得到的产物的再利用。

（1）热裂解产物的用途 SMC 的热解产物主要是热解气、热解油和固体产物。热解产生的热解气和油的一部分在分解过程中被作为燃料消耗掉，剩下的热解气和油可作燃料或经提纯作为化学原料。

SMC 热裂解所得到固体产物的组成主要包括 $CaCO_3$、玻璃纤维和炭，经过进一步加工，所得固体产物可作为填料而重新使用。如果在热裂解处理前未能将金属从 SMC 碎块中完全挑出，那么它们将存在于固体产物中，此时可以将金属物质挑出。

SMC 回收粉体的主要用途是填料，它能重新加工成与原来制品相同或相近的新制品。SMC 回收成效的大小和最适用的方法取决于下列因素：①回收粒料的粒径大小及其分布；②回收填料与新基体材料的相容性；③预定的用途，若纤维在回收过程中受到不利影响，则回收的玻璃纤维只能用于制造性能要求较低的制品。SMC 热解固体产物可以作为 SMC、DMC 或热塑性塑料的填料，但经过热处理时的高温作用，回收玻璃纤维的力学性能会有一定的降低。经热裂解的 SMC 回收料进一步加工碾磨成填料，可以用在通用型和 A 级表面汽车 SMC 中替代 30％的 $CaCO_3$ 填充量（占总混合物的12％），而对制品加工性或力学性能无明显影响，相关性能数据见表 9-4。此外，SMC 热裂解固体产物在其他制品中也有许多应用，如在沥青屋顶或沥青路面等要求不严的场所中作为填充料使用。

■表 9-4 含碾碎热解固体产物的 SMC 的力学性能

力学性能	4％热解副产物	8％热解副产物	12％热解副产物	16％热解副产物	原始的 SMC 材料
拉伸强度/MPa	71	71	79	70	67
弯曲强度/MPa	176	178	180	165	178
弯曲模量/GPa	11.0	11.7	11.0	10.3	11.0
Izod 缺口冲击/(J/m)	1058	1121	1015	908	1068
Izod 无缺口冲击/(J/m)	1338	1335	1335	1282	1282
黏接力试验(25℃)搭剪负载/kN	2.27	2.23	2.07	2.17	2.0
Loria 表面分析(0~100 标度)	87	76	82	84	84

注：加入量以总混合物百分比计。

(2) **粉碎回收料的用途** 根据处理方式与程度的不同，粉碎回收料可以是粗颗粒的粒料或细粉料，也可以是具有一定品质的玻璃纤维。这些回收料的用途主要取决于粒（粉）料的粒径大小及其分布，玻璃纤维的完整性等。国外已对 SMC 回收料的粒径尺寸分级做了许多研究。对过筛网的 SMC 回收料颗粒尺寸的分析显示，过筛网的 SMC 回收料颗粒具有很宽的粒径分布，可以把它分离成填料（细颗粒）和纤维，作为增强材料用于 SMC 中。如粒度达到 25mm×25mm 的 SMC 大块碎料可用于碎料胶合板、轻质水泥板、农用覆盖料以及保温料等建筑材料；而粒度在 3.2~9.5mm 范围内的较小的 SMC 碎料则用作屋顶沥青、DMC、混凝土骨料，或者在聚合物混凝土及路面材料中用作增强材料或填料；而充分细粉碎的 SMC 回收料，则可用作 SMC、DMC 和热塑性塑料的填料。

粒径 9.5mm 或更小的 SMC 粉碎料经混配可加工成 DMC 复合材料，若玻璃纤维和填料全部用 SMC 回收碎料来替代时，制成的 DMC 的结构性能约为标准 DMC 的 70%，其性能数据见表 9-5；当部分替代玻璃纤维时，所得 DMC 的性能数据见表 9-6，从中可以看出，当纤维被替代后所得 DMC 的强度大幅度下降，但模量变化不大，因此，就目前技术而言，毫米级粒径的 SMC 回收料代替玻璃纤维制成的 DMC 只能用于对性能要求较低的场合。要求达到标准 DMC 的性能，需采用新的技术和进一步的深入研究。

■表 9-5 采用粒化 SMC 制成的 DMC 的性能

力学性能	通过 9.5mm 筛网的 SMC 回收碎料	通过 4.7mm 筛网的 SMC 回收碎料	相应的原始 DMC
拉伸强度/MPa	19	26	28
弯曲强度/MPa	50	42	96
弯曲模量/GPa	6.3	6.4	10.3
Izod 缺口冲击/（J/m）	133	91	272
Izod 无缺口冲击/（J/m）	155	112	262

■表 9-6 含 9.5mm 和 4.7mm 粒化 SMC 的 DMC 的性能

力学性能	含 7%9.5mm 的 SMC 碎料	含 14% 4.7mm 的 SMC 碎料	含 7% 4.7mm 的 SMC 碎料	含 14% 4.7mm 的 SMC 碎料	原始的 DMC 材料
拉伸强度/MPa	16	14	17	16	28
弯曲强度/MPa	69	55	71	64	96
弯曲模量/GPa	9.6	9.6	10.3	9.0	10.3
Izod 缺口冲击/（J/m）	272	160	208	219	272
Izod 无缺口冲击/（J/m）	278	181	272	299	363

SMC 回收块料进一步细化，可替代 $CaCO_3$ 用作 SMC 的填料，这是粉碎法 SMC 回收料最主要和最重要的应用。采用 200 筛目（60μm）或更细的 SMC 回收料替代部分 $CaCO_3$ 作为新 SMC 的填料，所得 SMC 的力学性能与原来的标准 SMC 无明显差异，表 9-7 给出当采用细化的 SMC 回收粉料替代 SMC 配方中 $CaCO_3$ 时 SMC 材料的性能。

■表 9-7　含 SMC 回收粉料的 SMC 配方及性能

| 项　目 | | 配方号 | | |
		1	2	3
组成	树脂	100	100	100
	$CaCO_3$	125	78	36
	SMC 粉料	0	32	60
	玻璃纤维含量/%	30	30	30
性能	收缩率/%	0.06	0.07	0.08
	相对密度	1.73	1.64	1.59
	拉伸强度/MPa	78	77	79
	拉伸模量/GPa	11.76	11.53	11.15
	弯曲强度/MPa	200	213	186
	弯曲模量/GPa	12.33	11.80	11.33
	冲击强度/（J/m）	82.0	87.4	86.0

由表中数据可知，在 SMC 配方中加入 SMC 回收料后使材料收缩率稍有增加，由于 SMC 回收料的密度比 $CaCO_3$ 低，使材料的密度可降低 5%～10%，因此，采用 SMC 回收料作填料，可在一定范围内实现 SMC 的轻量化。目前 SMC 回收料在国外已广泛应用于汽车 SMC 组件的生产中，同时在卫生洁具、电子/电气等一些部件中也得到实际应用。据报道，目前在汽车 SMC 组件中，这些 SMC 回收料的加入量可达填料总加入量的 10%～30%；而且许多国家的研究机构与生产厂家正在进行着相关方面的研究，希望在保证不降低制件性能与质量的前提下，增加回收料的加入量。

SMC 回收料除作填料之外，玻璃纤维回收也是 SMC 回收的一个重要方面。采用机械的纤维分离技术就可以从 SMC 废制品中回收得到高品质的玻璃纤维，它可以作为增强材料而重新使用，具有一种"附加值"的经济作用。如 Pheonix 公司回收并销售的两种规格的玻璃纤维，其中 CSX-ZS 就是通过回收废弃 SMC 制得的，它具有与短切粗纱相似的完整性与分散性。由于它们已浸渍过树脂与 $CaCO_3$ 的混合物，因此，当它们用作 DMC 或 SMC 的增强材料时，具有良好的浸渍性，而制品性能不会有明显变化。目前 Pheonix 公司正与其他厂家合作进行这方面的研究，使回收玻璃纤维重新用于 SMC 制片中，由此实现 SMC 整个循环圈的真正闭合。

9.3.3　不饱和聚酯树脂基复合材料新的回收利用方法

9.3.3.1　常压解聚法回收

到目前为止，国内外使用过的不饱和聚酯树脂基复合材料化学降解技术见表 9-8，其中研究最多的技术是粉碎后加热分解的方法。通过这类方法，2% 的不饱和聚酯树脂基复合材料废品可作胶黏剂的原料和不饱和聚酯树脂基复合材料的填料再循环利用，但这类方法加工成本高。日立化成工业株式会社在不饱和聚酯树脂基复合材料的再循环利用方面做出新的成就，开发出常压下将不饱和聚酯树脂基复合材料的基体树脂进行化学分解、溶解后，回收玻璃纤维和填料的技术。通过这一技术，可以使不饱和聚酯树脂的化学再循环利用以及玻璃纤维和填料材料的再生技术成为可能，该技术被称为常压解聚法。其特点是不饱聚酯树脂基体的解聚在常压和低于200℃条件下进行，所使用的溶剂为醇类，对环境影响小。并且不需要对废弃料进行预加工。在常压下处理所需设备成本低，又可以连续处理，能够大幅度降低不饱和聚酯树脂及其复合材料的回收成本。

■表 9-8　不饱和聚酯树脂基复合材料降解的各种技术比较

项目	超临界流体法	液相分解法	解聚法	正二醇类	常压解聚法
溶剂	水	四氢萘	NMP N-甲基吡咯烷酮	正二醇类	乙醇类
催化剂	—	酸化铁	没有	没有	碱金属类
温度/℃	>350	400	200	270~280	<200
压力/MPa	>22	2	未公开	1.0~1.5	常压
适用树脂	全部	全部	环氧 UP	PET，UP	溴化环氧、UP
回收树脂	单基物	单基物	单基物	正二醇类原料	普通聚合物
预加工	0.5~1.0mm 微粉碎	0.5mm 微粉碎	<0.1mm 微粉碎	0.3mm 微粉碎	没必要
是否使用危险物	无	有	有	有	有

日立化成工业株式进行了常压解聚法工艺流程及设备的试验开发，工艺流程如图 9-7 所示。从市场上回收的不饱和聚酯树脂基复合材料可以通过该设备进行化学分解、溶解，从而得到玻璃纤维和填料。常压下对不饱和聚酯树脂基复合材料进行化学分解和溶解时，必须保证所用溶剂的沸点高于不饱和聚酯树脂基复合材料化学分解反应温度。为了使不饱和聚酯树脂固化物能够溶胀，解聚，得到良好的溶液，须选择沸点高于150℃的物质作为溶媒。

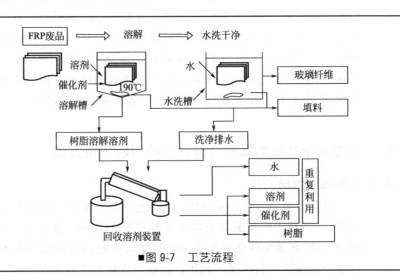

■图 9-7　工艺流程

不饱和聚酯树脂固化物化学分解的机理如图9-8所示，主要特点是切断不饱和聚酯树脂固化物的化学键结合，使切断处受到催化剂以及溶剂的作用而发生酯交换反应。不饱和聚酯树脂固化物属于三维网状结构，不溶于溶剂，但由于不饱和聚酯树脂固化物的化学键被切断，使生成物的分子量降低而变得可以溶解。通过上述处理方法可以使不饱和聚酯树脂基复合材料中的不饱和聚酯树脂固化物化学分解，分离回收固化物的分解产物、玻璃纤维和填料，从而得到再生材料和二次再生材料。此外，还有人曾用水蒸气在500℃进行不饱和聚酯树脂固化物的热分解。

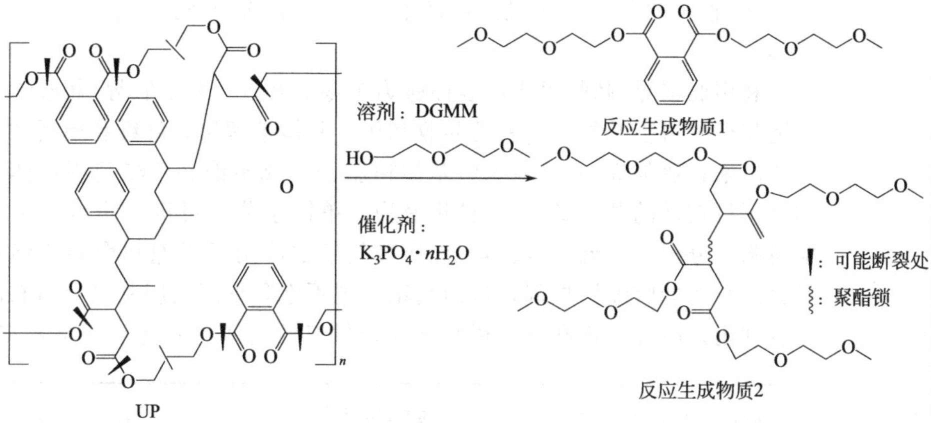

■图9-8　不饱和聚酯树脂固化物化学分解机理

9.3.3.2　亚临界/超临界流体解聚法

超临界流体（supercritical Fluid）是当流体的温度和压力同时高于其临界温度和临界压力的流体。超临界流体的密度与液体的密度接近，黏度与气体的黏度接近，且扩散系数大于液体，传质性能良好。此外，超临界流体的表面张力为零，它们可以进入任何大于超临界流体分子的空间。在临界温度以下，压缩超临界流体仅仅导致其密度的增加，但不会使之形成液相。因此，在临界点附近流体的性质具有突变性和可调性。可用于超临界流体介质的种类繁多，但是应用最为广泛的介质是水和二氧化碳，它们具备超临界流体的一般性质，具有无毒、无害、不燃烧、不污染、来源广泛、容易回收和循环使用等特点，是环境友好的介质。目前，用于废弃物的处理的介质主要是亚临界/超临界水。所谓超临界水（supercritical water）是指温度和压力分别高于临界温度及临界压力，而密度高于临界密度的水；所谓亚临界水（subcritical water）是指温度低于其临界温度，而密度高于临界密度的水。

亚临界水和超临界水的性质不同于常态水，例如密度介于气体和液体之间，因而其介电常数、溶剂化能力、黏度等对温度和压力的变化更为敏感，通过调节这些性质可以使亚临界/超临界水成为不同性质的介质。当压力为24MPa，温度分别为200℃、300℃、370℃和500℃时，超临界水（或亚临界水）的性质分别与甲醇、丙酮、二氯甲烷和正己烷相当。通过对过程参数的调节，可以对亚临界/超临界水的各种性质进行调节，使其适用于不同的应用领域。

由于亚临界/超临界水具有上述优点，因而它是聚合物分解和解聚最好的介质。由于亚临界/超临界中含有大量的 H^+ 和 OH^-，能促进聚合物中的醚、酯和酰胺键等发生水解反应，生成大量的醇、酸和酮及其他有机化合物。在这个过程中，水既作反应物又作反应介质，同时也可起到催化剂的作用。亚临界/超临界水能将缩聚物分解，生成缩聚物单体。

利用亚临界/超临界水的表面张力为零的特点，将亚临界/超临界水用于不饱和聚酯树脂基复合材料的回收利用，基体被解聚，纤维和填料从基体中分离出来；亚临界/超临界水将基体树脂分解成不饱和聚酯树脂单体小分子和分子量较低的苯乙烯-富马酸共聚物，单体小分子可进一步合成不饱和聚酯树脂，分子量较低的苯乙烯-富马酸共聚物可用于不饱和聚酯树脂基复合材料制造的低收缩添加剂，从而真正实现不饱和聚酯树脂基复合材料的循环回收利用。废弃不饱和聚酯树脂基复合材料的基体树脂通过亚临界/超临界

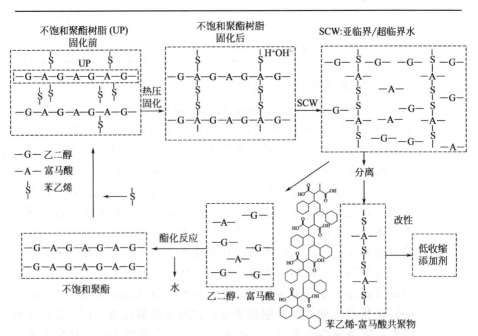

■图 9-9　废弃不饱和聚酯树脂基复合材料的基体树脂通过亚临界/超临界水解聚法解聚循环回收利用示意

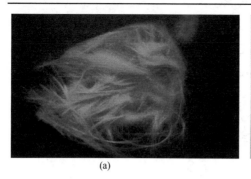

■图 9-10　亚临界/超临界解聚法回收的玻璃纤维（a）和碳纤维（b）

水解聚法解聚循环回收利用示意如图 9-9 所示，如图 9-10 所示是亚临界/超临界解聚法回收的玻璃纤维和碳纤维。研究发现在不加入催化剂和任何添加物时，不饱和聚酯树脂固化物在亚临界/超临界水 300℃环境下，反应 10min 分解率仅为 42.7%；在亚临界/超临界水，380℃条件下，反应 5min 可使不饱和聚酯树脂固化物完全分解。在亚临界/超临界水环境中添加 1-氨基戊烷或 5-氨基戊醇，300℃环境下反应 10min，能够使得不饱和聚酯树脂固化物的分解率达到 100%。在氨基类化合物存在的条件下，交联不饱和聚酯树脂分解的机理如图 9-11 所示。此外，用于不饱和聚酯树脂基复合材料废弃物回收的超临界流体还可以是超临界甲醇和超临界乙醇，以 N,N-二甲基吡咯烷酮为催化剂，在 275℃、10MPa、10h 下，交联不饱和聚酯树脂可分解产生 60% 的甲醇和 39% 的三氯甲烷及 1% 残留物。

　　亚临界/超临界流体用于不饱和聚酯树脂基复合材料废弃物回收，对于废弃物要求低，那些有着表面涂装曾经进行黏结与固定的废弃物利用亚临界/超临界流体技术回收前不需要预处理。与热解法相比，亚临界/超临界流体技术的能耗低，不饱和聚酯树脂固化物的分解温度为 300℃，反应时间短，且热分解过程可控性强。复合材料中的纤维在较低的温度下被分离出来，其强度损失小。可以真正实现不饱和聚酯树脂基复合材料的循环利用。此外，亚临界/超临界流体技术还可以用于环氧树脂基复合材料和酚醛树脂基复合材料的回收利用。尽管亚临界/超临界流体解聚技术的发展时间较短，但人们已经认识到亚临界/超临界流体解聚技术的可行性、经济性和环境友好性，亚临界/超临界流体为树脂基复合材料的回收提供了崭新和有光明前景的新途径。有理由认为亚临界/超临界流体技术在热固性树脂基复合材料回收领域具有广阔的应用前景。

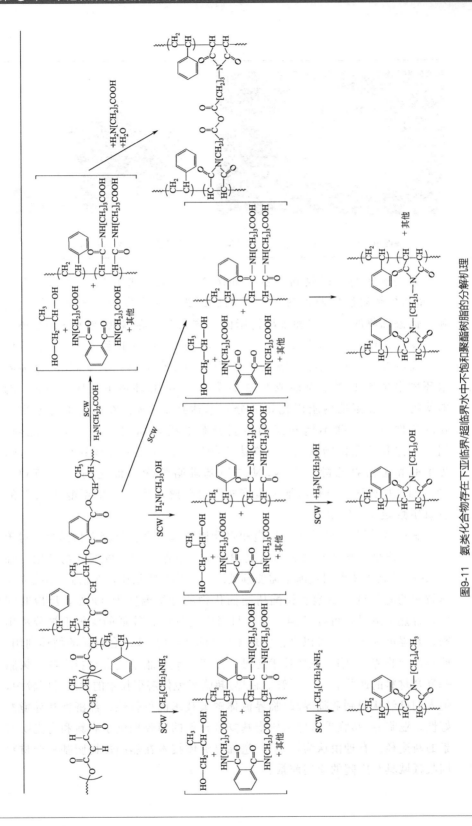

图9-11 氨类化合物存在下亚临界/超临界水中不饱和聚酯树脂的分解机理

[1] 黄发荣，焦扬声，郑安呐编 . 不饱和聚酯树脂 . 北京：化学工业出版社，2001.
[2] 沈开猷编 . 不饱和聚酯树脂 . 北京：化学工业出版社，2001.
[3] 沈开猷编 . 不饱和聚酯树脂及其应用 . 北京：化学工业出版社，2005.
[4] 陈博 . 中国树脂基复合材料的发展 . 不饱和聚酯树脂基复合材料，2008（3）：1-16.
[5] 黄发荣，陈涛，沈学宁编 . 高分子材料的循环利用 . 北京：化学工业出版社，2000.
[6] 王宝庭，汤寄予，高丹盈 . 不饱和聚酯树脂基复合材料再循环利用技术 . 纤维复合材料，2009，3：47-50.
[7] 崔辉，路学成，吴勇生 . 复合材料废弃物的资源化研究 . 再生资源研究，2004，2：31-36.
[8] 李彦春 . 不饱和聚酯树脂基复合材料行业废弃物回收利用现状及展望 . 中国不饱和聚酯树脂行业协会第十二届年会论文集，2008，12：119-123.
[9] 李林楷 . 热固性塑料的回收利用 . 国外塑料，2004，22（6）：69-72.
[10] 曾一铮，游长江 . 热固性聚合物基复合材料废弃物回收利用进展 . 广州化学，2009，34（2）：54-60.
[11] 徐佳，孙超明 . 树脂基复合材料废弃物的回收利用技术 . 不饱和聚酯树脂基复合材料/复合材料，2009，4：100-103.
[12] 王勇，万涛，王翔等 . 不饱和聚酯树脂基复合材料废弃物的处理与再利用 . 国外建材科技，2002，23（1）：19-21.
[13] 付桂珍 . 不饱和聚酯树脂基复合材料废弃物的回收利用 . 中国资源综合利用，2002（5）：29-32.
[14] 刘德勤 . 热固性 SMC 综合处理与再生技术 . Building Materials Industry Information，2002（9）：9-12.
[15] 陈博 . 中国树脂基复合材料的发展 . 不饱和聚酯树脂基复合材料，2008（3）：1-16.
[16] 黄家康，岳红军，董永祺编 . 复合材料成型技术 . 北京：化学工业出版社，1999.

附　录

附录一　国内不饱和聚酯树脂生产厂家

1. 常州华日新材有限公司

类　型	牌　　号
船用树脂	TM-189，FH-123-(N)，TM-107M，TM-107BH(N)
采光板树脂	TM-191，TM-196，TM-108，FH-H-1060，FH-H-1081，FH-H-1071，FH-H-1087
管道树脂	HN-H-1001，HR-192(N)，TM-102，TM-196SPZQ，FWH-2028，TPH-1006，FWH-1009，51383IM
胶衣树脂	Polylite GC-130，Polyilte GC-230，Polylite GC-251，Polyilte GC-23W-1，Polylite GN-128，Polyilte GN-1260，Polyilte GN-1240
基层成型树脂	Polylite FH-245，Polylite FH-286-2，FH-H-1080（W，M，S），FH-H-2086(S，W，WW，M)，FH-H-1070(W、M、S)，Polylite FH-164GLP，FH-123-(N)，TM-191，TM-198，TM-189，TM-196，TM-199，TM-197，Polylite FG-283
拉挤/RTM树脂	Polylite HN-239，DION 31029，HN-130，HN-H-1002，HN-H-1001，TM-107P，TM-107PH，PC-670CWL、PC-670C ML
纽扣/透明浇注/家具部件树脂	POLYLITE BS-210(N)，BSH-1043，POLYLITE BS-109A，BSH-2054(N)，BSH-2057(N)，BSH-2025，POLYLITE TC-141，TC-H-1041，TFH-2051，TFH-2077
腻子树脂	CN-225SF，CN-H-1005，CN-203，CN-H-1068，CN-H-1026，CN-703，CN-H-1061，CN-351IM
人造大理石/聚酯混凝土用树脂	POLYLITE TP-156，TP-H-1067，TP-H-1036，POLYLITE TP-260，POLYLITE TP-254，TP-H-1049，TPH-1076，POLYLITE NX-37，POLYLITE TP-2250
SMC/DMC 用树脂	PS-180SSK，PO-4490，PS-263C，PS-520，PB-230，TM-109，POLYLITE 3110，PS-180SSK，PS-954，PB-930
涂料树脂	TM-196GZ，TM-196N，TM-196XS，CS-810P，CS-810S，CSH-1090，CN-325，CNH-1109，CNH-1082，TM-107XHA(N)
阻燃树脂	TM-107YXL，TM-107P，TM-107 PH，TM-107L，TM-107M，TM-107BH(N)，TM-108，FH-H-1060，TM-802，TM-107XHA-1
颜料糊载体/固体树脂	Polylite OT-100，Polylite OT-800，TM-184，TM-199

2. 常州市方鑫化工物资有限公司

类型	牌　号
通用不饱和聚酯树脂 基复合材料树脂	FX-1001,FX-191,FX-191A,FX-191B,FX-191C,FX-191D,FX-196
洁具树脂	FX-788,FX-788A
人造大理石树脂	FX-686,FX-885,FX-886,FX-888,FX-688
工艺品树脂	FX-680
PE 底漆树脂	FX-8309,FX-8307,FX-988
拉挤树脂	FX-1002,FX-1001,FX-1201,FX-1202
模具树脂	FX-618
颜料糊树脂	FX-P50
宝丽板树脂	FX-643,FX-643B
纽扣树脂	FX-815
水晶树脂	FX-681
玛瑙树脂	FX-886
缠绕树脂	FX-912,FX-913
耐腐蚀树脂	FX-902,FX-943,FX-197,FX-198,FX-199
原子灰树脂	FX-918
阻燃树脂	FX-915
SMC/DMC 树脂	FX-2001,FX-2005,FX-3390,FX-109,FX-2004,FX-2002,FX-2003
采光板树脂	FX-205,FX-206,FX-207
涂层树脂	FX-6688
船用树脂	FX-DC189,FX-189
云石胶树脂	FX-666
锚固剂树脂	FX-308
通用胶衣	FX-36,FX-34,FX-33

3. 常州市华润复合材料有限公司

类型	牌　号
SMC/DMC 树脂	HR-109,HR-8209,HR-8309,HR-8180,HR-8520,HR-8210,HR-8310, HR-8260,HR-8902
拉挤型树脂	HR-P191,HR-P191TC,HR-P192,HR-P195,HR-P196,HR-P107
船用树脂	HR-189, HR-189XG, HR-189A, HR-191XG, HR-8200NDF, HR- 8200DF,HR-107BH
涂层用树脂	HR-196,HR-196LT,HR-710JD,HR-810PS,HR-910ZY,HR-6688
管道树脂	HR-101A,HR-101C,HR-102,HR-196SP-NC,HR-199SP-NC,HR-710

续表

类型	牌 号
浇注/工艺品树脂	HR-103,HR-103HB,HR-168,HR-8142,HR-995
人造大理石树脂	HR-991,HR-993
通用型树脂	HR-191,HR-H191,HR-191A,HR-196,HR-196G
阻燃型树脂	HR-107,HR-107ML,HR-107XHA,HR-107A,HR-802
耐化学型树脂	HR-197,HR-199,HR-199A
腻子用树脂	HR-217
透明板材型树脂	HR-240JZ,HR-295,HR-395ZR
软树脂	HR-229,HR-239,HR-249
胶衣树脂	HR-228,HR-228PS,HR-33,HR-34
PE 底漆树脂	HR-920
真空导入/RTM 树脂	HR-8300RTM,HR-8300,HR-9194
中间体树脂	HR-D390,HR-D34,HR-D228
颜料糊基体树脂	HR-P50,HR-P50-1,HR-P50-4

4. 常州市金隆化工厂有限公司

类型	牌 号
通用型	189#,191#,191#普通,191#A,191#DC,191#DA,196#,191#食品级,191#A,191#乙,196#普通,998#
耐热耐腐专用型	195#,197#,3301#,198#,199#,P972#Z,P972#X,M975#X
阻燃型	802#A、B型,802#D、C型,107#
浇注型	858#水晶,868#,888#S,885#玛瑙,885#仿玛瑙,C4A 工艺品,C7A 工艺品,890#宝丽板
胶衣树脂	33#,34#,102#,202#,302#
PE 底漆	3306#,3307#,3308#,3309#,3310#
石木材表面处理	168#,3388#,6688#
岗石荒料浇注	7931#,7932#,7933#
再加工树脂	锚固树脂,云石胶树脂,原子灰树脂

5. 常州天马集团

牌 号
M-V1053, TM-802, TM-802P, TM-108, TM-107XHA, TM-107P, TM-107M, TM-107L, TM-21, RTM-1, TM-309201, TM-10200, TM-6007, TM-2093, TM-1003, TM-1001, TM-107P, TM-8001, TM-196YK, TM-196GZ, TM-10950, TM-307, TM-10940, TM-10630, TM-2006, TM-1065, TM-40095, TM-30011, TM-2003, TM-40094, TM-1008, TM-109DMC, TM-9010, TM-2006S, TM-199, TM-184, TM-2054, TM-V820, TM-108, TM-10170, TM-195, TM-191, TM-196, TM-107BH, TM-107M, TM-1032TP, TM-189, TM-10900, TM-503831, TM-10600, TM-272, TM-196SPFW, TM-20820, TM-102, TM-192(N), TM-22, TM-806, TM-2038, TM-196, TM-195, TM-189, TM-191, TM-198, TM-191RS, TM-10070, TM-1032BXN, TM-7030, TM-10860, TM-10500, TM-2052, TM-2030, TM-20750, TM-20450(N), TM-10340, TM-1090A, TM-2001, TM-197, TM-199, TM-10140, TM-1014

6. 德州市德城区东明树脂厂

类型	牌 号
通用型树脂	191#,191#W,191#B,189#,306#,196#,3519#,191#D
SMC(DMC)食品级树脂	1629#,1629#J
胶衣树脂	11#,69#,18#,44#
耐化学腐蚀、耐热型树脂	199#,3301#,H-197#
透光型树脂	193#,5051#
阻燃型树脂	H-93#,H-91#,5119#R
人造大理石型及纽扣用树脂	3501#,2000#,3530#,381#

7. 广东省番禺福田化工有限公司

类型	牌 号
通用型不饱和聚酯树脂基复合材料制品树脂	LY-191C,LY-191CG,LY-D191-2,LY-G191A
工艺品树脂	LY-168,LY-168-1,LY-168-2,LY-168-2G
涂层树脂	LY-298,LY-3388,LY-399,LY-6688
人造大理石树脂	LY-288-2,LY-288-2G,LY-701
玛瑙树脂	LY-128
亚克力洁具树脂	LY-188,LY-188-2
宝丽板树脂	LY-118,LY-118-2,LY-178,LY-A178
食品级树脂	LY-1966,LY-1988
汽车部件制品用树脂	LY-388-1,LY-G189
拉挤树脂	LY-238
耐化学耐腐蚀树脂	LY-197-1,LY-197-2,LY-197-3,LY-199
电器灌封树脂	LY-555
透明制品树脂	LY-258,LY-258-2,LY-358
柔性树脂	LY-268,LY-269,LY-369,LY-369MT
纽扣树脂	LY-138,LY-138A
阻燃树脂	LY-158,LY-201,LY-208,LY-296
DMC树脂	LY-601
胶衣树脂	LY-JY33,LY-JY34,LY-JY36
RTM树脂	LY-218,LY-218-2

8. 哈尔滨合材树脂有限公司

类型	牌　　号
通用型树脂	191,191A,191D,191S,196,196B,196S,306
耐腐型树脂	199,3301,H-197
浇注型树脂	818#大理石树脂,818#水晶树脂,818A,818B,818E,818K,818S,968
阻燃型树脂	SE88,TZ-1,透光1,阻燃1,阻燃2
拉挤型树脂	L88,P2000
拉挤阻燃型树脂	P2002
柔韧型树脂	182
缠绕型树脂	C87,C88
绝缘型树脂	7541
喷射型树脂	P88
原子灰树脂	H88
食品级专用树脂	S88
模压型树脂	P2001#SMC/DMC,P2003#SMC/DMC
注射型树脂	RTM

9. 湖州红剑聚合物有限公司

类型	牌　　号
通用树脂	HCH-191A, HCH-191H, HCH-189, HCH-8300, HCH-196, HCH-195, HCH-138, HCH-198, HCH-199, HCH-197
钢琴木器涂层用树脂	HCH-196GQ, HCH-196LT, HCH-810PS, HCH-810L, HCH-910ZY, HCH-910DQ, HCH-710JD
船用树脂	HCH-8200PS, HCH-8200NDF, HCH-189, HCH-189A
纽扣及柔性树脂	HCH-103, HCH-210A, HCH-210, HCH-208, HCH-209
耐腐蚀、阻燃树脂	HCH-197, HCH-199, HCH-199S, HCH-198, HCH-107 XHA, HCH-P107, HCH-108, HCH-802
缠绕管道、挤拉、格栅成型树脂	HCH-8402/101C, HCH-192, HCH-102, HCH-196 SP-NC, HCH-199SP-NC, HCH-202, HCH-201, HCH-P1091, HCH-P1092, HCH-P1093, HCH-P1007, HCH-P1095, HCH-P239, HCH-8202
SMC、DMC及低收缩剂	HCH-6109, HCH-6308, HCH-6309, HCH-6180, HCH-6987, HCH-6520, HCH-6210, HCH-SB902, HCH-SB892
人造大理石、工艺品树脂	HCH-1067, HCH-156, HCH-1049, HCH-1036, HCH-6993, HCH-995, HCH-168BC, HCH-141, HCH-208C, HCH-6688BC
原子灰、胶衣树脂	HCH-225, HCH-1005, HCH-34, HCH-33, HCH-228, HCH-130, HCH-238PS, HCH-130PS, XT-228PS
采光板树脂	HCH-6072, HCH-8191W, HCH-6073, HCH-6074
机舱罩树脂	HCH-1096, HCH-1097
亚克力树脂	HCH-501, HCH-502, HCH-8901, HCH-8902

10. 华东理工大学华昌聚合物有限公司

类型	牌 号
通用型不饱和聚酯树脂	9709,9608,9609SP,196,9406,9407,9407SP,9503,902-A,X41,2608/X42,323,HC197,197H
SMC/DMC 树脂	ME-961,ME-962,ME-963,ME-966,ME-941,ME-982,ME-983,RPA-101,RPA-102

11. 华迅实业有限公司

类型	牌 号
通用树脂	191A#,191B#,191C#,191D#,196#,H191#
专用树脂	118#,189#,193#,195#,197#,198#,199#,208#-1,208#-3,288#-1,288#-2,288-PT#,238#,806#,826#,7136#,7136A#,9988#
人造石类	601#,603#,608#,828#
工艺品类	609#,918#,918#A,928#,908-1#,908-2#,908-3#,908-4#,908-5#,908-6#
胶衣树脂	D33#,T34#,D35#,D303#
树脂新产品	191-QP,193-GD,833#,609#,191B-1#,191C-1#

12. 济南绿洲复合材料有限公司

类型	牌 号
通用型树脂	191#,196#,306#,189#
耐腐蚀树脂	3301#,197#,197E#,3301A#
乙烯基酯树脂	LDV3200#,LDV3201#,LDV3202#,VER-1#,VER-2#
耐热型树脂	199A#,191A#,H198#,902#,902D#,LJS-02#,LJS-03#,LDS-902#,LDS-903#,LDS-904#
低收缩树脂	P-196#,M-626#,192#
耐酸树脂	C-146#,R-146#,R-156#
气干型树脂	DLS-01#,DLS-02#,DMS-01#,DMS-02#
拉挤树脂	LJS-01#,LJS-02#,LJS-03#,LJS-04#
阻燃型树脂	802#,H-802#
缠绕树脂	LDS-901#,LDS-902#,LDS-903#,LDS-904#
抗静电树脂	M-162#,M-162A#
船用树脂	189#,LDS-618#,LDS-628#
透光树脂	195#,193#

13. 江苏富菱化工有限公司

类型	牌　号
通用树脂	FL-192APT，FL-199，FL-196 食品级，FL-196，FL-F191 预促，FL-F191T，FL-F191E，FL-F191，FL-191
船用树脂	FL-502，FL-F189，FL-918，FL-189
片状／团状模塑料	FL-9510，FL-9509，FL-9508，FL-9507，FL-9506，FL-9505
缠绕／离心浇注	FL-201H，FL-886，FL-F886，FL-886E，FL-886T，FL-883，FL-887，FL-887E，FL-196 食品级，FL-518 食品级，FL-883 食品级
传递模塑树脂	FL-RTM-1
喷射成型用树脂	FL-192APT，FL-918 喷射
纽扣树脂	FL-86A，FL-888A，FL-999A，FL-888ET，FL-888TSA，FL-2018，FL-2018 水晶，FL-C728
拉挤成型用树脂	FL-P15，FL-P21，FL-P3，FL-P928，FL-P350
高性能耐腐蚀树脂	FL-197，FL-197A，FL-882，FL-883，FL-884，FL-892FR，FL-898，FL-3301，FL-H-937
透光树脂	FL-602U，FL-958
模具树脂	FL-模具 1 号
石材黏结剂树脂	FL-997
食品级树脂	FL-501，FL-196，FL-883 食品级，FL-885S 食品级，FL-518 食品级
阻燃树脂	FL-918，FL-918 喷射，FL-958HX，FL-958，FL-350APT，FL-P350，FL-802
亚克力界面胶	FL-192 亚克力，FL-292 亚克力，FL-KL912 亚克力
柔性树脂	FL-C728
人造石树脂	FL-885，FL-885N，FL-885S 食品级，FL-888S，FL-885S-1，FL-885IN，FL-988MMA
腻子树脂	FL-995
胶衣树脂	FL-34 胶衣，FL-202 胶衣，FL-103 阻燃胶衣，FL-501 食品级胶衣，FL-102 胶衣，FL-108 胶衣

14. 江苏亚邦公司

牌　号
91，195，197，197A，198，199，199A，802AB，803，902-A$_3$，908，919，939，B9041，BL80F，DC197，DC802，X$_{41}$，189APT-1，915，918，946PT-1，946PT-2，946PT-3，948-2A，988PT-1，988PT-2，80F，90F，307，891，898，899，899A，1102，7921，7931，7932，7933，7934，7946，7956，8553PAB，8567BAB，C2A，C2B，C4A，C4B，C6A，C6B，C7A，C8A，C8B，33，33A，34，36，196A，890A，956，972，1102，2202，2203，3303，3308，3308B，4801，886A，896，896A，912，913，923，929，933，943，951，958，961，962A，962B，963，DC193，WD896，189，191，191B，196，196B，941，942，946-1，946，956，971，972，987，998，DA191，DC189，DC191，DC192，DC196，DC306，WD196

15. 金陵帝斯曼树脂有限公司

牌　号
0544-I-2，0593-I-3，1777-G-4，1777-P-3，1982-W-1，4082-G-22，5001-T-1，8175-W-1，9286-N-0，999A，A400-901，A400-972，A400-976A，A400-976，A400L-993，A400TV-957，A407-901，A409-972，A410-901，E220-901，HBS-901，HBS-901W，HLR-901，P4-901，P4-971，P4TV-959，P50-901，P50-952，P50TV-956，P50TV-957，P58-964，P5-901，P5-954，P5-954B，P5-954KR，P61-972，P61-972B，P61F-968，P61L-994，P61L-996，P61TV-956，P61TV-957，P64V-957，P65-901，P65-972，P65TV-957，P6-901，P6-988KR，P6-973，S320L-907，S320L-995，S320T-954AT，P171-901，P14-01，P17-902，P18-03，P193-01，P6024-01，430，590

16. 秦皇岛市科瑞尔树脂有限公司

类型	牌　号
通用树脂	5196，DC-191，196A，306，3119
拉挤专用树脂	1090，1098，1099，1096
缠绕专用树脂	196A，196s，859，856
透光专用树脂	1569，1566，1931，193，1561
水晶专用树脂	5128
石材专用树脂	NG-1
防腐专用树脂	3301，199
食品级树脂	F-729，F-169
电器浇注专用树脂	6101
家具及宝丽板专用树脂	191W，196-1
阻燃树脂	193R，191R，B-97，H-97
胶衣树脂	559
船用树脂	2619，1369
低收缩树脂	6108
锚固剂树脂	1366

17. 上纬企业股份有限公司

类型	牌　号
上纬特用不饱和聚酯树脂	SWANCOR 961，SWANCOR 963，SWANCOR 967，SWANCOR 997
节能风力叶片用树脂	SWANCOR2561-P，SWANCOR2562-TP，SWANCOR2563-P，SWANCOR9231-TP
船用不饱和聚酯树脂	SWANCOR9231-TP，SWANCOR9231-VP，SWANCOR9302-TP，SWANCOR9303-VP

18. 沈阳华特化学有限公司

类型	牌　号
通用型树脂	191,196,191A,191B,191BA,191BC
拉挤及缠绕树脂	拉挤 i 型,拉挤 ii 型,缠绕 i 型,缠绕 ii 型,缠绕 iii 型
家具及大理石树脂	家具191H,家具191F,家具196,人造石 i 型,人造石 ii 型,人造石 iii 型
柔性树脂	182
透光树脂	195,195C
胶衣树脂	1号胶衣,2号胶衣,3号胶衣,4号胶衣
防腐耐高温树脂	199,3301,199C
原子灰	9334原子灰,长征60原子灰,白桦林原子灰

19. 天和树脂有限公司

类型	牌　号
纽扣树脂	DS-989,DS-988,DS-986,DS-928N,DS-926N,DS-905,DS-902
工艺品树脂	DS-259N,DS-258N,DS-257N,DS-909,DS-908,DS-907
人造石树脂	DS-783,DS-759,DS-758,DS-757,DS-728,DS-727,DS-726,DS-723,DS-721,DS-707,DS-705UV,DS-355 N
钢琴等表面漆树脂	DS-227,DS-226
PE 树脂（气干性不饱和聚酯树脂）	DS-218N,DS-269N,DS-267
原子灰树脂	DS-265,DS-261,DS-215N
柔性树脂	DS-228N,DS-228P-2
通用树脂	DS-321P,DS-196,DS-186,DS-161
拉挤树脂	DS-629,DS-627,DS-606
缠绕树脂	DS-666,DS-663,DS-659,DS-608N
模压树脂	DS-825N,DS-822N,DS-802N
模具树脂	DS-199,DS-109
胶衣树脂	DS-396H,DS-307S,DS-352 TN,DS-308S,DS-306S/H,DS-303H
透明玻璃瓦树脂	DS-126N,DS-106N,DS-102N
亚克力、ABS 板黏结树脂	DS-271PT
耐腐蚀树脂	DS-278N
阻燃剂树脂	DS-286,DS-285N,DS-287N
喷射树脂	DS-326PT,DS-309PT
食品级树脂	DS-659食品级,DS-603N-1食品级

20. 天津合材树脂有限公司

类　型	牌　号
通用型树脂	306S,306D,191,191S,196S,196A,196B,D191,F191,MGT191S
耐腐型树脂	SR-289,SR-199,3301,SR-2110,H-197,3200,3201
浇注型树脂	945,0388E#,0388S#
阻燃型树脂	961#,963#,P2002#,TZ-1
缠绕型树脂	C91#,GC-97
食品级专用树脂	SR-2,SR-3,S98#
其他类型树脂	7541,P2001#,P2003,H89#,191W#,透光-1,LB-1,LB-2

21. 宜兴市兴合树脂有限公司

类　型	牌　号
SMC/DMC 专用树脂	109#,117#,118#,119#,218#,318#
纽扣树脂	126#,128#,158#
缠绕树脂	166#,2101#
拉挤树脂	169#,209#,228#,215#
通用树脂	191#,196#
家具树脂	212#,388#
工艺品树脂	156#,168#,268#
阻燃树脂	802#
耐腐蚀树脂	189#,260#,270#
人造石树脂	206#
胶衣树脂	33#,34#
柔性树脂	288#
乙烯基酯树脂	460#

附录二　国内不饱和聚酯树脂出版物

作者	书名	出版社	出版年份
沈开猷	不饱和聚酯树脂及其应用	化学工业出版社	1988 年
沈开猷	不饱和聚酯树脂及其应用（第二版）	化学工业出版社	2001 年
沈开猷	不饱和聚酯树脂及其应用（第三版）	化学工业出版社	2005 年
周菊兴,董永祺	不饱和聚酯树脂——生产及应用	化学工业出版社	2000 年
黄发荣,焦扬声,郑安呐等	塑料工业手册：不饱和聚酯树脂	化学工业出版社	2001 年
汪泽霖	不饱和聚酯树脂及制品性能	化学工业出版社	2010 年